技工院校实训基地人才培养一体化模块教材

维修电工实训
（中级模块）

人力资源和社会保障部教材办公室组织编写

中国劳动社会保障出版社

简　介

本书主要内容有：继电控制电路装调、机床电气控制电路维修、自动控制电路装调维修、基本电子电路装调维修、职业技能鉴定维修电工中级考核模拟试卷。

图书在版编目(CIP)数据

维修电工实训：中级模块/孙艳乔主编. —北京：中国劳动社会保障出版社，2014
技工院校实训基地人才培养一体化模块教材
ISBN 978-7-5167-1473-7

Ⅰ.①维…　Ⅱ.①孙…　Ⅲ.①电工-维修-技工学校-教材　Ⅳ.①TM07

中国版本图书馆 CIP 数据核字(2014)第 243271 号

中国劳动社会保障出版社出版发行
(北京市惠新东街 1 号　邮政编码：100029)

*

河北鹏盛贤印刷有限公司印刷装订　新华书店经销

787 毫米×1092 毫米　16 开本　18.5 印张　428 千字
2014 年 10 月第 1 版　　2021 年 7 月第 9 次印刷
定价：35.00 元

读者服务部电话：(010) 64929211/84209101/64921644
营销中心电话：(010) 64962347
出版社网址：http://www.class.com.cn
http://jg.class.com.cn

版权专有　　侵权必究

如有印装差错，请与本社联系调换：(010) 81211666

我社将与版权执法机关配合，大力打击盗印、销售和使用盗版图书活动，敬请广大读者协助举报，经查实将给予举报者奖励。

举报电话：(010) 64954652

技工院校实训基地人才培养一体化模块教材编委会名单

编审委员会（按姓氏笔画排序）

王国海　冯跃虹　吕成鹰　刘海光　孙大俊
冷耀明　张　林　胡恒庆　龚　安

编审人员

本书主编：孙艳乔
本书参编：惠　文　韦周余　王　青
本书主审：朱　伟

前言

Preface

为了进一步发挥技工院校在技能人才培养方面的作用，切实满足企业对技能型人才的需求，人力资源和社会保障部教材办公室组织有关学校的骨干教师和行业、企业专家，在充分调研技工院校实训基地人才培养和培训模式以及企业技能人才需求的基础上，吸收和借鉴当前较为成熟的人才培养理念，编写了技工院校实训基地人才培养一体化模块教材。

使用说明

本套教材分为基础模块和专业核心模块（见下图）。其中专业核心模块教材根据国家职业技能鉴定标准中的初级、中级和高级要求设计有相对应的初级模块教材、中级模块教材和高级模块教材。实训基地可根据需要按照“基础模块 + 专业核心模块”组合模式选择相应的教材。

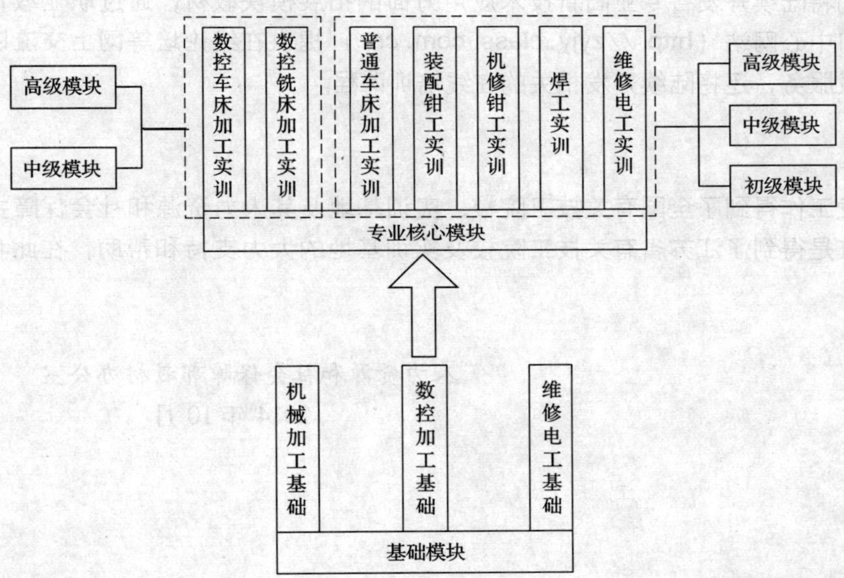

编写特色

◆与职业技能鉴定接轨

教材的编写以车工、数控车工、数控铣工、装配钳工、机修钳工、焊工、维修电工等国家职业技能标准为依据，涵盖国家职业技能标准（初、中、高级）的知识和技能要求，内容具有权威性。为了帮助学员熟悉职业技能鉴定考核形式及考题类型，每种专业核心模块教材均附有 3 ~ 5 套职业技能鉴定模拟试卷（包含理论知识试卷和技能操作试卷），并配有相应的参考答案。

◆与企业需求接轨

教材在编写中充分考虑企业的培训和用人需求，尽量选取企业真实的、有代表性的操作案例，整合相应的知识和技能，构建一体化教学模块，实现理论与操作技能的统一，既符合职业教育和职业培训的基本规律，又有利于培养学员分析问题和解决问题的综合职业能力。

◆保证先进性和规范性

教材根据相关专业领域的最新发展，编入了新知识、新技术、新设备、新材料等方面的内容，保证教材的先进性。同时采用最新的国家技术标准，使教材更加科学和规范。

读者对象

本套教材既可作为技工院校实训基地技能人才培养和培训用书，还可作为企业、社会培训机构的技能培训用书以及职业技术院校师生的专业用书。

后续拓展

作为补充，我们将陆续开发各专业高新技术应用方面的拓展模块教材，通过职业教育教学资源和数字学习中心网站（http://zyjy.class.com.cn/）提供在线论坛等网上交流以及相关教学资源下载服务，还将陆续开发相关的在线培训课程。

致谢

本套教材的开发工作得到了全国有关技工院校、实训基地及其人力资源和社会保障主管部门的支持，尤其是得到了江苏省有关技工院校及实训基地的大力支持和帮助，在此我们表示诚挚的谢意。

人力资源和社会保障部教材办公室

2014 年 10 月

目 录
CONTENTS

模块一 继电控制电路装调

模块二 机床电气控制电路维修

模块三 自动控制电路装调维修

模块四 基本电子电路装调维修

职业技能鉴定维修电工中级考核模拟试卷

模块一 继电控制电路装调

课题1　常用低压电器的选用

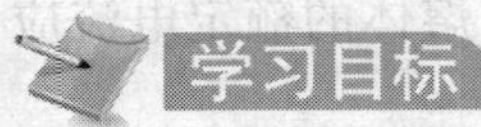

1. 熟悉常用低压电器的型号含义。
2. 掌握常用低压电器的选用方法。

低压电器作为一种基本器件，广泛用于输配电系统和电力拖动系统中，在实际生产中起着非常重要的作用。

一、熔断器

熔断器是低压配电网络和电力拖动系统中主要用作短路保护的电器。

熔断器有不同的类型和规格。对熔断器的要求是：在电器设备正常运行时，熔断器应不熔断；在出现短路故障时，应立即熔断；在电流发生正常变动（如电动机启动）时，熔断器应不熔断；在用电设备持续过载时，应延时熔断。

1. 熔断器的型号及含义

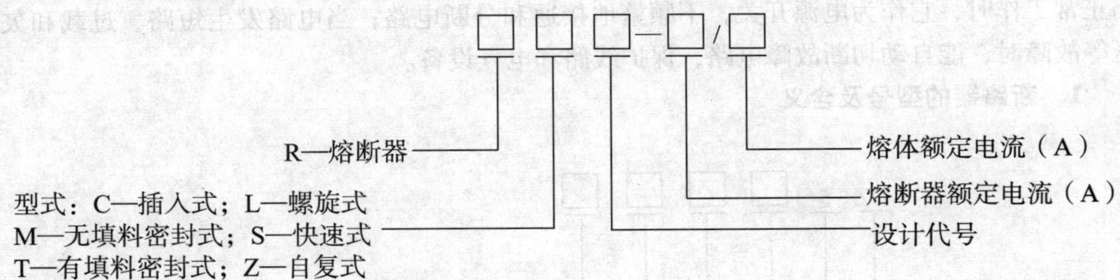

2. 熔断器的选用

熔断器的选用主要包括对熔断器类型、熔断器额定电压、熔断器额定电流和熔体额定电流的选择。

（1）熔断器类型的选择

根据使用环境、负载性质和短路电流的大小选用熔断器的类型。

1）对于容量较小的照明电路，可选用 RT 系列圆帽形熔断器或 RC1A 系列磁插式熔断器。

2）对于短路电流相当大的电路或有易燃气体的环境，应选用 RT0 系列有填料的封闭管式熔断器。

3）在机床控制线路中，多选用 RL 系列螺旋式熔断器。

4）用于半导体功率元件及晶闸管的保护时，应选用 RS 或 RLS 系列快速熔断器。

（2）熔断器额定电压和额定电流的选择

1）熔断器的额定电压必须大于或等于线路的额定电压。

2）熔断器的额定电流必须大于或等于所装熔体的额定电流。

3）熔断器的分断能力应大于电路中可能出现的最大短路电流。

（3）熔体额定电流的选择

1）对于照明和电热等电流较平稳、无冲击电流负载的短路保护，熔体的额定电流应稍大于或等于负载的额定电流。

2）对一台不经常启动且启动时间不长的电动机的短路保护，熔体的额定电流应大于或等于 1.5 ~2.5 倍电动机额定电流 I_N，即：

$$I_{RN} \geqslant (1.5 \sim 2.5) I_N$$

3）对于一台启动频繁且连续运行的电动机的短路保护，熔体的额定电流 I_{RN} 应大于或等于 3 ~3.5 倍电动机额定电流 I_N，即：

$$I_{RN} \geqslant (3 \sim 3.5) I_N$$

4）对于多台电动机的短路保护，熔体的额定电流应大于或等于其中最大容量电动机额定电流 I_{Nmax} 的 1.5 ~2.5 倍，再加上其余电动机额定电流的总和 $\sum I_N$，即：

$$I_{RN} \geqslant (1.5 \sim 2.5) I_{Nmax} + \sum I_N$$

二、断路器

断路器又称自动空气开关或自动空气断路器，它集控制和多种保护功能于一体。在线路正常工作时，它作为电源开关，不频繁地接通和分断电路；当电路发生短路、过载和欠压等故障时，能自动切断故障电路，保护线路和电气设备。

1. 断路器的型号及含义

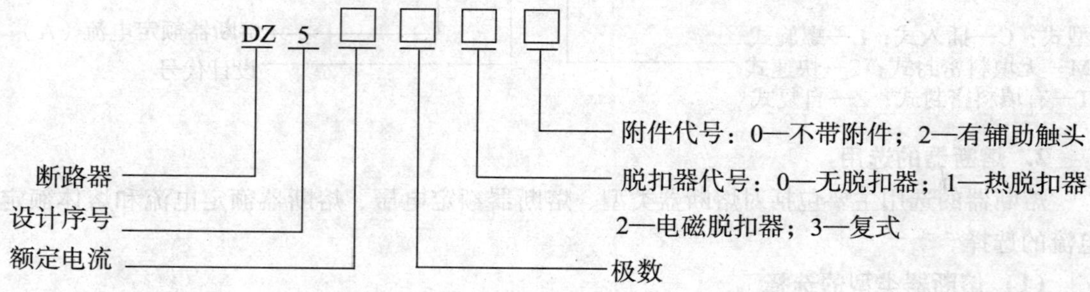

2. 低压断路器的选用

（1）断路器的额定电压和额定电流应不小于线路、设备的正常工作电压和工作电流。

（2）热脱扣器的整定电流应等于所控制负载的额定电流。

（3）电磁脱扣器的瞬时脱扣整定电流应大于负载电路正常工作时的峰值电流。用于控制电动机的断路器，其瞬时脱扣器整定电流值可按下式选取：

$$I_Z \geqslant KI_{st}$$

式中 K——安全系数，可取1.5～1.7；

I_{st}——电动机的启动电流。

（4）欠压脱扣器的额定电压应等于线路的额定电压。

（5）断路器的极限通断能力应不小于电路的最大短路电流。

三、热继电器

热继电器是利用流过热继电器的电流所产生的热效应而反时限动作的自动保护电器。热继电器主要与接触器配合使用，用作电动机的过载保护、断相保护、电流不平衡运行的保护及其他电气设备发热状态的控制。

1. 热继电器的型号及含义

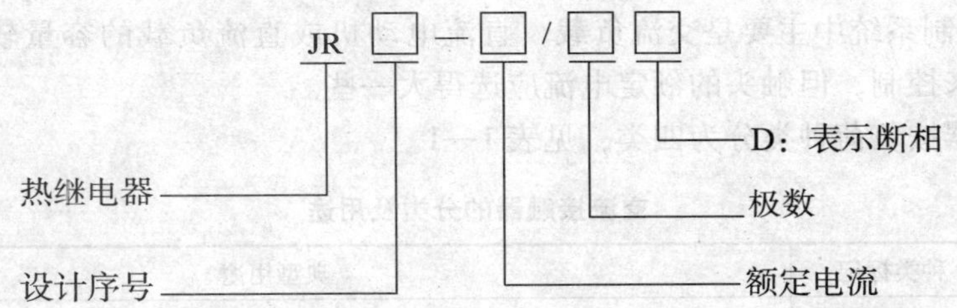

2. 热继电器的选用

选用热继电器时，主要根据所保护的电动机的额定电流来确定热继电器的规格和热元件的电流等级。

（1）根据电动机的额定电流来选择热继电器的规格。一般热继电器的额定电流略大于电动机的额定电流。

（2）根据需要的整定电流值选择热元件的编号和电流等级。一般情况下，热元件的整定电流应为电动机的额定电流的0.95～1.05倍。

（3）根据电动机定子绕组的连接方式选择热继电器的结构形式，即定子绕组作Y形联结的电动机选用普通三相结构的热继电器，而作△形联结的电动机应选用三相结构带断相保护装置的热继电器。

四、接触器

接触器是一种自动的电磁式开关，适用于远距离频繁地接通或断开交、直流主电路及大容量的控制电路。其主要控制对象是电动机，也可用于控制电热设备、电焊机以及电容器组等其他负载。

接触器的种类很多，按主触头通过的电流种类，分为交流接触器和直流接触器两类。

1. 交流接触器的型号及含义

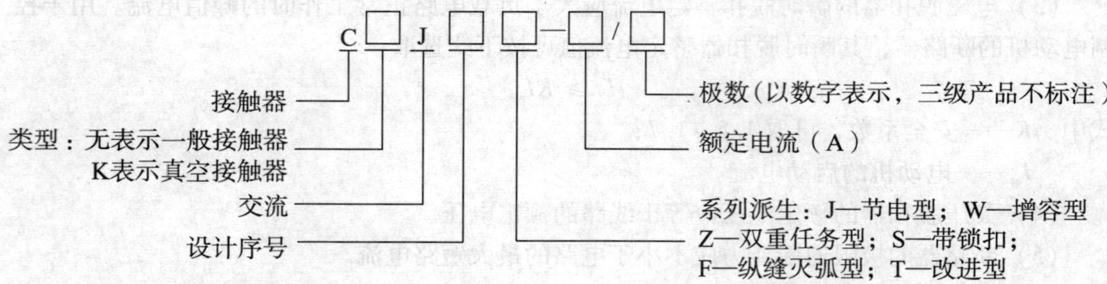

2. 接触器的选用

对接触器的选用主要包括对接触器的类型、主触头的额定电压和额定电流、吸引线圈的额定电压、触头的数量和种类的选择。

(1) 选择接触器的类型

1）根据接触器所控制的负载性质选择接触器的类型。通常控制交流负载应选用交流接触器，控制直流负载选用直流接触器。

2）如果控制系统中主要是交流负载，直流电动机或直流负载的容量较小，也可都选用交流接触器来控制，但触头的额定电流应选得大一些。

交流接触器按负荷种类分为四类，见表1—1。

表1—1　　交流接触器的分类及用途

负荷种类	种类标记	典型用途
一类	AC1	无感或微感负荷，如白炽灯、电磁炉等
二类	AC2	绕线转子异步电动机的启动和停止
三类	AC3	笼型异步电动机的运转和运行中分断
四类	AC4	笼型异步电动机的启动、反接制动、反转和点动

(2) 选择接触器主触头的额定电压

接触器主触头的额定电压应大于或等于负载电路的额定电压。

(3) 选择接触器主触头的额定电流

1）接触器控制电阻性负载时，主触头的额定电流应等于负载电路的额定电流。

2）接触器控制电动机时，主触头的额定电流应大于或稍大于负载电路的额定电流。对于CT1（CJ10）系列，可按下列公式计算：

$$I_C = \frac{P_N \times 10^3}{KU_N}$$

式中 K——经验系数，一般取1～1.4；

P_N——被控制电动机的额定功率；

U_N——被控制电动机的额定电压；

I_C——接触器主触头电流。

3）如果接触器使用在控制电动机的频繁启动、制动及正反转的场合，应将其主触头的额定电流降低使用，一般可降低一个等级。

（4）选择接触器吸引线圈的额定电压

1）当控制线路比较简单，使用电器较少时，为节省变压器可直接选用 380 V 或 220 V 的电压。

2）当线路复杂，使用电器的个数超过 5 个时，从人身和设备安全角度考虑，吸引线圈的电压要选低一些，可选用 36 V 或 110 V。

（5）选择接触器触头的数量和种类

接触器触头的数量和种类应满足控制线路的要求。

五、中间继电器

中间继电器通常用来增加触头的数量或作为开关使用，有时在电子电路中也用来扩大触头的容量。

1. 中间继电器的型号及含义

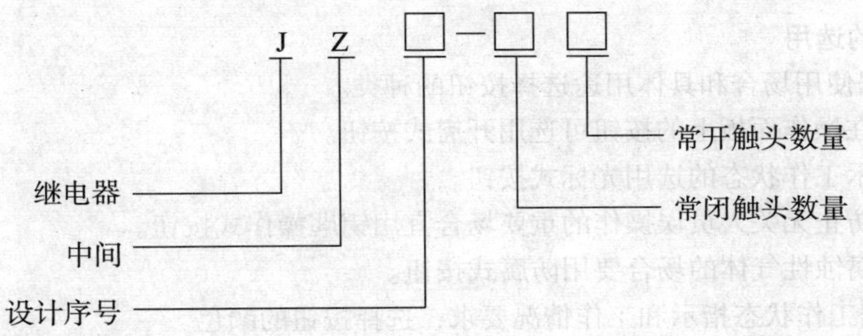

2. 中间继电器的选用

中间继电器主要根据被控制电路的电压等级、所需触头的数量、种类和容量等要求来选择。

六、按钮

按钮是一种最常用的主令电器。在低于 5 A 的电路中，可直接用按钮来控制电路的通断。在电力拖动电路中，按钮只用来发出指令信号去控制接触器、继电器等电器，再由它们去控制主电路的通断，实现主电路的分合、功能转换和电气联锁。

1. 按钮的型号及含义

结构形式代号的含义见表 1—2。

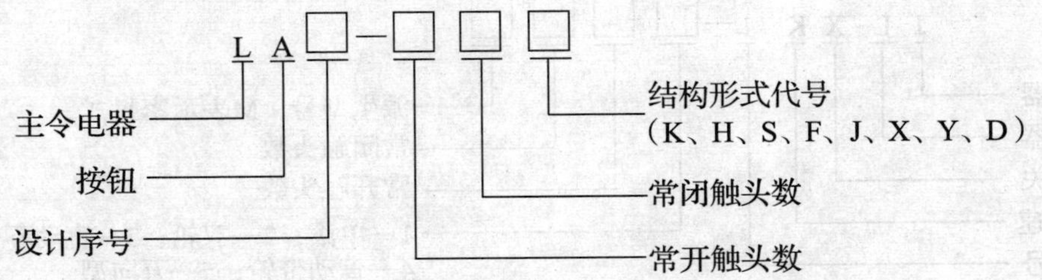

表 1—2　　按钮结构形式代号的含义

字母代号	结构	含　义
K	开启式	适用于嵌装在操作面板上
H	保护式	有保护外壳，防止内部零件受机械损伤或人偶然触及带电部分
S	防水式	有密封外壳，防止雨水侵入
F	防腐式	防止腐蚀性气体进入
J	紧急式	带有突出在外的红色大蘑菇钮头，作紧急切断电源用
X	旋钮式	用旋钮进行操作，有通和断两个位置
Y	钥匙操作式	用钥匙插入进行操作，防止误操作或供专人操作
D	光标按钮式	按钮内装有信号灯，兼作信号指示
E	组合式	多个按钮组合
C	联锁式	多个触头相互联锁

2. 按钮的选用

（1）根据使用场合和具体用途选择按钮的种类。

1）嵌装在操作面板上的按钮可选用开启式按钮。

2）需显示工作状态的选用光标式按钮。

3）需要防止无关人员误操作的重要场合宜用钥匙操作式按钮。

4）在有腐蚀性气体的场合要用防腐式按钮。

（2）根据工作状态指示和工作情况要求，选择按钮的颜色。

1）启动按钮可选用白、灰或黑色，优先选用白色，也可选用绿色。

2）停止按钮可选用黑、灰或白色，优先选用黑色，也可选用红色。

3）急停按钮应选用红色。

（3）根据控制回路的需要选择按钮的数量。

如单联钮、双联钮和三联按钮等。

七、行程开关

行程开关是利用生产机械某些运动部件的碰撞来发出控制指令的主令电器。主要用于控制生产机械的运动方向、速度、行程大小或位置。

1. 行程开关的型号及含义

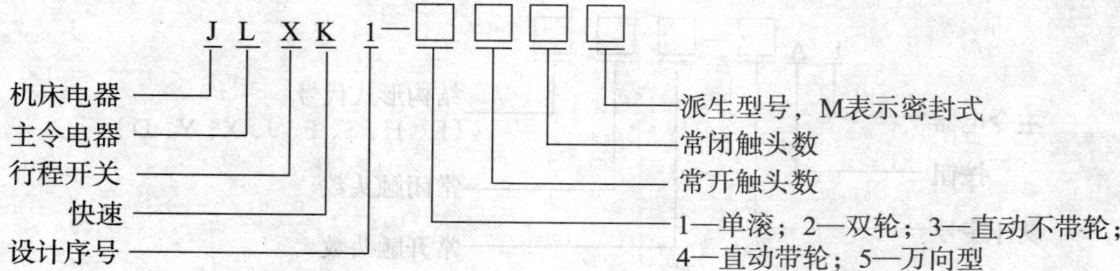

2. 行程开关的选用

行程开关的主要参数有形式、工作行程、额定电压及触头的电流容量。主要根据动作要求、安装位置及触头数量来选择。具体原则如下：

(1) 根据安装环境选择防护形式，是开启式还是防护式。

(2) 根据控制回路的电压和电流选择行程开关的型号。

(3) 根据机械与行程开关的传力与位移关系选择合适的头部结构形式。

八、指示灯

指示灯主要用于在各种电气设备及线路中作电源指示、操作警示以及显示设备的工作状态等。

选用指示灯时，应根据指示灯通电发光后所反映的信息来选择颜色。指示灯的颜色含义见表1—3。

表1—3　　指示灯的颜色及其相对于工业机械状态的含义

颜色	含义	说明	应用示例
红色	紧急	可能出现危险，需要立即处理	温度或压力超过安全极限；设备的重要部分已被保护电器切断；润滑系统失压；有触及带电或运动部件的危险
黄色	注意	情况有变化或即将发生变化	温度或压力异常；仅能承受允许的短时过载
绿色	安全	正常或允许进行	冷却通风正常；自动控制系统运行正常；机器准备启动
蓝色	强制性	指示操作者需要动作	遥控指示；选择开关在设定位置
白色	无特定用意	其他情况，如不能确定用红黄绿时，以及用作执行时	一般信息

九、控制变压器

控制变压器用途广泛，通常用作机床控制电器或局部照明灯及指示灯的电源。

选用控制变压器时应考虑：控制变压器的一、二次侧电压和控制变压器的容量。可依据控制电路消耗的功率选择合适的容量，通常按用电需求加上变压器自身的消耗确定，一般变压器的容量是电器的功率放大20%。

十、时间继电器

时间继电器又称延时继电器，是一种利用电磁或机械原理实现触头延时动作的自动电器。

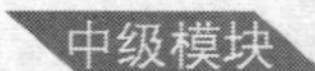

1. 时间继电器的型号及含义

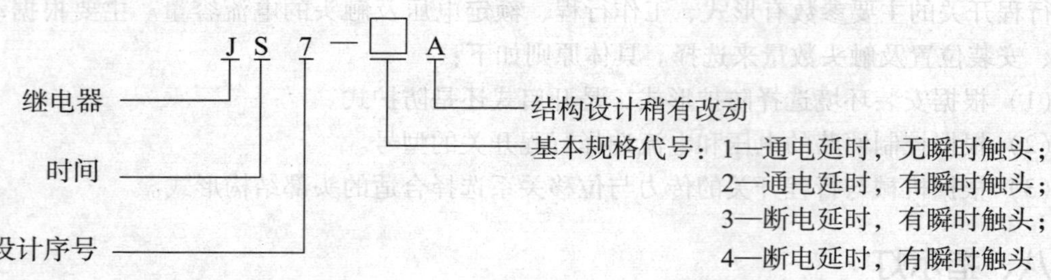

2. 时间继电器的选用

（1）根据系统的延时范围和精度选择时间继电器的类型和系列。延时精度要求不高的场合应选用空气阻尼式时间继电器，延时精度要求较高的场合宜用晶体管式时间继电器。

（2）根据控制线路的要求选择时间继电器的延时方式（通电延时或断电延时）。同时，还必须考虑线路对瞬时动作触头的要求。

（3）根据控制线路电压选择时间继电器吸引线圈的电压。

十一、压力继电器

压力继电器能根据压力源压力的变化情况决定触头的断开或闭合，以便对机械设备提供某种保护或控制。

压力继电器的选用主要根据所测对象的压力、电路中的电压及接口管径的大小等来选择。

【选用示例】某机床电动机的型号为 Y132 M－6，定子绕组为△形接法，额定功率为 4 kW，额定电流为9.4 A，额定电压为380 V，要求对该电动机进行过载保护，试选用热继电器的型号、规格。

解：（1）根据电动机的额定电流值9.4 A，查技术数据可知，应选择额定电流为20 A的热继电器。

（2）其整定电流可取电动机的额定电流 9.4 A，热元件的电流等级选用 11 A，其调节范围为6.8～11 A。

（3）由于电动机的定子绕组采用△形接法，应选用带断相保护装置的热继电器。

因此，应选用型号为 JR36－20 的热电器，热元件的额定电流选用11 A。

课后练习

1. 某机床电动机型号为 Y112 M－4，额定功率为4 kW，额定电压为380 V，额定电流为8.8 A，该电动机正常工作时不需要频繁启动。若用熔断器为该电动机提供短路保护，试确定熔断器的型号和规格。

2. 用低压断路器控制一台型号为 Y132 S－4 的三相异步电动机，电动机的额定功率为 5.5 kW，额定电压为380 V，额定电流为11.6 A，启动电流为额定电流的7倍，试选择断路器的型号和规格。

3. 某电动机的型号与规格为 Y112 M－4，4 kW、380 V、8.8 A、△形接法，要求对该电动机进行过载保护，试选择热继电器的型号、规格。

课题 2　三相交流异步电动机位置控制电路装调

学习目标

1. 熟悉三相交流异步电动机位置控制电路的组成和工作原理。
2. 熟悉三相交流异步电动机自动往返位置控制电路的组成和工作原理。
3. 掌握三相交流异步电动自动往返位置控制电路的装调方法。

在生产实际中，有一些生产机械运动部件的行程或位置要受到限制，或者需要其运动部件在一定的行程内自动往返运动，以便实现对设备的连续控制，提高生产效率。通常利用行程开关实现这种控制要求。

位置控制是一种利用生产机械运动部件上的挡铁与行程开关碰撞，使其触头动作来接通或断开电路，以实现对生产机械运动部件的位置或行程的自动控制，又称行程控制或限位控制。

一、位置控制电路

如图 1—1 所示为位置控制电路图，工厂车间里的行车常采用这种线路。右下角是行车运动示意图。在行车两头终点分别安装行程开关 SQ1、SQ2，将这两个行程开关的常闭触头分别串接在正转控制电路和反转控制电路中。行车前后分别装有挡铁 1 和挡铁 2，行车的行程和位置可通过移动行程开关的安装位置来调节。

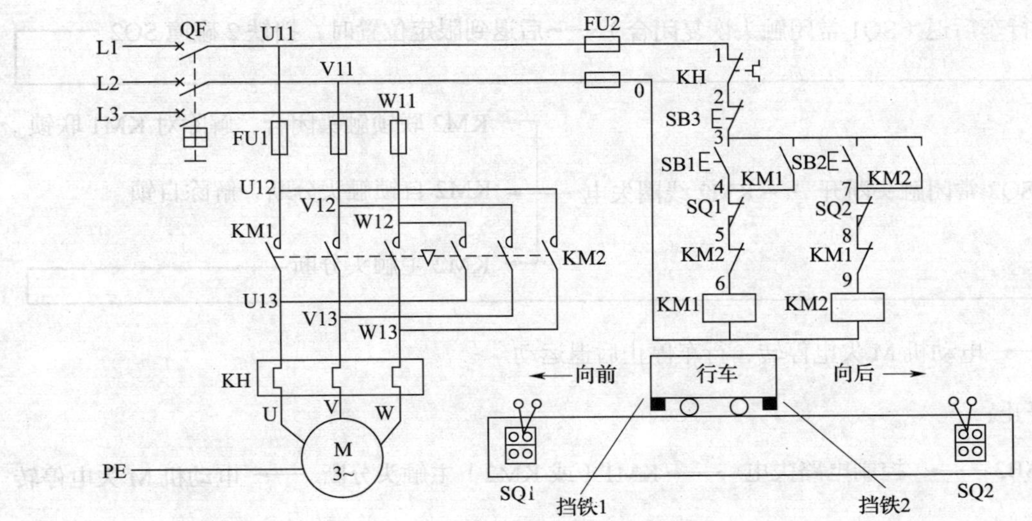

图 1—1　位置控制电路图

电路工作原理如下。

启动：先合上电源开关 QF。

行车向前运动：

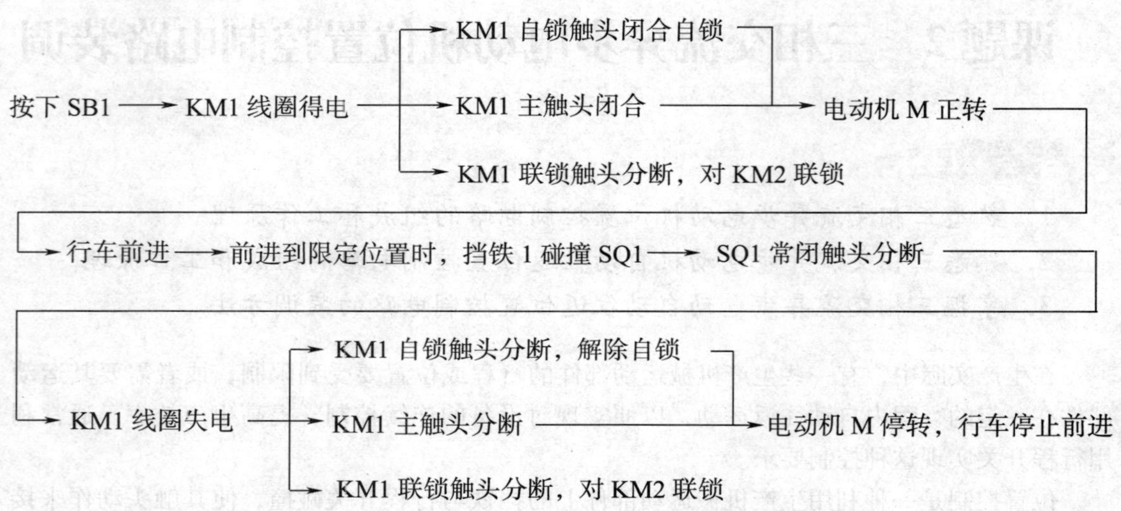

此时，即使再按下 SB1，由于 SQ1 常闭触头已分断，接触器 KM1 线圈也不会得电，保证了行车不会超过 SQ1 所在的位置。

行车向后运动：

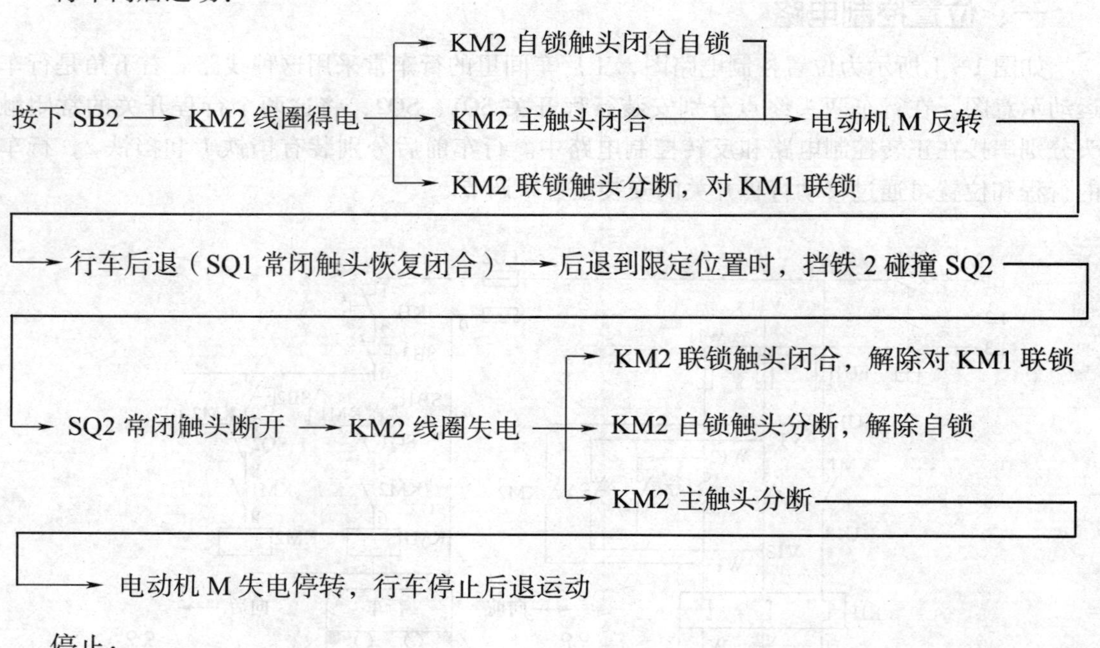

停止：

按下 SB3 ——→ 控制电路失电 ——→ KM1（或 KM2）主触头分断 ——→ 电动机 M 失电停转

二、自动往返位置控制电路

如图 1—2 所示为工作台自动往返位置控制电路图。

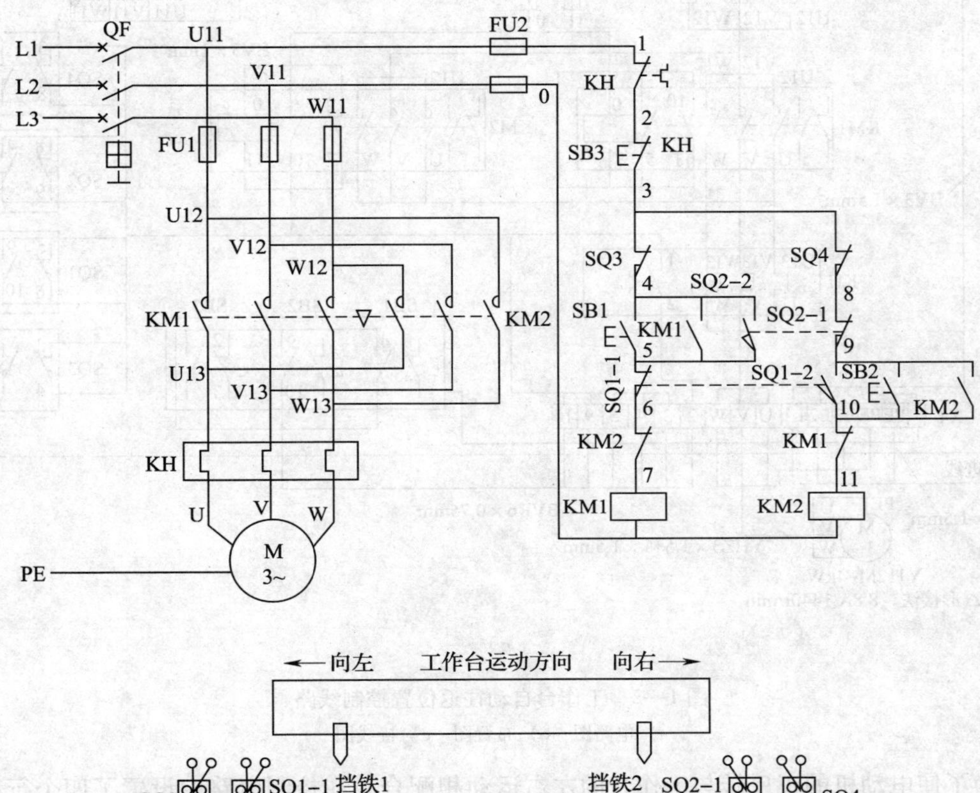

a）

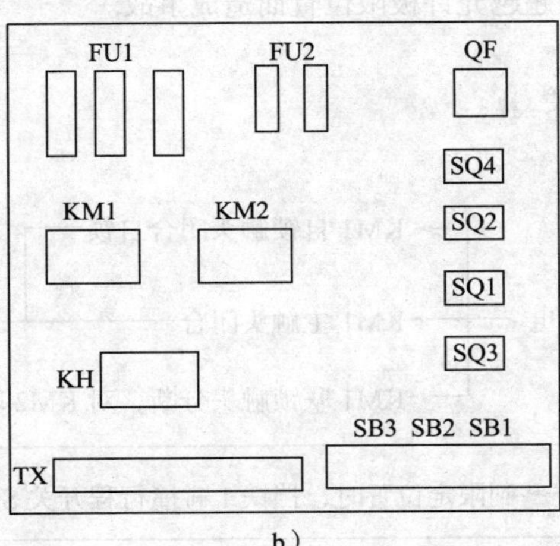

b）

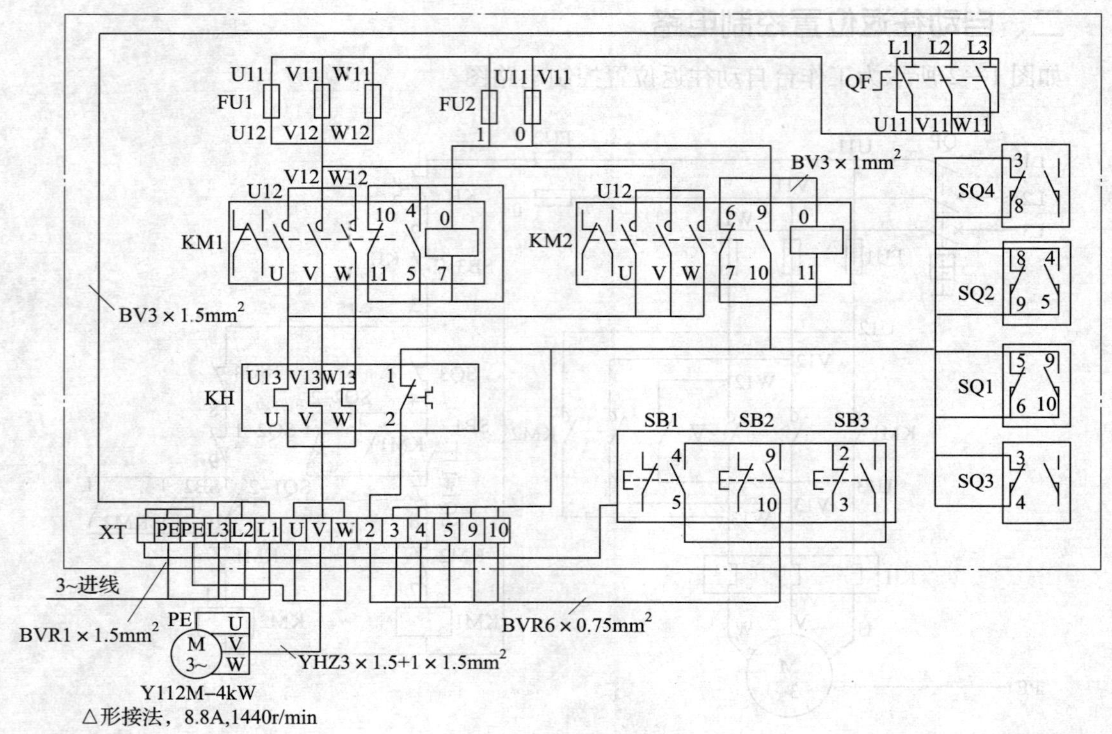

c）

图 1—2　工作台自动往返位置控制线路

a）电路图　b）布置图　c）接线图

为了使电动机的正反转与工作台的左右运动相配合，在控制电路中设置了四个行程开关，并把它们安装在工作台需要限位的地方。其中行程开关 SQ1、SQ2 分别放置在左右两端需要换向的位置，机械挡铁装在工作台上的 T 形槽中，挡铁 1 只能与 SQ1 和 SQ3 相碰撞，挡铁 2 只能与 SQ2 和 SQ4 相碰撞。行程开关 SQ2、SQ4 起超限位保护作用，以防止 SQ1、SQ2 失灵导致工作台超越允许极限位置而造成事故。

电路工作原理如下。

启动：先合上电源开关 QF。

自动往返运动：

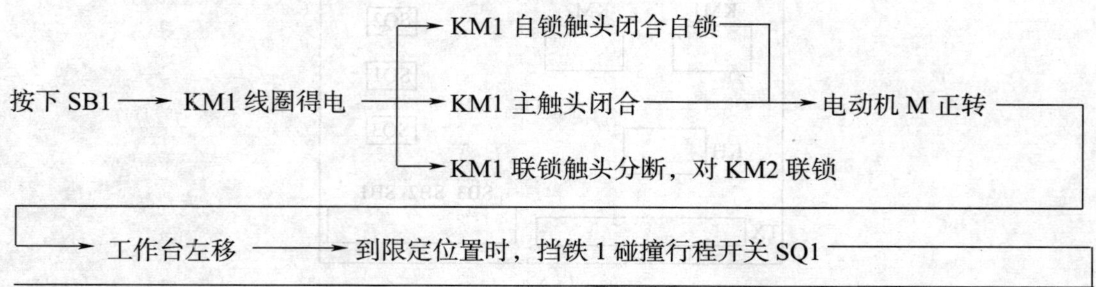

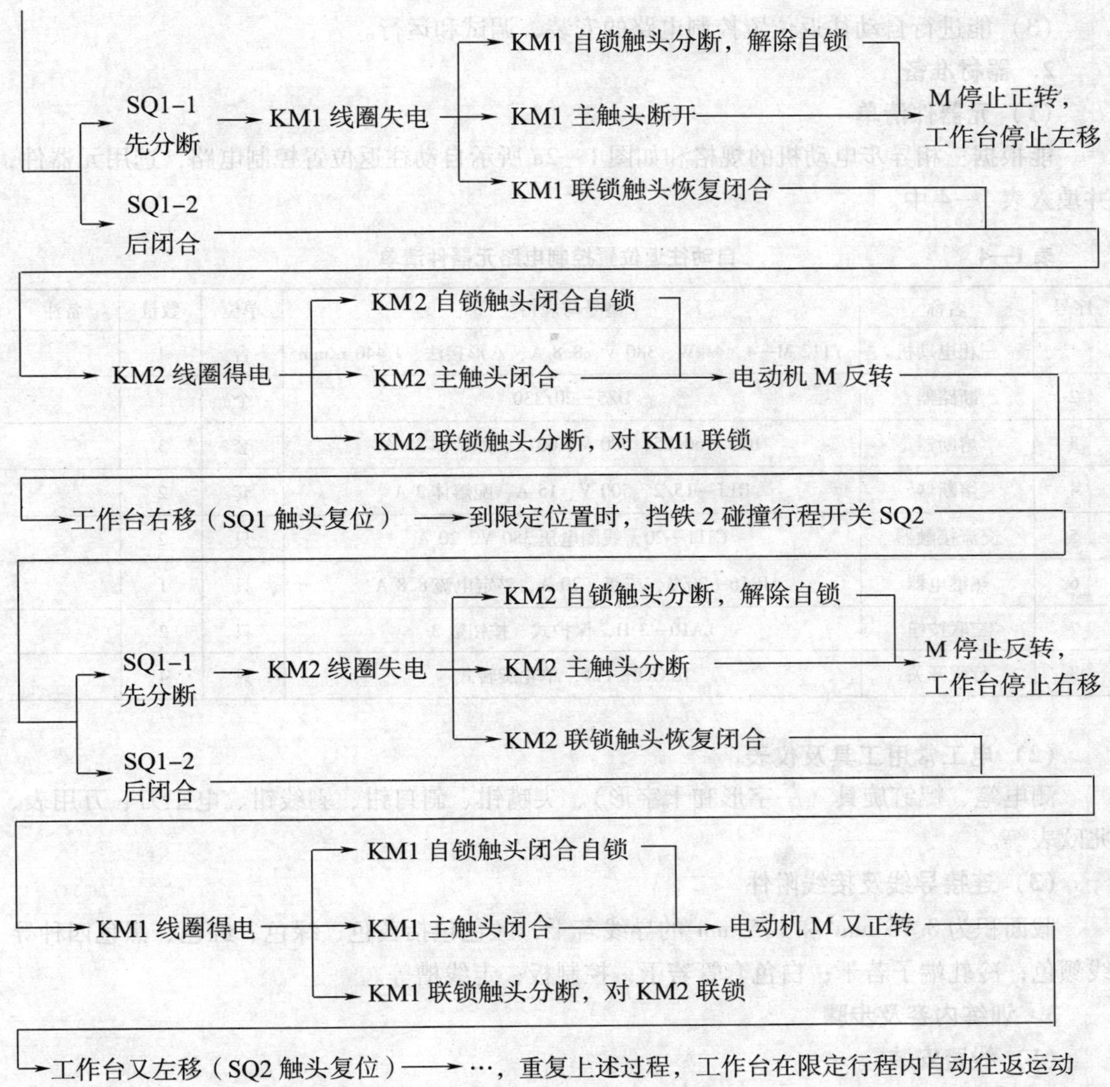

停止：

按下 SB3 ⟶ 控制电路失电 ⟶ KM1（或 KM2）主触头断开 ⟶ 电动机 M 失电停转

注意：SB1、SB2 分别作为正转启动按钮和反转启动按钮，若启动时工作台在左端，则应按下 SB2 进行启动。

三、技能训练

训练项目：自动往返位置控制电路装调

1. 训练目标

（1）能绘制自动往返位置控制线路布置图和接线图。

（2）能根据电动机的规格选用电器元件，并列出电器元件明细表。

（3）能进行自动往返位置控制电路的安装、调试和运行。

2. 器材准备

（1）元器件清单

能根据三相异步电动机的规格和如图 1—2a 所示自动往返位置控制电路，选用元器件，并填入表 1—4 中。

表 1—4　　自动往返位置控制电路元器件清单

序号	名称	型号与规格	单位	数量	备注
1	三相电动机	Y112 M—4，4 kW、380 V、8.8 A、△形接法、1 440 r/min	台	1	
2	断路器	DZ5—20/330	个	1	
3	熔断器	RL1—60/25，500 V、60 A、配熔体 25 A	套	3	
4	熔断器	RL1—15/2，500 V、15 A、配熔体 2 A	套	2	
5	交流接触器	CJT1—20，线圈电压 380 V、20 A	只	2	
6	热继电器	JR16—20/3，三级、20 A、整定电流 8.8 A	只	1	
7	三联按钮	LA10—3 H，保护式、按钮数 3	只	2	
8	行程开关	JLXK1—111，单轮旋转式	只	4	

（2）电工常用工具及仪表

测电笔、螺钉旋具（一字形和十字形）、尖嘴钳、斜口钳、剥线钳、电工刀、万用表、兆欧表等。

（3）连接导线及接线附件

截面积为 0.75 mm^2 和 1.5 mm^2 的导线若干，颜色包括黄色、绿色、红色、黑色四种导线颜色；冷轧端子若干；白色套管若干；控制板；走线槽等。

3. 训练内容及步骤

（1）线路安装

1）元器件检测

①根据元器件清单表，检查各元器件与表 1—4 中的数量、型号和规格是否一致。

②检查元器件的外观是否完好，附件、备件是否齐全。

③用仪表检查各元器件的有关技术数据是否符合要求。

2）走线槽和元器件安装

按照图 1—2b 所示平面布置图在控制面板上安装走线槽和电器元件，按要求固定好安装在底板上的电器元件，在设备规定的位置上安装行程开关，检查、调整挡块与行程开关滚轮的相对位置，保证控制动作准确可靠。并贴上醒目的文字符号。如图 1—3 所示。

走线槽安装工艺要求：应做到横平竖直、排列整齐匀称、安装牢固和便于走线。

3）布线

按图 1—2a 所示电路图或图 1—2c 所示接线图进行板前线槽配线，并在导线端部套编码套管和冷压接线头。如图 1—4 所示。

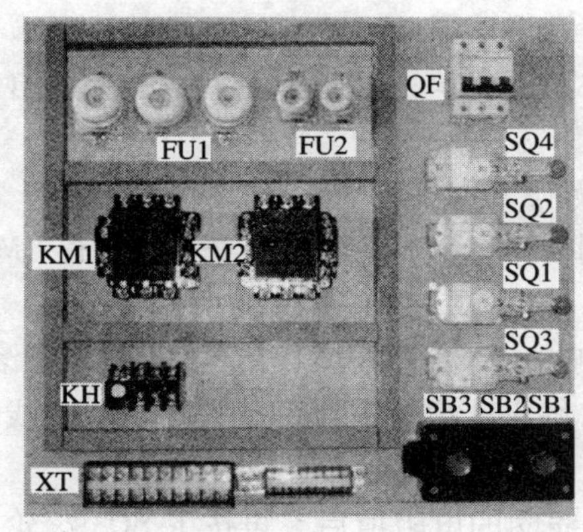

图 1—3　安装电路板

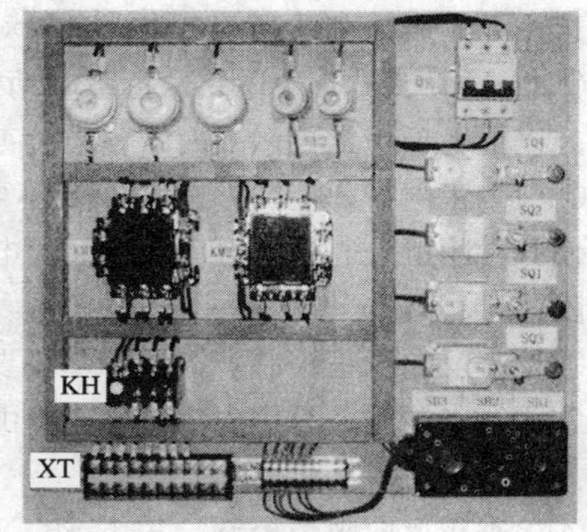

图 1—4　接线电路板

板前线槽配线的工艺要求：

①所有导线的截面积等于或大于 0.5 mm^2 时，必须采用软线。考虑机械强度等原因，对所用导线的最小截面积规定为：在控制箱外为 1 mm^2，在控制箱内为 0.75 mm^2。但对控制箱内通过很小电流的电路连线，如电子逻辑线路，可用 0.2 mm^2，并可以采用硬线，但只能用于不移动又无振动的场合。

②各电器元件接线端子引出导线的走向以元件的水平中心线为界限。在水平中心线以上接线端子引出的导线，必须进入元件上面的走线槽；在水平中心线以下接线端子引出的导线，必须进入元件下面的走线槽。任何导线都不允许从水平方向进入走线槽内。

③各电器元件接线端子上引出或引入的导线，除间距很小或元件机械强度很差时允许直接架空敷设外，其他导线必须经过走线槽进行连接。

④进入走线槽内的导线要完全置于走线槽内，并尽可能避免交叉，装线不要超过其容量的 70%，以便于盖上线槽盖和以后的装配及维修。

⑤各电气元件与走线槽之间的外露导线，应合理走线，并尽可能做到横平竖直，垂直变换走向。同一个元件上位置一致的端子和同型号电气元件中位置一致的端子上，引出或引入的导线要敷设在同一平面上，并应做到高低一致或前后一致，不得交叉。

⑥所有接线端子、导线接头都应套装与电路图上相应接点线号一致的编码套管，并按线号进行连接。

⑦在任何情况下，接线端子都必须与导线截面和材料性质相适应。当接线端子不适合接软线或软线截面积较小时，可以在导线端头上穿上针形或叉形扎头并压紧。

⑧通常一个接线端子只能连接一根导线，如果采用专门设计的端子，可以连接两根或多根导线，并应按照连接工艺的工序要求进行连接。

⑨布线时，严禁损伤线芯和导线绝缘层。

（2）线路检查

1）自检

首先按电路图或接线图从电源端开始逐段检查。核对接线及接线端子处线号是否正确，有无漏接、错接之处；导线接点是否符合要求、压接是否牢固、接点是否良好，确定无误后再用万用表检查线路的通断情况。具体操作如下：

选用万用表倍率适当的电阻挡（R×1 Ω），并进行校零。

①断开 QF，检查主电路。拆下电动机接线，检查控制电路的正反向启动控制、自锁及联锁。以上各项正常再做下面的各项检查。

②检查正向行程控制。按下 SB1 不要放开，测得 KM1 线圈电阻值，再轻按 SQ1 的滚轮，使其常闭触点断开，万用表应显示电路由通到断；将 SQ1 滚轮按到底，则测得 KM2 线圈电阻值。

③检查反向行程控制。按下 SB2 不要放开，测得 KM2 线圈电阻值，再轻按 SQ2 滚轮，使其常闭触点断开，万用表应显示电路由通到断；将 SQ2 滚轮按到底，则测得 KM1 线圈电阻值。

④检查正反向限位控制。按下 SB2 测得 KM2 线圈的电阻值后，再按下 SQ3 滚轮，也应测出电路由通到断。

⑤检查行程开关的联锁作用。同时按下 SQ1 和 SQ2 滚轮，测量结果应为断路。

最后，用兆欧表检查线路绝缘电阻的阻值应不得小于 1 MΩ。

2）交验

学生提出申请，经老师检查无误后通电试运行。

（3）通电试运行

1）空载试验

检查 SB1、SB2 及 SB3 对 KM1、KM2 的启动及停止控制，检查接触器的自锁、联锁控制线路。通过反复操作几次，检查线路动作的可靠性。上述各项操作试验正常后，再做以下检查。

①行程控制试验

按下 SB1 使 KM1 得电动作后，用绝缘棒轻按 SQ1 滚轮，使其常闭触点断开，KM1 应失电释放、将 SQ1 滚轮继续按到底，KM2 得电动作；再用绝缘棒按下 SQ2 滚轮，应先看到 KM2 失电释放、KM1 得电动作。通过反复操作几次，检查行程控制动作的可靠性。

②限位保护试验

按下 SB1 使 KM1 得电动作后，用绝缘棒轻按 SQ3 滚轮，KM1 应失电释放；再按下 SB2 使 KM2 得电动作后，按下 SQ4 滚轮，KM2 应失电释放。反复试验几次，确保限位保护动作的可靠性。

2）带负载试运行

断开 QF，接好电动机接线，装好接触器的灭弧罩，做好立即停车准备，合上 QF 进行以下几项试验。

①检查电动机转动方向按下 SB1 启动电动机，若所拖动的部件向 SQ1 的方向移动，则转向符合要求。若不符合要求，应断开电源后，将 QF 下端的电源线的任意两相交换，重新试验。

②正反向控制试验　交替操作 SB1、SB3 和 SB2、SB3，检查电动机转向是否受控制。

③行程控制试验　做好立即停车的准备，启动电动机，观察生产机械上的运动部件在正、反两个方向规定位置之间往返的情况，试验行程开关及线路动作的可靠性。

④限位保护试验　启动电动机，在生产机械运行中用绝缘棒按压该方向上的限位保护

行程开关，电动机应断电停车。否则应检查与其相连的导线及其触点的动作情况，排除故障后重新试车。

（4）注意事项

1）当电动机运转平稳后，用钳形电流表测量三相电流是否平衡。

2）通电试运行完毕，停转，切断电源。应先拆除三相电源线，再拆除电动机线。

3）通电校验时，必须有指导教师在现场监护，学生应根据电路的控制要求独立进行校验，若出现故障也应自己排除。

4）安装训练应在规定的额定时间内完成，同时要做到安全操作和文明生产。

1. 某电动机需实现正转和限位控制，图 1—5 中设计正确的控制电路是（　　）。

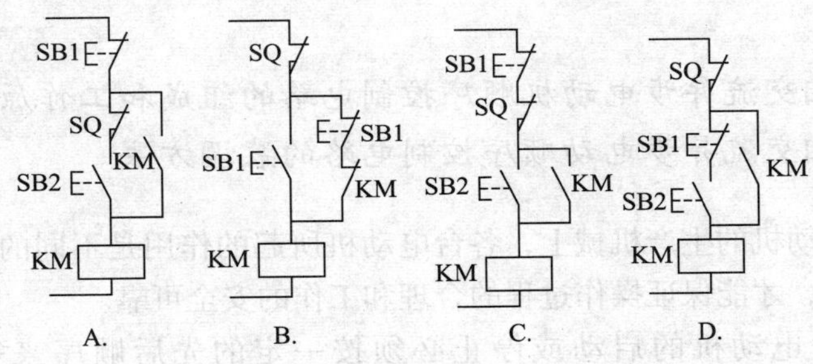

图 1—5　控制电路设计

2. 根据图 1—6 判断下列各小题的正误。

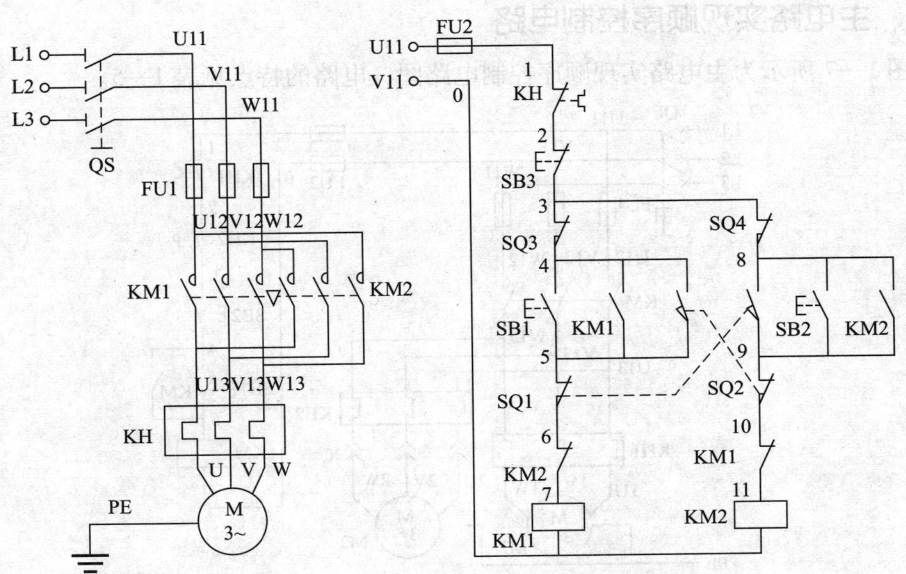

图 1—6　某控制电路

(1) 该控制电路是具有双重联锁的正反转电路。 ( )

(2) 若同时按下 SB1、SB2 会出现短路现象。 ( )

(3) 实现自动往返控制的电器是 SQ1、SQ2。 ( )

(4) 电器 SQ3、SQ4 主要用作超限位保护。 ( )

3. 正确安装和调试位置控制电路（见图 1—1）。

(1) 画出布置图和接线图；

(2) 根据电动机的规格正确选择电气元件，并列出电气元件明细表；

(3) 自行编写安装步骤并按要求进行正确安装和调试。

课题 3　三相交流异步电动机顺序控制电路装调

学习目标

1. 熟悉三相交流异步电动机顺序控制电路的组成和工作原理。
2. 掌握三相交流异步电动顺序控制电路的装调方法。

在装有多台电动机的生产机械上，各台电动机所起的作用是不同的，有时需要按一定的顺序启动或停止，才能保证操作过程的合理和工作的安全可靠。

这种要求几台电动机的启动或停止必须按一定的先后顺序来完成的控制方式，称为电动机的顺序控制。常见的顺序控制电路有主电路顺序控制和控制电路顺序控制。

一、主电路实现顺序控制电路

如图 1—7 所示为主电路实现顺序控制电路图，电路的特点见表 1—5。

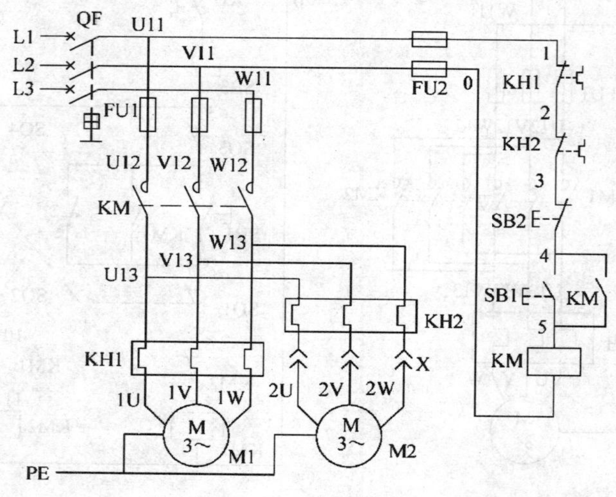

a）

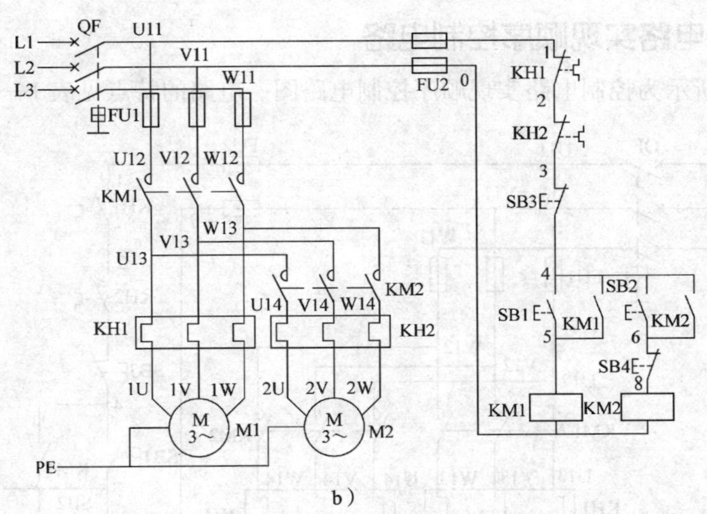

b）

图 1—7　主电路实现顺序控制电路图

表 1—5　　　　主电路实现顺序控制电路特点

电路编号	电路特点
图 1—7a	电动机 M2 通过接插器 X 接在接触器 KM 主触头的下面，因此，只有当 KM 主触头闭合，电动机 M1 启动运转后，电动机 M2 才可能接通电源启动运转
图 1—7b	电动机 M1 和 M2 分别通过接触器 KM1 和 KM2 来控制，接触器 KM2 的主触头接在接触器 KM1 主触头的下面，这样就保证了当 KM1 主触头闭合、电动机 M1 启动运转后，电动机 M2 才可能接通电源启动运转

如图 1—7b 所示电路工作原理如下。合上电源开关 QF。

M1 先启动后 M2 才能启动：

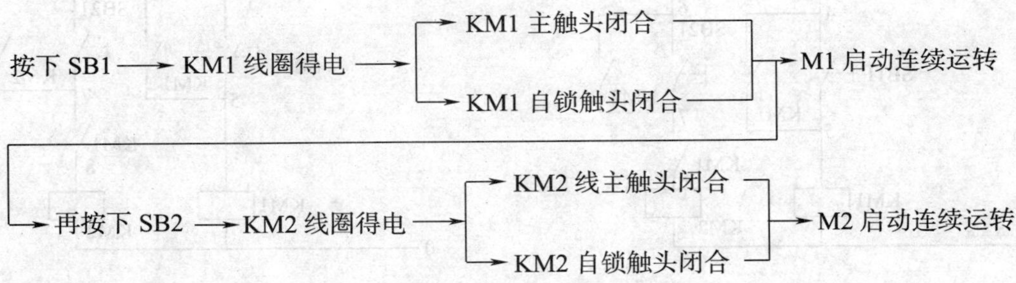

M1、M2 同时停转：

按下 SB3 ——→ 控制电路失电 ——→ KM1、KM2 主触头分断 ——→ M1、M2 同时停转

二、控制电路实现顺序控制电路

如图 1—8 所示为控制电路实现顺序控制电路图。电路的特点见表 1—6。

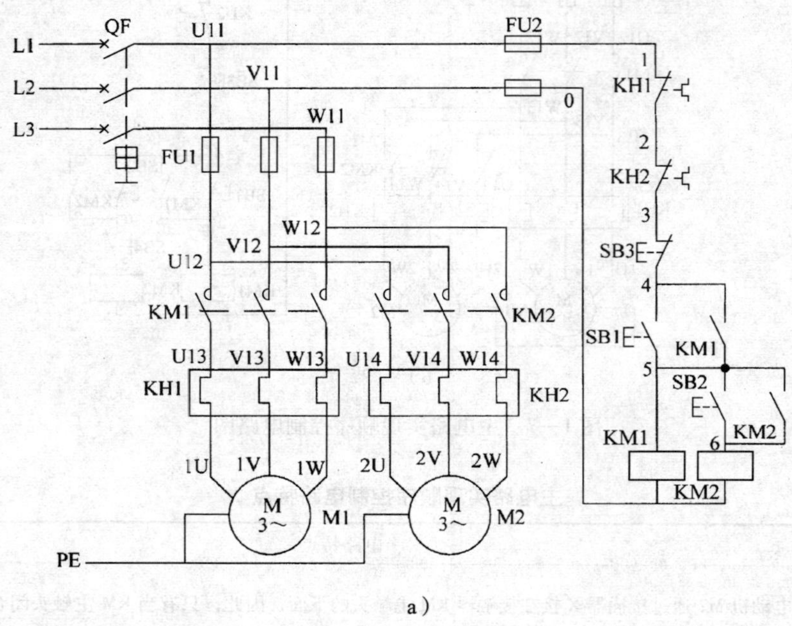

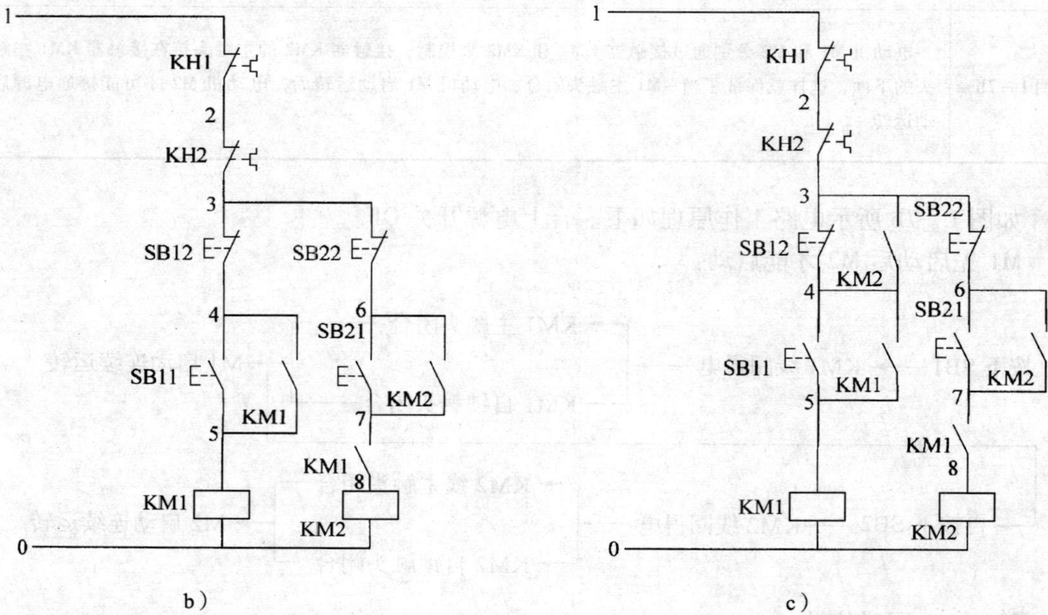

图 1—8 控制电路实现顺序控制电路图

a） 顺序启动同时停止顺序控制 b）顺序启动分别停止顺序控制

c）顺序启动逆序停止顺序控制电路

表 1—6　控制电路实现顺序控制特点

电路编号	电路特点
图 1—8a	电动机 M2 的控制电路先与接触器 KM1 的线圈并接后再与 KM1 的自锁触头串接，这样就保证了 M1 启动后，M2 才能启动的顺序控制要求。SB3 控制 M1 和 M2 同时停止
图 1—8b	在 M2 的控制电路中串接了接触器 KM1 的常开辅助触头。只要 M1 不启动，即使按下 SB21，由于 KM1 的常开辅助触头未闭合，KM2 线圈也不能得电，从而保证了 M1 启动后，M2 才能启动的控制要求。电路中停止按钮 SB12 控制两台电动机同时停止，SB22 控制 M2 的单独停止，但不能实现完全的逆序停止要求
图 1—8c	该控制电路在图 1—8b 所示电路中的 SB12 的两端并接了接触器 KM2 的常开辅助触头，从而实现了 M1 启动后，M2 才能启动；而 M2 停止后，M1 才能停止的控制要求，即 M1、M2 顺序启动，逆序停止

如图 1—8a 所示电路工作原理如下。合上电源开关 QF。

M1、M2 按顺序启动：

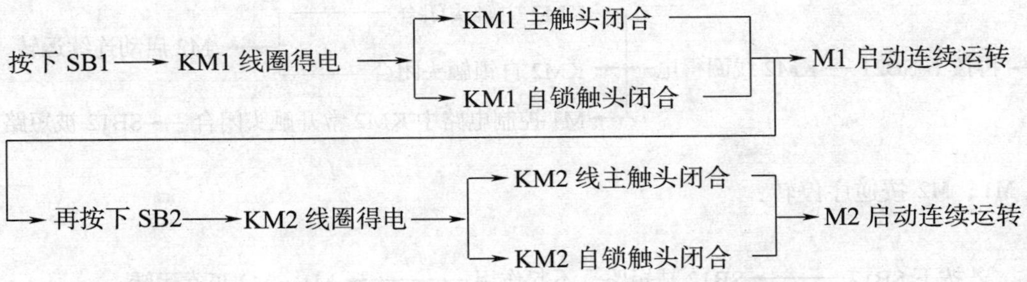

M1、M2 同时停转：

按下 SB3 ⟶ 控制电路失电 ⟶ KM1、KM2 主触头分断 ⟶ M1、M2 同时停转

如图 1—8b 所示电路工作原理如下。先合上电源开关 QF。

M1、M2 按顺序启动：

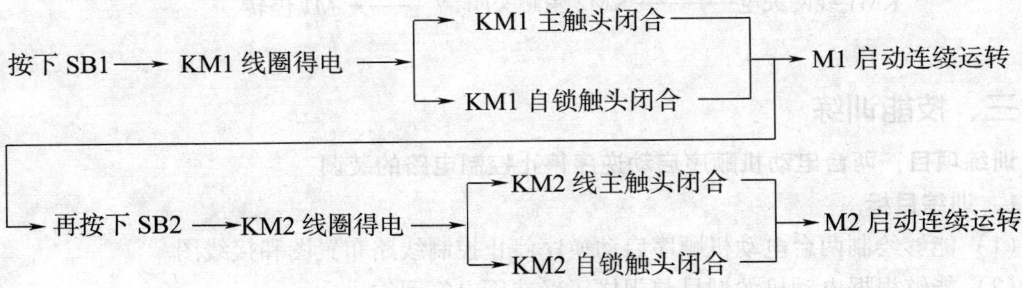

M1、M2 的停转：

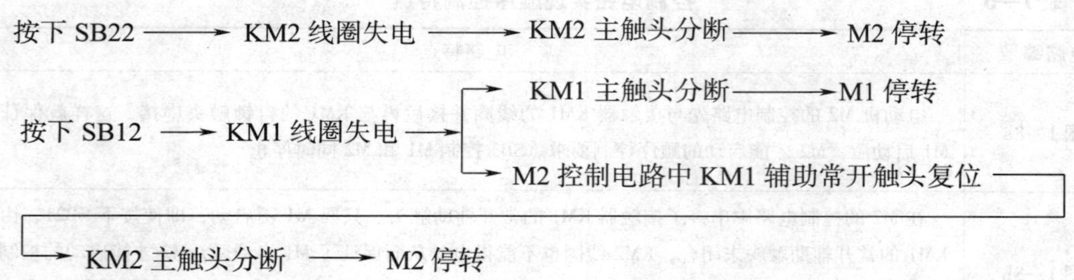

如图 1—8c 所示电路工作原理如下。先合上电源开关 QF。

M1、M2 按顺序启动：

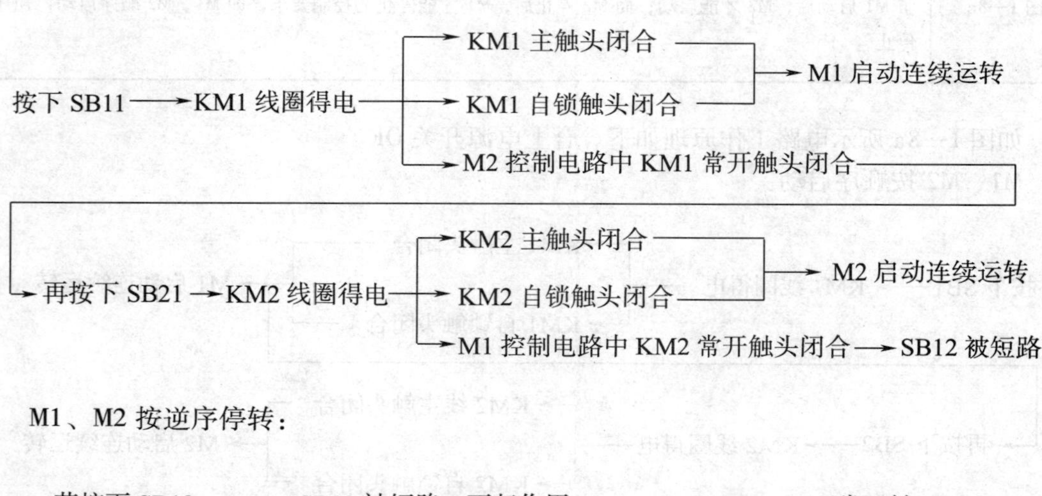

M1、M2 按逆序停转：

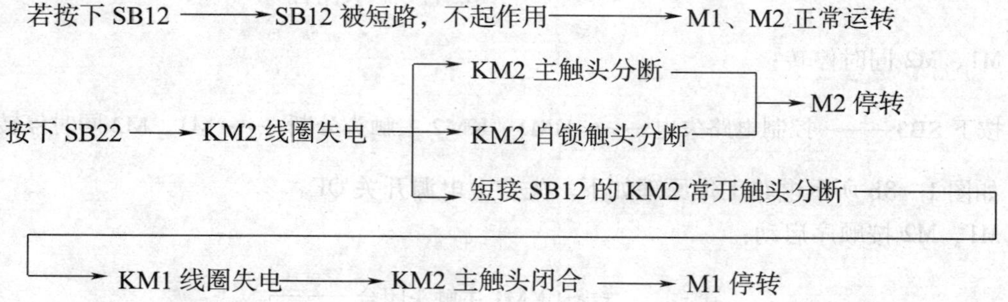

三、技能训练

训练项目：两台电动机顺序启动逆序停止控制电路的装调

1. 训练目标

（1）能够绘制两台电动机顺序启动逆序停止控制线路布置图和接线图。

（2）能够根据电动机的型号与规格正确选用电气元件。

（3）掌握两台电动机顺序启动逆序停止控制电路的安装、调试和运行。

2. 器材准备

(1) 元器件清单

根据三相异步电动机的规格和如图 1—6c 所示顺序控制电路，选用元器件，并填入表 1—7 中。

表 1—7　　电动机顺序启动逆序停止控制电路元器件清单

序号	名称	型号与规格	单位	数量	备注
1	三相电动机	Y112 M—4，4 kW、380 V、8.8 A、△形接法、1 440 r/min	台	1	
2	三相电动机	Y90 S—2，1.5 kW、380 V、3.4 A、Y 形接法、2 845 r/min	台	1	
3	断路器	DZ5—20/330	个	1	
4	熔断器	RL1—60/25，500 V、60 A、配熔体 25 A	套	3	
5	熔断器	RL1—15/2，500 V、15 A、配熔体 2 A	套	2	
6	交流接触器	CJT1—20，线圈电压 380 V、20 A	只	1	
7	交流接触器	CJT1—10，线圈电压 380 V、10 A	只	1	
8	热继电器	JR16—20/3，三级、20 A、整定电流 8.8 A	只	1	
9	热继电器	JR16—20/3，三级、20 A、整定电流 3.4 A	只	1	
10	按钮	LA10—3 H 或 LA4—3 H，保护式、按钮数 3	只	2	

(2) 电工常用工具及仪表

测电笔、螺钉旋具（一字形和十字形）、尖嘴钳、斜口钳、剥线钳、压线钳、电工刀、万用表、兆欧表、钳形电流表等。

(3) 连接导线及接线附件

截面积为 0.75 mm^2 和 1.5 mm^2 的导线若干，颜色包括黄色、绿色、红色、黑色四种导线颜色；冷轧端子若干；白色套管若干；控制板；走线槽。

3. 训练内容及步骤

(1) 线路安装

1）元器件检测

①根据元器件清单表，检查各元器件与表 1—7 中的数量、型号和规格是否一致。

②检查元器件的外观是否完好，附件、备件是否齐全。

③用仪表检查各元器件的有关技术数据是否符合要求。

2）走线槽和元器件安装

根据如图 1—8c 所示控制电路绘制布置图（见图 1—9），按照布置图在控制面板上安装电气元件和走线槽，并贴上醒目的文字符号。

3）布线。根据如图 1—8c 所示电路图进行板前线槽配线，并在导线端部套编码套管和冷压接线头。

(2) 线路检查

1）自检。首先按电路图或接线图从电源端开始逐段检查，以免错接、漏接造成电路不能正常工作。确定无误后再用万用表检查线路的通断情况。具体操作如下：

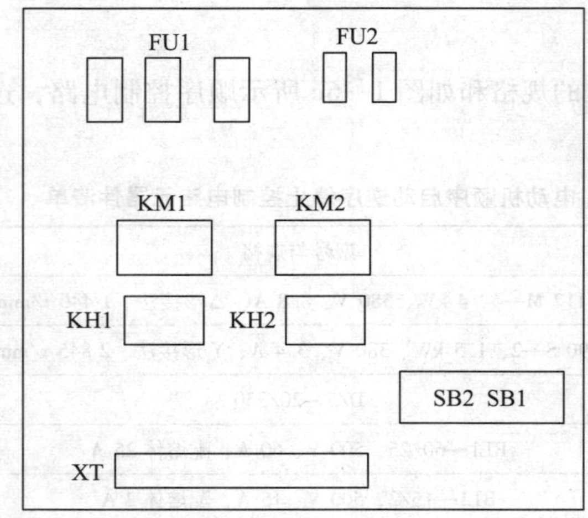

图1—9 布置图

选用万用表倍率适当的电阻挡（R ×1 Ω），并进行校零。

①断开 QF，检查主电路。各项正常再做下述各项检查。

②检查 M1 启动控制。按住 SB11，测得 KM1 线圈的电阻值，再按下 SB12，万用表应显示电路由通到断。

③检查 M2 启动控制。按下 SB21，万用表应显示电路是断开的，再按住 KM1 的触头架和 SB21，应测得 KM2 线圈电阻值，同时再按下 SB22，万用表应显示电路由通到断。

④M1、M2 自锁检查。按下 KM1 的触头架，测得 KM1 线圈的电阻值；再按下 KM2 的触头架，测得 KM1 线圈和 KM2 线圈并联的电阻值（阻值减半）。

最后，用兆欧表检查线路绝缘电阻的阻值，应不得小于 1 MΩ。

2）交验。学生提出申请，经老师检查无误后通电试运行。

（3）通电试运行

检查 SB11、SB12 及 SB21、SB22 对 KM1、KM2 的顺序启动及逆序停止的控制作用，检查接触器的自锁、联锁作用。反复操作几次检查线路动作的可靠性。

（4）注意事项

1）通电试运行前，应熟悉线路的操作顺序，即先合上电源开关 QF，按下 SB11 后再按下 SB21 顺序启动，按下 SB22 后再按下 SB12 逆序停止。

2）通电试运行时，注意观察电动机、各电气元件及线路各部分工作是否正常。发现异常情况，须立即切断电源开关 QF，而不是按下 SB12，因为此时停止按钮 SB12 可能已失去作用。

课后练习

1. 试分析如图 1—10 所示控制电路的工作原理，并说明该线路属于哪种顺序控制。

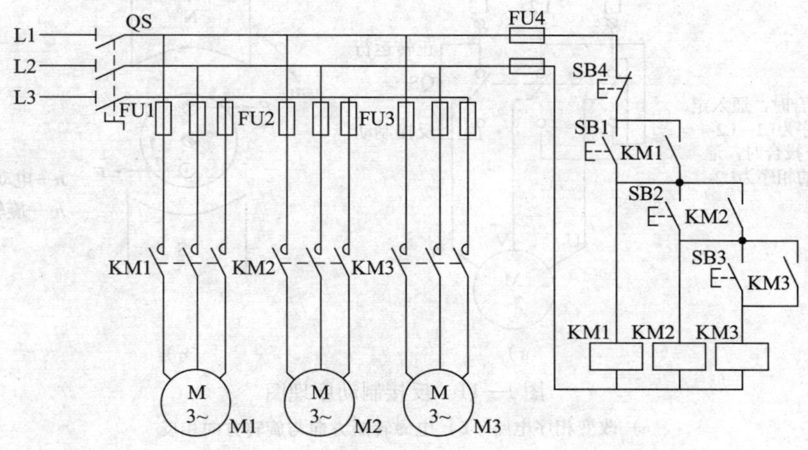

图 1—10　控制电路

2. 正确安装和调试两台电动机顺序启动同时停止顺序控制电路。要求如下：

(1) 画出布置图和接线图。

(2) 正确选用电气元件并列出元器件明细表。

(3) 自行编写安装步骤并按要求进行正确安装。

课题 4　三相交流异步电动机制动控制电路装调

学习目标

1. 熟悉反接制动控制电路和能耗制动控制电路的组成。
2. 理解反接制动控制电路和能耗制动控制电路的工作原理。
3. 掌握反接制动控制电路和能耗制动控制电路的装调方法。

电动机断开电源后，由于惯性作用不会立即停转，而是需要转动一段时间才会完全停下来。这对于某些要求迅速停车或准确定位的生产机械是不适宜的。为此需要对电动机进行制动。

所谓制动，就是给电动机一个与转动方向相反的转矩使它迅速停转（或限制其转速）。常用的制动方式有机械制动和电力制动。下面介绍电力制动中的反接制动和能耗制动。

一、反接制动控制电路

1. 反接制动原理

反接制动是依靠改变电动机定子绕组的电源相序（任意调换两相），使定子绕组产生反向旋转磁场，从而使转子受到与其旋转方向相反的电磁转矩（制动力矩），迫使电动机迅速停转。如图 1—11 所示为反接制动原理图。

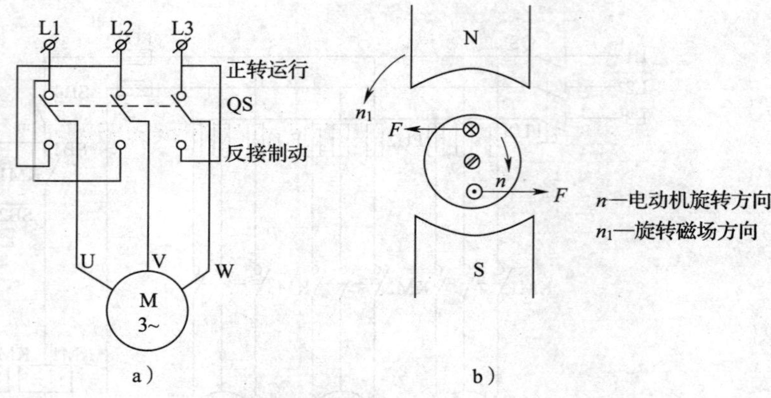

图 1—11　反接制动原理图

a）改变相序电路　b）电磁转矩方向与旋转方向相反

2. 单向启动反接制动控制电路

如图 1—12 所示为单向启动反接制动控制电路图。其主电路与正、反转控制电路的主电路相同，只是在反接制动时增加了三个限流电阻 R（反接制动电阻），KM1 为正转运行接触器，KM2 为反接制动接触器，KS 为速度继电器，其轴与电动机转轴相连。当电动机的转速上升到 120 r/min 左右时，其常开触头闭合为制动做好准备，当电动机停车或转速接近零时，KS 触头断开。

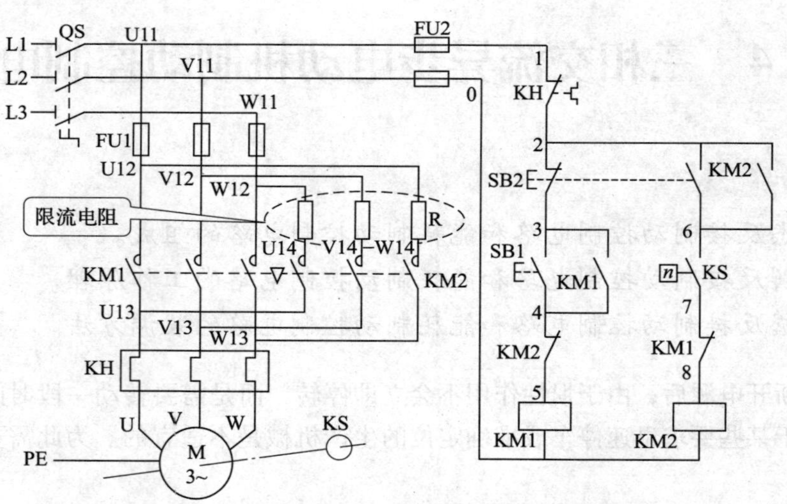

图 1—12　单向启动反接制动控制电路图

电路工作原理如下。先合上电源开关 QS。

单向启动：

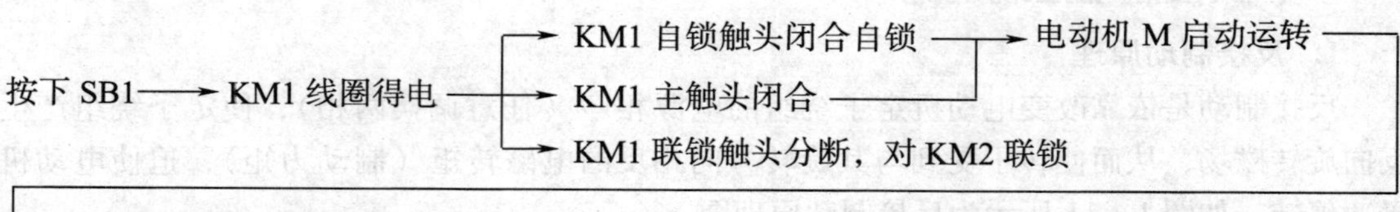

反接制动：

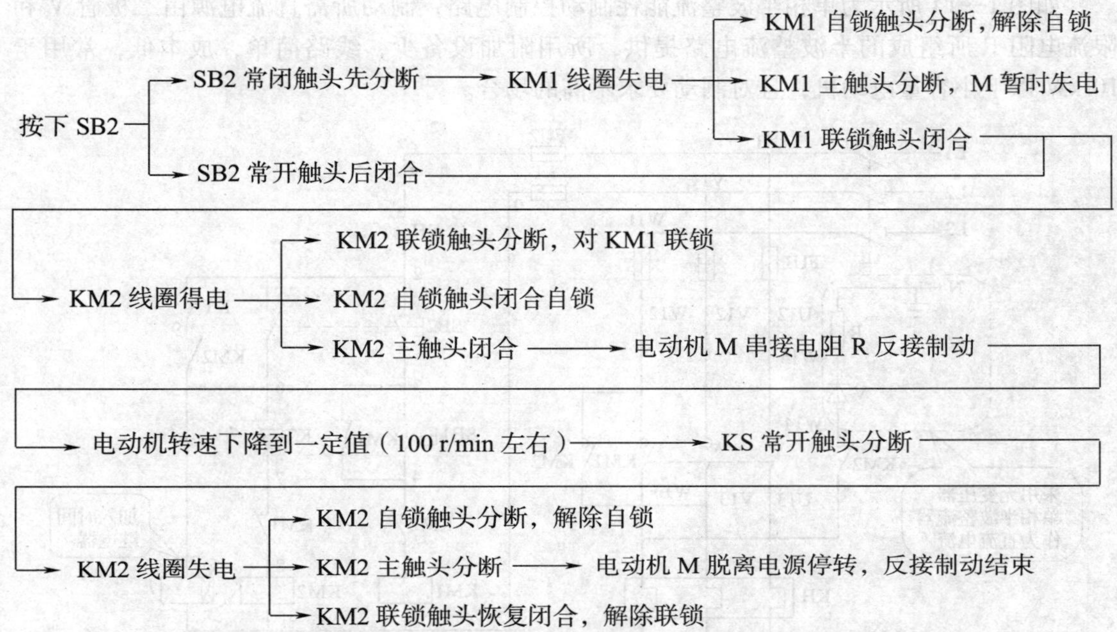

注意：当电动机转速接近零时，应立即切断电源，否则会造成电动机反转。

反接制动的优点是制动力强，制动迅速。缺点是能量损耗大，制动准确性差，制动过程中冲击强烈，易损坏传动零件，不宜频繁制动。因此，反接制动适用于制动要求迅速、系统惯性大、不经常启动或制动的场合，如铣床、镗床、中型车床等主轴的制动控制。

二、能耗制动控制电路

1. 能耗制动原理

能耗制动是指当电动机切断交流电源后，立即在定子绕组的任意两相中通入直流电，以产生静止磁场，当转子由于惯性沿原方向运转时，利用转子感应电流和静止磁场相互作用所产生的制动力矩对电动机进行制动。如图 1—13 所示为能耗制动原理图。

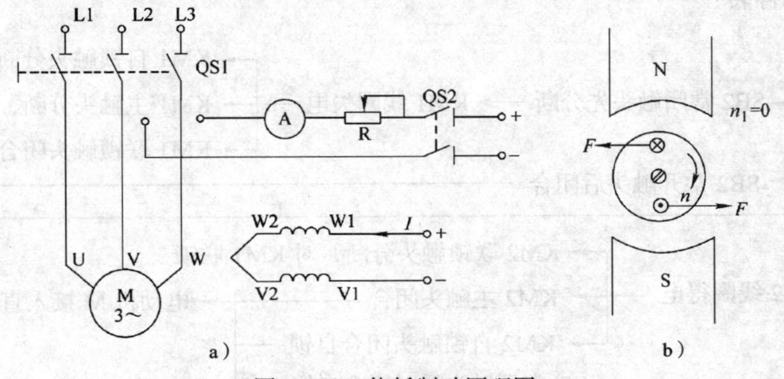

图 1—13　能耗制动原理图

a）定子绕组中通入直流电　b）电磁转矩方向与运转方向相反

2. 单相半波整流能耗制动控制电路

如图 1—14 所示为单相半波整流能耗制动控制电路，制动所需直流电源由二极管 V 和限流电阻 R 所组成的半波整流电路提供，所用附加设备少，线路简单，成本低，常用于 10 kW 以下小容量电动机，且对制动要求不高的场合。

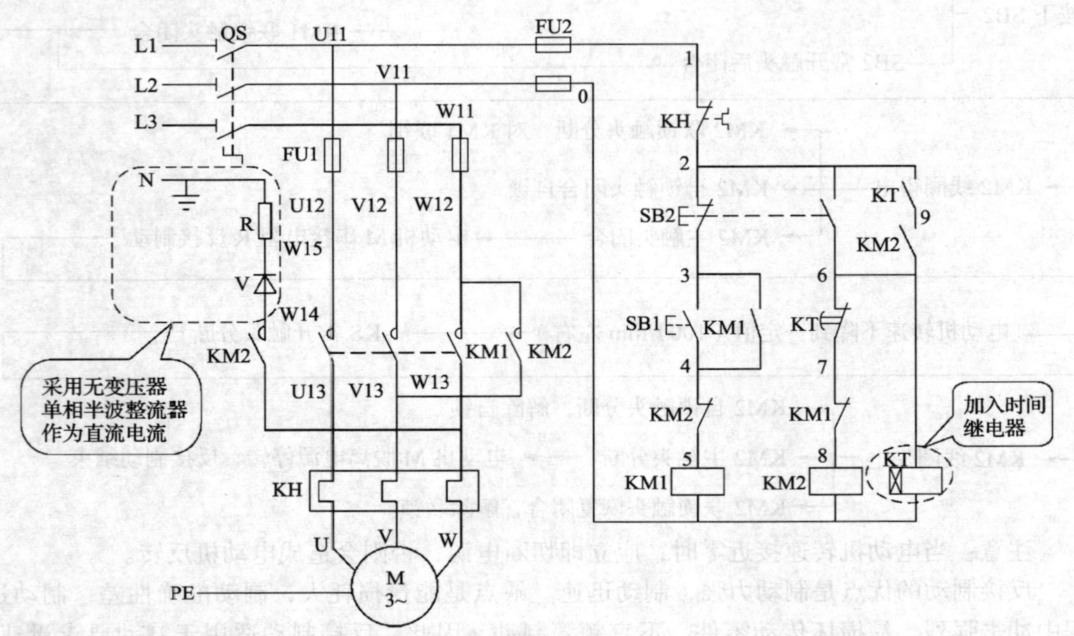

图 1—14 单相半波整流能耗制动控制电路图

电路的工作原理如下。先合上电源开关 QS。

单向启动运转：

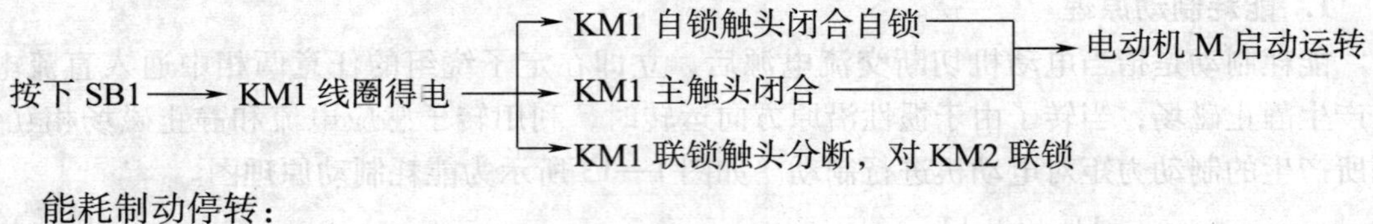

能耗制动停转：

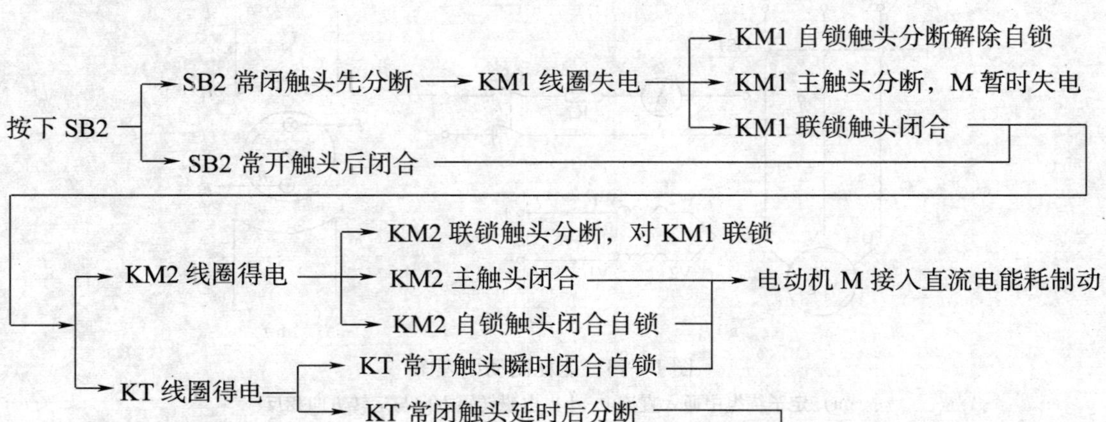

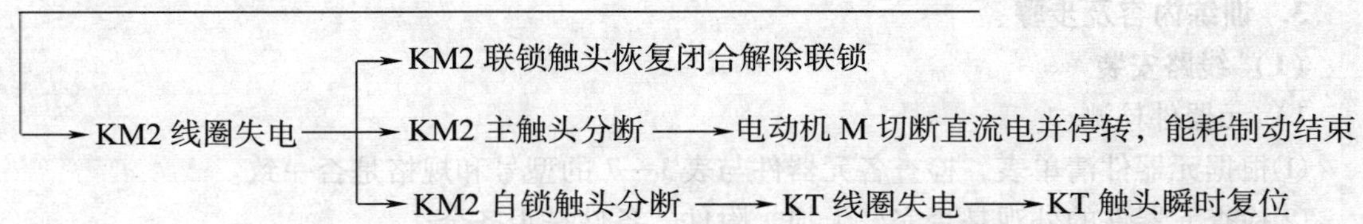

能耗制动的优点是制动准确、平稳，且能量消耗小。缺点是需要附加直流电源装置，设备费用较高，制动力较弱，在低速时制动力矩小。因此能耗制动一般用于制动准确、平稳的场合，如磨床、立式铣床等的控制线路中。

三、技能训练

训练项目 1：单向启动反接制动控制电路装调

1. 训练目标

（1）能绘制单向启动反接制动控制线路布置图和接线图。

（2）能根据电动机的规格正确选用电气元件，并列出电气元件明细表。

（3）能进行单向启动反接制动控制电路的安装、调试和运行。

2. 器材准备

（1）元器件清单

根据三相异步电动机的规格和如图 1—12 所示单向启动反接制动控制电路，选用元器件，并填入表 1—8 中。

表 1—8　单向运行反接制动控制电路元器件清单

序号	名称	型号与规格	单位	数量	备注
1	三相电动机 M	Y112 M—4，4 kW、380 V、8. 8 A、Δ 接法、1440 r/min	台	1	
2	电源开关 QS				
3	熔断器 FU1				
4	熔断器 FU2				
5	交流接触器 KM1、KM2				
6	热继电器 KH				
7	速度继电器 KS				
8	三联按钮 SB1、SB2				

（2）电工常用工具及仪表

测电笔、螺钉旋具（一字形和十字形）、尖嘴钳、斜口钳、剥线钳、电工刀、万用表等、兆欧表、钳形电流表。

（3）连接导线及接线附件

截面积为 0. 75 mm^2 和 1. 5 mm^2 的导线若干，颜色包括黄色、绿色、红色、黑色四种导线颜色；冷轧端子若干；白色套管若干；控制板；走线槽。

3. 训练内容及步骤

（1）线路安装

1）元器件检测

①根据元器件清单表，检查各元器件与表1—7的型号和规格是否一致。

②检查元器件的外观是否完好无损，附件、备件是否齐全。

③用仪表检查各元器件的有关技术数据是否符合要求。

2）元器件安装

根据图1—12所示电路自行绘制布置图，按照布置图在控制面板上安装电器元件和走线槽，并贴上醒目的文字符号。

3）布线

按图1—12所示电路或接线图（读者自行绘制）进行板前线槽配线，并在导线端部套编码套管和冷压接线头。

（2）线路检查

1）自检

安装完毕的电路板，必须认真检查后，才允许通电运行。按电路图或接线图从电源端开始，逐段核对接线及接线端子号是否正确，有无漏接、错接之处；检查导线接点是否符合要求，压接是否牢固，防止以上原因造成电路不能正常工作。

①检查主电路

断开FU2切除控制电路，检查主电路。

选用万用表倍率适当的电阻挡（R×1 Ω），并进行校零。

a. 将万用表的两只表笔分别搭在U11—V11、V11—W11和W11 — U11端子处测量相间电阻值，未操作前测得应为断路；再分别按下KM1、KM2的触头架，分别测得电动机对应的一相绕组的直流电阻值，表明主电路无短路和开路。

b. 将两只表笔分别搭在U11端子和接线端子板的U端子处，按下KM1的触头架应测得电阻值为零；松开KM1而按下KM2触头架时，应测得电动机一相绕组的电阻值。用同样的方法测量W11—W之间通路，表明换相后主电路无短路和开路。

②检查控制电路

拆下电动机接线，接通FU2。将两只表笔分别搭在U11、V11端子处，检查以下三个方面：

a. 检查启动和停车控制。按下SB1，测得KM1的线圈电阻值，在操作SB1的同时轻轻按下SB2，万用表应显示电路由通到断。

b. 检查自锁电路。按下KM1的触头架，测得KM1的线圈电阻值；如操作的同时按下SB2，则万用表显示由通到断。

c. 检查制动线路。按下SB2，电路不通。打开速度继电器的端盖，拨动摆杆，使KS闭合；按下SB2，应测得KM2的线圈阻值，同时按下KM1触头架，万用表显示电路由通到断；放开SB2按下KM2的触头架，应测得KM2的线圈电阻值。

注意：控制电路的互锁触头和自锁触头、反接制动的复合按钮、速度继电器的触头容易接错，应重点检查。

③检查线路绝缘

用兆欧表检查线路绝缘电阻的阻值，应不得小于 1 MΩ。

2）交验。学生提出申请，经老师检查无误后通电试运行。

（3）通电试运行

1）通电前必须征得教师同意，并由教师接通电源和现场监护。做好线路板的安装检查后，按安全操作规定进行试运行，即一人操作，一人监护。

2）通电试运行时，若制动不正常，可以检查速度继电器是否符合规定要求。如需调节速度继电器的螺钉，必须切断电源，以防出现对地短路事故。

3）通电试运行完毕，停转，切断电源。应先拆除三相电源线，再拆除电动机接线。

（4）注意事项

1）安装速度继电器之前，要弄清楚其结构，辨明常开触头的接线端。

2）速度继电器可以提前安装好，不计入额定时间。

3）制动操作不宜过于频繁。

训练项目 2：单相半波整流能耗制动控制线路

1. 训练目标

（1）能绘制单相半波整流能耗制动控制线路布置图和接线图。

（2）能根据电动机的规格正确选用电气元件，并列出电气元件明细表。

（3）能进行单相半波整流能耗制动控制电路的安装、调试和运行。

2. 器材准备

（1）元器件清单

根据三相异步电动机的规格和如图 1—14 所示单相半波整流能耗制动控制电路，选用元器件，填写表 1—9。

表 1—9　　无变压器单相半波整流能耗制动控制电路元器件清单

序号	名称	型号与规格	单位	数量	备注
1	三相电动机 M	Y112 M—4，4 kW、380 V、8.8 A、△形接法、1 440 r/min	台	1	
2	电源开关 QS	HZ10—25/3，三级、20 A、380 V	只	1	
3	熔断器 FU1	RL1—60/20，500 V、60 A、配熔体 20 A	套	3	
4	熔断器 FU2	RL1—15/4，500 V、15 A、配熔体 4 A	套	2	
5	交流接触器	CJ10—20，线圈电压 380 V、20 A	只	1	
6	热继电器 KH	JR36—20/3，三级、20 A、整定电流 8.8 A	只	1	
7	时间继电器	JS7—2，线圈电压 380 V	只	1	
8	三联按钮	LA10—3 H，保护式、按钮数 3	个	2	
9	整流二极管	2 CZ30、30 A、600 V	只	1	
10	制动电阻	0.5 Ω，50 W（外接）	只	1	

（2）电工常用工具及仪表

测电笔、螺钉旋具（一字形和十字形）、尖嘴钳、斜口钳、剥线钳、电工刀、万用表等。

（3）连接导线及接线附件

截面积为 0.75 mm^2 和 1.5 mm^2 的导线若干，颜色包括黄色、绿色、红色、黑色四种导线颜色；冷轧端子若干；白色套管若干；控制板；走线槽。

3．训练内容及步骤

（1）线路安装

1）元器件检测

①根据元器件清单表，检查各元器件与表 1—9 的型号和规格是否一致。

②检查元器件的外观是否完好，附件、备件是否齐全。

③用仪表检查各元器件的有关技术数据是否符合要求。

2）元器件安装

根据如图 1—14 所示自行绘制布置图，按照布置图在控制面板上安装电器元件和走线槽，并贴上醒目的文字符号。

3）布线

按如图 1—14 所示电路或接线图（请读者自行绘制）进行板前线槽配线，并在导线端部套编码套管和冷压接线头。

（2）线路检查

1）自检

①核对接线情况

按电路图或接线图从电源端开始，逐段核对接线及接线端子号是否正确，有无漏接、错接之处；检查导线接点是否符合要求，压接是否牢固。注意：主电路电源相序要改变，另外要串接制动电阻。

②检查主电路

断开 FU2 切除控制电路，选用万用表倍率适当的电阻挡（R×1 Ω），并进行校零，将万用表的两只表笔分别搭在 V11、W11 端子处。按下 KM1 的触头架，万用表应显示电路由断到通；松开 KM1 而按下 KM2 触头架时，万用表显示电路由断到通，表明主电路正常。

③检查控制电路

拆下电动机接线，接通 FU2。将万用表的两只表笔搭在 U11、V11 端子处，分别检查以下四个方面：

a．按下 SB1，测得 KM1 线圈的电阻值，在操作 SB1 的同时按下 SB2，万用表应显示电路由通到断。

b．按下 KM1 的触头架，再按下 KM2 的触头架，万用表显示由通到断。

c．按下 SB2，再按下 KM1 的触头架，万用表显示由通到断。

d．按下 SB2，断开时间继电器或拨动气囊，使时间继电器的延时触头断开，万用表显示由通到断。

④检查线路绝缘

用兆欧表检查线路绝缘电阻的阻值，应不小于 1 MΩ。

2）交验。学生提出申请，经老师检查无误后通电试运行。

（3）通电试运行

通电前必须征得教师同意，并由教师接通电源和现场监护。做好线路板的安装检查后，按安全操作规定进行试运行，即一人操作，一人监护。

1）空载试验

①拆下电动机接线，调整好 KT 的延时动作时间（一般为 3 ~5 s）。

②合上 QS，按下 SB1，KM1 得电吸合。

③按下 SB2，KM1 失电断开，KM2 得电吸合，延时 3 ~5 s 后，KM2 失电断开。

2）带负载试运行

①断开 QS，连接电动机接线，合上 QS，做好随时切断电源的准备。

②按下 SB1，观察电动机的启动情况，按下 SB2，KM1 断开，KM2 吸合，电动机迅速停转，KM2 断开。

（4）注意事项

1）时间继电器的整定时间不宜太长，以免引起定子绕组发热。

2）整流二极管要装散热器和固装散热器支架。

3）进行制动时，停转按钮 SB2 要按到底。

课后练习

1. 三相笼型异步电动机采用反接制动时，是通过（　　），使定子绕组产生反向旋转磁场，从而使转子产生一个与原转矩相反的电磁转矩，以实现制动。

A. 接入直流电　　B. 接入单相交流电　　C. 改变三相电源相序

2. 三相笼型异步电动机采用能耗制动时，给定子绕组通入（　　），从而产生一个与原转矩相反的电磁转矩，以实现制动。

A. 直流电　　B. 单相交流电　　C. 三相交流电

3. 根据所学知识，判断下列各小题的正误。

(1) 能耗制动中，常利用时间继电器在制动结束时自动切断电源，以防电动机反向启动运转。（　　）

(2) 当电动机处于制动状态时，其电磁转矩与转子旋转方向相同。（　　）

(3) 对于制动要求平稳的机械，应选用能耗制动。（　　）

(4) 由于反接制动力矩大，制动迅速，故常用于启动和制动频繁的场合。（　　）

4. 试对反接制动和能耗制动的特点及适用范围作一比较。

5. 如图 1—15 所示为有变压器单相桥式整流单向启动能耗制动控制电路。

(1) 画出布置图和接线图。

(2) 自行编写安装步骤并进行正确装调。

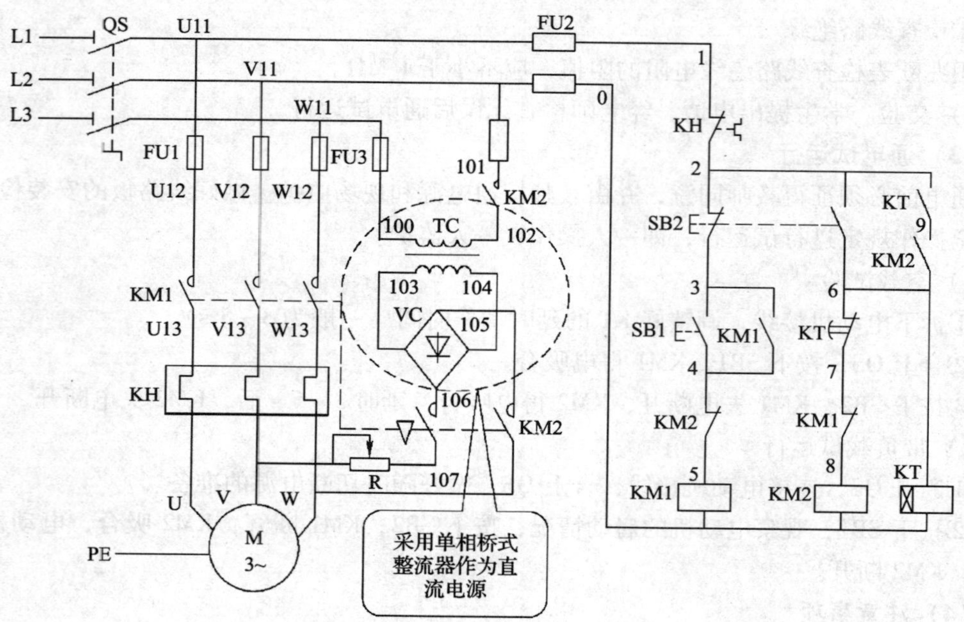

图 1—15　有变压器单相桥式整流单向启动能耗控制电路

课题 5　三相绕线转子异步电动机启动电路装调

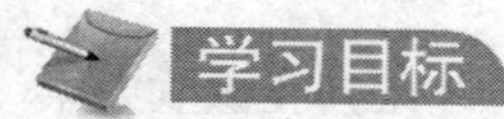

学习目标

1. 熟悉三相绕线转子异步电动机启动电路的组成。
2. 理解三相绕线转子异步电动机启动电路的工作原理。
3. 掌握三相绕线转子异步电动机启动电路的装调方法。

实际生产中，在要求启动转矩较大且能平滑调速的场合，通常采用三相绕线转子异步电动机拖动。对于绕线转子异步电动机的控制，可通过滑环在转子绕组中串接电阻或频敏变阻器，从而达到减小启动电流、增大启动转矩以及平滑调速的目的。

根据启动过程中转子绕组串接装置的不同，将绕线转子异步电动机的控制分为转子绕组串接电阻启动控制和转子绕组串接频敏变阻器启动控制两种方式。

一、转子绕组串接电阻启动电路

1. 转子串接三相电阻启动原理

启动时，在转子回路中串入作 Y 形联结、分级切换的三相启动电阻器。随着电动机转速的提高，逐级减小可变电阻。启动完毕，切除可变电阻，转子绕组被直接短接，电动机便在额定状态下运行。短接电阻的方式有平衡短接法和不平衡短接法，凡用接触器控制时，采用平衡短接法，即将每相启动电阻对称等阻值短接。

2. 时间继电器控制的转子绕组串接电阻启动电路

如图 1—16 所示为时间继电器控制的转子绕组串接电阻启动电路，该电路是利用三个时间继电器 KT1、KT2、KT3 和三个接触器 KM1、KM2、KM3 的相互配合来依次自动切除转子绕组中的三级电阻。

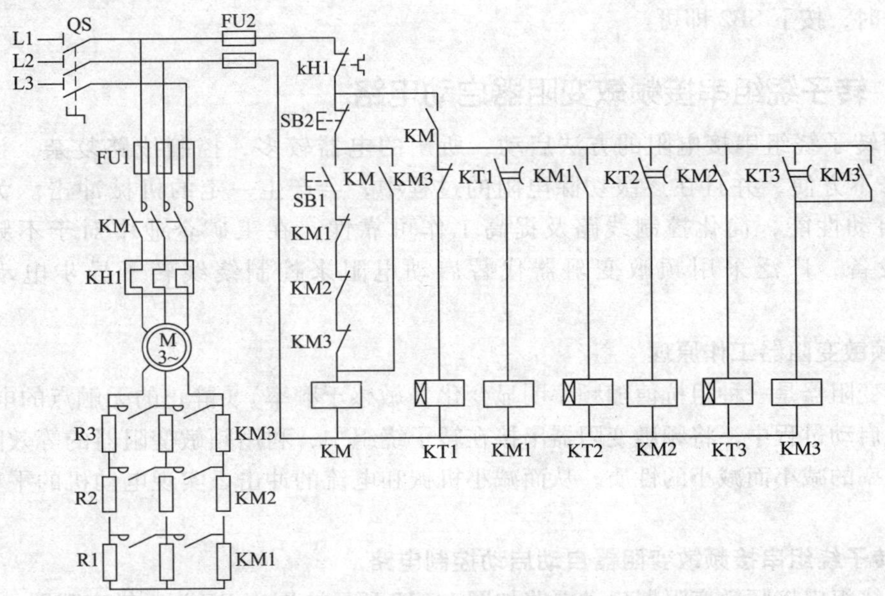

图 1—16　时间继电器控制的转子绕组串接电阻启动电路

线路的工作原理如下：

先合上电源开关 QS。

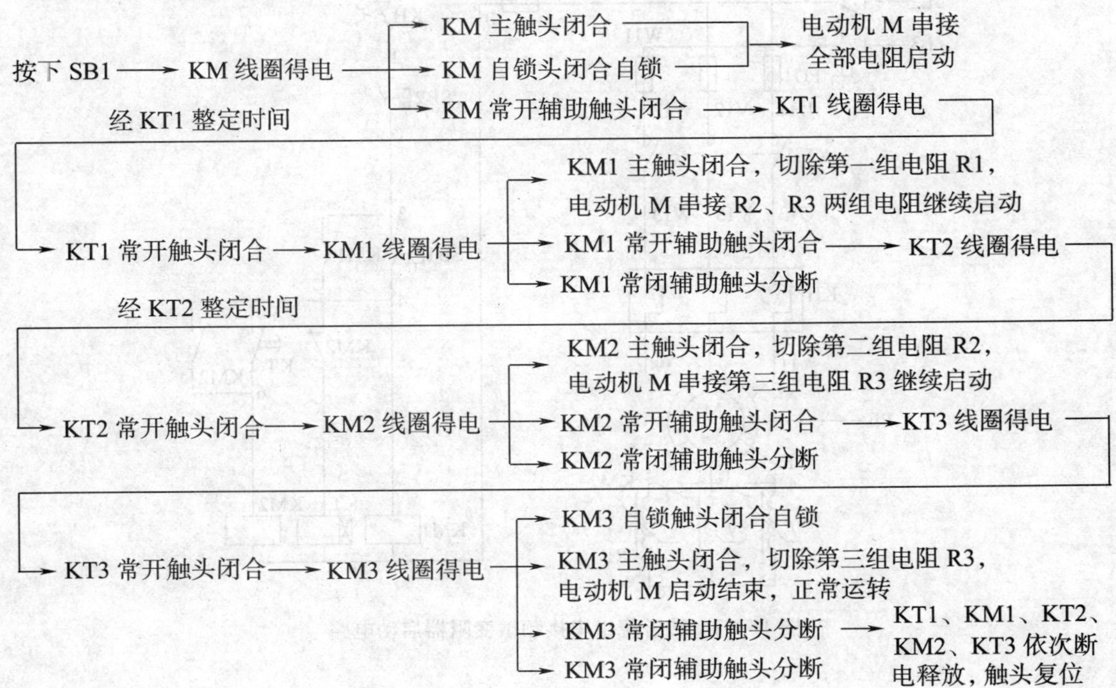

将接触器 KM1、KM2、KM3 的辅助常闭触头与启动按钮 SB1 串接的目的是保证电动机只有在转子绕组串入全部外加电阻的条件下才能启动。如果接触器 KM1、KM2、KM3 中的任何一个因触头熔焊或机械故障而不能正常释放时，即使按下启动按钮 SB1，控制电路也不会得电，电动机就不会接通电源直接启动。

停止时，按下 SB2 即可。

二、转子绕组串接频敏变阻器启动电路

采用转子绕组串接电阻的方法启动，所用的电器较多，控制线路复杂，设备投资大，维修不方便，并且在逐级切除电阻的过程中，会产生一定的机械冲击。为改善电动机的启动性能，简化控制线路及提高工作可靠性，在工矿企业中对于不频繁启动的电气设备，广泛采用频敏变阻器代替启动电阻来控制绕线转子异步电动机的启动。

1. 频敏变阻器工作原理

频敏变阻器是一种阻抗值随频率明显变化（敏感于频率）、静止的无触点的电磁元件。在电动机启动过程中，将频敏变阻器串接在转子绕组中，利用频敏变阻器的等效阻抗随转子电流频率的减小而减小的性质，从而减小机械和电流的冲击，实现电动机的平稳无级启动。

2. 转子绕组串接频敏变阻器自动启动控制电路

转子绕组串接频敏变阻器启动电路如图 1—17 所示，图中 RF 为频敏变阻器。

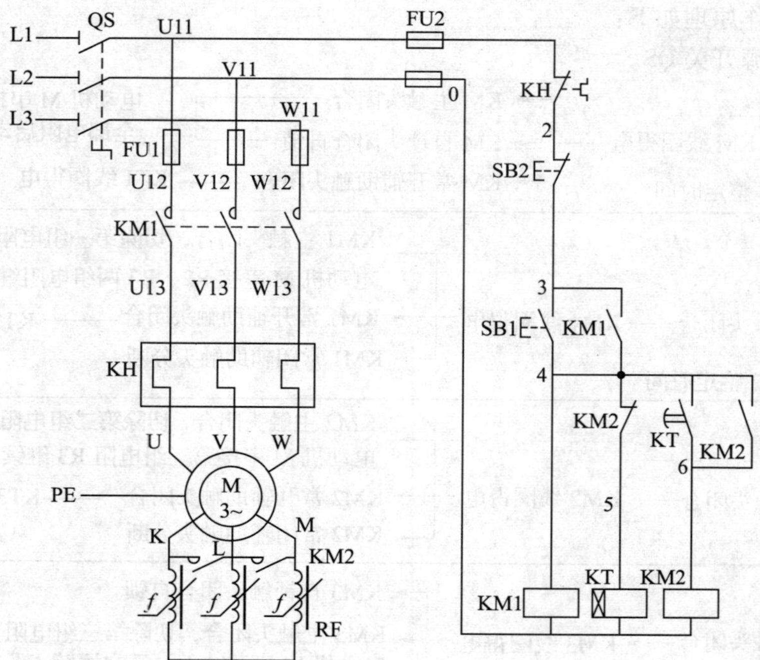

图 1—17　转子绕组串接频敏变阻器启动电路

电路工作原理如下：

先合上电源开关 QS。

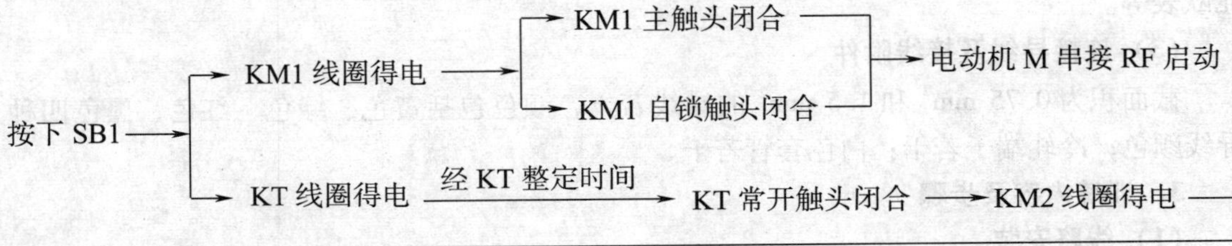

停止时，按下 SB2 即可。

三、技能训练

训练项目：转子绕组串接电阻启动电路装调

1. 训练目标

（1）能绘制时间继电器控制的转子绕组串接电阻启动电路布置图和接线图。

（2）能根据电动机的规格选用电气元件，并列出电气元件明细表。

（3）能进行时间继电器控制的转子绕组串接电阻启动电路的安装、调试和运行。

2. 器材准备

（1）元器件清单

根据三相绕线异步电动机的规格和如图 1—16 所示电路，正确选用元器件，填写表 1—10。

表 1—10　　转子绕组串接电阻启动电路元器件清单

序号	名称	型号与规格	单位	数量	备注
1	绕线式异步电动机	YZR—132 MA—6，3.7 kW、380 V	台	1	
2	组合开关	HZ10—25/3	个	1	
3	交流接触器	CJ10—20，20 A、线圈电压 380 V	只	4	
4	熔断器	RL1—60/20	套	3	
5	熔断器	RL1—15/4	套	2	
6	热继电器	JR16—20/3，三级、20 A、整定电流 10～16 A	只	1	
7	时间继电器	JS7—4 A，线圈电压 380 V	只	3	
8	启动电阻器	2 K1—12—6/1	台	1	
9	三联按钮	LA10—3 H 或 LA4—3 H	个	2	

（2）电工常用工具及仪表

测电笔、螺钉旋具（一字形和十字形）、尖嘴钳、斜口钳、剥线钳、电工刀、万用表、兆欧表等。

（3）连接导线及接线附件

截面积为0.75 mm^2 和1.5 mm^2 的导线若干，颜色包括黄色、绿色、红色、黑色四种导线颜色；冷轧端子若干；白色套管若干。

3. 训练内容及步骤

（1）线路安装

1）元器件检测

①根据元器件清单表，检查各元器件与表1—10中的型号和规格是否一致。

②检查元器件的外观是否完好，附件、备件是否齐全。

③用仪表检查各元器件的有关技术数据是否符合要求。

2）元器件安装

按照布置图在控制面板上安装电气元件和走线槽，固定好安装底板上的电气元件（要求电气元件安装牢固可靠），并贴上醒目的文字符号。

3）布线

按如图1—16所示电路图进行板前线槽配线，并在导线端部套编码套管和冷压接线头。布线工艺要求如前文所述。

（2）线路检查

1）自检

①核对接线情况

安装好的控制线路板，必须认真检查后才允许通电运行，首先按电路图或接线图从电源端开始逐段检查，以免因错接、漏接造成电路不能正常工作。确定无误后再用万用表检查线路的通断情况。

②主电路检测

选用万用表倍率适当的电阻挡（R×1 Ω），并进行校零。

a. 将万用表表笔跨接在QS下端子U11和端子排U1处，应测得断路，按下KM的触头架，万用表应显示通路，按上述步骤进行V11—V1、W11—W1之间的检测。

b. 将万用表表笔跨接在QS下端子U11和端子排V11之间，应测得断路，按下KM的触头架，万用表应显示通路，将万用表表笔跨接在转子换向器的任意两相上，再逐一按下KM1、KM2、KM3的触头架，万用表显示的阻值逐渐减小。重复另外两相之间的检测。

③控制电路检测

a. 将万用表表笔跨接在U11和V11之间，应测得断路；按住SB1不放，应测得KM线圈的阻值。如果阻值为零，则说明控制电路短路；如果阻值显示无穷大，则说明控制电路断路，应认真检查控制电路。

b. 用螺钉旋具按下接触器使其常开触头闭合，观察万用表，阻值应显示一个接触器线圈的直流电阻值，如果阻值显示无穷大，则说明自锁回路断路，如果阻值为零，则说明自锁触头接错。

c. 将万用表表笔跨接在 U11 和 V11 之间，应测得断路；按住 SB2 不放，同时按下 KM 的触头架，应测得 KT1 的线圈阻值。

④检查线路绝缘。用兆欧表检查线路绝缘电阻的阻值，该值应不小于 1 MΩ。

⑤调节时间继电器和热继电器的设定值，符合电动机启动的要求。

2）交验。学生提出申请，经老师检查无误后通电试运行。

(3) 通电试运行

1）通电前必须征得教师同意，并由教师接通电源和现场监护。做好线路板的安装检查后，按安全操作规定进行试运行，即一人操作，一人监护。

2）通电试运行完毕，停转，切断电源。应先拆除三相电源线，再拆除电动机接线。

(4) 注意事项

1）时间继电器和热继电器的整定值由学生在通电试运行前自行整定。

2）电阻器要尽可能放在箱体内，若置于箱体外，必须采取遮护或隔离措施，以防发生触电事故。

课后练习

1. 设计一台绕线转子异步电动机的控制电路并画出电路图。要求如下：

(1) 电动机单向旋转。

(2) 按下启动按钮后，经过 1 s 切断第一段转子电阻 R1，经过 2 s 切断第二段转子电阻 R2，经过 1 s 切断第三段转子电阻 R3。

(3) 运行时只允许切断 R3 的接触器工作。

(4) 具有过载、短路及零压保护环节。

2. 正确装调转子绕组串接频敏变阻器自动启动控制电路。要求如下：

(1) 画出布置图和接线图。

(2) 正确选用电气元件并列出元器件明细表。

(3) 自行编写安装步骤并按要求进行正确安装和调试。

模块二 机床电气控制电路维修

课题1 机床电气设备维修的一般要求和方法

1. 熟悉机床电气设备维修的一般要求。
2. 掌握机床电气设备维修的一般方法。

机床电气设备在运行的过程中，由于各种原因难免会产生故障，致使机床不能正常工作，不但影响生产效率，严重时还会造成人身或设备事故。因此，电气设备发生故障时，维修人员能够及时、熟练、准确、迅速、安全地查出故障并加以排除，尽早恢复机床正常运行，是非常重要的。

一、机床电气设备维修的一般要求

1. 采取的维修步骤和方法必须正确，切实可行。
2. 不可损坏完好的电气元件。
3. 不可随意更换电气元件及连接导线的型号规格。
4. 不可擅自改动电路。
5. 损坏的电气装置应尽量修复使用，但不能降低其固有的性能。
6. 电气设备的各种保护性能必须满足使用要求。
7. 绝缘电阻合格，通电试运行能满足电路的各种功能，控制环节的动作程序符合要求。
8. 修理后的电器装置必须满足其质量标准要求。电器装置的检修质量标准如下：

(1) 外观整洁，无破损和炭化现象。

(2) 所有的触头均应完整、光洁、接触良好。

(3) 压力弹簧和反作用力弹簧应具备足够的弹力。

(4) 操纵、复位机构都必须灵活可靠。

(5) 各种衔铁运动灵活，无卡阻现象。

(6) 灭弧罩完整、清洁，安装牢固。

（7）整定数值大小应符合电路使用要求。

（8）指示装置能正常发出信号。

二、机床电气设备电气故障判断、检测的几种方法

1. 直观法

通过直接观察电气设备是否有明显的外观灼伤痕迹；熔断器是否熔断；保护电器是否脱扣动作；接线有无松脱；触头是否烧蚀或熔焊；线圈是否烧毁等现象来判断故障点。

2. 通电试验法

利用通电试运行来观察故障现象，再根据原理分析的方法来判断故障范围。例如，按下启动按钮后，电动机不运行，判断故障范围的方法是：首先利用通电试运行的方法观察接触器是否动作，若接触器能动作则说明故障在主电路中，反之则故障应在控制电路或电源电路中。

3. 逻辑分析法

根据故障现象利用原理分析的方法来判断故障范围。例如，自锁控制电路只能实现点动控制，由电气控制原理可知，故障应在接触器自锁控制回路中。

4. 电压测量法

电压测量法分为电压分段测量法和电压分阶测量法，如图 2—1 所示。测量时，首先把万用表的转换开关置于交流电压 500 V 的挡位上，然后按表 2—1 所示方法进行测量。

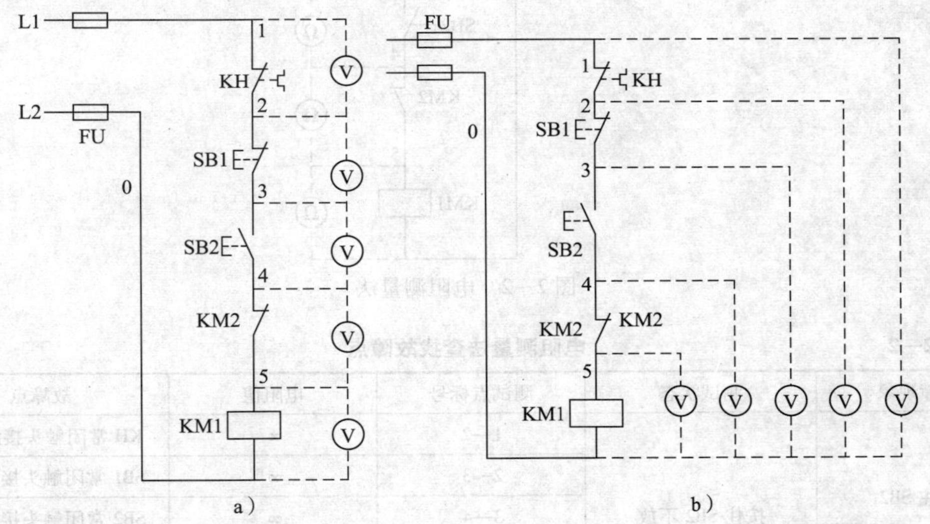

图 2—1　电压测量法

a）电压分段测量法　b）电压分阶测量法

5. 电阻测量法

利用电阻测量法时，必须切断被测电路的电源，然后将万用表的转换开关置于欧姆（R×100）挡，若测得电阻为零时则说明电路导通，阻值为无穷大则电路不通。具体测量方法见表 2—2，测试电路如图 2—2 所示。

表 2—1　　电压测量法查找故障点

故障现象	测试状态	测试点标号	电压值	故障点
按住 SB2 KM1 不吸合	按住 SB2 不放（分段测量法）	1—2	380 V	KH 常闭触头接触不良
		2—3	380 V	SB1 常闭触头接触不良
		3—4	380 V	SB2 常闭触头接触不良
		4—5	380 V	KM2 常闭触头接触不良
		5—0	380 V	KM1 线圈断路
	按住 SB2 不放（分阶测量法）	0—1	0 V	FU 熔断器熔断
		0—2	0 V	KH 常闭触头接触不良
		0—3	0 V	SB1 常闭触头接触不良
		0—4	0 V	SB2 常闭触头接触不良
		0—5	0 V	KM2 常闭触头接触不良

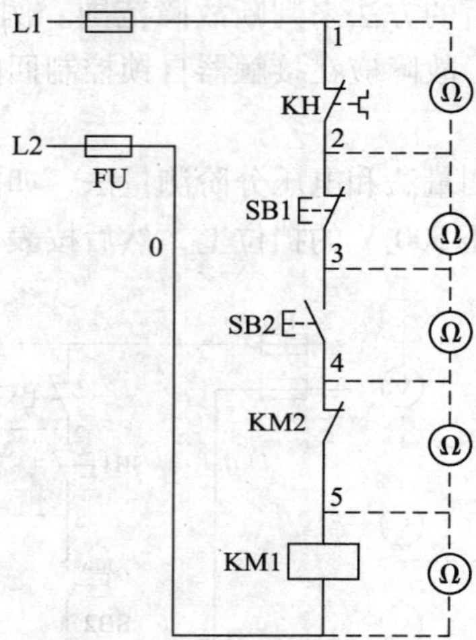

图 2—2　电阻测量法

表 2—2　　电阻测量法查找故障点

故障现象	测试状态	测试点标号	电阻值	故障点
按住 SB2 KM1 不吸合	按住 SB2 不放	1—2	∞	KH 常闭触头接触不良
		2—3	∞	SB1 常闭触头接触不良
		3—4	∞	SB2 常闭触头接触不良
		4—5	∞	KM2 常闭触头接触不良
		5—0	∞	KM1 线圈断路

6. 局部短接法

短接法是用一根绝缘良好的导线，把疑似断路的部位短接，如短接过程中电路被接通，说明电路有故障。这种方法是检查线路断路故障的一种简便可靠的方法。测试电路如图 2—3 所示，测试方法见表 2—3。

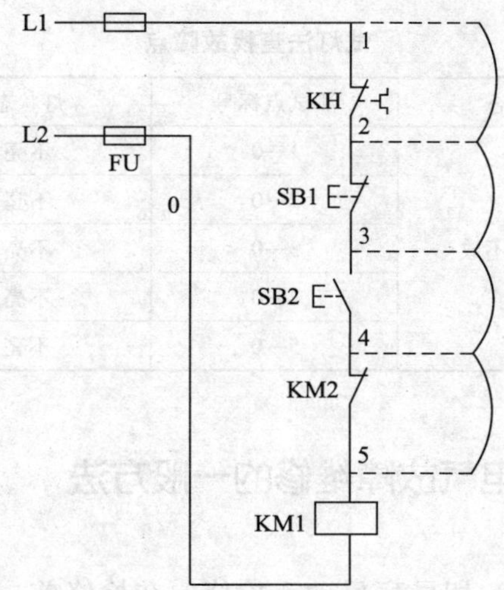

图 2—3　局部短接测量法

表 2—3　　短接法查找故障点

故障现象	测试状态	测试点标号	KM1 状态	故障点
按住 SB2 KM1 不吸合	按住 SB2 不放	1—2	吸合	KH 常闭触头接触不良
		2—3	吸合	SB1 常闭触头接触不良
		3—4	吸合	SB2 常闭触头接触不良
		4—5	吸合	KM2 常闭触头接触不良

注意：不要短接 6—0 两点，否则会造成短路。

7．试灯法

即将指示灯接在被测电路的相应位置，通过观察指示灯是否正常发光来判断故障点的一种方法。测试电路如图 2—4 所示，查找故障点的方法见表 2—4。

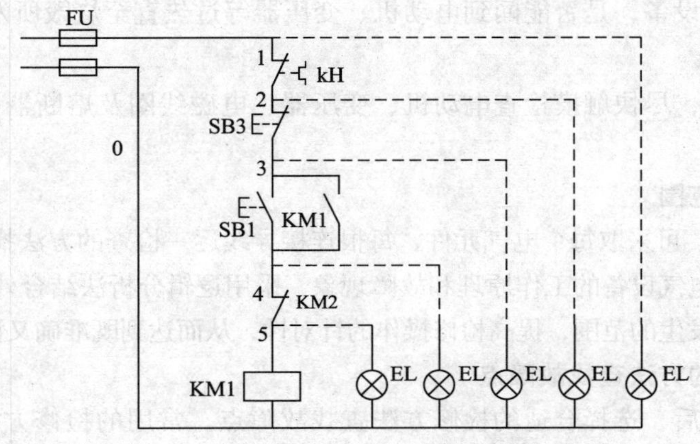

图 2—4　试灯法测试电路图

表 2—4　　试灯法查找故障点

故障现象	测试状态	测试点标号	灯状态	故障点
按住 SB1 KM1 不吸合	按住 SB1 不放	1—0	不亮	FU 熔断器熔断
		2—0	不亮	KH 常闭触头接触不良
		3—0	不亮	SB3 常闭触头接触不良
		4—0	不亮	SB1 常闭触头接触不良
		5—0	不亮	KM2 常闭触头接触不良

三、机床电气设备电气故障维修的一般方法

1. 检修前的故障调查

当电气设备发生故障后，切忌盲目动手检修。在检修前，应通过“问、看、听、闻、摸”了解故障前后的操作情况和故障发生后出现的异常现象，根据故障现象判断出故障发生的部位，进而准确地排除故障。

（1）问

通过询问操作者故障前后电路的运行状况，如设备是否有异常的响声、冒烟、火花等。故障发生前有无切削力过大或频繁地启动、停止、制动等情况；有无经过保养检修或线路改动等。

（2）看

观察故障发生后是否有明显的外观征兆，如各种信号的指示情况、有无指示熔断器的情况、保护电器是否脱扣动作、接线是否脱落、触头是否烧蚀或熔焊、线圈过热烧毁等。

（3）听

在线路还能运行和不扩大故障范围、不损坏设备的前提下，通电试运行，细听电动机、接触器和继电器等电器的声音是否正常。

（4）闻

走近有故障的设备，是否能闻到电动机、变压器等过热直至烧毁所发出的异味、焦味。

（5）摸

在切断电源后，尽快触摸检查电动机、变压器、电磁线圈及熔断器等，看是否有过热现象。

2. 确定故障范围

对简单的线路，可采取每个电气元件、每根连接导线逐一检查的方法找到故障点；对复杂的线路，则应根据电气设备的工作原理和故障现象，采用逻辑分析法结合外观检查法、通电试验等确定故障可能发生的范围，提高检修操作的针对性，从而达到既准确又快捷的检修效果。

3. 选择合适的方法查找故障点

确定故障范围后，选择合适的检修方法查找故障点。常用的检修方法有：直观法、电压测量法、电阻测量法、短接法、试灯法等。查找故障必须在确定的故障范围内，顺着检修思路逐点检查，直到找到故障点。

4. 故障排除

找到故障点后，针对不同故障情况和部位采取正确的方法修复故障。对于更换的新元件，要注意尽量使用相同的规格、型号，并进行性能检测，确定性能完好后方可替换。在故障排除中，还要注意避免破坏周围的元器件、导线等，防止故障范围扩大。

5. 通电试运行

故障修复后，应重新通电试运行，检查生产机械的各项操作是否符合技术要求。

课后练习

简述机床电气设备电气故障判断、检测的7种方法。

课题2 M7130型平面磨床控制电路维修

学习目标

1. 熟悉M7130型平面磨床电气控制电路的组成。
2. 掌握M7130型平面磨床电气控制电路原理。
3. 掌握M7130型平面磨床电气控制电路常见电气故障分析及检修方法。

磨床是用砂轮的周边或端面对工件的表面进行机械加工的一种精密机床，磨床的种类很多，根据用途可分为平面磨床、内圆磨床、外圆磨床和无心磨床以及一些专门用途的磨床。

如图2—5所示为机械加工中应用较广的M7130型平面磨床，其作用是用砂轮磨削加工各种零件的平面。它操作方便，磨削精度和光洁度都比较高，适用于磨削精密零件和各种工具，并可用作镜面磨削。

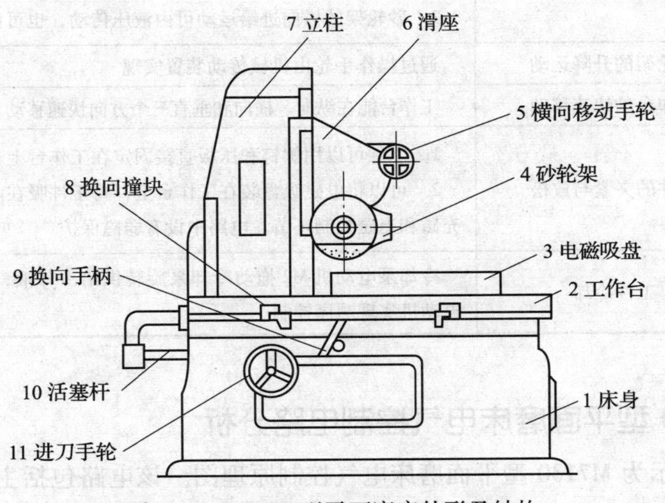

图2—5　M7130型平面磨床外形及结构

一、M7130 型平面磨床的主要结构及型号意义

1. M7130 型平面磨床主要结构

M7130 型平面磨床是卧轴矩形工作台式，其结构如图 2—5 所示，主要由床身、工作台、电磁吸盘、砂轮架（又称磨头）、滑座和立柱等部分组成。

2. M7130 型平面磨床型号意义

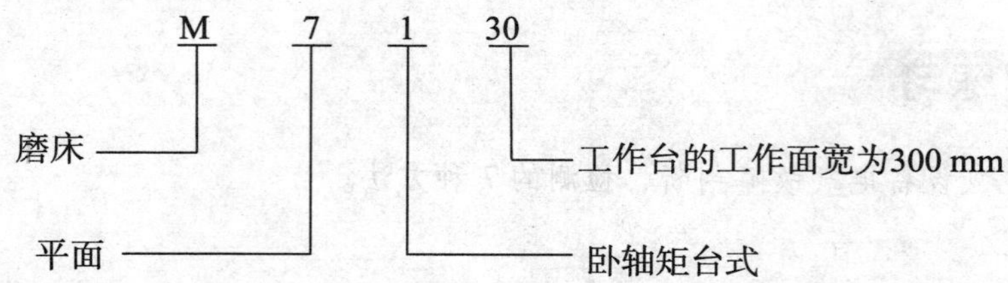

二、M7130 型平面磨床的主要运动形式及控制要求

M7130 型平面磨床的主要运动形式及控制要求见表 2—5。

表 2—5　　M7130 型平面磨床的主要运动形式及控制要求

运动种类	运动形式	控制要求
主运动	砂轮的旋转运动	1. 要求砂轮有较高的转速，通常采用两级笼型异步电动机 2. 一般采用装入式电动机，将砂轮直接接到电动机上 3. 砂轮电动机只要求单向旋转，可直接启动，无调速和制动
进给运动	工作台的纵向往复运动	1. 液压泵电动机 M3 拖动液压泵，工作台在液压作用下作纵向运动 2. 由装在工作台前侧的换向挡铁碰撞床身上的液压开关来控制工作台进给方向
	砂轮架的横向进给运动	1. 磨削过程中，工作台换向时，砂轮架就横向进给一次 2. 修正砂轮或调整其前后位置时，可连续横向移动 3. 砂轮架的横向进给运动可由液压传动，也可由手轮来操作
	砂轮架的升降运动	通过操作手轮由机械传动装置实现
辅助运动	工作台的快速移动	工作台能在纵向、横向和垂直三个方向快速移动，由液压传动机构实现
	工件的夹紧与放松	1. 工件可以用螺钉和压板直接固定在工作台上 2. 可以将电磁吸盘装在工作台上，将工件吸在电磁吸盘上。此时要有充磁和退磁控制环节。电路中设有弱磁保护
	工件冷却	冷却泵电动机 M2 拖动冷却泵旋转供给冷却液；砂轮电动机和冷却泵电动机实现顺序控制

三、M7130 型平面磨床电气控制电路分析

如图 2—6 所示为 M7130 型平面磨床电气控制原理图。该电路包括主电路、控制电路、电磁吸盘电路和照明电路四部分。

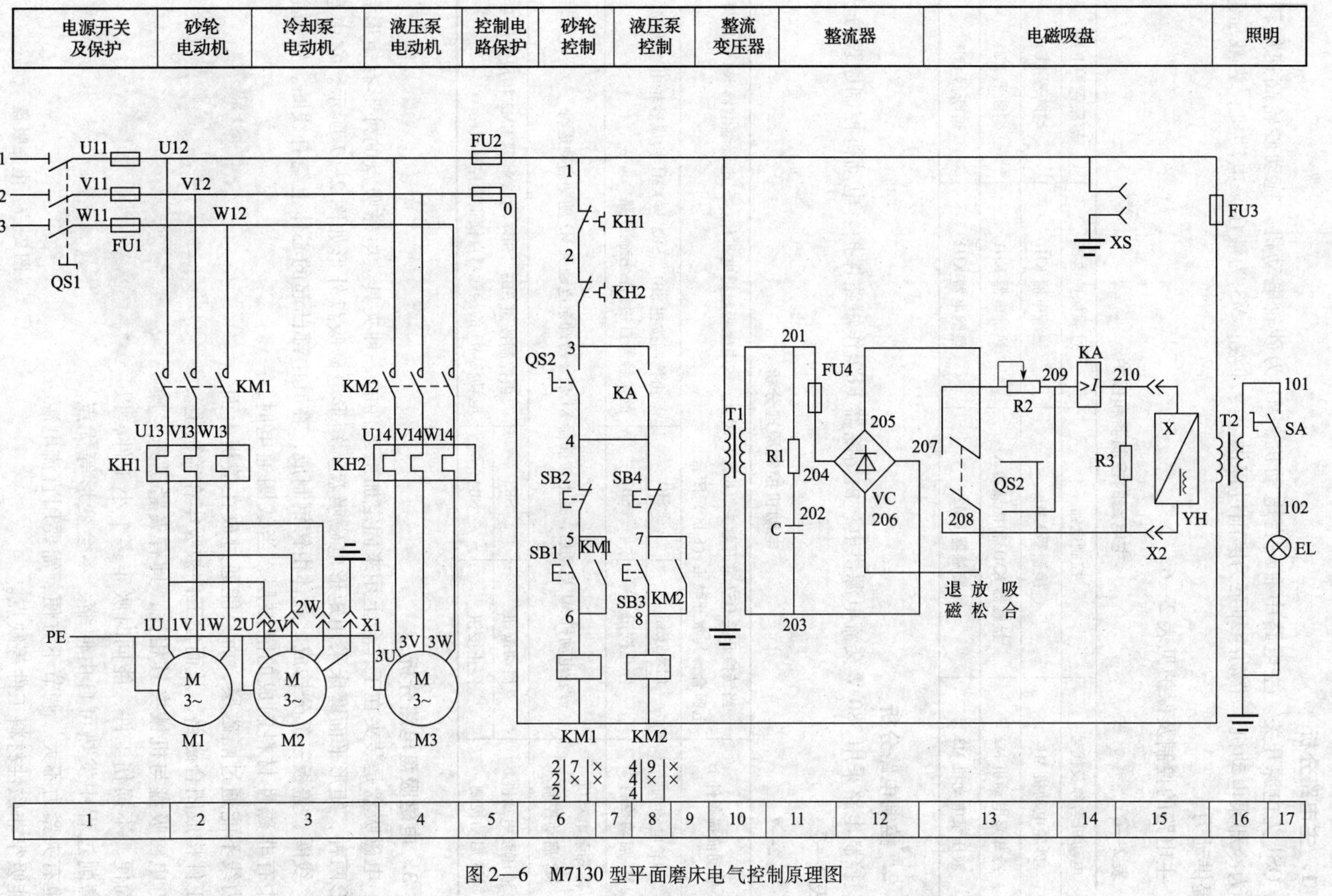

图2—6 M7130型平面磨床电气控制原理图

1. 主电路分析

QS1 为电源开关。主电路中有三台电动机，M1 为砂轮电动机，拖动砂轮高速旋转；M2 为冷却泵电动机，带动冷却泵为磨削过程供应冷却液；M3 为液压泵电动机，为液压系统提供动力。

主电路的控制及保护见表 2—6。

表 2—6 主电路的控制器和保护

电动机名称及代号	控制电器	过载保护电器	短路保护电器
砂轮电动机 M1	接触器 KM1	热继电器 KH1	熔断器 FU1
冷却泵电动机 M2	接触器 KM1 和接插器 X1	热继电器 KH1	熔断器 FU1
液压泵电动机 M3	接触器 KM2	热继电器 KH2	熔断器 FU1

2. 控制电路分析

控制电路采用 380 V 交流电源供电，由熔断器 FU2 作短路保护。电动机控制原理分析见表 2—7。

表 2—7 电动机控制原理分析

启动前提条件	当转换开关 QS2 常开触头（6 区）闭合，或电磁吸盘得电工作，欠电流继电器 KA 线圈得电吸合，其常开触头（8 区）闭合		
砂轮电动机 M1 启动控制	启动按钮	SB1	由控制按钮 SB1、SB2 与 KM1 构成砂轮电动机 M1 的接触器自锁正转控制线路
	停止按钮	SB2	
冷却泵电动机 M2 启动控制	砂轮电动机 M1 启动后，插上接插器 X1 后，冷却泵电动机 M2 随即启动运行		
液压泵电动机 M3 启动控制	启动按钮	SB3	由控制按钮 SB3、SB4 与接触器 KM2 构成液压泵电动机 M3 的接触器自锁正转控制线路
	停止按钮	SB4	

3. 电磁吸盘电路分析

电磁吸盘是装夹在工作台上用来固定加工工件的一种夹具。电磁吸盘的外形有矩形和圆形两种，矩形平面磨床采用矩形电磁吸盘。矩形电磁吸盘外形如图 2—7 所示。它由盘体、线圈、盖板三部分构成。盘体由铸钢制成，在其中部凸起的心体上绕有线圈。钢制盖板中有非磁性材料制成的隔磁层，当线圈通电时，磁力线不能通过隔磁层，而只能通过放在盖板上面的工件构成闭合磁路，从而使工件被吸牢在盖板上。

电磁吸盘与机械夹具相比，具有夹紧迅速、操作简便、不损伤工件、能同时吸牢多个小工件，以及磨削过程中发热可自由伸缩、不会变形等优点。但也有夹紧力不大、调节不方便、需要用直流电源、不能吸牢非磁性材料工件等缺点。

图 2—7 电磁吸盘

电磁吸盘控制电路可分为整流电路、控制电路和保护电路三部分。

（1）整流电路

整流变压器 T1 将 220 V 的交流电压降为 145 V，再经桥式整流器输出约 110 V 的直流电压，作为电磁吸盘线圈的电源。

（2）电磁吸盘控制电路

电磁吸盘由转换开关 QS2 控制。QS2 有吸合、放松和去磁三个位置。

当 QS2 置于“吸合”位置时：

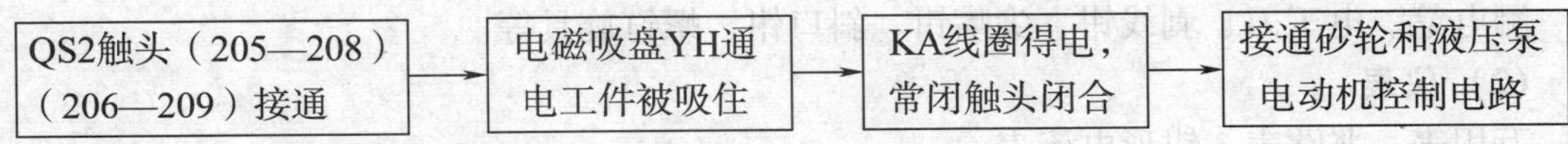

当 QS2 置于“放松”位置时：

QS2 的触头（205－208）和（206－209）恢复断开，切断电磁吸盘 YH 的电源。由于工件有剩磁而不能取下，必须退磁。

当 SA2 置于“去磁”位置时：

如果有些工件不易退磁时，可将附件退磁器的插头插入插座 XS，进行交流退磁。退磁器外形如图 2—8 所示。

图 2—8　退磁器

（3）电磁吸盘保护电路

电磁吸盘保护电路由放电电阻 R3 和欠电流继电器 KA 组成。

因为电磁吸盘的电感很大，当其从“吸合”状态变为“放松”状态的瞬间，线圈两端产生很高的自感电动势，易使线圈或其他电器由于过电压而损坏。为此，在电磁吸盘两端并联放电电阻 R3 作为其放电回路，以释放线圈中储存的磁场能量。

欠电流继电器 KA 的作用是防止在磨削过程中，当电磁吸盘突然断电或欠压故障时，电磁吸盘吸力消失或减小而导致工件飞出造成事故。

另外，电阻 R1 与电容器 C 的作用是防止电磁吸盘交流侧的浪涌电压，熔断器 FU4 为电磁吸盘提供短路保护。

4. 照明电路分析

照明变压器 T2 将交流 380 V 的交流电压降为 36 V 的安全电压供给照明电路。EL 为照明灯，一端接地，由开关 SA 控制。熔断器 FU3 作为照明电路的短路保护。

四、技能训练

训练项目：M7130 型平面磨床电气故障维修

1. 训练目标

掌握 M7130 型平面磨床电气控制电路常见电气故障的分析及检修方法。

2. 器材准备

（1）工具

测电笔、电工刀、剥线钳、尖嘴钳、斜口钳、螺钉旋具等。

（2）仪表

万用表、兆欧表、钳形电流表。

（3）设备

M7130 型平面磨床及配套电路图。

3. 训练内容及步骤

（1）通电前检查

通电前首先检查控制柜中是否有接线松动的现象，再检查外部机械，避免通电后有异常动作伤及操作人员。在保证人员安全的情况下，对控制柜通电。

（2）故障分析与检修

在此以几种常见故障为例进行分析与检修，其他故障的检修可参照此方法和步骤进行。

故障一 电磁吸盘无吸力，但照明灯 EL 正常工作。

1）故障分析

电磁吸盘无吸力，说明没有电流流过电磁吸盘线圈，因此，应先检测电磁吸盘两端有无电压，然后逐级向变压器 T1 检测。检修流程如图 2—9 所示。

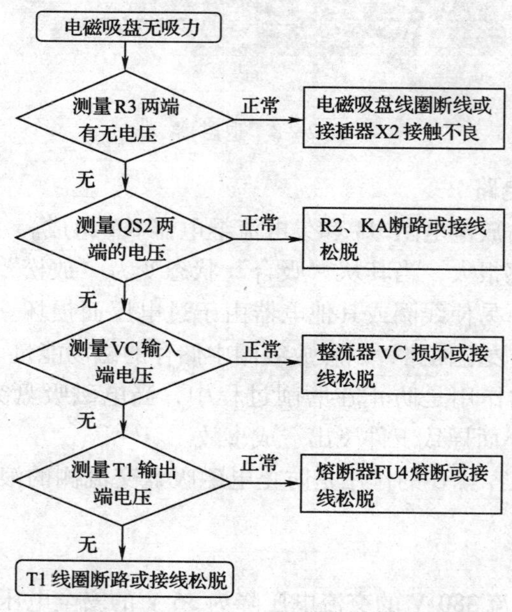

图 2—9 电磁吸盘无吸力故障检修流程图

2）故障查找与排除

故障查找电路如图 2—10 所示。

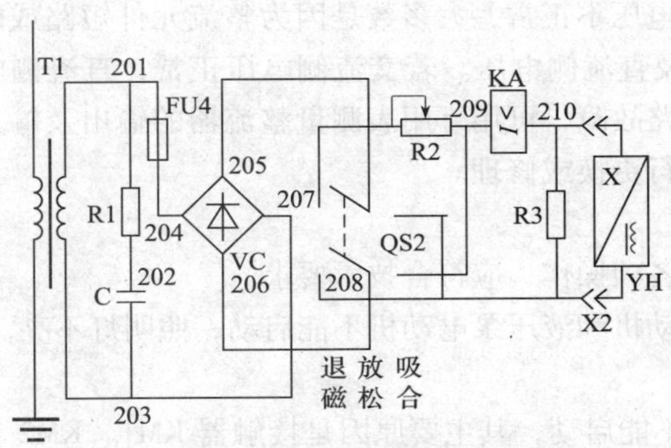

图 2—10　电磁吸盘无吸力故障查找电路

将万用表转换开关调至直流电压 250 V 挡，依次测量下列各点：

①将万用表的两个表笔跨接在电阻 R3 两端，红表笔与 R3 的 208#接点相连，黑表笔与 R3 的 210#接点相连，测得实际电压为 0 V，表明电路不正常。如图 2—11a 所示。

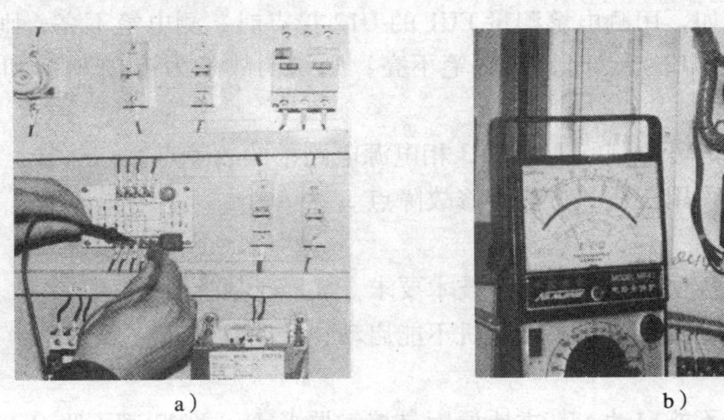

a）　　b）

图 2—11　电磁吸盘无吸力故障查找示意图

②将万用表的两个表笔跨接在 QS2 两端，红表笔接 QS2 的 208#接点，黑表笔与 QS2 的 209#接点相连，测得电压为 110 V 正常。如图 2—11b 所示。因为 QS2（208—209）两端有电压，而 R3 两端无电压，所以故障点为欠电流继电器 KA 线圈断路或接线松脱。

③检测欠电流继电器 KA 线圈的通断情况或紧固接线端头，根据具体情况修复。

3）通电试运行

重新通电试运行，检查磨床各项操作，应符合技术要求。

故障二　电磁吸盘吸力不足。

1）故障分析

引起这种故障的原因，一般是由电磁吸盘线圈发生局部短路而使电压降低，或整流器输出电压不正常造成的。

2）故障查找与排除

空载时，检测整流器输出电压应为 130 ~ 140 V，负载时应不低于 110 V。若整流器空载输出电压正常，带负载时电压远低于 110 V，则表明电磁吸盘线圈已发生局部短路，一般需要更换电磁吸盘线圈。

若空载时电磁吸盘电压不正常，大多数是因为整流元件短路或断路造成的。应检查整流器 VC 的交流侧电压及直流侧电压。若交流侧电压正常，直流侧电压不正常，则表明整流器发生元件短路或断路故障，可用万用表测量整流器的输出及输入电压，判断出故障部位，查出故障元件，进行更换或修理。

3）通电试运行

重新通电检查磨床各项操作，应符合技术要求。

故障三　砂轮泵电动机和液压泵电动机不能启动，照明灯不亮。

1）故障分析

M1、M3 电动机都不能启动，其主要原因是接触器 KM1、KM2 都不吸合，由于照明灯也不能正常工作，说明控制电路电源电压不正常。

2）故障查找与排除

①断开电源开关 QS1，取下熔断器 FU3 的熔芯，重新合上 QS1。

②用测电笔依次测量 L1 相电源电路中的各点，若测电笔不能正常发光，则说明故障点就在测试点前级。例如，用测电笔测量 FU1 的 U12 接点时，测电笔不亮，则说明故障为 FU1 熔断；测量 FU2 的 U12 接点时，测电笔不亮，则说明故障为连接 FU1 和 FU2 之间的导线松脱或断线。

③用同样的测量方法可以判断 L2 和 L3 相电源电路中的故障点。

④根据故障情况，采用合适的方法维修故障点。

3）通电试运行

重新通电检查磨床各项操作，应符合技术要求。

故障四　砂轮泵电动机和液压泵电动机不能启动，照明灯能正常发光。

1）故障分析

电动机 M1、M3 都不能启动，其主要原因是接触器 KM1、KM2 都不吸合，由于照明灯能正常工作，说明控制电路的电源电压正常，故障大多数位于控制电路的公共部分。故障范围是：1#线—KH1 触头—2#线—KH2 触头—3#线—KA 触头—4#线—0#线。

检修流程如图 2—12 所示。

2）故障查找与排除。将万用表转换开关调至交流 500 V 挡，黑表笔接熔断器 FU2（0#）接点，红表笔依次测量下列各点：

①热继电器 KH1（1#），测得电压为 380 V 为正常。

②热继电器 KH1（2#），测得电压为 380 V 为正常。

③热继电器 KH2（2#），测得电压为 380 V 为正常。

④热继电器 KH2（3#），测得电压为 0 V 为不正常。

⑤断开电源开关 QS1，修复或更换 KH2 触头。

3）通电试运行

通电检查磨床各项操作，应符合各项技术要求。

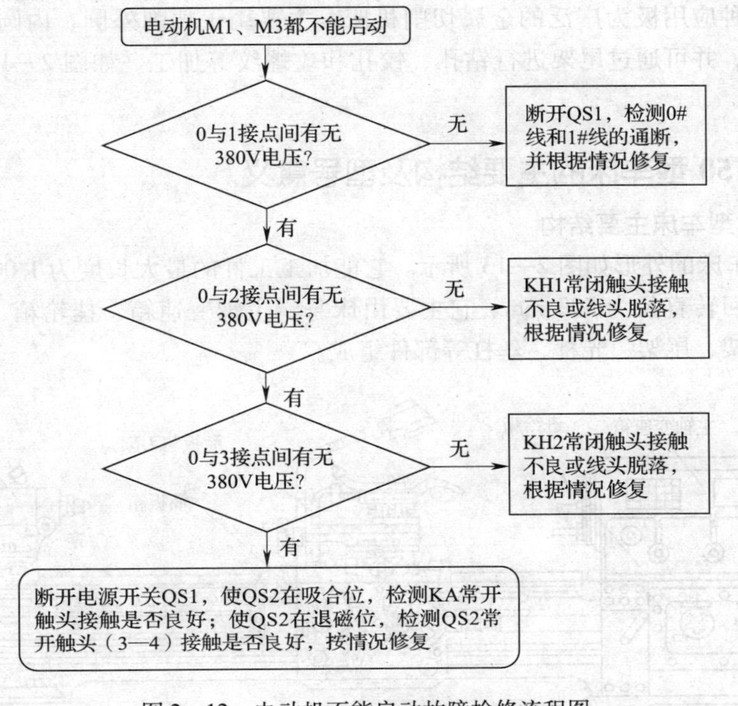

图 2—12　电动机不能启动故障检修流程图

（3）注意事项

1）检修前要认真阅读电路图，熟练掌握各个控制环节的原理及作用。

2）检修前应熟悉 M7130 型平面磨床电器布局及走线通道，熟练掌握各操作手柄、开关及电器的功能。

3）停电要验电。带电检修时，要确保用电安全。

课后练习

1. M7130 型平面磨床中砂轮电动机和液压泵电动机都不能启动，最可能的原因是什么？
2. M7130 型平面磨床的电气控制线路中，电阻 R3 的作用是什么？
3. M7130 型平面磨床电磁吸盘吸力不足会造成什么后果？如何防止出现这种现象？

课题 3　C6150 型车床电气控制电路维修

学习目标

1. 熟悉 C6150 型车床电气控制电路的组成。
2. 掌握 C6150 型车床电气控制电路原理。
3. 掌握 C6150 型车床电气控制电路常见电气故障分析及检修方法。

车床是一种应用极为广泛的金属切削机床，主要用于切削外圆、内圆、端面、螺纹、切断及割槽等，并可通过尾架进行钻孔、铰孔和攻螺纹等加工。如图 2—13 所示为 C6150 型车床。

一、C6150 型车床的主要结构及型号意义

1. C6150 型车床主要结构

C6150 型车床的外形如图 2—13 所示。它能加工工件的最大长度为 1 000 mm，工件在床身上的最大回转直径为 500 mm。它主要由床身、主轴变速箱、挂轮箱、进给箱、溜板箱、溜板与刀架、尾架、光杠、丝杠等部件组成。

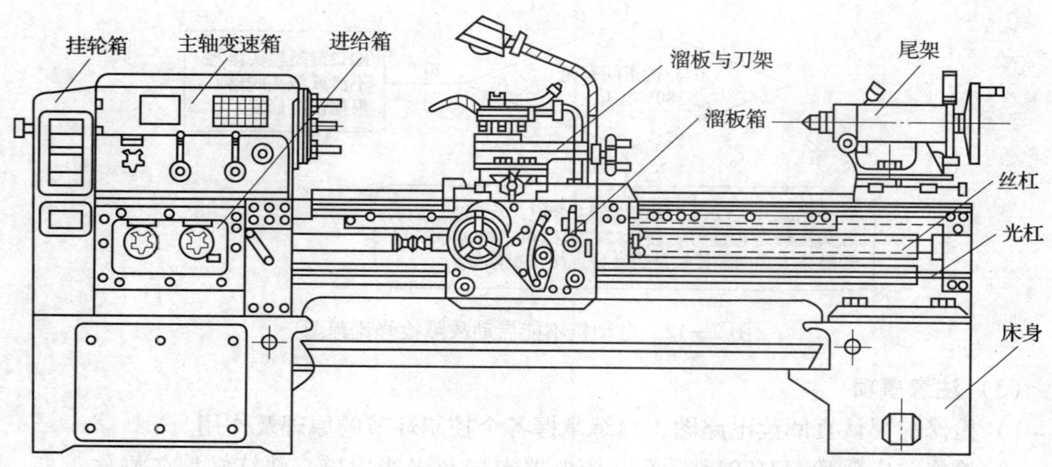

图 2—13　C6150 型车床外形图

2. C6150 型车床型号意义

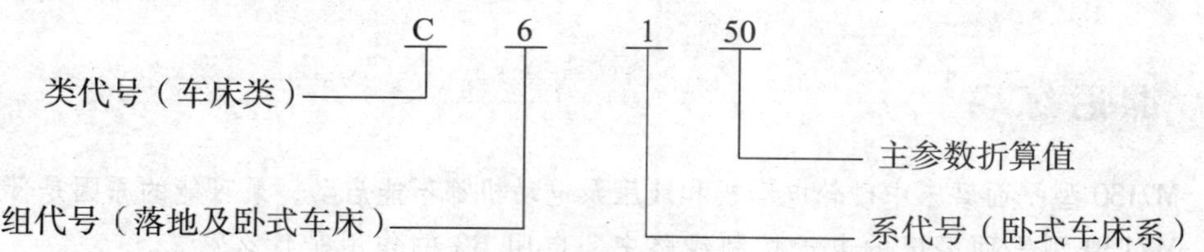

二、C6150 型车床的主要运动形式及控制要求

C6150 型车床的主要运动形式及控制要求见表 2—8。

表 2—8　　**C6150 型车床的主要运动形式及控制要求**

运动种类	运动形式	控制要求
主运动	主轴通过卡盘或顶尖带动工件的旋转运动	1. 车削加工时，一般不要求反转。但在加工螺纹时，要反转退刀，再纵向进刀继续加工，这就要求主轴具有正、反转 2. 运动从主电动机传到床头箱，当接通电磁离合器 YC1 时，使主轴得到正转；接通电磁离合器 YC2 时，通过传动链使主轴反转

续表

运动种类	运动形式	控制要求
进给运动	溜板带动刀架的纵向或横向直线运动	1. 运动方式有手动和自动两种 2. 由主轴电动机拖动，其动力经挂轮箱传给进给箱，再经光杠传入溜板箱，从而实现刀具的横向和纵向进给 3. 要求工件的旋转速度与刀具的移动速度之间具有严格的比例关系 3. 通过变速手柄，可得到正、反转各 17 种转速
辅助运动	刀架的快速移动	由刀架快速移动电动机拖动，由 SA1 三位置自动复位开关控制
	工件的夹紧与放松	由手动操作控制

三、C6150 型车床电气控制电路分析

C6150 型车床电气控制原理图如图 2—14 所示。

1. 主电路分析

主电路由低压断路器 QF1 控制，它具有过载保护和短路保护。主电路中有四台电动机，M1 为主电动机；M2 为润滑油泵电动机；M3 为冷却液电动机；M4 为快速移动电动机，由三位置自动复位开关 SA1 控制。FU1 熔断器作短路保护。主电路的控制及保护见表 2—9。

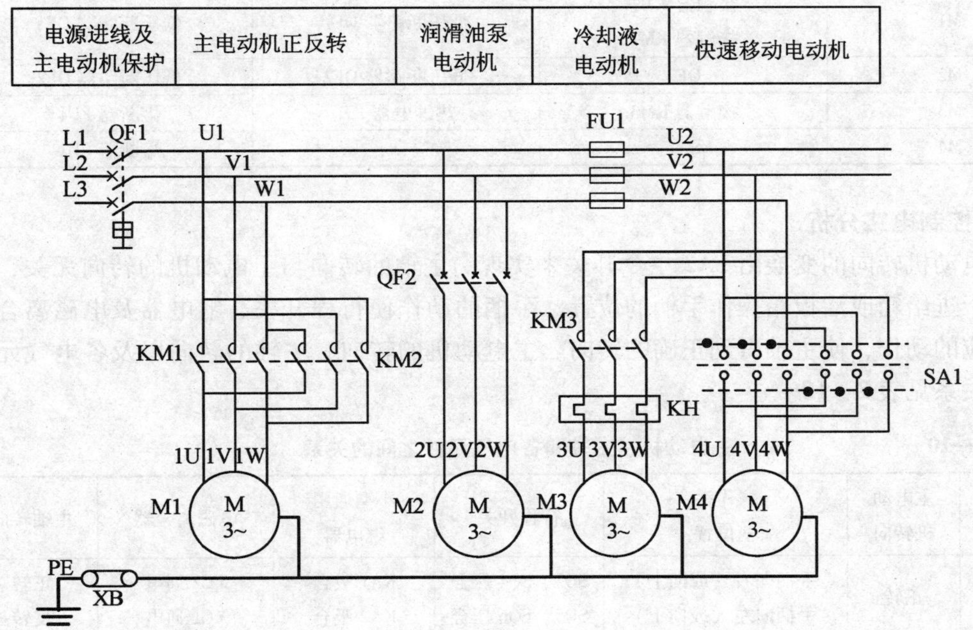

变压器	指示灯	主轴正反转离合器	主轴制动器	主轴电动机正反转	冷却液电动机	主轴正、反转

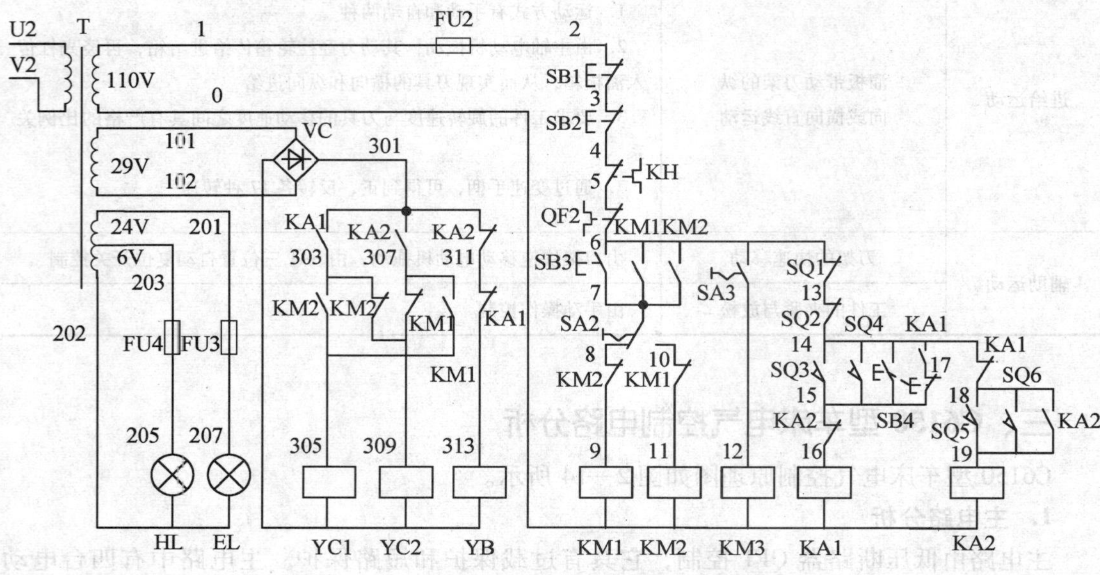

图 2—14　C6150 型卧式车床电气控制原理图

表 2—9　　　　　　　　　主电路的控制和保护

电动机代号	控制电器	过载保护电器	短路保护电器
M1	接触器 KM1 接触器 KM2	低压断路器 QF1	低压断路器 QF1
M2	QF2	低压断路器 QF2	低压断路器 QF2
M3	接触器 KM3	热继电器 KH	熔断器 FU1
M4	SA1	—	熔断器 FU1

2. 控制电路分析

主电动机转向的变换由 SA2 主令开关来实现。主轴的转向与主电动机的转向无关，而是取决于进给箱或溜板箱操作手柄的位置。手柄的动作使行程开关、继电器及电磁离合器产生相应的动作，使主轴得到正确的转向。主电动机的转向、主轴的转向以及各电气元件之间的关系见表 2—10。

表 2—10　　　　　主电动机、主轴和各电气元件之间的关系

SA2 开关选择	主电动机转向	操作手柄位置	行程开关	小型通用继电器	电磁离合器	主轴转向
n2	正转	手柄向右（或向上） 手柄向左（或向下）	SQ3、SQ4 压合 SQ5、SQ6 压合	KA1 吸合 KA2 吸合	YC2 通电 YC1 通电	正转 反转
n1	反转	手柄向右（或向上） 手柄向左（或向下）	SQ3、SQ4 压合 SQ5、SQ6 压合	KA1 吸合 KA2 吸合	YC1 通电 YC2 通电	正转 反转

当 SA2 在主电动机正转 n2 转速挡位置时：

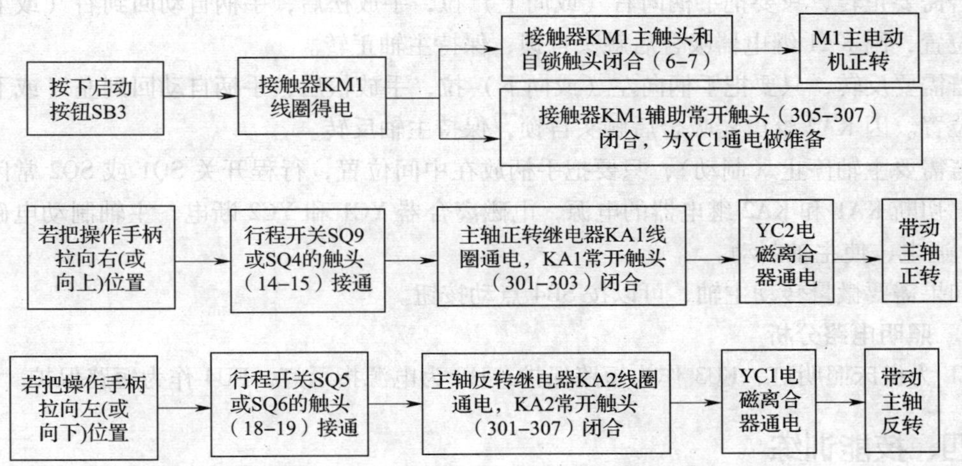

当 SA2 在主电动机反转 n1 转速挡位置时：

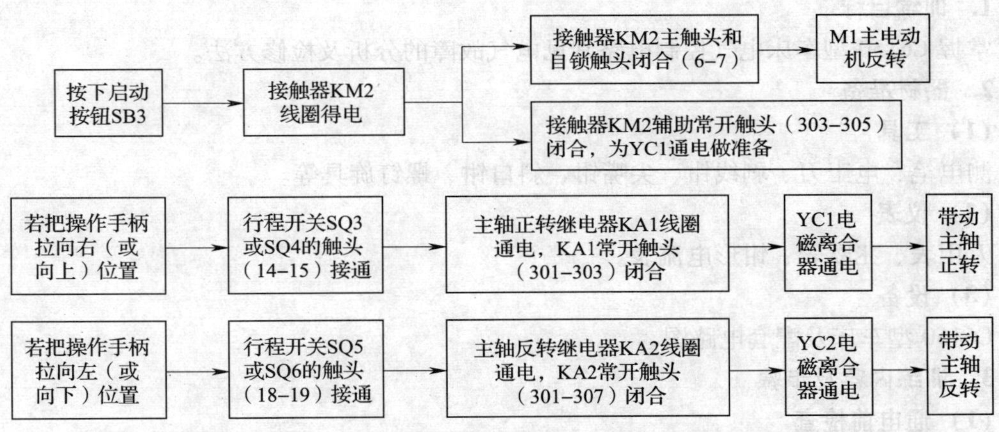

操作者控制主轴的正反转是通过进给箱操作手柄或溜板箱操作手柄来控制的，操作手柄如图 2—15 所示。

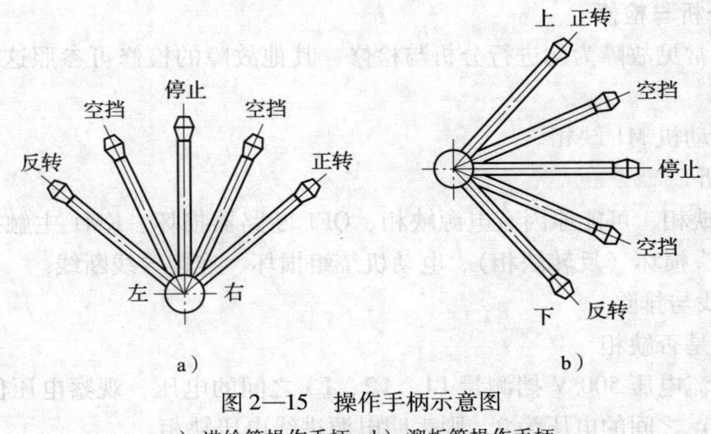

图 2—15　操作手柄示意图

a）进给箱操作手柄　b）溜板箱操作手柄

操作手柄有两个空挡、正转、停止（制动）和反转五挡位置。

若需要正转，只要把手柄向右（或向上）拉，手放松后，手柄自动回到右（或上）的空挡位置，因 KA1 继电器吸合后触头自锁，保持主轴正转。

若需要反转，只要把手柄向左（或向下）拉，手放松后，手柄自动回到左（或下）的空挡位置。因 KA2 继电器吸合后触头自锁，保持主轴反转。

若需要主轴停止（制动），只要把手柄放在中间位置，行程开关 SQ1 或 SQ2 常闭触头断开，切断 KA1 和 KA2 继电器的电源，电磁离合器 YC1 和 YC2 断电，主轴制动电磁离合器 YB 通电，使主轴制动。

如果需要微量转动主轴，可以按 SB4 点动按钮。

3. 照明电路分析

EL 为机床照明灯，FU3 作为短路保护；HL 为电源指示灯，FU4 作为短路保护。

四、技能训练

训练项目：C6150 型车床电气故障维修

1. 训练目标

掌握 C6150 型车床电气控制电路常见电气故障的分析及检修方法。

2. 器材准备

（1）工具

测电笔、电工刀、剥线钳、尖嘴钳、斜口钳、螺钉旋具等。

（2）仪表

万用表、兆欧表、钳形电流表。

（3）设备

C6150 型车床及配套电路图。

3. 训练内容及步骤

（1）通电前检查

通电前首先检查控制柜中是否有接线松动的现象，再检查外部机械，避免通电后有异常动作伤及操作人员。在保证人员安全的情况下，对控制柜通电。

（2）故障分析与检修

在此以几种常见故障为例进行分析与检修，其他故障的检修可参照这些方法和步骤进行。

故障一　电动机 M1 缺相。

1）故障分析

电动机 M1 缺相，可能原因有电源缺相、QF1 断路器损坏、KM1 主触头损坏（正转缺相）、KM2 主触头损坏（反转缺相）、电动机绕组损坏、连接导线断线。

2）故障查找与排除

①查找电源是否缺相

用万用表交流电压 500 V 挡测量 L1、L2、L3 之间的电压，观察电压值是否为 380 V。若测得任意两个点之间的电压为 0，则表明电源进线电压缺相。

②查找 QF1 断路器是否损坏

拆除电动机 M1，闭合断路器 QF1，用万用表交流电压 500 V 挡测量 U、V、W 之间的电压，若测得任意两个点之间的电压为 0，则说明断路器 QF1 有触头损坏。

③查找 KM1 主触头是否损坏（正转缺相）

断开断路器 QF1，压下 KM1 主触头，用万用表电阻 R×1 挡测量主触头是否导通，若测得任意一对触头间的电阻值为无穷大，则表明该触头损坏。

④查找 KM2 主触头是否损坏（反转缺相）

断开断路器 QF1，压下 KM2 主触头，用万用表电阻 R×1 挡测量主触头是否导通，若测得任意一对触头间的电阻值为无穷大，则表明该触头损坏。

⑤查找电动机绕组是否损坏

拆除电动机 M1，用万用表电阻 R×1 挡测量电动机绕组，若测得任意绕组的电阻值为无穷大或 0，则表明该绕组损坏。

⑥查找连接导线是否断线

用万用表电阻 R×1 挡逐一测量电动机 M1 主回路上的连接线，若测得某处的电阻值为无穷大，则表明该根导线断线。

⑦故障排除

根据具体故障，采用恰当的方法排除故障点。例如：若导线松动或断线时，采取紧固导线接线端或更换同规格导线的方法即可；若接触器主触头接触不良时，根据具体情况，可采取清洗灰尘、油污、轻轻打磨毛刺、调整压力弹簧等方法修复触头，若无法修复，更换同规格的触头即可。

3）通电试运行

通电检查车床各项操作，应符合技术要求。

故障二 控制电路不能正常工作。

1）故障分析

控制电路不能正常工作，可能原因有 FU1 熔体熔断、TC 变压器损坏、FU2 熔体熔断、SB1、SB2、KH、QF2 触头损坏或相应连接导线断线。

2）故障查找与排除

①查找 FU1 熔体是否熔断

取出 FU1 熔体，用万用表电阻 R×1 挡测量熔体两端的电阻，若测得阻值为无穷大则说明该熔体已经烧断。

②查找 TC 变压器是否损坏

合上断路器 QF1，用万用表交流电压 500 V 挡测量 TC 一次电压，应为 380 V；使用万用表交流电压 250 V 挡测量 TC 二次电压，应为 110 V，若测得电压值不正确，则表明 TC 变压器损坏。

③查找 FU2 熔体是否熔断

取出 FU2 熔体，用万用表电阻 R×1 挡测量熔体两端的电阻，若测得阻值为无穷大则表明该熔体已经烧断。

④查找 SB1、SB2、KH、QF2 触头是否损坏或相应连接导线是否断线。

合上断路器 QF1 和 QF2，用万用表交流电压 250 V 挡，以 2 号线为基准依次测 3 号、4 号、5 号、6 号、7 号线端，应为 110 V。若测得线端电压值为 0，则表明该处触头已断开或连线断开。

⑤故障排除

根据具体故障，采用恰当的方法排除故障点。例如：若导线松动或断线时，采取紧固导线接线端或更换同规格导线的方法即可；若熔体烧断更换同规格的熔体即可。

3）通电试运行

通电检查车床各项操作，应符合技术要求。

故障三 主轴正转不能正常工作。

1）故障分析

主轴正转不能正常工作，可能原因有 n2 转速挡位时 KM1 回路故障、n1 转速挡位时 KM2 回路故障、KA1 控制回路故障、变压器和整流桥故障、YC1 控制回路故障、YC2 控制回路故障。

2）故障查找与排除

①查找 n2 转速挡位时 KM1 回路是否有故障

a. 合上断路器 QF1 和 QF2，将开关 SA2 置于 n2 转速挡，按下 SB3，观察 KM1 线圈是否吸合。

b. 若不吸合，用万用表交流电压 250 V 挡，以 2 号线为基准依次测 10 号线、13 号线的电压，应为 110 V。

c. 若测得 10 号线处无电压，表明开关 SA2 触头损坏或相应连接导线断线。

d. 若测得 13 号线处无电压，表明接触器 KM2 常闭触头损坏或相应连接导线断线。

e. 若电压正常，断开 QF2，使用万用表电阻 R×1 挡测量 KM1 线圈，若测得电阻值为无穷大，表明线圈烧断。

②查找 n1 转速挡位时 KM2 回路是否有故障

查找方法同上。

③查找 KA1 控制回路是否有故障

a. 合上断路器 QF1 和 QF2，将开关 SA2 置于 n1 转速挡或 n2 转速挡，按下 SB3，KM1 和 KM2 线圈吸合，将操作手柄置于主轴正转位置（右或上）。

b. 使用万用表交流电压 250 V 挡，以 2 号线为基准依次测 19 号线、21 号线、23 号线和 25 号线的电压，均应为 110 V。若电压为 0，说明该处触头损坏或相应连接导线断线。

c. 若电压正常，断开 QF2，用万用表电阻 R×1 挡测量 KA1 线圈，若电阻值为无穷大，表明线圈烧断。

④查找 TC 变压器和整流桥是否有故障

a. 合上断路器 QF1 和 QF2，使用万用表交流电压 50 V 挡测量 101 和 102 之间的电压，应为 29 V，若电压值不正确，表明变压器损坏。

b. 用万用表直流电压 50 V 挡测量 301 和 302 之间的电压，应为直流 24 V，若无电压或电压值不正确，表明整流器损坏。

⑤查找 YC1 控制回路是否有故障

a. 合上断路器 QF1 和 QF2，以 302 为基准，用万用表直流电压 50 V 挡依次测量 303 和 305，应为直流 24 V，若电压值不正确，表明该处的触头损坏或相应连接导线断线。

b. 若电压正常，断开 QF2，使用万用表电阻 R×1 挡测量 YC1 线圈，应为 33 Ω，若电阻值不正确，表明 YC1 线圈断线或短路。

⑥查找 YC2 控制回路是否有故障

查找方法同上。

⑦故障排除

根据具体故障，采用恰当的方法排除故障点。例如：若导线松动或断线时，采取紧固导线接线端或更换同规格导线的方法即可；若接触器主触头接触不良时，根据具体情况，可采取清洗灰尘、油污、轻轻打磨毛刺、调整压力弹簧等方法修复触头，若无法修复，更换同规格的接触器即可；若电磁离合器线圈断线或短路，更换同规格的电器即可。

3）通电试运行

通电检查车床各项操作，应符合技术要求。

（3）注意事项

1）检修前要认真阅读 C6150 型车床电路图，熟练掌握各个控制环节的原理及作用。

2）检修前应熟悉 C6150 型车床电器布局及走线通道，熟练掌握各操作手柄、开关及电器的功能。

3）停电要验电。带电检修时，要确保用电安全。

课后练习

1. C6150 型车床的主轴是如何实现正反转的？

2. 在 C6150 型车床中，若主轴电动机 M1 无法反转，请分析故障原因并写出排除步骤。

课题 4　Z3040 型摇臂钻床控制电路维修

学习目标

1. 熟悉 Z3040 型摇臂钻床电气控制电路的组成。
2. 掌握 Z3040 型摇臂钻床电气控制电路原理。
3. 掌握 Z3040 型摇臂钻床电气控制电路常见电气故障分析及检修方法。

钻床是一种用途广泛的孔加工机床。从机床的结构来分，有立式钻床、卧式钻床、台式钻床、深孔钻床等。立式钻床中摇臂钻床应用较为广泛，它适用于单件或批量生产中带有多孔的大型零件的孔加工，在钻床中具有一定的典型性。

一、Z3040 型摇臂钻床的主要结构及型号意义

1．Z3040 型摇臂钻床主要结构

Z3040 型摇臂钻床的外形及结构如图 2—16 所示。它主要由底座、内立柱、外立柱、摇臂、主轴箱和工作台等部分组成。

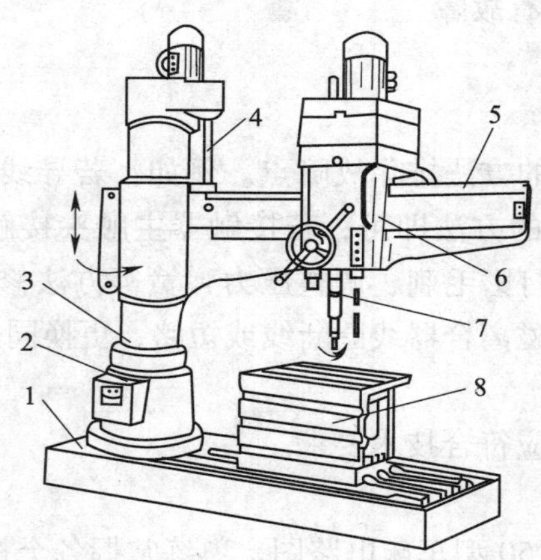

图 2—16　Z3040 型摇臂钻床结构示意图

1—底座　2—内立柱　3、4—外立柱　5—摇臂　6—主轴箱　7—主轴　8—工作台

机床各主要部件的装配关系：

主轴 —安装在→ 主轴箱 —坐落在→ 摇臂 —紧固在→ 外立柱 —套在→ 内立柱 —固定在→ 底座

工件 —固定在→ 工作台 —固定在→ 底座

注：“→”表示液压夹紧机构相连。

2．Z3040 型摇臂钻床型号意义

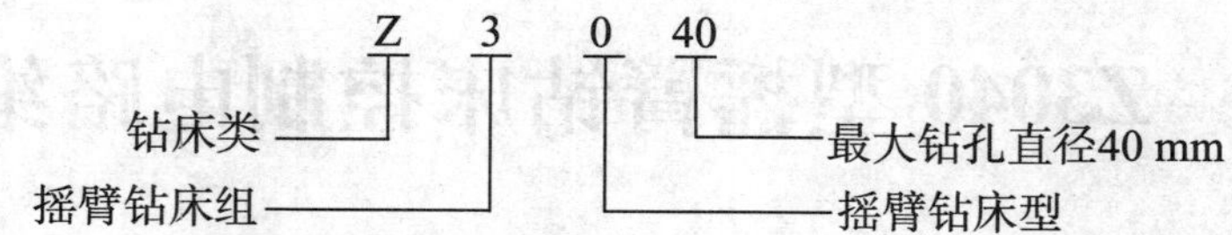

二、Z3040 型摇臂钻床的主要运动形式及控制要求

Z3040 型摇臂钻床的主要运动形式及控制要求见表 2—11。

表 2—11　　Z3040 型摇臂钻床的主要运动形式及控制要求

运动种类	运动形式	控制要求
主运动	主轴带动钻头的旋转运动	1．由主轴电动机 M1 拖动，只要求单方向运转 2．主轴的正反转通过正反转摩擦离合器实现 3．主轴的转速和进给量通过变速机构调节

续表

运动种类	运动形式	控制要求
进给运动	主轴的上下进给运动	由主轴电动机拖动，其动力通过主轴传给主轴进给变速传动机构，经蜗杆轴和水平轴传给主轴套，使主轴获得进给运动
辅助运动	摇臂沿外立柱的升降运动	由电动机 M2 拖动，通过升降丝杠带动摇臂沿外立柱作上下运动，需正反转控制及限位保护
	摇臂的回旋运动	靠人力推动，摇臂与外立柱一起绕内立柱作回旋运动
	主轴箱沿摇臂径向运动	无电动机拖动，通过手轮操作
	工件加工过程的冷却	由冷却泵电动机 M4 拖动冷却泵供冷却液
	摇臂及主轴箱的夹紧与放松	由液压泵电动机 M3 配合液压装置来实现，要求电动机 M3 能正反转

三、Z3040 型摇臂钻床电气控制电路分析

如图 2—17 所示为 Z3040 型摇臂钻床电气控制原理图。

变压器 T 将 380 V 电压转换成交流 110 V 电压作为控制电路的电源，它由主轴电动机控制部分、摇臂升降电动机控制部分、主轴箱和立柱夹紧与放松部分、局部照明和工作状态指示部分组成。

1. 主电路分析

主电路中共有四台电动机。M1 为主轴电动机，为主轴的旋转和进给运动提供动力；M2 为摇臂升降电动机，通过升降丝杠带动摇臂上下移动；M3 为液压泵电动机，通过液压系统实现立柱及主轴箱的夹紧与放松；M4 为冷却泵电动机，为钻削加工过程中提供切削液。主电路的控制及保护见表 2—12。

表 2—12　　主电路的控制和保护

电动机名称及代号	控制电器	短路保护电器	过载保护电器
主轴电动机 M1	KM1	FU1	KH1
摇臂升降电动机 M2	KM2 KM3	FU2	—
液压泵电动机 M3	KM4 KM5	FU2	KH2
冷却泵电动机 M4	组合开关 SA1	FU1	—

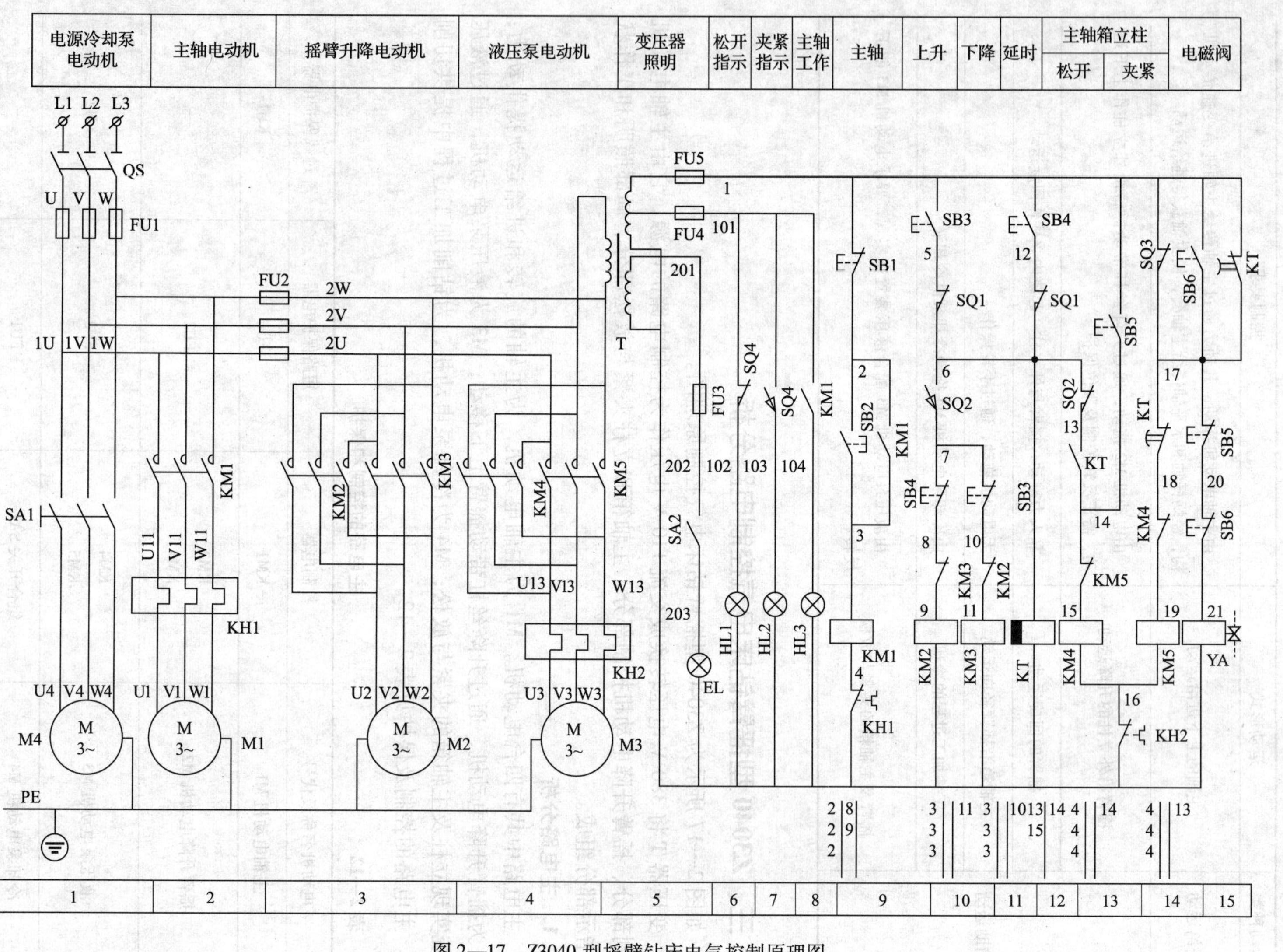

图2—17 Z3040型摇臂钻床电气控制原理图

2. 控制电路分析

(1) 主轴电动机 M1 的控制

先合上电源开关 QS。

按下 SB1，接触器 KM1 失电复位，电动机 M1 停转，同时指示灯 HL3 熄灭。

(2) 摇臂升降电动机 M2 的控制

摇臂升降前，必须先将夹紧在立柱上的摇臂松开，然后上升或下降，升降到所需位置时自行夹紧，摇臂在松开或夹紧过程中电磁阀 YA 处于通电状态。

1）摇臂上升启动过程

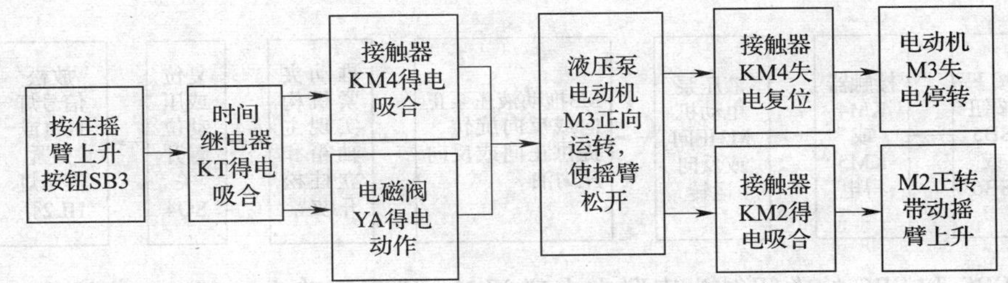

具体分析：按住摇臂上升按钮 SB3，SB3 的常闭触头（11 区）先断开，实现对接触器 KM3（11 区）联锁，SB3 的常开触头（10 区）后闭合，使断电延时继电器 KT（12 区）得电吸合，KT 瞬时闭合的常开触头（13 区 13～14）立即闭合，接触器 KM4 得电吸合，液压泵电动机 M3 正向启动运转，拖动液压泵供给正向压力油。与此同时，KT 的延时闭合常闭触头（14 区 17～18）立即断开，而 KT 的延时断开的常开触头（15 区 1～17）立即闭合，使电磁阀 YA 得电，压力油进入摇臂夹紧机构的松开油腔，推动活塞和菱形块将摇臂松开，并使摇臂夹紧位置开关 SQ3 触头（14 区 1～17）复位闭合（SQ3 在摇臂夹紧时处于被压动断开状态），为摇臂夹紧（即 KM5 得电）做好准备。当摇臂完全松开后，活塞杆通过弹簧片压下位置开关 SQ2，使其常闭触头（13 区 6～13）断开，KM4 失电，M3 停转，SQ2 常开触头（10 区 6～7）闭合，接触器 KM2 得电吸合，摇臂升降电动机 M2 正转，拖动摇臂上升。

2）摇臂上升停止过程

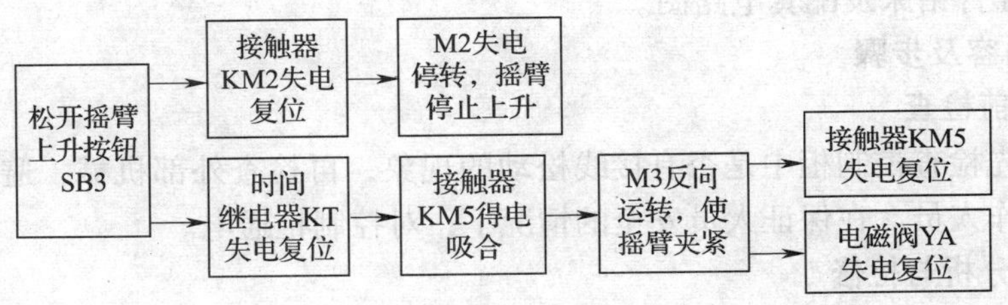

具体分析：当摇臂上升到所需位置时，松开按钮 SB3，则接触器 KM2、时间继电器 KT 同时断电释放，摇臂升降电动机 M2 停止运转，摇臂也停止上升。由于时间继电器 KT 断电释放使瞬时闭合的常开触头（13 区 13～14）立即复位断开，确保 KM4 不能得电。当 KT 延时时间到，KT 的延时断开的常开触头（15 区 1～17）复位断开，KT 的延时闭合常闭触头（14 区 17～18）复位闭合，接触器 KM5 线圈得电吸合，液压泵电动机 M3 反向启动运转，拖动液压泵供给反向压力油，使压力油进入摇臂夹紧机构的夹紧油腔，推动活塞和菱形块使摇臂夹紧。当摇臂夹紧后，活塞杆通过弹簧片压下 SQ3，使其常闭触头断开，同时松开 SQ2，电磁阀 YA、接触器 KM5 都断电，液压泵电动机 M3 停止运转，摇臂夹紧过程结束。

摇臂下降的启动和停止过程可自行分析。

（3）立柱、主轴箱的松开和夹紧

立柱、主轴箱的松开与夹紧是同时进行控制的，这时电磁阀 YA 处于失电状态。

当需要放松或夹紧时：

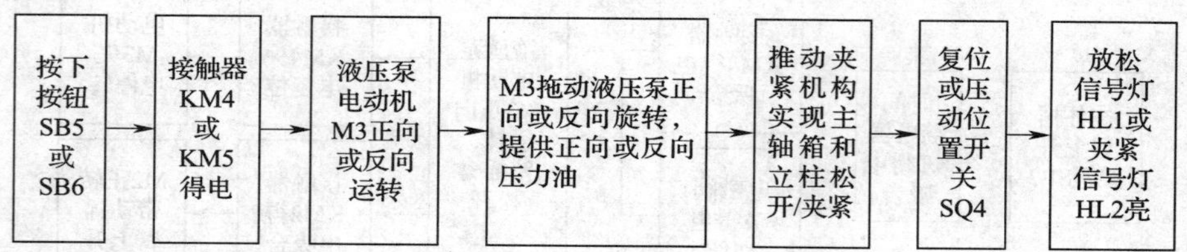

由于 SB5 和 SB6 的常闭触头串联在电磁阀 YA 线圈回路中，所以 YA 始终不会得电，保证压力油进入主轴箱和立柱的夹紧装置中。

四、技能训练

训练项目：Z3040 型摇臂钻床电气故障维修

1. 训练目标

掌握 Z3040 型摇臂钻床电气控制电路常见电气故障的分析及检修方法。

2. 器材准备

（1）工具

测电笔、电工刀、剥线钳、尖嘴钳、斜口钳、螺钉旋具等。

（2）仪表

万用表、兆欧表、钳形电流表。

（3）设备

Z3040 型摇臂钻床及配套电路图。

3. 训练内容及步骤

（1）通电前检查

通电前首先检查控制柜中是否有接线松动的现象，再检查外部机械，避免通电后有异常动作伤及操作人员。在保证人员安全的情况下，对控制柜通电。

（2）故障分析与检修

在此以几种常见故障为例进行分析与检修，其他故障的检修可参照这些方法和步骤进行。

故障一 摇臂能下降但不能上升。

1）故障分析

因为按下摇臂上升启动按钮 SB3 后，接触器 KM2 能正常吸合，只是电动机 M2 不能启动运转而导致摇臂也不上升，所以故障应位于 M2 主电路中，又因摇臂能下降，所以故障范围应为 KM2 主触头接触不良或导线松动。

2）故障查找与排除

①将万用表转换开关调至 R×100 欧姆挡，然后断开电源开关 QS，用万用表测量接触器 KM2 和 KM3 主触头上端头之间连接导线通断情况，若测得阻值为零则正常，若为无穷大则说明这根连接导线断路或线头松脱。用同样的方法可以检测 KM2 和 KM3 主触头下端头之间连接导线通断情况。

②人为按下接触器 KM2 动作试验按钮，用万用表测量 KM2 三对主触头的通断情况，若测阻值为较大或为无穷大，则表明故障为该相主触头接触不良。

③根据具体故障，采用恰当的方法排除故障点。例如：导线松动或断线时，采取紧固导线接线端或更换同规格导线的方法即可；接触器主触头接触不良时，根据具体情况，可采取触头灰尘、油污、氧化层、毛刺，调整压力弹簧等方法修复触头，若无法修复更换同规格的触头即可。

3）通电试运行

通电检查钻床各项操作，应符合技术要求。

故障二 摇臂不能升降。

1）故障分析

摇臂不能升降的主要原因是接触器 KM2、KM3 都没得电吸合，若时间继电器 KT 得电动作，说明控制电路的电源电压正常，升降按钮 SB3、SB4 或接触器 KM2、KM3 一般不会同时发生故障，这种情况的故障大多数位于控制电路的公共部分。因此，故障范围是 6#线—SQ2 常开触头—7#线。分析与检修流程如图 2—18 所示。

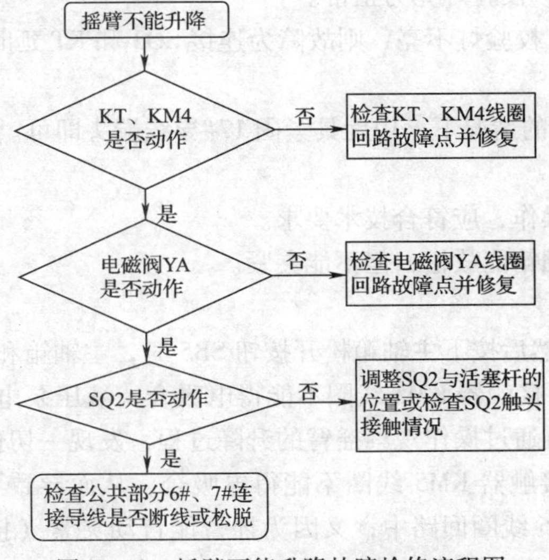

图 2—18 摇臂不能升降故障检修流程图

2）故障查找与排除

将万用表转换开关旋至交流 250 V 挡，黑表笔接变压器 T（0#）接点，合上电源开关 QS，按住启动按钮 SB3 不放，红表笔依次测量下列各点：

①位置开关 SQ2（6#），测得电压为 110 V 为正常。

②位置开关 SQ2（7#），测得电压为 110 V 为正常。

③按钮 SB4 常闭触头（7#），测得电压为 0 V，说明故障就在此处，故障为 7#导线松脱或断线。

④断开电源开关 QS，用旋具紧固 7#导线，若故障仍不能排除，则更换同规格导线即可。

3）通电试运行

通电检查钻床各项操作，应符合技术要求。

故障三　摇臂不能夹紧。

1）故障分析

当摇臂升降到预定位置时，松开摇臂升降启动按钮，观察到摇臂升降电动机 M2 停转，时间继电器 KT 失电，但接触器 KM5 不吸合，液压泵电动机 M3 没有启动运行，摇臂不能夹紧。这时可以按下主轴箱松开按钮 SB5，使主轴箱先松开，然后再按下主轴箱夹紧按钮 SB6，发现主轴箱能够夹紧。

根据故障现象可知，导致摇臂不能夹紧的原因是 KM5 不能得电吸合，所以故障位于 KM5 线圈回路中。又因为主轴箱能夹紧（KM5 能得电吸合），所以故障应为 SQ3 闭合时触头接触不良或连接导线松脱。

2）故障查找与排除

采用试灯法查找故障点。将校验灯（110 V）一脚引线接在变压器 T（0#）接点上，合上电源开关 QS，灯的另一脚引线依次测试下列各点：

①SQ3（1#）接点，校验灯亮为正常。

②SQ3（17#）接点，校验灯亮为正常。

③KT（17#）接点，校验灯不亮，则故障为连接 SQ3 和 KT 延时闭合常闭触头的 17#导线松脱。

④断开电源开关 QS 的情况下，用旋具紧固 17#导线端头即可。

3）通电试运行

通电检查钻床各项操作，应符合技术要求。

故障四　立柱和主轴箱能放松，但不能夹紧。

1）故障分析

合上电源开关 QS，然后按下主轴箱松开按钮 SB5 时，主轴箱和立柱能正常松开；再按下主轴箱夹紧按钮 SB6，接触器 KM5 线圈不能得电吸合，液压泵电动机 M3 不能运行，主轴箱和立柱不能夹紧。再通过操作观察摇臂的升降过程，发现一切正常。

因为按下 SB5 时，接触器 KM5 线圈不能得电吸合，从而导致了主轴箱和立柱不能夹紧，所以故障应位于 KM5 线圈回路中；又因为摇臂能自动夹紧（接触器 KM5 线圈能得电吸合），因此故障为按钮 SB6 常开触头（1—17）闭合时接触不良或导线松脱。

2）故障查找与排除。采用电阻测量法检查故障点。

①将万用表转换开关旋至欧姆 R×100 挡，然后断开电源开关 QS，按住 SB6 不放，用万用表测量 SB6 常开触头（1—17）通断情况，测得电阻值较大（阻值为接触器 KM5 线圈和变压器 T 二次绕组电阻之和），则说明故障为 SB6 接触不良。

②根据故障情况修复或更换 SB6 常开触头。

3）通电试运行。通电检查钻床各项操作，应符合技术要求。

（3）注意事项

1）检修前要认真阅读电路图，熟练掌握各个控制环节的原理及作用。

2）检修前应熟悉 Z3040 型摇臂钻床机械结构、液压系统、电器布局及走线通道，熟练掌握各操作手柄、开关及电器的功能。

3）停电要验电。带电检修时，要确保用电安全。

课后练习

1. Z3040 型摇臂钻床摇臂上升后不能完全夹紧，则可能的原因是什么？

2. 合上 Z3040 型摇臂钻床的电源开关 QS，液压泵电动机 M3 就自行启动运转，则可能的原因是什么？

模块三 自动控制电路装调维修

课题1　可编程控制器基本知识

1. 了解三菱 FX_{2N} 系列 PLC 硬件及性能。
2. 掌握三菱 FX_{2N} 系列 PLC 的工作原理。
3. 熟悉三菱 PLC 的编程器件及功能。

一、PLC 的工作原理

可编程控制器简称 PLC，以微处理器为核心，具有微机的许多特点，但它的工作方式却与微机有很大不同。微机一般采用等待命令的工作方式，如常见的键盘扫描方式或 I/O 扫描方式，若有键按下或有 I/O 变化，则转入相应的子程序，若无则继续扫描等待。

对 PLC 来说，用户程序是通过编程器输入，并存储于用户存储器。PLC 采用循环扫描的工作方式。对每个程序，CPU 从第一条指令开始执行，按指令步序号做周期性的程序循环扫描，如果无跳转指令，则从第一条指令开始逐条执行用户程序，直至遇到结束符后又返回第一条指令，如此周而复始不断循环，每一个循环称为一个扫描周期。扫描周期的长短主要取决于以下几个因素：一是 CPU 执行指令的速度；二是执行每条指令占用的时间；三是程序中指令条数的多少。PLC 工作过程的一个扫描周期主要可分为三个阶段：输入采样阶段、程序执行阶段、输出刷新阶段。

1. 输入采样阶段

在输入采样阶段，CPU 顺序扫描全部输入端子，读取其通/断（ON/OFF）状态，并将此状态写入输入状态寄存器。完成输入端采样工作后，将关闭输入端口，转入程序执行阶段。在程序执行期间即使输入端状态发生变化，输入状态寄存器的内容也不会改变，而这些变化必须等到下一工作周期的输入刷新阶段才能被读入。

2. 程序执行阶段

PLC 在程序执行阶段，根据用户输入的控制程序，顺序对每条指令进行扫描。从第一条开始逐步执行，并将相应的逻辑运算结果存入对应的内部辅助寄存器和输出状态寄存器，这些寄存器的内容会随着程序的执行过程而变化。当最后一条控制程序执行完毕后，即转入输出刷新阶段。

3. 输出刷新阶段

当执行程序结束指令后，所有指令执行完毕，PLC 将输出状态寄存器中的所有输出继电器的通/断（ON/OFF）状态内容，依次送到输出锁存电路，并通过一定输出方式输出，驱动外部相应执行元件工作，这才形成 PLC 的实际输出。输出锁存电路的状态，由上一个刷新阶段输出状态寄存器的状态来确定。输出锁存电路的状态，决定了 PLC 输出继电器线圈的状态。

由此可见，输入刷新、程序执行和输出刷新三个阶段构成 PLC 一个工作周期。PLC 工作完一个工作周期后，在第二个工作周期输入采样阶段进行输入刷新，因而输入状态寄存器的数据由上一个刷新时间 PLC 输入端子的通/断状态决定。由此循环往复，因此称为循环扫描工作方式。PLC 的扫描工作过程如图 3—1 所示。

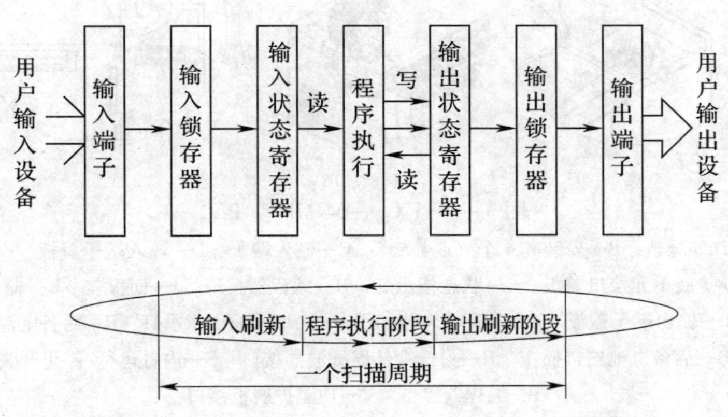

图 3—1　PLC 的扫描工作过程

总之，PLC 采用扫描的工作方式，是区别于其他设备的最大特点之一。PLC 重复执行上述三个阶段构成的工作周期亦称为扫描周期。扫描周期因 PLC 机型而异，一般执行1 000 条指令约 20 ms。显然扫描周期的长短主要取决于程序的长短，扫描周期越长，响应速度越慢。

二、三菱 FX_{2N}系列 PLC 可编程序控制器硬件简介

FX_{2N}是 FX 系列中功能强、速度高的微型可编程序控制器。最大可以扩展到 256 个 I/O 点，有 5 种模拟量输入/输出模块、高速计数器模块、脉冲输出模块、4 种位置控制模块、多种 RS—232C/RS—422/RS—485 串行通信模块或功能扩展板，以及模拟定时器功能扩展板。FX_{2N}有 3 000 多点辅助继电器、1 000 点状态、200 多点定时器、200 点 16 位加计数器、35 点 32 位加/减计数器、8 000 多点 16 位数据寄存器、128 点跳步指针、15 点中断指针。下面以三菱 FX_{2N}—64MR 为例进行介绍。

1. 三菱 FX_{2N}—64MR 的结构

如图 3—2 所示为 FX_{2N}—64MR 型 PLC 结构示意图。

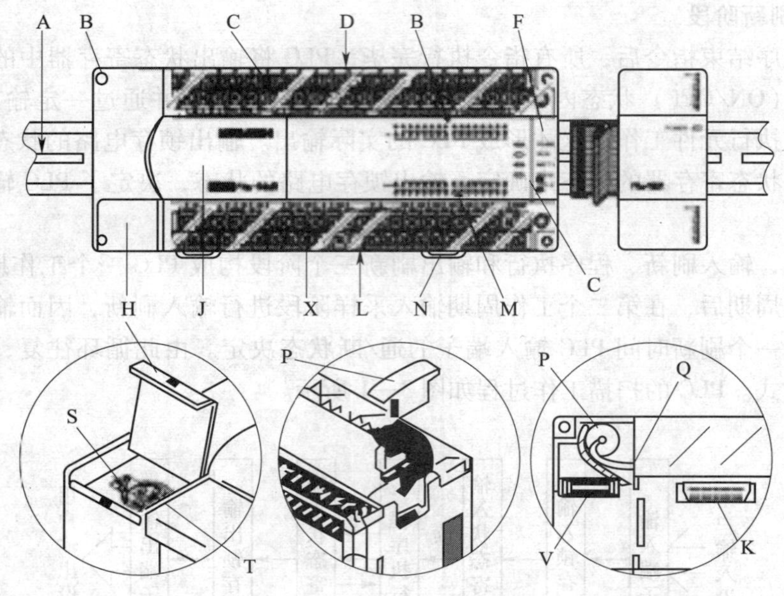

图 3—2　FX_{2N}—64 MR 型 PLC

A—35 mm 宽 DIN 导轨　B—安装孔 4 个（ϕ 4.5）　C—输入端子　D—输入端子盖板　E—输入指示灯

F—I/O 扩展单元接口盖板　G—状态指示灯　H—编程器接口　J—面板盖　K—输出端子

L—输出端子盖板　M—DIN 导轨装卸用卡子　N—输出指示灯　P—后备电池

Q—后备电池连接插座　R—另选存储器滤波器接口　S—内置运行/停止开关

T—编程器接口　V—功能扩展板接口

2. 输入、输出信号接线示例

三菱 FX_{2N}—64MR 型 PLC 基本单元端子排列图如图 3—3 所示。X 为输入端子，Y 为输出端子。图中输出部分有 COM1 ~ COM6，共 6 个公共点，构成 6 组输出，各组公共端间相互隔离。对共用一个公共端的同一组输出，必须用同一电压类型和同一电压等级，不同的公共端组，可以使用不同的电压类型和电压等级。如 Y0 ~ Y3 共用 COM1、Y4 ~ Y7 共用 COM2，Y0 ~ Y3 使用的电压可以是 AC 220 V，Y4 ~ Y7 使用的电压可以是 DC 24 V。这为不同电压类型和等级的负载驱动提供了方便。

三菱 FX_{2N} PLC 输入信号接线图如图 3—4 所示，输入端子和 COM 端子之间用无电压接点或 NPN 开路集电极晶体管连接，就进入输入状态。这时表示输入的 LED 亮灯。

三菱 FX_{2N} PLC 输出接线示意图如图 3—5 所示。图中继电器 KA1、KA2 和接触器 KM1、KM2 线圈为 AC 220 V，电磁阀 YV1、YV2 为 DC 24 V，这样电磁阀与继电器、接触器便不能分在一组。而继电器、接触器为相同电压类型和等级，可以分在一组。如果一组安排不下，可以分在两组或多组，但这些组的公共点要连在一起。

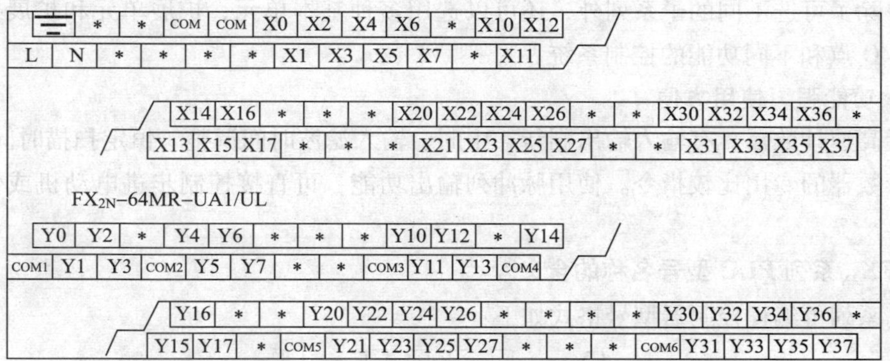

图 3—3　三菱 FX_{2N}—64 MR 型 PLC 基本单元端子排列图

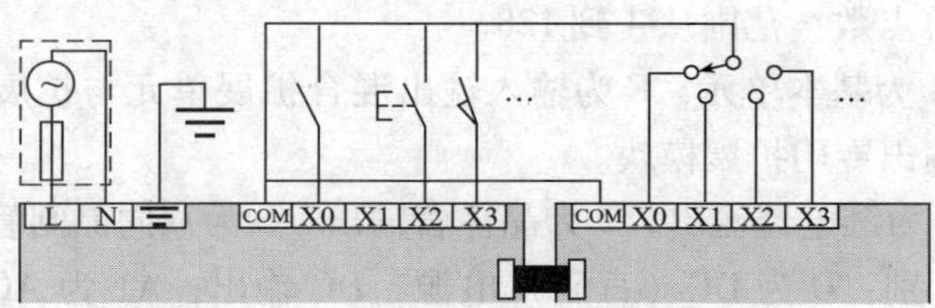

图 3—4　三菱 FX_{2N} PLC 输入信号接线方式

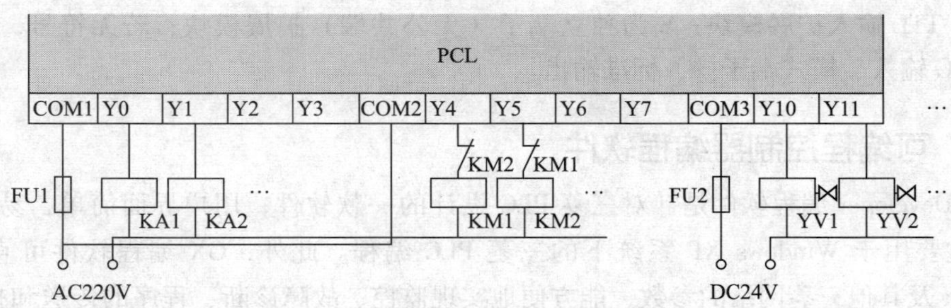

图 3—5　三菱 FX_{2N} PLC 输出信号接线方式

三、三菱 FX 系列 PLC 性能简介

1. FX 系列 PLC 的特点

（1）体积小

FX_{2N}系列 PLC 高度 90 mm，深度 87 mm。内置的 24 V DC 电源可作为输入回路的电源和传感器的电源。

（2）外形美观

基本单元、扩展单元和扩展模块的高度、深度相同，宽度不同。它们之间用扁平电缆连接，紧密拼装后组成一个整齐的长方体。

(3) 系统配置灵活

用户除了可选不同的子系列外，还可以选用多种基本单元、扩展单元和扩展模块，组成不同 I/O 点和不同功能的控制系统。

(4) 功能强，使用方便

内置高速计数器，有输入输出刷新、中断、输入滤波时间调整、恒定扫描时间等功能，有高速计数器的专用比较指令。使用脉冲列输出功能，可直接控制步进电动机或伺服电动机。

2. FX_{2N}系列 PLC 型号名称的含义

FX_{2N}系列可编程控制器型号格式如下：

$$FX_{2N}—\underset{①}{\square}\,\underset{②}{\square}\,\underset{③}{\square}\,\square—\underset{④}{\square}$$

其中。

1）输入输出的总点数：范围从 4 到 128。

2）单元类型：M 为基本单元，E 为输入输出混合扩展单元与扩展模块，EX 为输入专用扩展模块，EY 为输出专用扩展模块。

3）输出形式：R 为继电器输出，T 为晶体管输出，S 为双向晶闸管输出。

4）特殊品种的区别：D 为 DC（直流）电源，DC 输出；A1 为 AC（交流）电源，AC 输入（AC100～120 V）或 AC 输出模块；H 为大电流输出扩展模块（1 A/1 点）；V 为立式端子排的扩展模块；C 为接插口输入输出方式；F 为输入滤波时间常数为 1 ms 的扩展模块；L 为 TTL 输入扩展模块；S 为独立端子（无公共端）扩展模块；若无符号，则为 AC 电源、DC 输入、横式端子排、标准输出。

四、可编程控制器编程软件

GX Developer 编程软件是针对三菱 PLC 设计的一款软件，用户界面简单，易于学习、操作，主要用于 Windows XP 系统下的三菱 PLC 编程。此外，GX 编程软件可直接设定 CC—Link 及其他三菱网络的参数，能方便地实现监控、故障诊断、程序的传送和打印等功能。GX Developer 还支持仿真插件，可以与三菱触摸屏的仿真交互通讯。

1. GX Developer 8.52 中文软件安装

(1) 先安装通用环境，进入文件夹“EnvMEL”，单击“SETUP. EXE”安装，安装完成界面如图 3—6 所示。三菱大部分软件都要先安装“环境”，否则不能继续安装，如果不能安装，系统会主动提示需要安装“环境”。

(2) 然后进入主文件夹，“GX Developer 8.52 中文”，单击“SETUP. EXE”开始安装，至于其他三个文件夹，在安装的时候主安装程序会自动调用，不需要用户操作。

(3) 在安装的时候，最好把其他应用程序关掉，包括杀毒软件、防火墙、IE、办公软件等。因为这些软件可能会调用系统的其他文件，影响安装的正常进行。

(4) 输入各种注册信息后，在如图 3—7 所示的对话框中，输入序列号，单击“下一步”按钮继续。

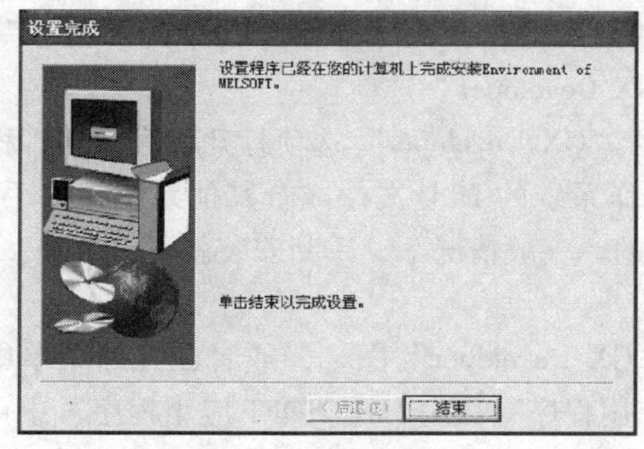

图 3—6　安装完成

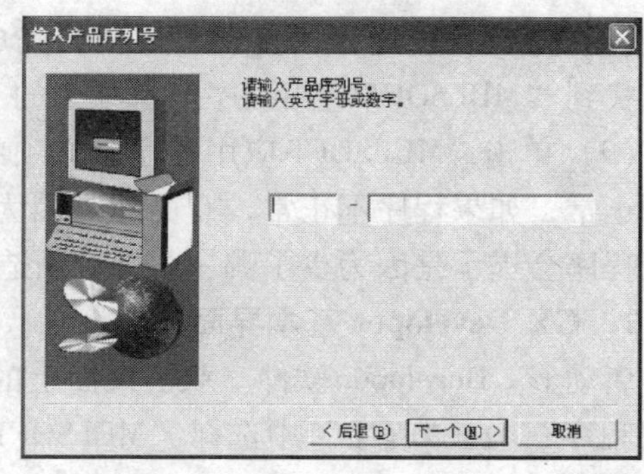

图 3—7　输入注册信息

（5）出现如图 3—8 所示的选择部件对话框中，监视专用 GX Developer 前的复选框不能选，否则软件只能监视，这个地方也是安装过程中容易出现问题的地方，用户直接单击“下一步”按钮继续。

（6）如图 3—9 所示，根据用户的需要可以选择其中两个部件，如果不需要，直接单击“下一步”按钮继续。

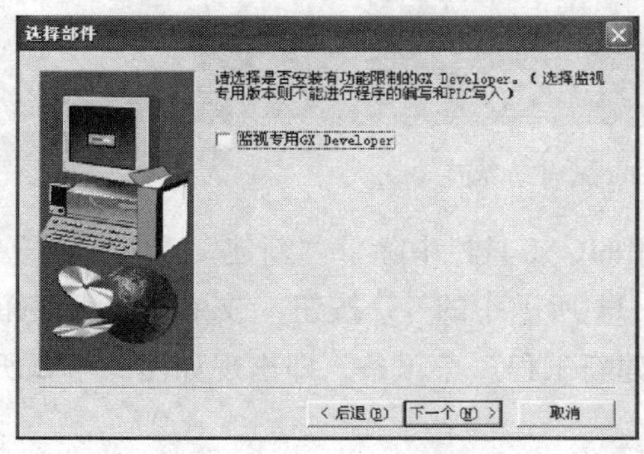

图 3—8　监视专用选项

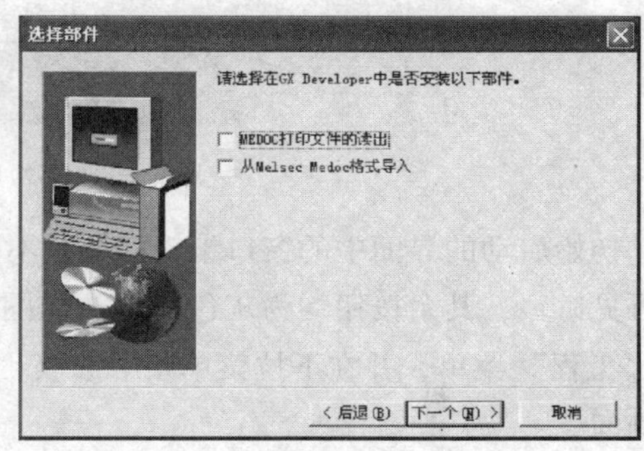

图 3—9　部件选择

（7）出现如图 3—10 所示对话框时，可以单击“浏览”按钮修改安装目录，通常直接单击“下一步”按钮继续，这样 GX Developer 会被安装在默认的路径中。

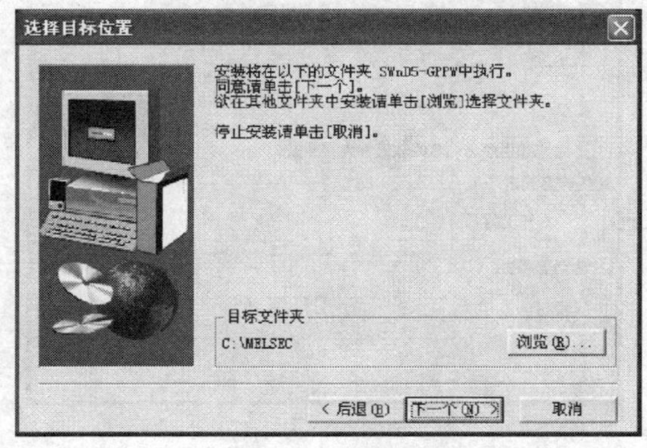

图 3—10　选择安装路径

（8）等待安装过程，直到出现安装完成的提示窗口，在“开始”菜单的“程序”里可以找到“MELSOFT应用程序”选项中的“GX Developer”选项。

（9）单击“MELSOFT应用程序”选项中的“GX Developer”选项打开程序，测试程序是否正常，如果程序不正常，有可能是因为操作系统的DLL文件或者其他系统文件丢失，一般程序会提示是因为少了哪一个文件而造成的。一般情况下，重新安装就可以解决。

2．GX Developer基本界面

启动GX Developer软件。双击桌面上的“GX Developer”图标，或者在开始菜单中选择“程序”，在“程序”中选择“MELSOFT应用程序”，在“MELSOFT应用程序”中单击“GX Developer”选项，也可运行GX Developer软件。如图3—11所示。

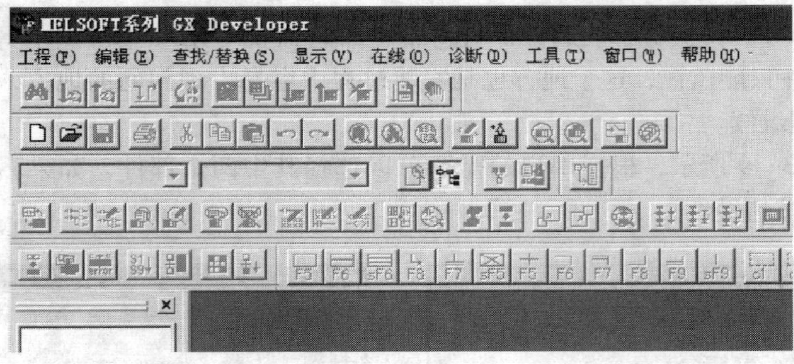

图3—11　GX Developer启动界面

初始启动的界面中的窗口编辑区域是不可用的，工具栏中除了“新建”和“打开”按钮可见外，其余按钮均为灰色。单击如图3—11所示中的 按钮，或单击界面菜单栏中“工程”菜单，并在下拉菜单条中选取“创建新工程”菜单条，即出现如图3—12所示的画面。

创建新工程
PLC系列 FXCPU
PLC类型 FX2N(C)
确定
取消
程序类型
梯形图
SFC
MELSAP-L
ST
标签设定
不使用标签
使用标签
(使用ST程序、FB、结构体时选择)
生成和程序名同名的软元件内存数据
工程名设定
设置工程名
驱动器/路径 C:\MELSEC\GPPW
工程名
浏览...
索引

图3—12　创建工程

在如图3—12所示中，按要求选择PLC所属系列和型号，先选择PLC系列，例如，我们选用的是FX系列，所以选择“FXCPU”，再选择PLC类型，PLC类型是指选机器的型号，例如选择“FX_{2N}（C）”。设置编程语言的类型为梯形图和语句表（SFC为顺控程序），设置文件的保存路径和工程名称等。注意PLC系列和型号两项是必须选择的，且必须与所连接的PLC一致，否则程序将可能无法写入到PLC。设置好后，单击“确定”按钮，即可进入程序的编制。单击右上端“确认”按钮后，则出现程序编辑主界面，如图3—13所示。在画面上可以清楚地看到，最左边是根母线，蓝色框表示现在可写入区域，上方有菜单。GX Developer的主界面由项目标题栏、下拉菜单、快捷工具栏、编辑窗口、管理窗口等部分组成。下面分别予以说明。

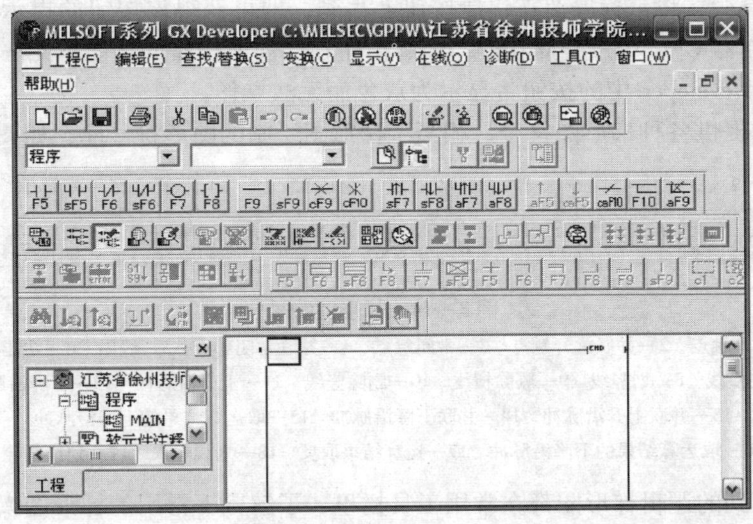

图3—13　GX Developer主界面

(1) 菜单栏

菜单栏是以下拉菜单形式进行操作，GX Developer菜单栏中包含“工程”“编辑”“查找/替换”“变换”“显示”“在线”“诊断”“工具”“窗口”“帮助”10个下拉菜单项，每个菜单又有若干个菜单项。许多基本相同菜单项的使用方法和目前文本编辑软件同名菜单项的使用方法基本相同。多数使用者一般很少直接使用菜单项，而是使用快捷工具。常用的菜单项都有相应的快捷按钮，GX Developer的快捷键直接显示在相应菜单项的右边。

单击某项菜单项，弹出该菜单项的菜单条，如“工程”菜单项包含“创建新工程”“打开工程”“关闭工程”“保存工程”“另存工程为”“打印”“页面设置”等菜单条，“编辑”菜单项提供图形程序（或）指令编辑的工具，包含“剪切”“复制”“粘贴”“删除”等菜单条，这两个菜单项的主要功能是管理、编辑程序文件。菜单条中的其他项目，如“查找/替换”具有对指令、软元件等进行查找和替换的功能，“变换”只在梯形图编程方式可见，程序编好后，需要将图形程序转化为系统可以识别的指令，因此需要进行变换才可存盘、传送等。“显示”菜单项功能涉及编程方式的变换，用于梯形图与指令之间的切换，注释、申明和注释的显示或关闭等。“在线”菜单项主要实现计算机与PLC之间的程序传送、监视、调试及检测等，进行 PLC 程序的读取、写入、校验、调试等，“诊断”菜单项的功能为程序及网络的诊断等操作。“帮助”主要用于查阅各种出错代码等功能。

（2）快捷工具栏

GX Developer 工具栏分为主工具栏、图形编辑工具栏、视图工具栏等，它们在工具栏的位置是可以拖动改变的。主工具栏提供文件新建、打开、保存、复制、粘贴等功能。图形工具栏只在图形编程时才可见，提供各类触点、线圈、连接线等图形。视图工具栏可实现屏幕显示切换，如可在主程序、注释、参数等内容之间实现切换，也可实现屏幕放大/缩小或打印预览等功能。此外工具栏还提供程序的读/写、监视、查找和程序检查等快捷执行按钮。

1）为用户提供简便的鼠标操作。以鼠标选取“显示”菜单下的“工具条”命令，即可打开这些工具栏，将鼠标停留在快捷按钮上片刻，即可获得该按钮的提示信息。如果使用的可编程控制器 CPU 中没有此功能，或者由于在当前所操作的功能下无法使用而导致无法选中时，GX Developer 中的按钮将显示为灰色而无法操作。

2）为用户提供各种梯形图符号，相当于梯形图绘制的图形符号库，如图 3—14 所示。

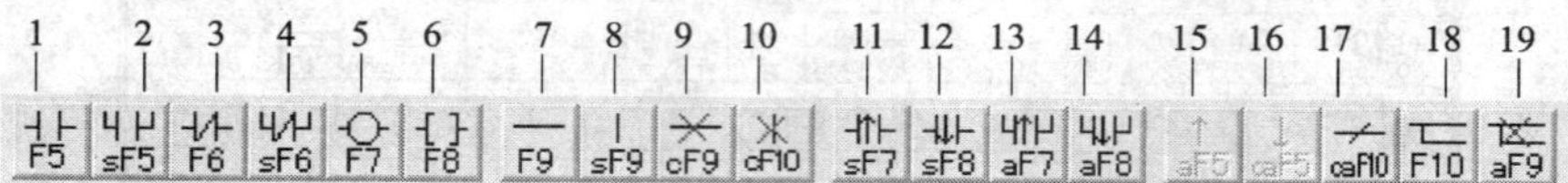

图 3—14　梯形图符号

1—常开触点　2—并联常开触点　3—常闭触点　4—并联常闭触点　5—线圈　6—功能指令　7—划横线　8—划竖线　9—删除横线　10—删除竖线　11—上升沿脉冲　12—下降沿脉冲　13—并联上升沿脉冲　14—并联下降沿脉冲　15—取运算结果的上升沿脉冲　16—取运算结果的下降沿脉冲　17—运算结果取反　18—划线输入　19—划线删除

3）编程用到的逻辑梯形图都在常用工具栏里，了解一下常用的梯形图操作，如图 3—15 所示。

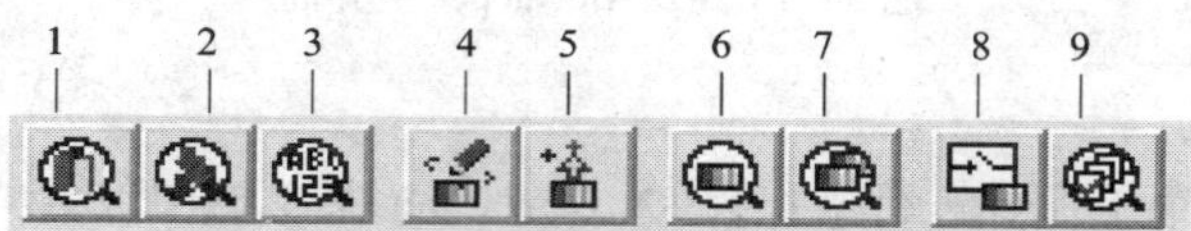

图 3—15　常用梯形图操作

1—软元件查找　2—指令查找　3—字符串查找　4—PLC 写入　5—PLC 读取　6—软元件登录监视　7—软元件成批监视　8—软元件测试　9—参数检查

4）程序操作快捷按钮如图 3—16 所示。

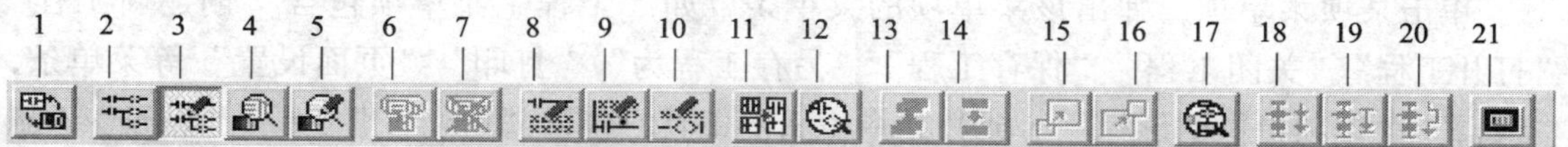

图 3—16　程序操作快捷按钮

1—梯形图/语句表切换　2—读出模式　3—写入模式　4—监视模式　5—监视（写入模式）　6—监视开始　7—监视结束　8—注释编辑　9—声明编辑　10—注释项编辑　11—梯形图登录监视　12—触点线圈查找　13—程序批量变换　14—程序变换　15—放大显示　16—缩小显示　17—程序检查　18—步执行　19—部分执行　20—跳跃执行　21—梯形图逻辑仿真起/停

（3）编辑窗口

PLC 程序是在编辑窗口进行输入和编辑的，可以使用梯形图、指令表等方式进行程序的编辑工作。编辑梯形图时，首先确定光标位置，在绘图工具栏内点击要用的元件，此时出现一个对话框，输入元件号后，元件图形出现在原光标位置。按照这种方法，逐一将元件加到梯形图上。当梯形图完成后，单击工具栏的“程序变换”，选择“梯形图/语句表切换”，可以将梯形图转换成语句表程序。编写好的程序可以通过工具栏中的命令“PLC 写入”，将程序下载到 PLC 中；也可以用菜单命令“PLC 读取”，将 PLC 中的程序读到与之通讯的 PC 中。

使用菜单栏中“变换”菜单项中“变换”菜单条，实现梯形图程序与指令表程序的转换。也可利用工具栏中梯形图及指令表的按钮实现梯形图程序与指令表程序的转换。

（4）管理窗口

管理窗口位于编辑窗口的左边，以树状结构显示工程的各项内容，如程序、软元件注释、参数等；实现项目管理、修改等功能。

（5）状态栏

显示当前的状态，如鼠标所指按钮功能提示、读写状态、PLC 的型号等内容。

3. GX Developer 的基本操作

（1）文件的管理

1）创建新工程

选择“工程”—“创建新工程”菜单项，或者按“Ctrl” + “N”组合键操作，在出现的创建新工程对话框中先选择 PLC 系列，再选择 PLC 类型，单击“确定”，如图 3—12 所示。

2）打开工程

打开一个已有工程，选择“工程”—“打开工程”菜单或按“Ctrl” + “O”组合键，在出现的打开工程对话框中选择已有工程，单击“打开”，如图 3—17 所示。

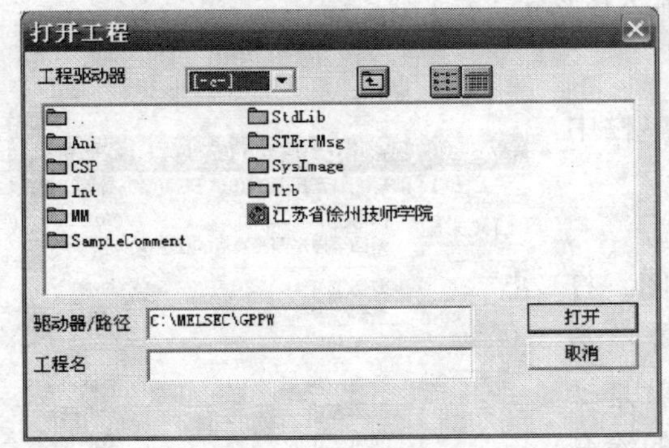

图 3—17　打开工程

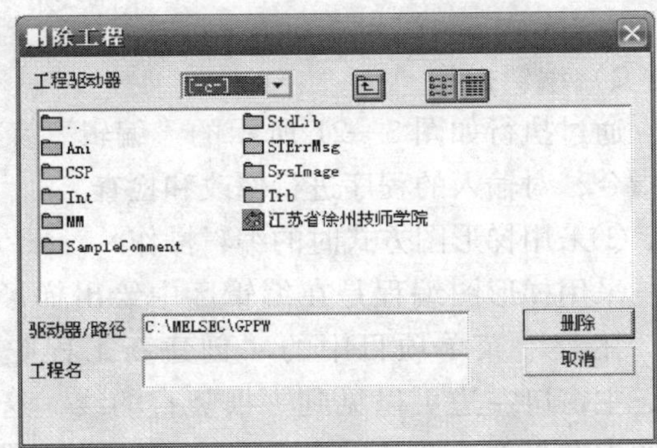

图 3—18　删除工程

3）工程的保存和关闭

执行“工程”—“保存工程”菜单操作或按“Ctrl” + “S”组合键操作即可保存当前 PLC 程序、注释数据以及其他在同一文件名下的数据；执行“工程”—“关闭工程”菜单操作即可将处于打开状态的 PLC 程序关闭。

如果希望将编辑后的工程另存，可以执行“工程”—“另存工程”菜单操作即可。

4）删除工程

执行“工程”—“删除工程”菜单，在出现的删除工程对话框中选择已有工程，即可将存在的PLC程序删除，如图3—18所示。

（2）编程操作

按如图3—19所示进行连接，检查连接是否正确。接通PLC电源，将PLC的STOP/RUN开关置于STOP位置。如果没有连接PLC设备，可以利用仿真软件GX Simulator 6.0进行模拟演示。

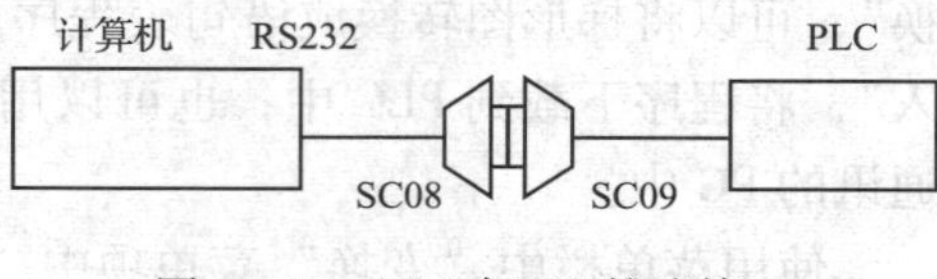

图3—19 PLC与PC的连接

1）输入梯形图

使用“梯形图标记”工具条或通过执行“编辑”菜单中的“梯形图标记”，如图3—20所示，将已编好的程序输入到计算机。如果你要在某处输入X000，只要把蓝色光标移动到需要输入内容的位置，然后在菜单上选中⊣⊢触点，出现如图3—20a所示画面，再输入X0，即可完成写入X000。如要输入一个定时器，先选中线圈，再输入一些数据，图3—20b显示了其操作过程。对于计数器，因为它有时要用到两个输入端，所以在操作上既要输入线圈部分，又要输入复位部分，其操作过程如图3—20c、图3—20d所示。

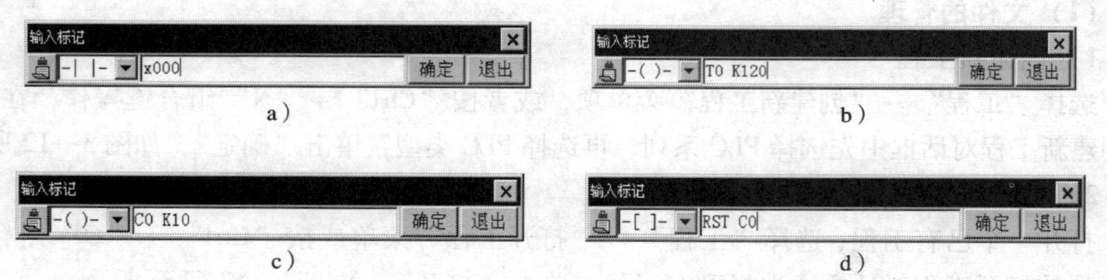

图3—20 输入梯形图

2）编辑操作

通过执行如图3—21所示的“编辑”菜单栏中的指令，对输入的程序进行修改和检查。

①采用梯形图方式时的编辑操作

采用梯形图编程是在编辑区中绘出梯形图，打开“工程”菜单项目中的“创建新工程”菜单条时，主窗口左边可以见到一根竖直的线，这就是梯形图中左母线。蓝色的方框为光标，梯形图的绘制过程是取用图形符号库中的符号，“拼绘”梯形图的过程。例如要输入一个常开触点，可单击功能图栏中的常开触点，也可以在“工具”菜单中选“触点”，并在下拉菜单中单击“常开触点”的符号，这时出现如图3—20所示的对话框，在对话框中输入

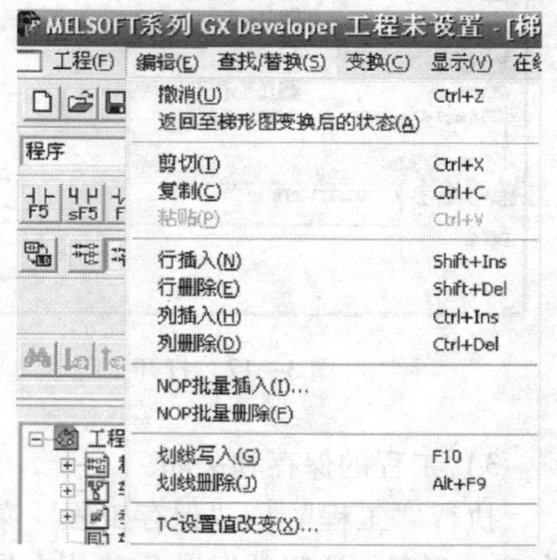

图3—21 编辑梯形图

触点的地址及其他有关参数后单击“确认”按钮，要输入的常开触点及其他地址就出现在蓝色光标所在的位置。

如需输入功能指令时，单击工具菜单中的“功能”菜单或单击功能图栏及功能键中的功能按钮，即可弹出如图3—20所示的对话框。然后在对话框中填入功能指令的助记符及操作数，单击“确认”按钮即可。

这里要注意的是功能指令的输入格式一定要符合要求，如助记符与操作数间要空格，指令的脉冲执行方式中加的“P”与指令间不空格，32位指令需在指令助记符前加“D”且不空格。梯形图符号间的连线可通过工具菜单中的“连线”菜单选择水平线与竖线完成。另外还需注意，不论绘制什么图形，先要将光标移到需要绘制这些符号的位置。梯形图符号的删除可利用计算机的删除键，梯形图竖线的删除可利用菜单栏中“工具”菜单中的竖线删除。梯形图元件及电路块的剪切、复制和粘贴等方法与其他编辑类软件操作相似。

②采用指令表方式的编程操作

采用指令表编程时可以在编辑区光标位置直接输入指令表，一条指令输入完毕后，按回车键光标移至下一条指令，则可输入下一条指令。指令表编辑方式中指令的修改也十分方便，将光标移到需修改的指令上，重新输入新指令即可。

程序编制完成后可以利用菜单栏中的“选项”菜单项下“程序检查”功能对程序作语法及双线圈的检查，如有问题，软件会提示程序存在的错误。

3）梯形图的转换及保存操作。编辑好的程序先通过执行“变换”菜单—“变换”操作或按F4键变换后，才能保存。在变换过程中显示梯形图变换信息，如果在不完成变换的情况下关闭梯形图窗口，新创建的梯形图将不被保存。

PLC在STOP模式下，执行“在线”菜单→“PLC写入”命令，将计算机中的程序发送到PLC中，如图3—22所示。出现PLC写入对话框，如图3—24所示，选择“参数+程序”，再按“执行”，完成将程序写入PLC。

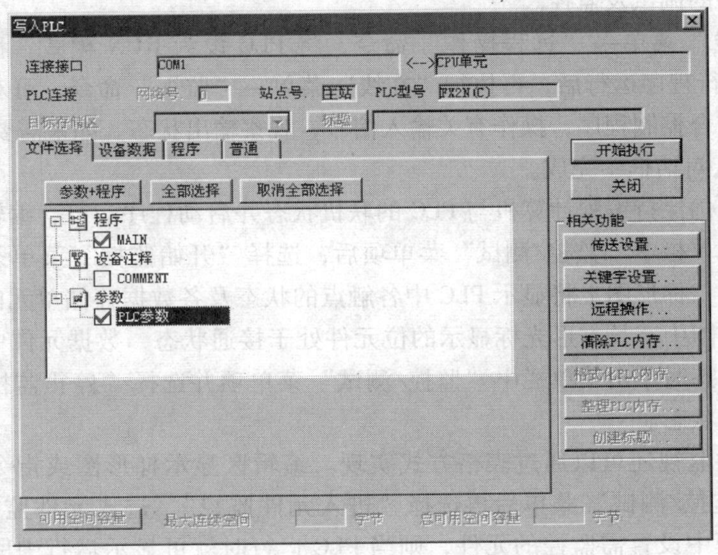

图3—22 PLC读取与写入设置

(3) 程序的读取

PLC 在 STOP 模式下，执行“在线”菜单→“PLC 读取”命令，将 PLC 中的程序发送到计算机中，如图 3—23 所示。

传送程序时，应注意以下问题。

1）计算机的 RS232C 端口及 PLC 之间必须用指定的缆线及转换器连接。

2）PLC 必须在 STOP 模式下，才能执行程序传送。

3）执行完“PLC 写入”后，PLC 中的程序将被丢失，原程序将被读入的程序所替代。

4）在“PLC 读取”时，程序必须在 RAM 或 EE—PROM 内存保护关断的情况下读取。

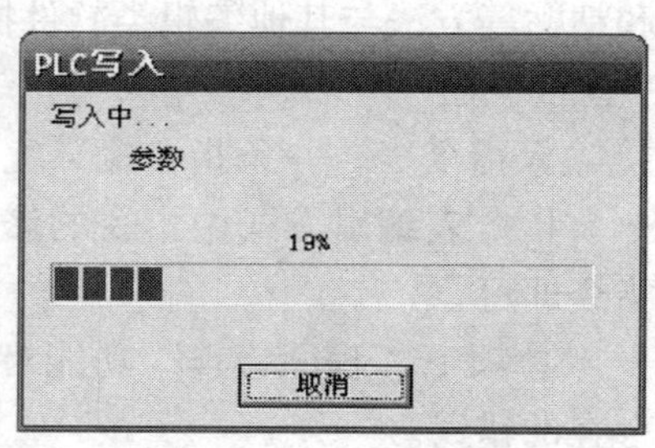

图 3—23　PLC 的写入

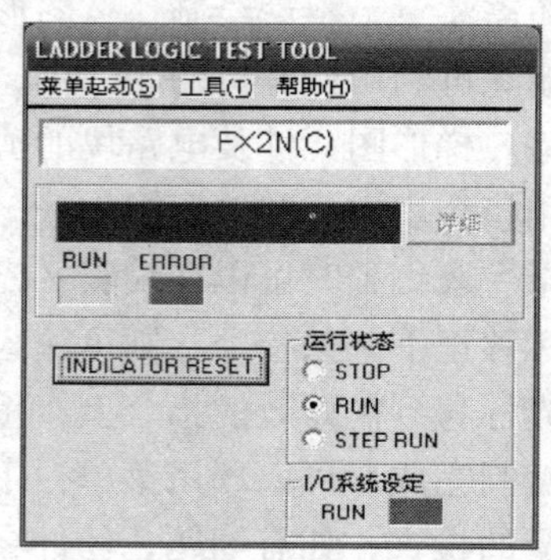

图 3—24　PLC 的运行控制

(4) 程序的运行及监控

1）元件状态的监视

程序的运行及监控是程序开发的重要环节，很少有程序一经编制就是完善的，只有经过试运行甚至现场运行才能发现程序中不合理的地方，GX Developer 编程软件具有监控功能，可用于程序的调试及监控。

执行“在线”菜单→“远程操作”命令，将 PLC 设为 RUN 模式，程序运行，如图 3—24 所示；执行程序运行后，再执行“在线”菜单→“监视”命令，可对 PLC 的运行过程进行监控。结合控制程序，操作有关输入信号，观察输出状态。如果需要进行远程操作，可以在 PLC 写入对话框中完成。

程序下载后仍保持编程计算机与 PLC 的联机状态并启动程序运行，编辑区显示梯形图状态下，单击菜单栏中“监控/测试”菜单项后，选择“开始监控”菜单条即进入元件的监控状态。此时，梯形图上将显示 PLC 中各触点的状态及各数据存储单元的数值变化。如图 3—25 所示，图中有长方形光标显示的位元件处于接通状态，数据元件中的存数则直接标出。在监控状态时单击菜单栏中“监控/测试”菜单项并选择“停止监控”则终止监控状态，回到编辑状态。

元件状态的监视还可以通过表格方式实现。编辑区显示梯形图或指令表状态下，单击菜单栏中“监控/测试”菜单后再选择“进入元件监控”，进入元件监控状态对话框，这时可在对话框中设置需监控的元件，则当 PLC 运行时就可显示运行中所设监控元件的状态。

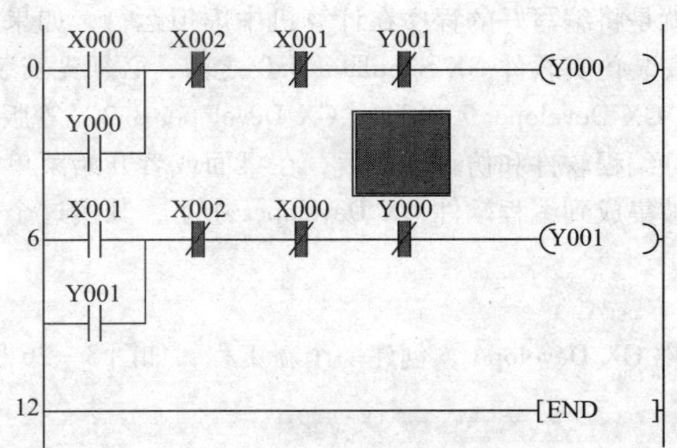

图 3—25　PLC 的监控

2）位元件的强制状态

在调试中可能需要 PLC 的某些位元件处于 ON 或 OFF 状态，以便观察程序的反应。这可以通过“监控/测试”菜单项中的“强制 Y 输出”及“强制 ON/OFF”命令实现。选择这些命令时将弹出对话框，在对话框中设置需强制的内容并单击“确定”按钮即可。

3）改变 PLC 字元件的当前值

在调试中有时需改变字元件的当前值，如定时器、计算器的当前值及存储单元的当前值等。具体操作也是从“监控/测试”菜单中进入，选择“改变当前值”并在弹出的对话框中设置元件及数值后单击“确定”按钮即可。

（5）程序的调试

将所创建的顺控程序写入到可编程控制器 CPU 中，对顺控程序能否正常动作进行测试。此外，通过使用新开发的 GX Simulator（中文版 6.0），可以在单台个人计算机中进行调试。程序调试过程中出现的错误有两种。

1）一般错误

运行的结果与设计的要求不一致，需要修改程序先执行“在线”菜单→“远程操作”命令，将 PLC 设为 STOP 模式，再执行“编辑”菜单→“写模式”命令，再从操作（3）的第 3）条开始执行（输入正确的程序），直到程序正确。

2）致命错误

PLC 停止运行，PLC 上的 ERROR 指示灯亮，需要修改程序先执行“在线”菜单→“清除 PLC 内存”命令，将 PLC 内的错误程序全部清除后，再从操作（3）的第 3）条开始执行（输入正确的程序），直到程序正确。

（6）PLC 诊断

由于显示了当前的出错状态以及故障记录等，因此可以在短时间内完成除错。此外，通过系统监视（仅为 QCPU，即 Q 模式）可以获取关于特殊功能的详细信息，因此在出错时可以在更短的时间内完成除错。

4. 仿真软件 GX Simulator（中文版 6.0）

仿真软件的功能就是将编写好的程序在计算机中虚拟运行，如果没有编好的程序，是无法进行仿真的。在安装仿真软件 GX Simulator 6.0 之前，必须先安装编程软件 GX Developer。比如可以安装“GX Developer 7.08”，“GX Developer 8.2”等版本，这些软件都可以在网站下载到。安装好编程软件和仿真软件后，在桌面或者开始菜单中并没有仿真软件的图标。因为仿真软件被集成到编程软件 GX Developer 中了，其实这个仿真软件相当于编程软件的一个插件。

举例：

（1）启动编程软件 GX Developer，创建一个新工程，如图 3—26 所示。

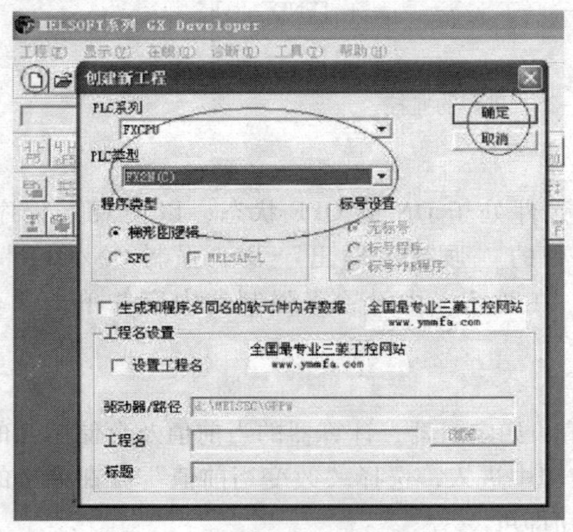

图 3—26 创建一个新工程

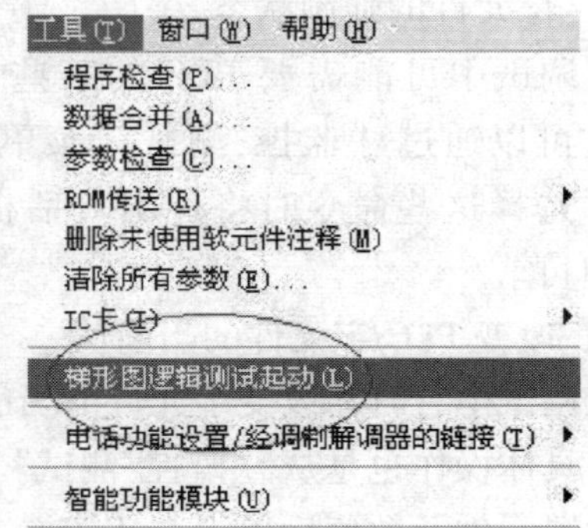

图 3—27 菜单栏启动仿真程序

（2）编写一个简单的梯形图。

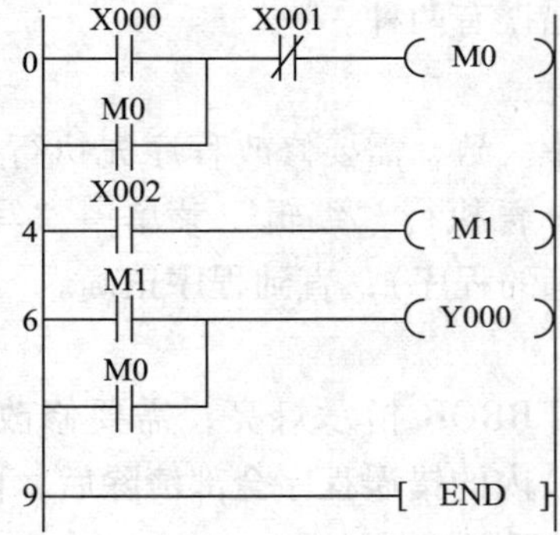

（3）通过菜单栏启动仿真程序，如图 3—27 所示，也可以通过鼠标单击如图 3—28 所示右下角的快捷图标启动仿真。

（4）启动仿真后，程序开始在计算机上模拟 PLC 写入过程，这时程序已经开始运行。

（5）可以通过软元件测试来强制一些输入条件 ON，如图 3—29 所示。

图 3—28　快捷图标启动仿真

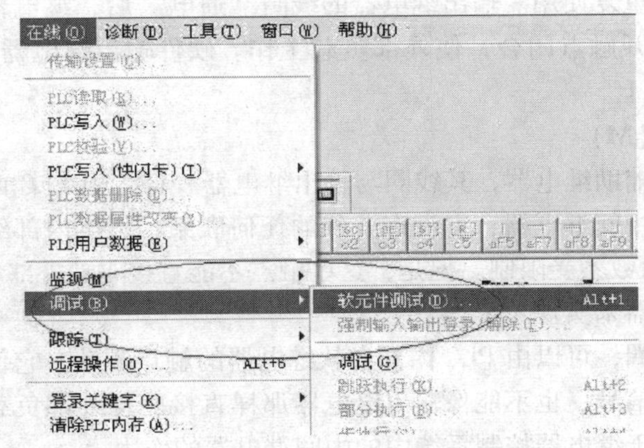

图 3—29　软元件测试

五、可编程控制器的编程器件

FX 系列可编程控制器内部的编程元件，按通俗叫法分别称为继电器、定时器、计数器等，但它们与真实元件有很大的差别，一般称它们为“软继电器”。这些编程用的继电器，它的工作线圈没有工作电压等级、功耗大小和电磁惯性等问题；触点没有数量限制、没有机械磨损和电蚀等问题。它在不同的指令操作下，其工作状态可以无记忆，也可以有记忆，还可以作脉冲数字元件使用。一般情况下，X 代表输入继电器，Y 代表输出继电器，M 代表辅助继电器，SPM 代表专用辅助继电器，T 代表定时器，C 代表计数器，S 代表状态继电器，D 代表数据寄存器，MOV 代表传输等。

1．输入继电器（X）

输入继电器是 PLC 接受外部输入信号的窗口，PLC 的输入端子从外部开关接受信号，PLC 内部与输入端子连接的输入继电器 X 是用光电隔离的电子继电器，它们的编号与接线端子编号一致（按八进制输入），线圈的吸合或释放只取决于 PLC 外部触点的状态。输入端可以外接常开触点或常闭触点，也可以接多个触点组成的串并联电路或电子传感器（如接近开关）。内部有常开/常闭两种触点供编程时随时使用，且使用次数不限。

输入电路的时间常数一般小于 10 ms。各基本单元都是八进制输入的地址，输入为

X000～X007，X010～X017，X020～X027，一般位于机器的上端。PLC 在每一个周期开始时读取输入信号，输入信号的通、断持续时间应大于 PLC 的扫描周期。

2. 输出继电器（Y）

输出继电器是 PLC 向外部负载发送信号的窗口。PLC 的输出端子向外部输出信号，通过输出电路硬件驱动外部负载。输出继电器的线圈由程序控制，输出继电器的外部输出主触点接到 PLC 的输出端子上供外部负载使用，其余常开/常闭触点供内部程序使用。输出电路的时间常数是固定的。各基本单元都是八进制输出，输出为 Y000～Y007，Y010～Y017，Y020～Y027。

输出继电器的电子常开/常闭触点使用次数不限，但是输出继电器的线圈在程序设计时只能使用一次，不可重复使用。输出继电器的线圈“通电”后，继电器输出模块中对应的硬件输出继电器的常开触点闭合，使外部负载工作。硬件输出继电器只有一个常开触点，接在 PLC 的输出端子上。

3. 辅助继电器（M）

PLC 内有很多的辅助继电器，其线圈与输出继电器一样，由 PLC 内各软元件的触点驱动。辅助继电器也称中间继电器，它没有向外的任何联系，只供内部编程使用。它的电子常开/常闭触点使用次数不受限制。但是，这些触点不能直接驱动外部负载，外部负载的驱动必须通过输出继电器来实现。

辅助继电器的线圈，可以由 PLC 内部各软继电器的触点驱动，它们不能像输入继电器那样接收外部的输入信号，也不能像输出继电器那样直接驱动外部负载，而是一种内部的状态标志，起到相当于继电器控制系统中的中间继电器的作用。

不同型号的 PLC 其辅助继电器的数量是不同的，其编号范围也不同。使用时，必须参照其编程手册。如图 3—30 所示，当 X1 接通后，M300 动作，其常开触点闭合自锁，即使 X1 再断开，M300 的状态仍保持不变。若此时 PLC 失去供电，等 PLC 恢复供电后再运行时，只要停电前 X2 的状态不发生改变，M300 仍能保持动作，它起到一个自锁的功能，当然这还与 M300 有后备电池有关。在 FX_{2N} 中普遍采用 M0～M499，共 500 点辅助继电器，其地址按十进制编号。辅助继电器中还有一些其他的辅助继电器，如掉电继电器、保持继电器等，在此不做介绍。

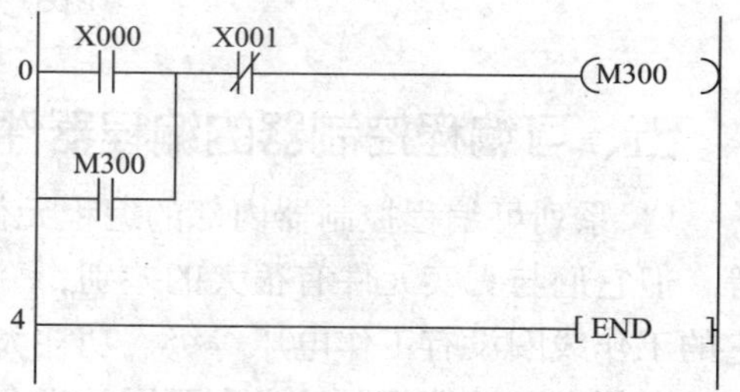

图 3—30　辅助继电器用法举例

4. 定时器（T）

定时器的功能相当于控制系统中的时间继电器。PLC 内有几百个定时器，定时器是根据时钟脉冲的累积计时的。时钟脉冲有 1 ms、10 ms、100 ms 三种，当所计时间到达设定值时，其输出触点动作。定时器可以用用户程序存储器内的常数 K 作为设定值，也可以用数据寄存器（D）的内容作为设定值。在后一种情况下，一般使用有掉电保护功能的数据寄存器。即使如此，当备用电池电压降低时，定时器或计数器往往也会发生误动作。FX 系列 PLC 的定时器分为一般定时器和积算定时器，具体情况见表 3—1：

表 3—1　　定时器的使用情况

定时器类型	用途	标号范围	数量	设定值
100 ms	一般定时器	T0 ~ T199	200 点	0.1 ~ 3276.7 s
	累积定时器	T250 ~ T255	6 点	0.1 ~ 3276.7 s
10 ms	一般定时器	T200 ~ TT245	46 点	0.01 ~ 327.67 s
1 ms	累积定时器	T245 ~ T249	4 点	0.001 ~ 32.767 s

定时器有一个设定值寄存器、一个当前值寄存器和一个用来存储其输出触点状态的映像寄存器，这三个单元使用同一个元件号。定时器用常数 K 作为设定值，也可将数据寄存器（D）的内容间接指定设定值。计时长度用公式表示为：

计时长度 = K 值 × 定时器类型值　　（公式 3—1）

（1）一般定时器

一般定时器指令符号以及在程序中的动作时序如图 3—31 所示。如果定时器线圈 T200 的驱动输入 X0 接通，T200 用的当前值计数器将 10 ms 时钟脉冲相加计算。如果该值等于设定值 K100，定时器的输出触点就动作。根据公式 3—1 可得计时长度 = 0.01 s × 100 = 1 s，即 X0 接通 1 s 后，T200 的触点动作，Y0 随之动作。X0 断开或停电，定时器复位，输出触点复位。

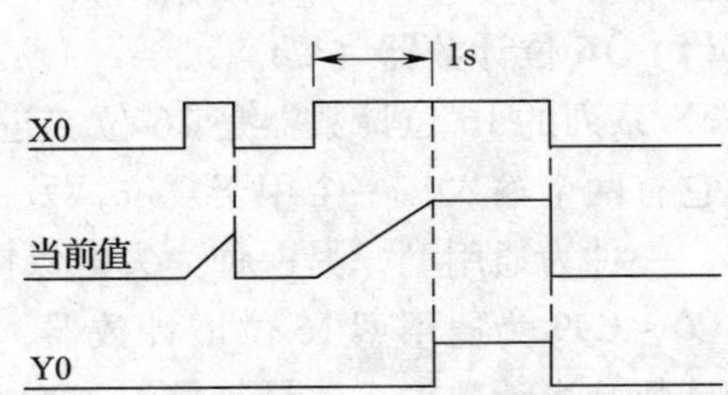

图 3—31　一般定时器指令符号及动作时序

（2）累积定时器

FX_{2N}型 PLC 内有 1 ms 积算定时器 4 点（T246 ~ T249），时间设定值为 0.001 ~ 32.767 s；100 ms 积算定时器 6 点（T250 ~ T255），时间设定值为 0.1 ~ 3 276.7 s，如图 3—32 所示为累积定时器在程序中的使用及动作时序。

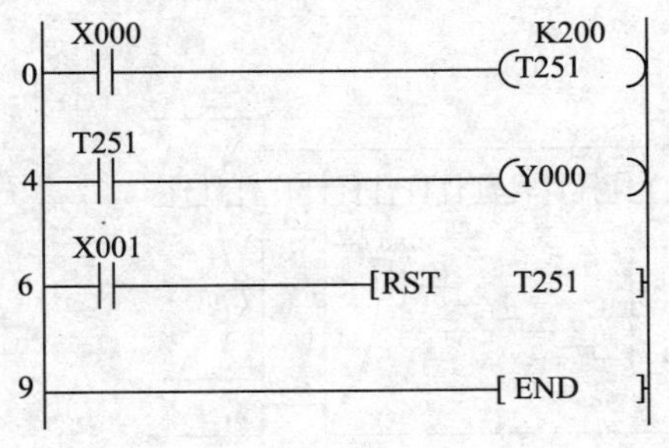

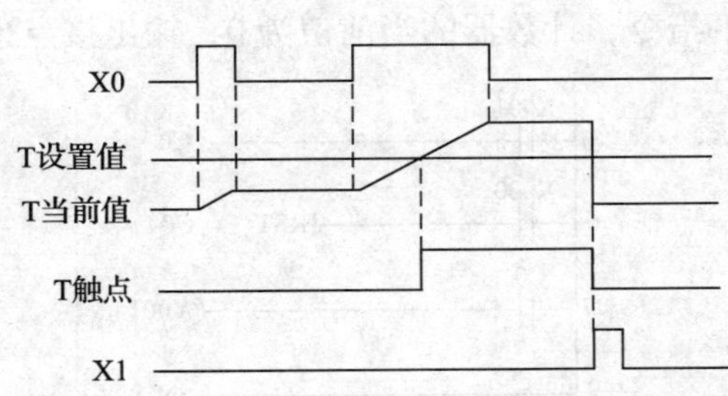

图 3—32　累积定时器指令符号及动作时序

如果定时器线圈 T251 的驱动输入 X0 接通，则 T251 用的当前值计数器将 100 ms 时钟脉冲相加计算，如果相加值等于设定值 K200，根据公式 3—1 可得计时长度 = 0.1 s × 200 = 20 s，定时器的输出触点就动作。在计算过程中，X0 断开或停电，在再动作后，继续进行相加计算，直到相加的时间等于设定时间后，定时器的输出触点动作。累积定时器具有失电记忆功能，要想使得 T251 复位，只有复位输入 X1 接通，强制执行。

一般定时器没有电池后备，在定时过程中，若停电或定时器线圈输入断开，定时器复位，当复电或定时器线圈输入再次接通后，定时器重新计时。累积定时器有锂电池后备，若停电或定时器线圈输入断开，积算定时器保存已计时间，当复电或定时器线圈输入再次接通后，定时器继续计时，计时时间为原保存的时间与继续计时时间之和，直到计时时间达到设定值，定时器的触点动作。

定时器的精度与程序的编写有关。定时器的触点在线圈之前，精度将会降低。如果定时器的触点在线圈之后，最大定时误差为 2 倍扫描周期加上输入滤波器时间；如果定时器的触点在线圈之前，最大定时误差为 3 倍扫描周期加上输入滤波器时间。最小定时误差为输入滤波器时间减去定时器的分辨率，1 ms、10 ms 和 100 ms 定时器的分辨率分别为 1 ms、10 ms 和 100 ms。定时器应用很广，如电动机顺次延时启动、出门延时关灯等。

5. 计数器（C）

计数器接受脉冲信号，按照要求记录脉冲数，根据脉冲数与设定值之间的关系，输出触电控制信号，FX_{2N} 中的计数器按照计数范围可以分为 16 位和 32 位计数器。

（1）16 位计数器（C）

FX 系列的 16 位计数器是 16 位二进制加法计数器，它是在计数信号的上升沿进行计数，它有两个输入，一个用于复位，另一个用于计数。PLC 有两种类型的 16 位增计数型计数器，一种为通用型，另一种为失电保持型。

C0 ~ C99 为通用型 16 位增计数器，共 100 点，其设定值为 K1 ~ K32767。计数器从 0 开始计数，当计数输入信号每接通一次，计数器的当前值增 1，当计数器的当前值为设定值时，计数器的输出触点接通，且计数器的当前值将保持不变，直到复位输入信号接通时，执行复位指令，可将计数器当前值复位为 0，其输出触点也随之复位。计数过程中如果失电，计数器丢失原计数数值，再次通电后，将重新计数。

计数器的工作原理如图 3—33 所示，由计数输入 X001 每次驱动 C0 线圈时，计数器的当前值加 1。当第 10 次执行线圈指令时，计数器 C0 的输出触点即动作，之后即使计数器输入 X001 再动作，计数器的当前值保持不变。当复位输入 X000 接通（ON）时，执行 RST 指令，计数器的当前值为 0，输出接点也复位。

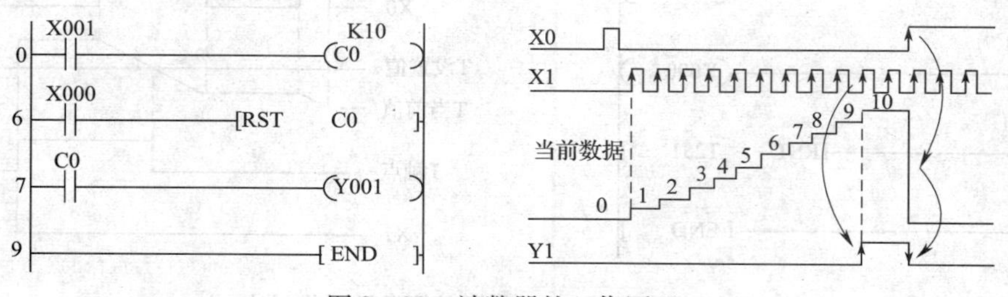

图 3—33　计数器的工作原理

C100～C199 为保持型 16 位计数器，共 100 点，其设定值为 K1～K32767，理论上可以扩展到 K－32768～K32767。其工作过程与一般型相同，只是在计数过程中如果发生停电，保持型计数器其当前值和输出触点的置位/复位状态保持不变，如图 3—34 所示。

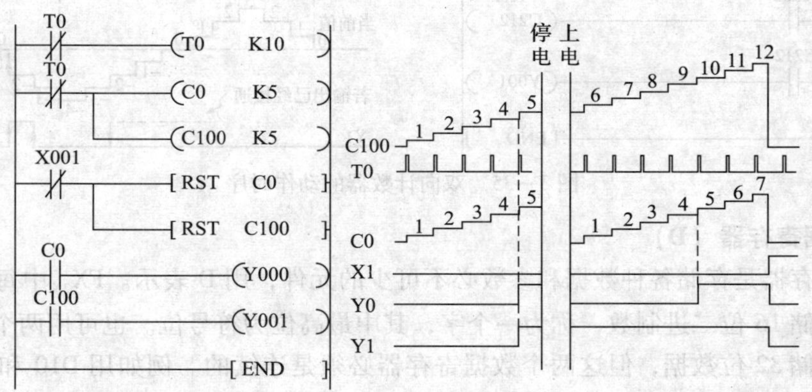

图 3—34　一般型与保持型的区别

计数器的设定值除了可以用常数 K 直接设定外，还可以通过指定数据寄存器的元件号来间接设定，此寄存器内的内容便是设定值。如：指定 D125，而 D125 的内容是 200，则与设定值 K200 等效。

（2）32 位计数器（C）

32 位计数器（C）是双向计数器，既可以增数又可以减数。32 位双相计数器计数值设定范围为 K－2147483648～K2147483647，K－2147483648 减 1 后变为 K2147483647，K2147483647 加 1 后变为 K－2147483648。

FX 系列 PLC 的 32 位计数器，都属于断电保持型，标号为 C200～C255，共计 56 点。其中 C200～C234 作增计数或减计数，共 35 点，由特殊辅助继电器 M8200～M8234 设定。计数器与特殊辅助继电器一一对应，如计数器 C212 对应 M8212。对于计数器，当对应的辅助继电器接通（置 1）时为减计数；当对应的辅助继电器断开（置 0）时为加计数。计数值的设定可以直接用常数 K 或间接用数据寄存器 D 的内容作为设定值，但间接设定时，要用元件号连在一起的两个数据寄存器组成 32 位。

编号为 C235～C255 的元件作高速计数器，共有 21 点，这些计数器在 PLC 中共享 8 个高速计数器输入端 X0～X7。当一个输入端被某个高速计数器占用时，这个输入端就不能再用于另一个高速计数器，也不能用作其他的输入，因此，最多只能同时用 8 个高速计数器。高速计数器是按中断方式运行的，与扫描周期无关。所选定的计数器的线圈应被连续驱动，以表示与它有关的输入点已被使用，其他高速计数器的处理不能与它冲突。

32 位双向计数器的动作时序如图 3—35 所示，计数器 C212 作增计数还是减计数取决于 M8212 的通断。M8212 断开 C212 作增计数，M8212 接通作减计数。因而 X1 的通断决定了 C212 的计数方向。X3 作为计数输入，驱动 C212 线圈进行加计数或减计数。X2 用于计数器 C212 复位。当计数器的当前值由－3→－2（增加）时，计数器的触点接通（置位），Y1 便有输出，由－2→－3（减小）时，其触点断开（复位）。当复位输入 X2 接通，通过 RST（复位）指令，使得计数器 C212 复位，其触点断开（复位），随之 Y1 停止输出。

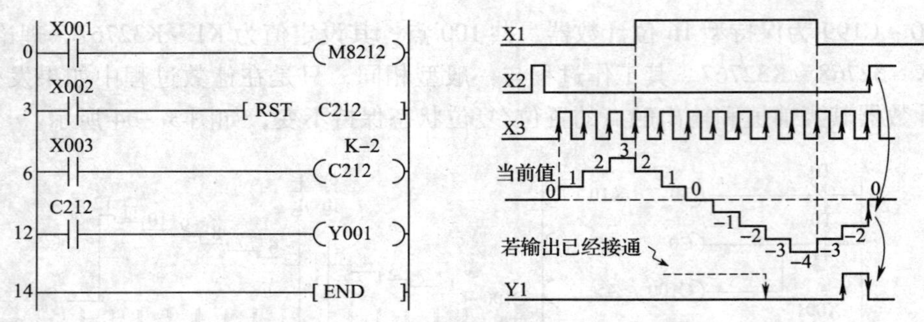

图 3—35　双向计数器的动作时序

6. 数据寄存器（D）

数据寄存器是存储各种数据和参数必不可少的元件，用 D 表示。FX_{2N}中每一个数据寄存器可以存储 16 位二进制数，称为一个字，其中最高位为符号位。也可用两个数据寄存器合并起来存储 32 位数据，但这两个数据寄存器必须是连续的。例如用 D10 和 D11 存储双字，D10 存放低 16 位，D11 存放高 16 位。

数据寄存器按功能可以分为普通型数据寄存器、断电保持型数据寄存器、网络功能型数据寄存器。

（1）普通型数据寄存器

普通型数据寄存器通道分配为 D0 ~ D199，共 200 点。只要不写入其他数据，已写入的数据不会变化，直到下一次被改写。PLC 由运行（RUN）状态进入到停止（STOP）状态时，所有的通用数据寄存器的全部数据均清零，如果特殊辅助继电器 M8033 已被驱动，则数据不被清零。

（2）断电保持型数据寄存器

断电保持型数据寄存器通道分配为 D200 ~ D5999，共 5 800 点，基本上同普通数据寄存器。除非改写，原有数据不会丢失，不论电源接通与否、PLC 运行与否。

（3）网络功能型数据寄存器

网络功能型数据寄存器通道分配 D6000 ~ D7019，共 1 020 点，主要应用于网络编程。

7. 状态继电器（S）

状态继电器 S 在步进顺控程序的编程中是一类非常重要的软元件，它与步进顺控指令 STL 组合使用。状态继电器主要分为普通型和断电保持型两种，其中普通型通道为 S0 ~ S499 共 500 点，断电保持型通道为 S500 ~ S999 共 500 点。

通用状态继电器没有断电保持功能。在使用 IST（初始化状态功能）指令时，S0 ~ S9 供初始状态使用，S10 ~ S19 供回零使用。断电保持状态继电器 S500 ~ S999 在断电时依靠后备锂电池供电保持。在使用应用指令 ANS（信号报警器置位）和 ANR（信号报警器复位）时，报警器 S900 ~ S999 可用作外部故障诊断输出。

六、技能训练

训练项目：编程软件 GX Developer 的安装与使用

1. 训练目标

（1）熟悉编程软件的安装。

（2）熟悉编程软件的使用方法。

（3）掌握编程软件的调试方法。

2. 器材准备

（1）计算机。

（2）计算机编程软件 GX Developer。

（3）仿真软件 GX Simulator。

3. 训练内容和步骤

（1）安装通用环境

进入文件夹“EnvMEL”，双击“SETUP. EXE”安装。

（2）安装 GX Developer 软件

进入主文件夹“GX Developer 8. 52 中文”，双击“SETUP. EXE”开始安装编程软件 GX Developer。

（3）启动 GX Developer 软件

双击桌面上的“GX Developer”图标，或者在开始菜单中选择“程序”，在“程序”中选择“MELSOFT 应用程序”，在“MELSOFT 应用程序”中单击“GX Developer”选项，即可运行 GX Developer 软件。

（4）创建工程

选择 PLC 所属系列和型号，先选择 PLC 系列，再选择 PLC 类型。设置好后，单击“确定”按钮，即可进入程序的编制。单击右上端的“确认”按钮后，则出现程序编辑主界面。

（5）认识 GX Developer 主界面

GX Developer 的主界面由项目标题栏、下拉菜单、快捷工具栏、编辑窗口、管理窗口等部分组成。

（6）输入梯形图

使用“梯形图标记”工具条或通过执行“编辑”菜单中的“梯形图标记”，将已编好的程序输入计算机。

（7）变换与保存

编辑好的程序先通过执行“变换”菜单—“变换”操作或按 F4 键变换后，才能保存。

（8）程序的读取

PLC 在 STOP 模式下，执行“在线”菜单→“PLC 读取”命令，将 PLC 中的程序发送到计算机中。

（9）程序的运行及监控

执行“在线”菜单→“远程操作”命令，将 PLC 设为“RUN”模式，运行程序，如图 3—36 所示；执行程序运行后，再执行“在线”菜单→“监视”命令，可对 PLC 的运行过程进行监控。结合控制程序，操作有关输入信号，观察输出状态。

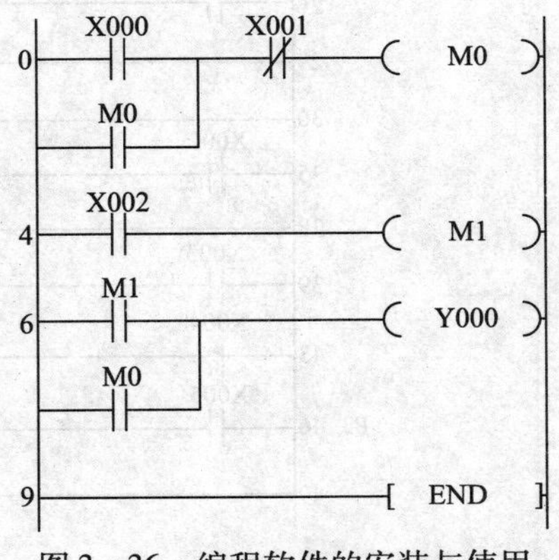

图 3—36 编程软件的安装与使用

（10）程序的调试

将所创建的顺控程序写入到可编程控制器 CPU 中，对顺控程序能否正常动作进行测试。此外，通过使用新开发的仿真软件 GX Simulator（中文版 6.0），可以在单台个人计算机中进行调试。

课后练习

1. 可编程控制器有哪些特点？
2. 小型 PLC 机由几部分组成？各部分的主要作用是什么？
3. 简要说明 PLC 的工作过程。
4. 可编程控制器有哪几种输出形式？
5. 三菱 FX_{2N} 系列 PLC 中共有几种类型的辅助继电器？这些辅助继电器各有什么特点？
6. 利用 GX Developer 8.52 中文软件输入如图 3—37 所示中的梯形图。

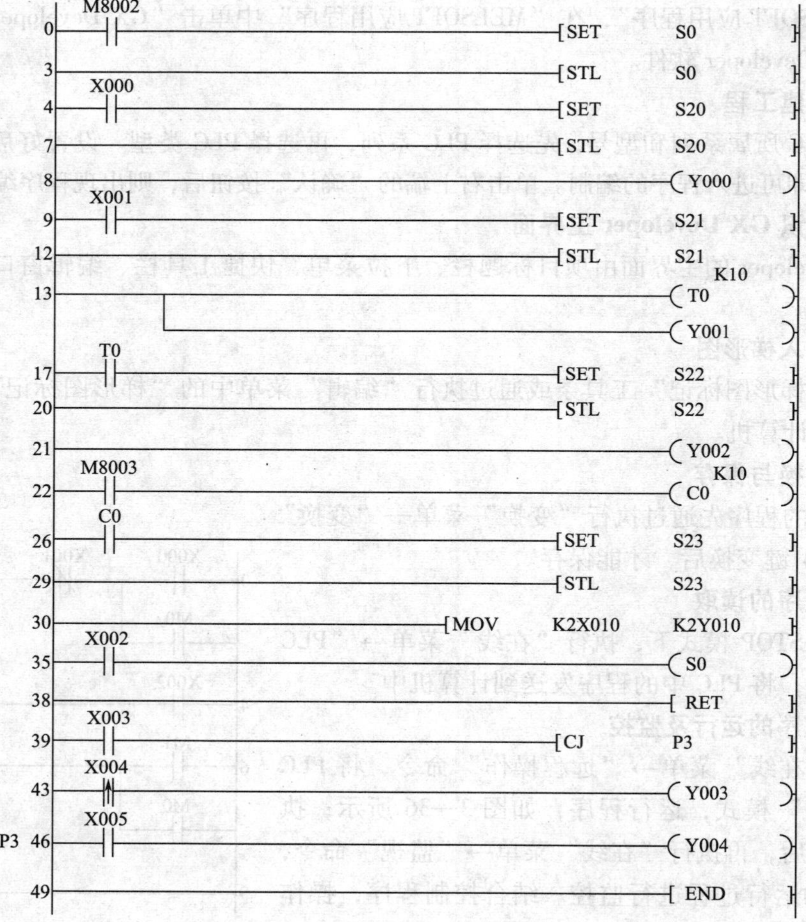

图 3—37　梯形图编程练习程序

课题 2　可编程控制器基本指令应用

学习目标

1. 掌握三菱 PLC 可编程控制器 FX 系列基本指令及详解。
2. 熟悉可编程控制器定时器、计数器指令。
3. 掌握三菱 PLC FX 系列梯形图的设计。

一、可编程控制器基本指令

PLC 的编程语言与一般计算机语言相比，具有明显的特点，它既不同于高级语言，也不同于一般的汇编语言，它既要满足易于编写，又要满足易于调试的要求。目前，还没有一种与各厂家产品都能兼容的编程语言，如三菱公司、西门子、OMRON 公司的产品都有各自专门的编程语言。

PLC 程序是将 PLC 指令进行有序集合，PLC 运行它可进行相应的工作。当然，这里的程序是指 PLC 的用户程序，用户程序一般由用户设计，PLC 的厂家或代销商不提供。最常用的两种编程方式，一是梯形图，二是指令语句表，用语句表达的程序不大直观，可读性差，特别是较复杂的程序，更难读，所以多数程序用梯形图表达。

梯形图是通过连线把 PLC 指令的梯形图符号连接在一起的连通图，用以表达所使用的 PLC 指令及其前后顺序，与电气原理图很相似。它的连线有两种：一为母线，另一为内部横竖线。内部横竖线把一个个梯形图符号指令连成一个指令组，这个指令组一般总是从装载（LD）指令开始，必要时再继以若干个输入指令（含 LD 指令），以建立逻辑条件。最后为输出类指令，实现输出控制，或为数据控制、流程控制、通讯处理、监控工作等指令，以进行相应的工作。母线是用来连接指令组的。如图 3—38 所示是三菱公司的 FX_{2N} 系列产品的比较简单的梯形图例。可以看出，梯形图共有三组，第一组用以实现启动、停止控制。第三组仅一个 END 指令，用以结束程序。

指令与梯形图有严格的对应关系，而梯形图的连线又可把指令的顺序予以体现。一般讲，其顺序为：先输入，后输出（含其他处理）；先上，后下；先左，后右。有了梯形图就可将其翻译成指令程序，如图 3—39 所示即为如图 3—38 所示对应的指令程序。反之，根据指令程序也可画出与其对应的梯形图。

梯形图与电气原理图的关系：如果仅考虑逻辑控制，梯形图与电气原理图也可建立起一定的对应关系。如梯形图的输出指令（OUT），对应于继电器的线圈，而输入指令（如 LD，AND，OR）对应于接点，互锁指令（IL、ILC）可看成总开关等。这样，原有的继电控制逻辑，经转换即可变成梯形图，再进一步转换，即可变成指令程序。

基本逻辑指令是 PLC 中最基本的编程语言，掌握了它也就初步掌握了 PLC 的使用方法，各种型号的 PLC 的基本逻辑指令都大同小异，以下将针对 FX_{2N} 系列，逐条学习其指令的功能和使用方法，每条指令及其应用实例都以梯形图和语句表两种编程语言对照说明。

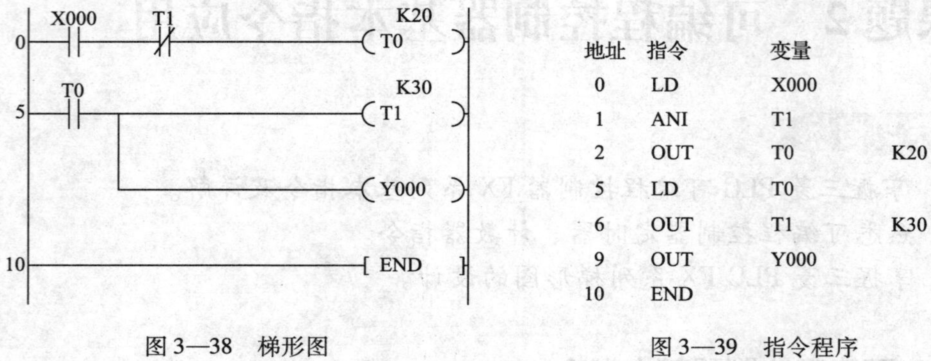

图 3—38　梯形图　　　　图 3—39　指令程序

1．输入输出指令（LD/LDI/OUT）

输入输出指令主要是指 LD 指令、LDI 指令和 OUT 指令，LD 与 LDI 指令用于与母线相连的接点，此外还可用于分支电路的起点。OUT 指令是线圈的驱动指令，可用于输出继电器、辅助继电器、定时器、计数器、状态寄存器等，但不能用于输入继电器。输出指令用于并行输出，能连续使用多次。对这三条指令的功能、梯形图表示形式、操作元件的说明见表 3—2。

表 3—2　　输入输出指令

符号	名称	功能	梯形图	操作元件
LD	取	常开触点逻辑运算起始		X、Y、M、S、C、T
LDI	取反	常闭触点逻辑运算起始		X、Y、M、S、C、T
OUT	输出	线圈驱动	( )	Y、M、S、C、T、F

（1）输入输出指令举例

当 X0 接通时，Y0 接通；当 X1 断开时，Y1 接通。为了实现这一电气性能，可以编制梯形图如图 3—40 所示。

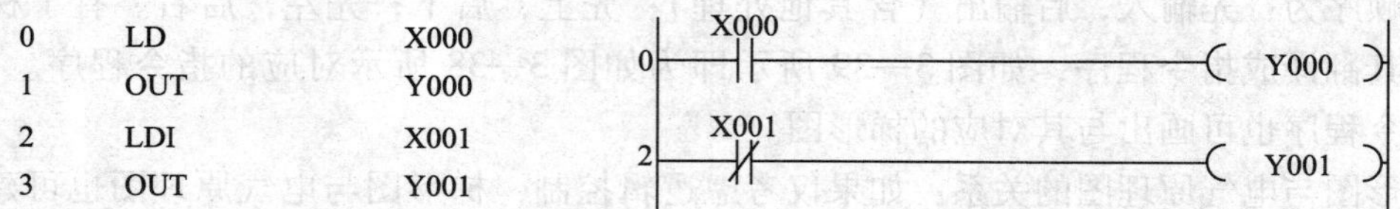

图 3—40　输入输出指令梯形图和语句表

（2）指令使用说明

1）LD 和 LDI 指令用于将常开和常闭触点接到左母线上，LD 和 LDI 在电路块分支起点处也使用。

2）OUT 指令是对输出继电器、辅助继电器、状态继电器、定时器、计数器的线圈驱动指令，不能用于驱动输入继电器，因为输入继电器的状态是由输入信号决定的。OUT 指令可作多次并联使用，如图 3—41 所示。

3）定时器的计时线圈或计数器的计数线圈，使用 OUT 指令后，必须有常数设定值语句，设定常数 K 或指定数据寄存器的地址号，如图 3—41 所示中 OUT T0 后要有时间设定值 K50，OUT T1 后要有数据寄存器的地址号 D2，OUT C0 后要有计数器设定值 K5 等。

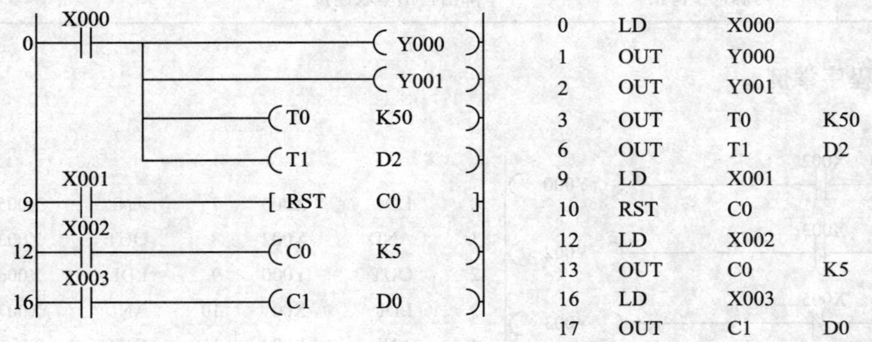

0	LD	X000	
1	OUT	Y000	
2	OUT	Y001	
3	OUT	T0	K50
6	OUT	T1	D2
9	LD	X001	
10	RST	C0	
12	LD	X002	
13	OUT	C0	K5
16	LD	X003	
17	OUT	C1	D0

图 3—41　输入输出指令说明

例 3—1 写出如图 3—42 所示梯形图的指令语句表。

解：拿到梯形图后，要按从上到下、自左到右的顺序将梯形图阅读清楚，充分了解各触点之间的逻辑关系，然后应用基本指令写出指令语句表。如图 3—42 所示梯形图对应的指令语句表如下：

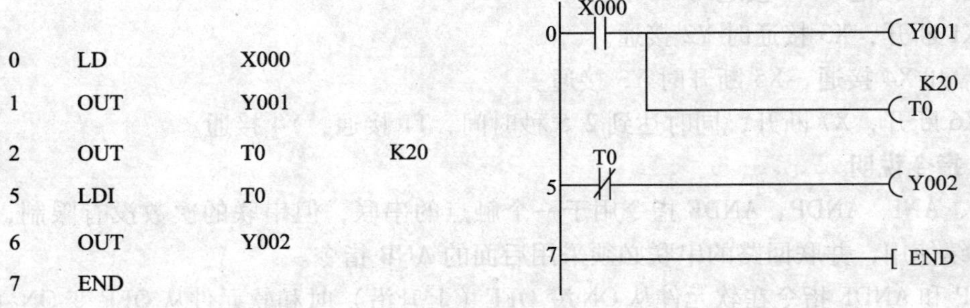

0	LD	X000	
1	OUT	Y001	
2	OUT	T0	K20
5	LDI	T0	
6	OUT	Y002	
7	END		

图 3—42　例 3—1 梯形图

2. 触点串联指令（AND/ANI/ANDP/ANDF）

为了实现一定的电气性能，电路中需要将各元件进行串联和并联，在 PLC 中称为电路块。电路块就是由几个触点按一定的方式连接的梯形图。由两个或两个以上的触点串联而成的电路块，称为串联电路块；由两个或两个以上的触点并联连接而成的电路块，称为并联电路块；触点的混联就称为混联电路块。串联电路块通过触点串联指令（AND/ANI/ANDP/ANDF）来实现，这三条指令的功能、操作元件的说明见表 3—3。

表 3—3　　触点串联指令

符号	名称	功能	操作元件
AND	与	常开触点串联连接	X、Y、M、S、C、T
ANI	与非	常闭触点串联连接	X、Y、M、S、C、T
ANDP	与脉冲上升沿	上升沿检出串联连接	X、Y、M、S、C、T
ANDF	与脉冲下降沿	下降沿检出串联连接	X、Y、M、S、C、T

（1）程序举例

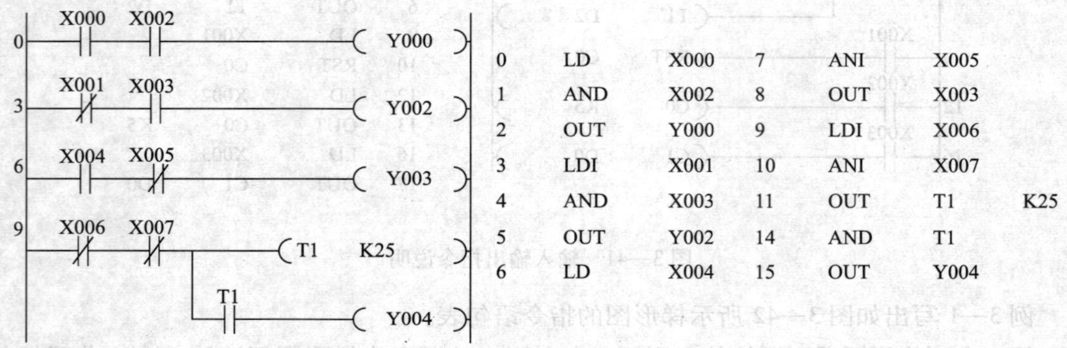

图 3—43　触点串联指令

（2）例题解释

1）当 X0 接通，X2 接通时 Y0 接通。

2）X1 断开，X3 接通时 Y2 接通。

3）常开 X4 接通，X5 断开时 Y3 接通。

4）X6 断开，X7 断开，同时达到 2. 5 秒时间，T1 接通，Y4 接通。

（3）指令说明

AND、ANI、ANDP、ANDF 指令用于一个触点的串联，但串联的次数没有限制，这些指令可连续使用，并联回路的串联必须采用后面的 ANB 指令。

ANDP 和 ANDF 指令在软元件从 ON 变 OFF（上升沿）时和软元件从 OFF 变 ON（下降沿）时接通一个周期。

OUT 指令之后，通过触点对其他线圈使用 OUT 指令，称之为纵接输出。这种纵接输出如果顺序不错，可多次重复使用；如果顺序颠倒，就必须要用我们后面要学到的指令（MPS/MRD/MPP）。

当继电器的常开触点或常闭触点与其他继电器的触点组成的电路块串联时，也使用 AND 指令或 ANI 指令。

例 3—2 写出如图 3—44 所示梯形图的指令语句表。

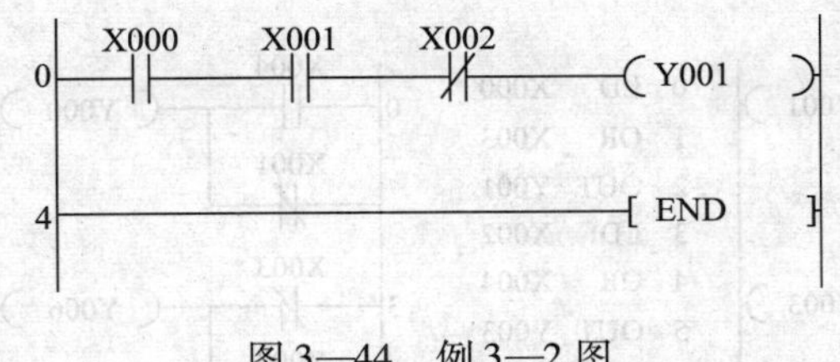

图 3—44 例 3—2 图

解：如图 3—44 所示梯形图对应的指令语句表如下：

0	LD	X000
1	AND	X001
2	ANT	X002
3	OUT	Y001
4	END	

例 3—3 写出如图 3—45 所示梯形图的指令语句表。

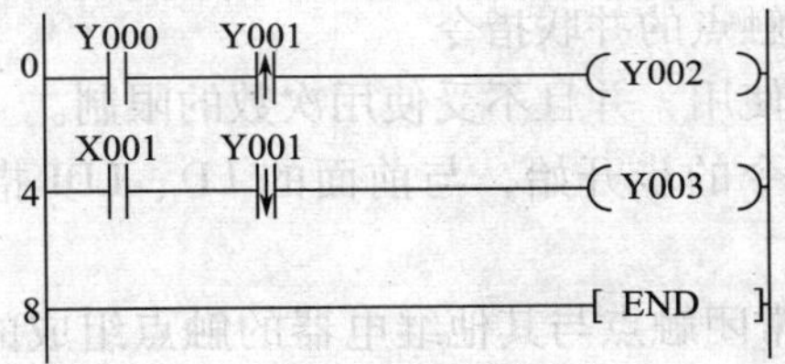

图 3—45 例 3—3 图

解：如图 3—45 所示梯形图对应的指令语句表如下：

0	LD	Y000
1	ANDP	Y001
3	OUT	Y002
4	LD	X001
5	ANDF	Y001
7	OUT	Y003
8	END	

3. 触点并联指令（OR /ORI/ORP/ORF）

OR、ORI 是用于一个触点的并联连接指令。

符号	名称	功能	操作元件
OR	或	常开触点并联连接	X、Y、M、S、C、T
ORI	或非	常闭触点并联连接	X、Y、M、S、C、T
ORP	或脉冲上升沿	上升沿检出并联连接	X、Y、M、S、C、T
ORF	或脉冲下降沿	下降沿检出并联连接	X、Y、M、S、C、T

(1) 程序举例

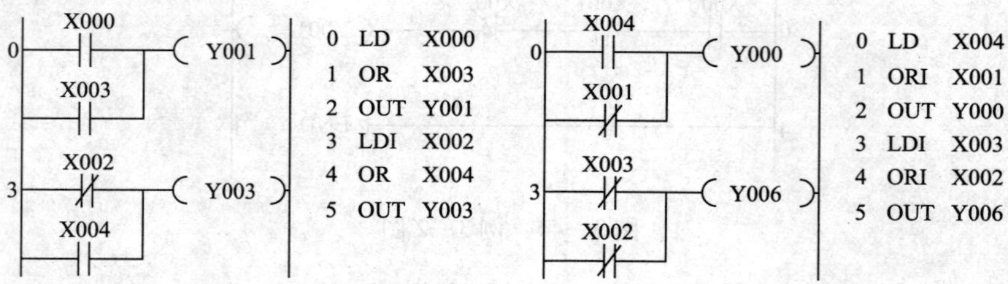

图 3—46 触点并联指令

(2) 例题解释

1) 当 X0 或 X3 接通时 Y1 接通。

2) 当 X2 断开或 X4 接通时 Y3 接通。

3) 当 X4 接通或 X1 断开时 Y0 接通。

4) 当 X3 或 X2 断开时 Y6 接通。

(3) 指令说明

OR、ORI 指令用作 1 个触点的并联指令。

OR、ORI 指令可以连续使用，并且不受使用次数的限制。

OR、ORI 指令是从该指令的步开始，与前面的 LD、LDI 指令步进行并联连接，如图 3—47 所示。

当继电器的常开触点或常闭触点与其他继电器的触点组成的混联电路块并联时，也可以用这两个指令，如图 3—48 所示。

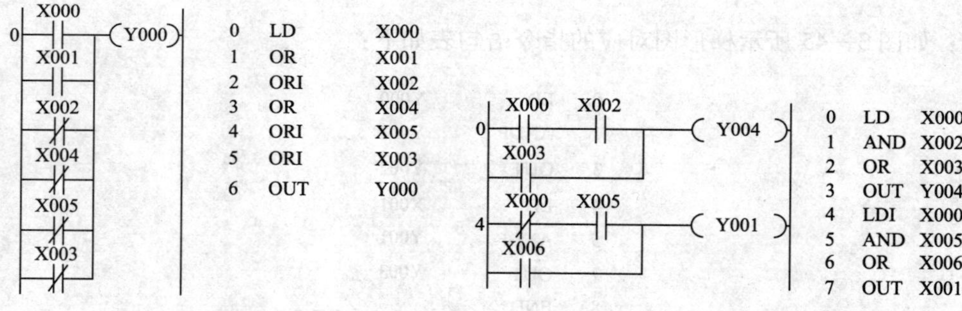

图 3—47 指令说明 3　　图 3—48 指令说明 4

例 3—4 写出如图 3—49 所示梯形图的指令语句表。

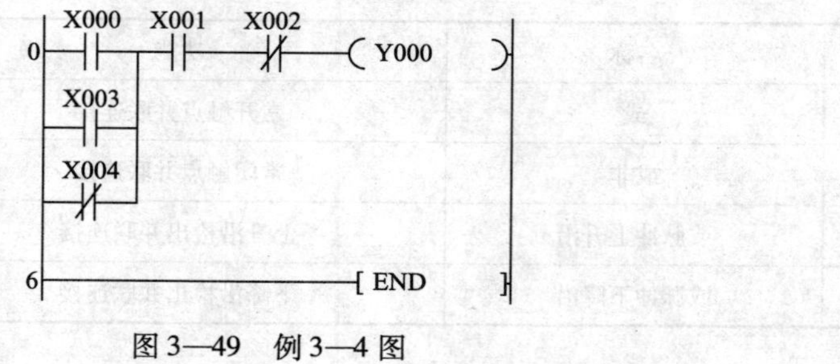

图 3—49 例 3—4 图

解：如图 3—49 所示梯形图对应的指令语句表如下：

0	LD	X000
1	OR	X003
2	ORI	X004
3	AND	X001
4	ANI	X002
5	OUT	Y000
6	END	

例 3—5 写出如图 3—50 所示梯形图的指令语句表。

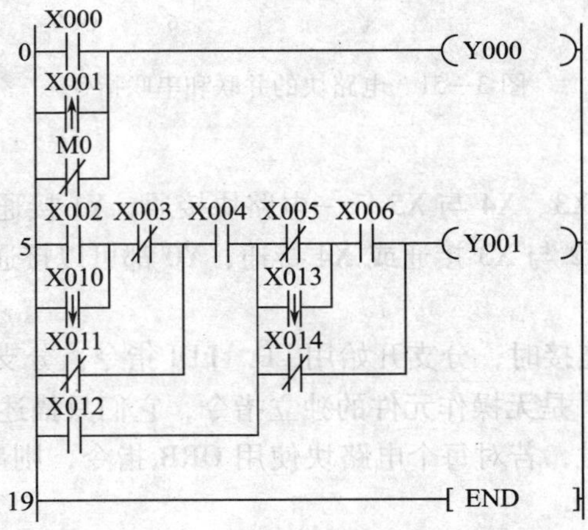

图 3—50 例 3—5 图

解：如图 3—50 所示梯形图对应的指令语句表如下：

0	LD	X000	11	OR	X012
1	ORP	X001	12	LDI	X005
3	ORI	M0	13	ORF	X013
4	OUT	Y000	15	AND	X006
5	LD	X002	16	ORI	X014
6	ORF	X010	17	ANB	
8	ANI	X003	18	OUT	Y001
9	ORI	X011	19	END	
10	AND	X004			

4. 电路块的并联和串联指令（ORB、ANB）

符号	名称	功能	操作元件
ORB	块或	电路块并联连接	无
ANB	块与	电路块串联连接	无

（1）程序举例

0	LD	X000	5	LD	X004
1	AND	X001	6	AND	X005
2	LD	X002	7	ORB	
3	AND	X003	8	OUT	Y001
4	ORB				

0	LD	X000
1	OR	X001
2	LD	X002
3	AND	X003
4	OR	X003
5	ANB	
6	OUT	Y000

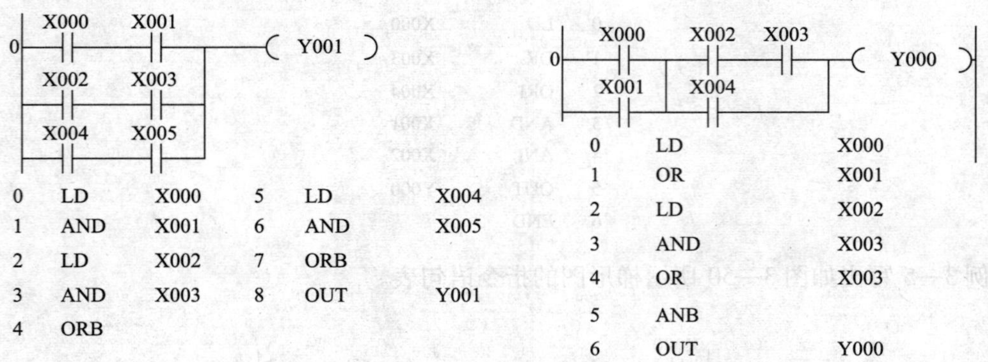

图 3—51　电路块的并联和串联指令

（2）例题解释

1）X0 与 X1、X2 与 X3、X4 与 X5 任一电路块接通，Y1 接通。

2）X0 或 X1 接通，X2 与 X3 接通或 X4 接通，Y0 都可以接通。

（3）指令说明

1）将串联电路并联连接时，分支开始用 LD、LDI 指令，分支结束用 ORB 指令。

2）ORB、ANB 指令，是无操作元件的独立指令，它们只描述电路的串并联关系。

3）有多个串联电路时，若对每个电路块使用 ORB 指令，则串联电路没有限制，如图 3—52 所示程序。

0	LDI	X000	7	AND	X007
1	AND	X001	8	ORB	
2	LD	X002	9	ORB	
3	ANI	X003	10	ORB	
4	LD	X004	11	OUT	Y006
5	AND	X005			
6	LD	X006			

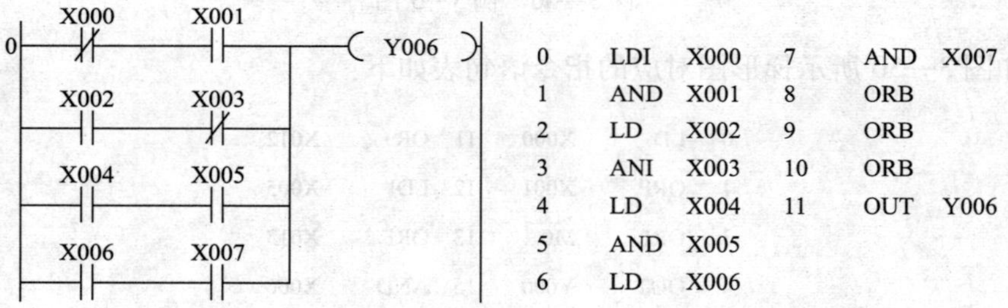

图 3—52　指令说明举例

4）若多个并联电路块按顺序和前面的电路串联连接时，则 ANB 指令的使用次数没有限制，如图 3—53 所示程序。

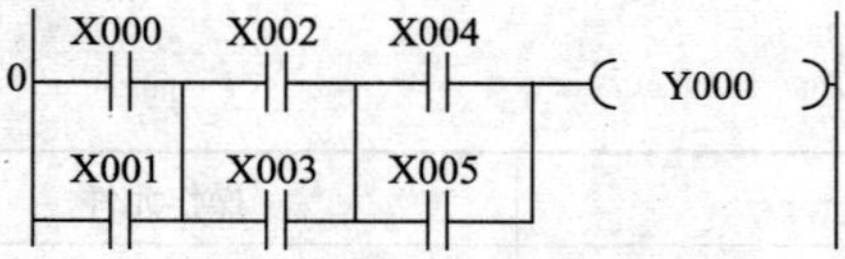

0	LD	X000	4	LD	X004
1	OR	X001	5	OR	X005
2	LD	X002	6	ANB	
3	OR	X003	7	ANB	
			8	OUT	Y000

图 3—53　指令说明举例

5）使用 ORB、ANB 指令编程时，也可以采取 ORB、ANB 指令连续使用的方法。即先按顺序将所有的电路块的指令写完，然后连续写 ANB 或 ORB 指令，但只能连续使用不超过 8 次。

6）应注意 ANB 和 AND、ORB 和 OR 之间的区别，在程序设计时要利用设计技巧，能不用 ANB 或 ORB 指令时，尽量不用，这样可以减少指令的使用条数。

例 3—6 写出如图 3—54 所示梯形图指令语句表。

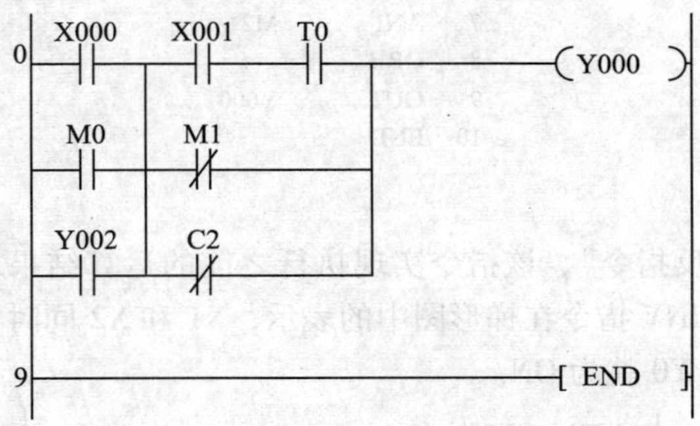

图 3—54　例 3—6 图

解：如图 3—54 所示梯形图指令语句表如下：

```
0    LD     X000
1    OR     M0
2    OR     Y002
3    LD     X001
4    AND    T0
5    ORI    M1
6    ORI    C2
7    ANB
8    OUT    Y000
9    END
```

例 3—7 写出如图 3—55 所示梯形图指令语句表。

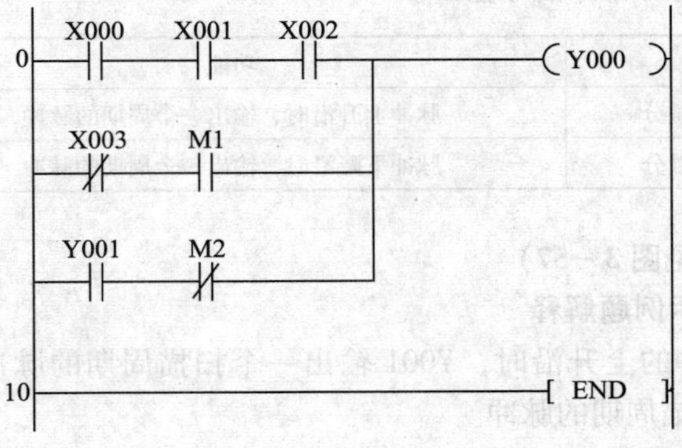

图 3—55　例 3—7 图

解： 如图 3—55 所示梯形图指令语句表如下：

```
0   LD    X000
1   AND   X001
2   AND   X002
3   LDI   X003
4   AND   M1
5   ORB
6   LD    Y001
7   ANI   M2
8   ORB
9   OUT   Y000
10  END
```

5. INV 指令

INV 指令称为“取反指令”，该指令实现执行之前的运算结果取反功能，没有操作元件。如图 3—56 所示为 INV 指令在梯形图中的表示，X1 和 X2 同时 ON，Y0 为 OFF，X1 和 X2 只要有一个为 OFF，Y0 就为 ON。

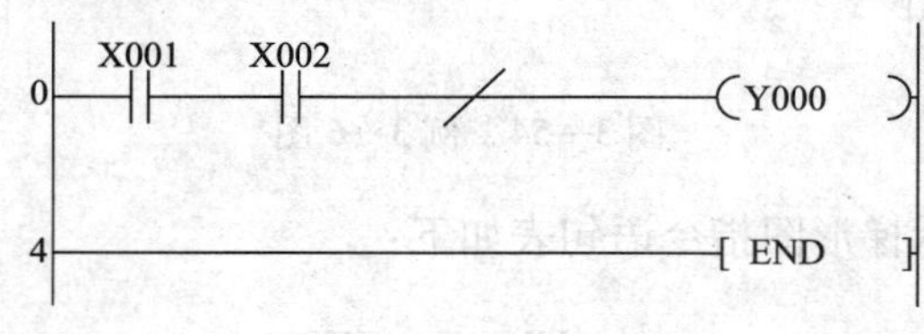

图 3—56　INV 指令

梯形图对应的指令语句表如下：

```
0   LD    X001
1   AND   X002
2   INV
3   OUT   Y000
4   END
```

6. PLS、PLF 指令

PLS、PLF 指令为脉冲微分指令，主要用于检测脉冲的上升沿或下降沿，当条件满足时，产生一个扫描周期的脉冲信号输出。

符号	名称	功能	操作元件
PLS	上升沿脉冲微分	脉冲上升沿时，输出一个周期的脉冲	Y、M
PLF	下降沿脉冲微分	脉冲下降沿时，输出一个周期的脉冲	Y、M

（1）程序举例（见图 3—57）

（2）图 3—57 所示例题解释

1）X001 接通脉冲的上升沿时，Y001 输出一个扫描周期的脉冲，脉冲的下降沿到来时，Y002 输出一个扫描周期的脉冲。

2）X002 接通脉冲的上升沿时，M10 输出一个扫描周期的脉冲，脉冲的下降沿到来时，M20 输出一个扫描周期的脉冲。

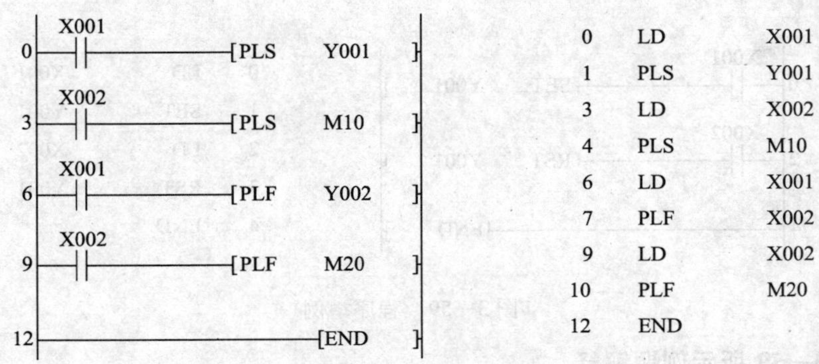

图 3—57　程序举例

3）时序图如图 3—58 所示。

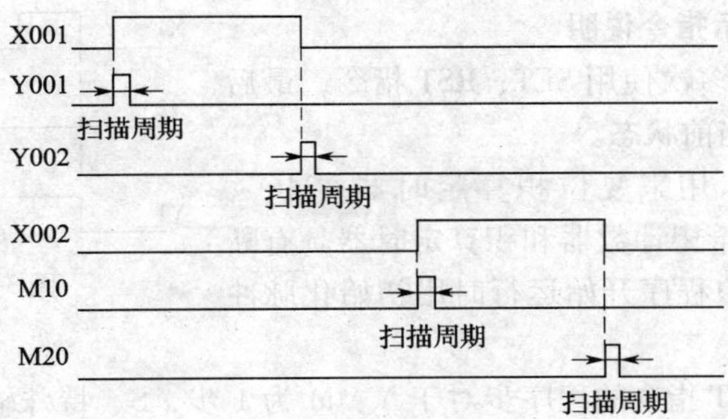

图 3—58　时序图

（3）图 3—57 所示指令说明

1）PLS 指令在脉冲信号的上升沿时，操作元件的线圈得电一个扫描周期，产生一个扫描周期的脉冲输出。

2）PLF 指令在脉冲信号的下降沿时，操作元件的线圈得电一个扫描周期，产生一个扫描周期的脉冲输出。

3）PLS 指令和 PLF 指令的程序步都是 2 步。

4）PLC 从 RUN 到 STOP，再从 STOP 到 RUN 时，PLS　M0 指令将输出一个脉冲，如果用的是断电保持型的辅助继电器则不会输出脉冲。

7. SET、RST 指令

在 PLC 控制系统中，许多情况需要自锁，利用 SET 和 RST 指令便可以方便地进行自锁和解锁控制。

符号	名称	功能	操作元件
SET	置位指令	驱动线圈，使其保持接通状态	Y、M、S
RST	复位指令	清除线圈接通状态，使其复位	Y、M、S、T、C、D、V、Z

（1）程序举例（见图 3—59）

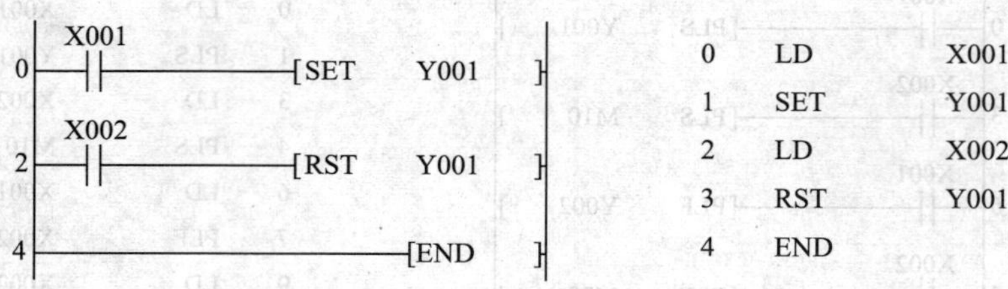

图 3—59　程序举例

（2）图 3—59 所示例题解释

1）X001 接通 Y001 得电，即使再断开，Y001 仍继续保持得电。

2）X002 接通 Y001 失电，即使再断开，Y001 仍继续保持失电。

3）时序图如图 3—60 所示。

（3）图 3—59 所示指令说明

1）对同一元件可多次使用 SET、RST 指令，最后一次执行的指令决定当前状态。

2）RST 指令可以用来复位积算定时器 T246 ~ T255 和计数器。如不希望计数器和积算定时器具有断电保持功能，可在用户程序开始运行时用初始化脉冲 M8002 复位。

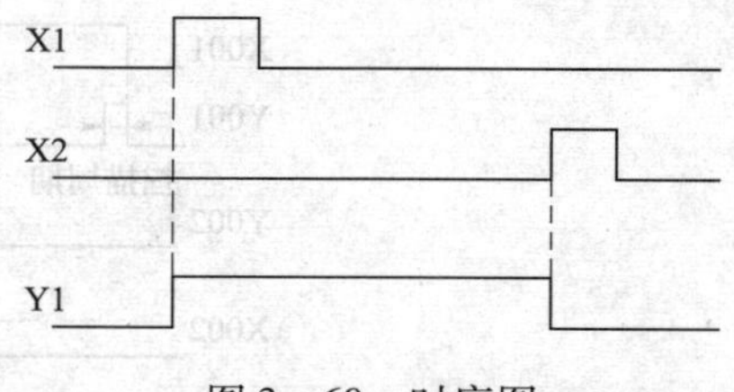

图 3—60　时序图

3）使用 SET、RST 指令的程序步对于 Y、M 为 1 步，S、特殊辅助继电器 M 为 2 步，D、V、Z、特殊数据寄存器 D 为 3 步。

4）任何情况下，RST 指令都优先执行。

8. MPS、MRD、MPP 指令

在 PLC 中有 11 个存储器，它们用来存储运算的中间结果，这些存储器被称为栈寄存器。MPS、MRD、MPP 指令分别为进栈、读栈和出栈指令。

符号	名称	功能	操作元件	程序步
MPS	进栈	将 MPS 指令前的运算结果送入堆栈	无	1
MRD	读栈	读出栈的最上层数据	无	1
MPP	出栈	读出栈的最上层数据，并清除	无	1

（1）程序举例（见图 3—61）

（2）图 3—61 所示例题解释

1）将 X001 接通，将数据送入堆栈最上层，并进行下一步操作。

2）操作 X010 前，读出堆栈最上层数据（即刚存入堆栈的数据），并进行下一步操作。

3）操作 X004 前，读出堆栈最上层数据，并清除最上层数据。

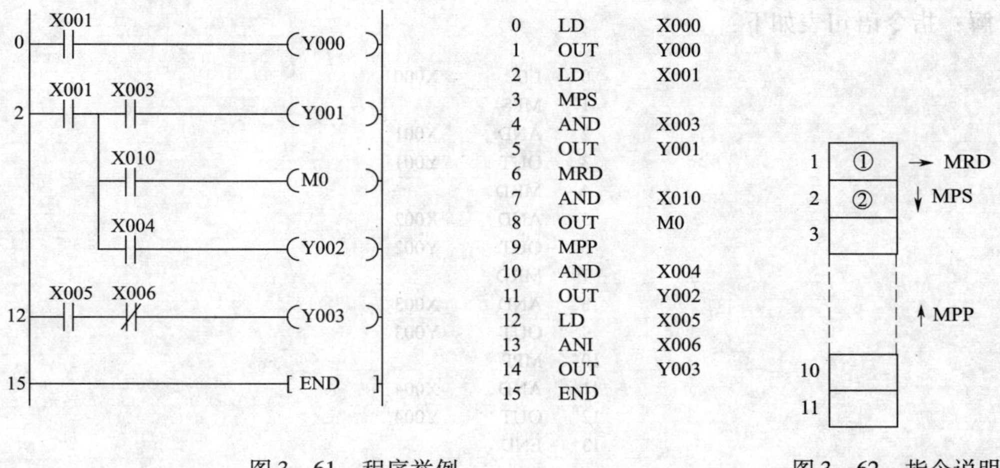

图3—61　程序举例　　　　图3—62　指令说明

4）使用栈指令母线没有移动，故栈指令后的触点不能用LD。

（3）图3—61所示指令说明

1）MPS/MRD/MPP指令的功能是将连接点的结果（位）按堆栈的形式存储。MPS进栈指令：将MPS指令前的运算结果送入栈中。MRD读栈指令：读出栈的最上层数据。MPP进栈指令：读出栈的最上层数据，并清除。

①每执行一次MPS，将原有数据按顺序下移一层，留出最上层存放新的数据。

②每执行一次MPP，将原有数据按顺序上移一层，原先最上层数据被覆盖掉。

③执行MRD，数据不作移动。

2）堆栈的深度为11个。

3）用于带分支的多路输出电路。

4）MPS和MPP必须成对使用，且连续使用次数应少于11次。

5）进栈和出栈指令遵循先进后出、后进先出的次序。

6）MPS、MRD、MPP指令后如果有其他触点串联，要用AND或ANI指令；若有电路块串联，要用ANB指令；若直接与线圈相连，应该用OUT指令。

例3—8 只使用一层堆栈梯形图与指令表转换。梯形图如图3—63所示。

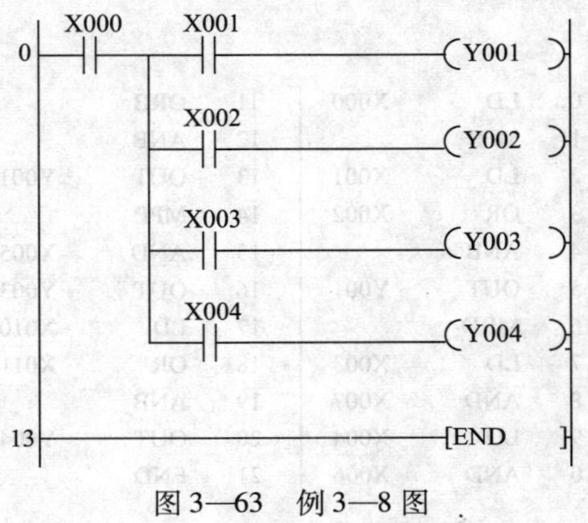

图3—63　例3—8图

解：指令语句表如下：

0	LD	X000
1	MPS	
2	AND	X001
3	OUT	Y001
4	MRD	
5	AND	X002
6	OUT	Y002
7	MRD	
8	AND	X003
9	OUT	Y003
10	MPP	
11	AND	X004
12	OUT	Y004
13	END	

例 3—9 写出如图 3—64 所示梯形图指令语句表。

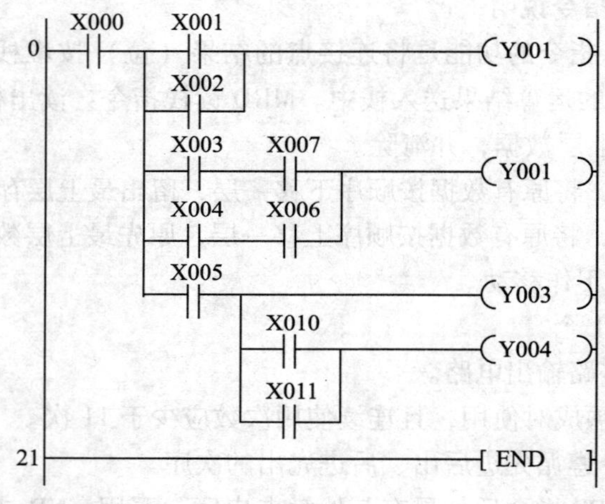

图 3—64 例 3—9 图

解：本例使用了一层堆栈，并用了 ANB、ORB 指令。如图 3—64 所示梯形图的指令语句表如下：

0	LD	X000	11	ORB	
1	MPS		12	ANB	
2	LD	X001	13	OUT	Y001
3	OR	X002	14	MPP	
4	ANB		15	AND	X005
5	OUT	Y001	16	OUT	Y003
6	MRD		17	LD	X010
7	LD	X003	18	OR	X011
8	AND	X007	19	ANB	
9	LD	X004	20	OUT	Y004
10	AND	X006	21	END	

例 3—10 写出如图 3—65 所示梯形图的指令语句表。

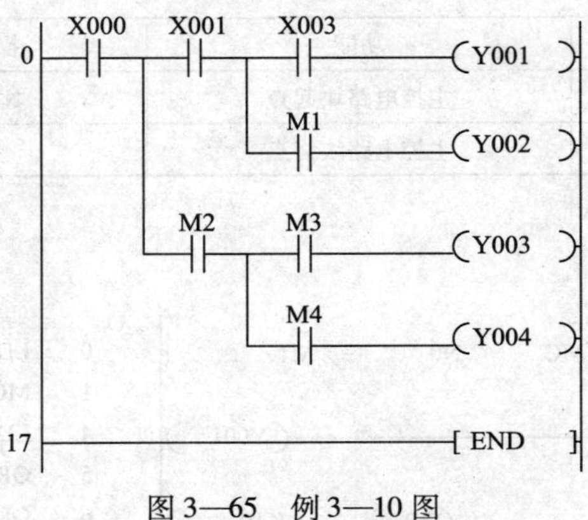

图 3—65 例 3—10 图

解：如图 3—65 所示梯形图的指令语句表如下：

0	LD	X000	9	MPP	
1	MPS		10	AND	M2
2	AND	X001	11	MPS	
3	MPS		12	AND	M3
4	AND	X003	13	OUT	Y003
5	OUT	Y001	14	MPP	
6	MPP		15	AND	M4
7	AND	M1	16	OUT	Y004
8	OUT	Y002	17	END	

例 3—11 写出如图 3—66 所示梯形图的指令语句表。

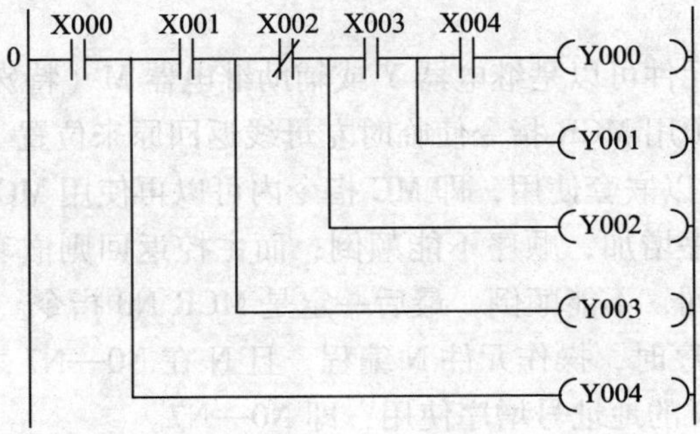

图 3—66 例 3—11 图

解：本例使用了四层堆栈，如图 3—66 所示梯形图的指令语句表如下：

0	LD	X000	9	OUT	Y000
1	MPS		10	MPP	
2	AND	X001	11	OUT	Y001
3	MPS		12	MPP	
4	ANI	X002	13	OUT	Y002
5	MPS		14	MPP	
6	AND	X003	15	OUT	Y003
7	MPS		16	MPP	
8	AND	X004	17	OUT	Y004

9. MC、MCR 指令

符号	名称	功能	操作元件	程序步
MC	主控	主控电路块起点	N、Y、M	3
MCR	主控复位	主控电路块终点	N	2

（1）程序举例

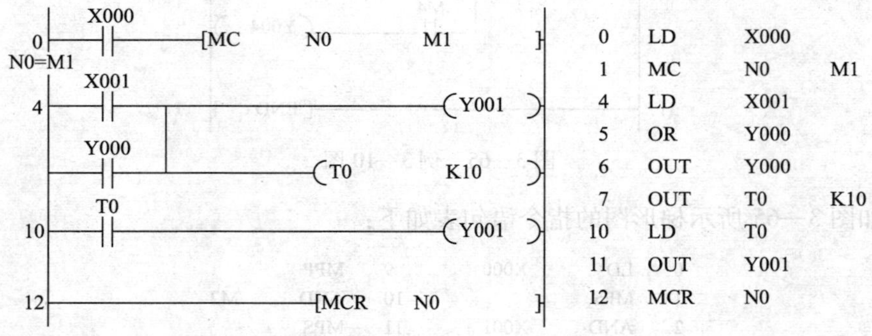

图 3—67 程序举例

（2）例题解释

1）MC 至 MCR 之间的程序只有在 X0 接通后才能执行。

2）主控指令（MC）后，母线（LD、LDI）临时移到主控触点后，MCR 为其将临时母线返回原母线的位置的指令。

（3）指令说明

1）MC 指令的操作元件可以是继电器 Y 或辅助继电器 M（特殊继电器除外）。

2）MC 指令后，必须用 MCR 指令使临时左母线返回原来位置。

3）MC/MCR 指令可以嵌套使用，即 MC 指令内可以再使用 MC 指令，但是必须使嵌套级编号从 N0 到 N7 按顺序增加，顺序不能颠倒；而主控返回则嵌套级标号必须从大到小，即按 N7 到 N0 的顺序返回，不能颠倒，最后一定是 MCR N0 指令。

4）程序为无嵌套程序时，操作元件 N 编程，且 N 在 N0—N7 之间任意使用没有限制；有嵌套结构时，嵌套级 N 的地址号增序使用，即 N0—N7。

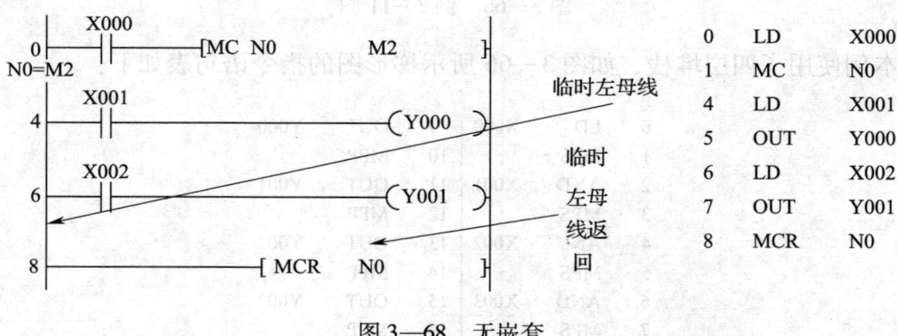

图 3—68 无嵌套

10．NOP、END 指令

符号	名称	功能	操作元件	程序步
NOP	空操作	无任何操作	无	1
END	结束	程序结束不执行后面指令	无	1

指令说明：

（1）程序清除后，NOP 指令成为空操作，在程序调试过程中，可以取代一些不必要的指令。

（2）若将已经写入的指令换成 NOP 指令，则电路会发生变化；另外，使用 NOP 指令可以延长扫描周期，NOP 指令在程序中不予表示。

（3）执行到 END 指令后，END 指令后面的指令不予执行，直接返回到 0 步，使用 END 指令可缩短扫描周期。

（4）在调试程序时，可以插入 END 指令，使得程序分段，提高程序调试速度，确认无误后，再依次删去插入的 END 指令。

（5）可编程序控制器在 RUN 开始时首次执行是从 END 指令开始。

（6）执行 END 指令时，刷新监视定时器，检测扫描周期是否过长。

二、可编程控制器程序设计

1．PLC 编程特点

梯形图是 PLC 中最常用的方法，它源于传统的继电器电路图，但发展到今天两者之间已经有了极大的差别。PLC 的梯形图有一条左母线，相当于继电器电路的电源正极，还有一条右母线，相当于电源负极。如图 3—69 所示，梯形图中的 X1 相当于继电器中的 SB1，Y1 相当于线圈 KM1，Y2 相当于线圈 KM2。

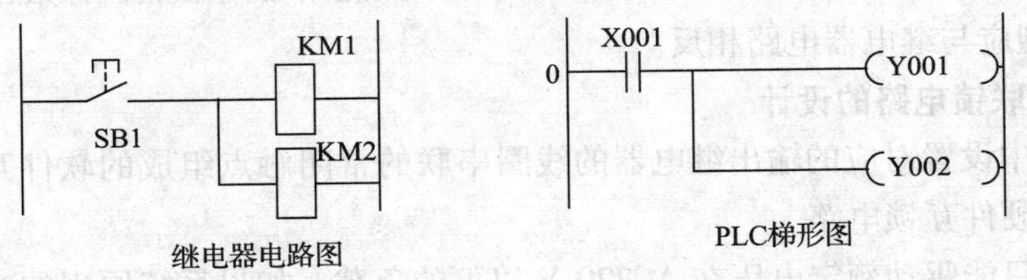

图 3—69　继电器电路图与梯形图比较

2．PLC 编程的基本规则

PLC 程序的编写应按照自上而下、从左到右的方式编写。为了减少程序的执行步数，程序应“左大右小、上大下小”，尽量不出现电路块在右边或下边的情况，如图 3—70 所示。同时，在 PLC 编程中要注意以下几点基本规则：

（1）输入/输出继电器、辅助继电器、定时器、计数器等软元件的触点可以多次重复使用，无须复杂的程序结构来减少触点的使用次数。

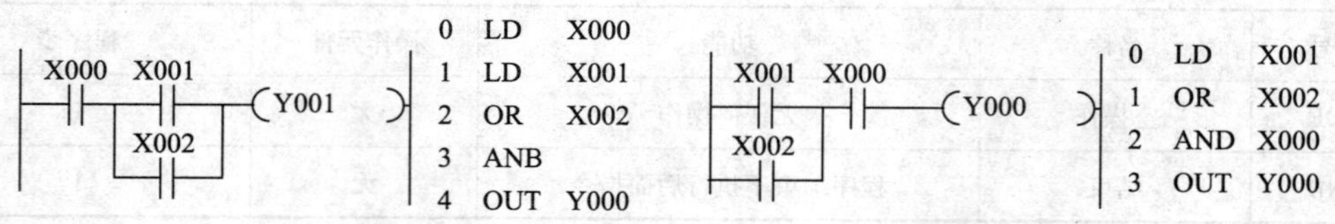

不符合左大右小的程序 5步　　　　符合左大右小的程序 4步

图 3—70　合理设计梯形图

（2）梯形图每一行都是从左母线开始，线圈止于右母线。触点不能直接接右母线；线圈不能直接接左母线。

（3）在程序编写中一般不允许双重线圈输出，步进顺序控制除外。

（4）可编程序控制器程序编写中所有的继电器的编号，都应在所选 PLC 软元件列表范围内。

（5）梯形图中不存在输入继电器的线圈。

（6）依照扫描的原则，程序处理时尽可能让同时动作的线圈在同一个扫描周期内。

3．注意事项

（1）设置中间单元

在梯形图中，若多个线圈都受某一触点串并联电路的控制，为简化电路，在梯形图中可设置用该电路控制的辅助继电器，类似于继电器电路中的中间继电器。

（2）分离交织在一起的电路

设计梯形图时以线圈为单位，分别考虑继电器电路图中每个线圈受到那些触点和电路的控制，然后画出相应的等效梯形图电路。

（3）常闭触点提供的输入信号的处理

设计输入电路时，应尽量采用常开触点，如果只能用常闭触点，梯形图中对应触点的常开/常闭类型应与继电器电路相反。

（4）外部联锁电路的设计

在梯形图中设置对应的输出继电器的线圈串联的常闭触点组成的软件互锁外，还应在 PLC 外部设置硬件互锁电路。

PLC 一般只能驱动额定电压在 AC220 V 以下的负载，如果系统原来的交流接触器的线圈电压为 380 V 的，应将线圈换成 220 V 的，或者在 PLC 外部设置中间继电器。

4．常见梯形图

（1）启动停止控制程序

PLC 中实现启动停止控制方法很多，如图 3—71 所示梯形图是启动停止控制程序之一。当 X1 常开触点闭合时，辅助继电器 M1 线圈接通，其常开触点闭合自锁。当 X2 常闭触点断开，M1 线圈断开，其常开触点断开。此处 X1 为启动信号，X2 为停止信号。如图 3—72 所示为另一种启动停止控制程序，它利用了 SET/RST 指令，达到的目的是相同的。

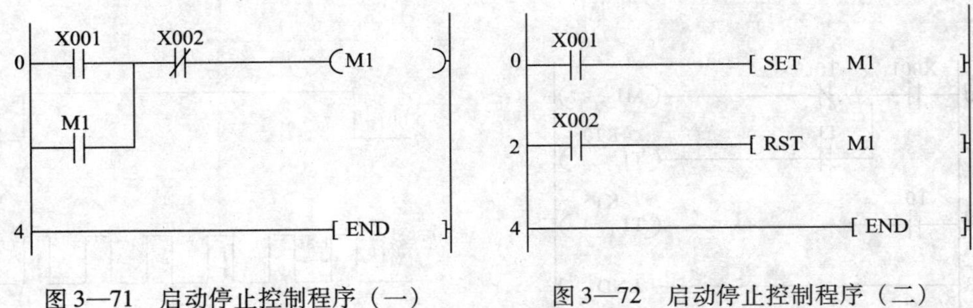

图 3—71 启动停止控制程序（一） 图 3—72 启动停止控制程序（二）

（2）产生单脉冲的程序

在 PLC 程序设计时经常用到单个脉冲，进行一些软继电器的复位、启动、停止等。最常用的产生单脉冲的程序就是使用 PLS 和 PLF 指令完成，利用这两条指令可以得到宽度为一个扫描周期的脉冲，如图 3—73 所示是利用 PLS 指令得到单个脉冲的梯形图和时序图，如图 3—74 所示是利用 PLF 指令得到单个脉冲的梯形图和时序图，它们分别是上升沿和下降沿产生脉冲。

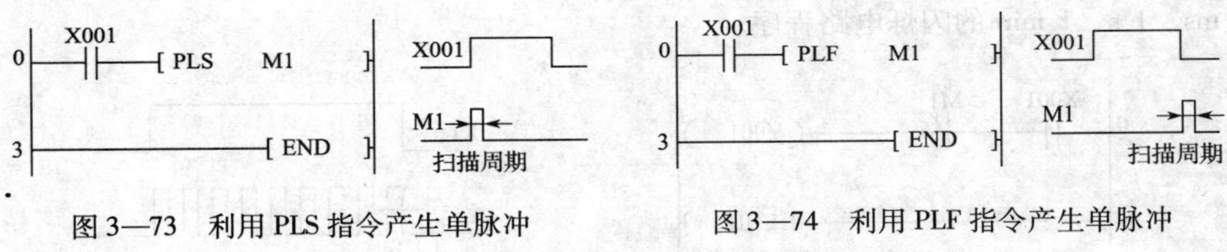

图 3—73 利用 PLS 指令产生单脉冲 图 3—74 利用 PLF 指令产生单脉冲

（3）产生固定脉宽连续脉冲的程序

在 PLC 程序设计中，经常用到连续的脉冲信号，如作为计数器的计数脉冲或其他用途。如图 3—75 所示为得到连续的脉冲信号的程序，脉冲宽度为一个扫描周期，且不可调整。注意，不可用输出继电器产生连续的脉冲信号，因为如果输出继电器为继电器输出型，硬件继电器的触点在高频率的接通断开运行中，短时间内就将损坏。

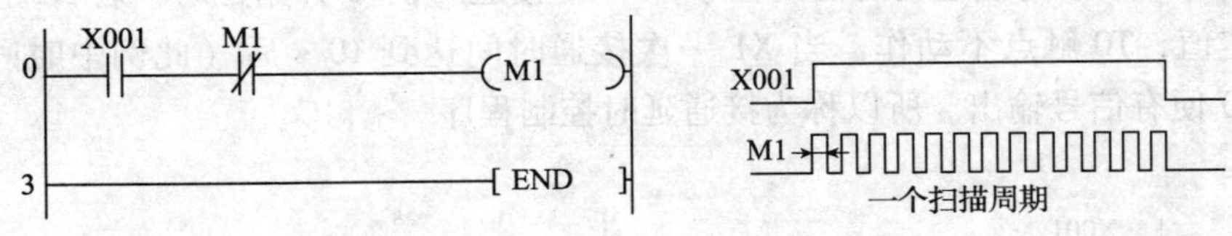

图 3—75 产生固定脉宽连续脉冲的程序

（4）产生可调脉宽连续脉冲的程序

上述产生连续脉冲的程序其脉冲宽度不可调整，在 PLC 程序设计时，经常用到脉宽可调的连续脉冲。如故障报警指示灯，要求一定的点亮时间，这在 PLC 程序设计时可以利用定时器 T 来完成。如图 3—76 所示为产生可调脉宽连续脉冲的程序。在这里 T0 为输出接通时间，T1 为输出关断时间，通过修改 T0 和 T1 的时间设定值，便可以改变 M1 的接通和关断时间。

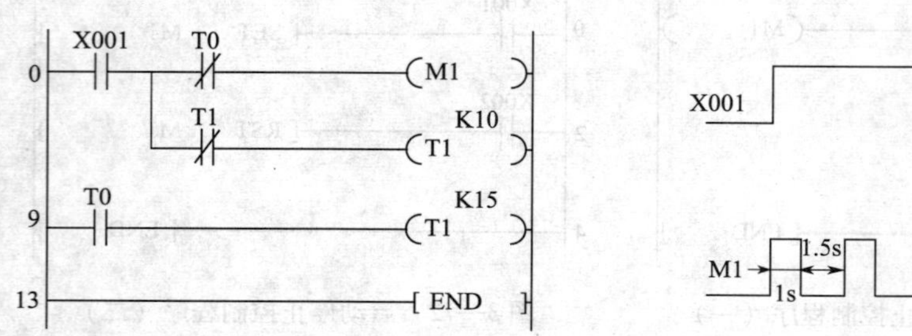

图 3—76　产生可调脉宽连续脉冲的梯形图与时序图

(5) 利用特殊辅助继电器产生的闪烁电路程序

在 PLC 程序设计中如果故障报警指示灯的闪烁时间定为点亮 1 s 熄灭 1 s，则可利用特殊辅助继电器 M8013 完成程序设计。M8013 是时钟为 1 s 的特殊辅助继电器，我们可以利用它来驱动输出继电器。如图 3—77 所示。当故障检测信号 X1 有输入时，故障报警输出 Y1 便产生接通 1 s、断开 1 s 的连续输出信号。利用 M8011 ~ M8014 可以完成 10 ms、100 ms、1 s、1 min 的闪烁电路程序。

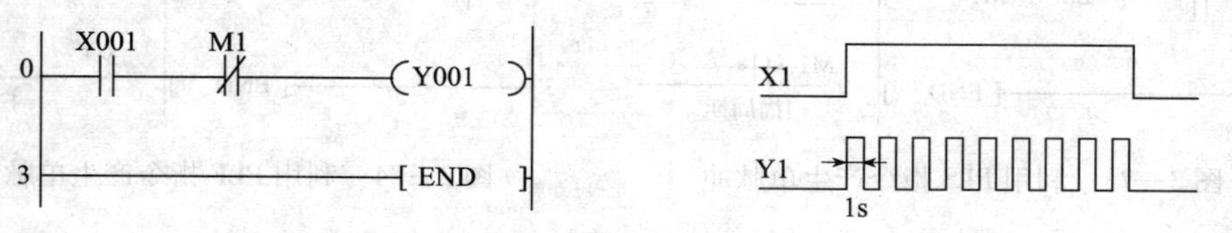

图 3—77　利用特殊辅助继电器产生的闪烁电路

(6) 时间控制程序

FX 系列 PLC 的定时器为接通延时定时器，线圈得电开始延时，时间达到设定值，其常开触点闭合，常闭触点断开。当定时器线圈断电时，其触点瞬间复位。

如图 3—78 所示为接通延时控制程序，X001 接通后，T0 开始延时，若 X1 接通时间不足时间设定值，T0 触点不动作。当 X1 一次接通时间达到 10 s 后（此例中时间设定值为 K100），Y0 便有信号输出。所以称为接通延时控制程序。

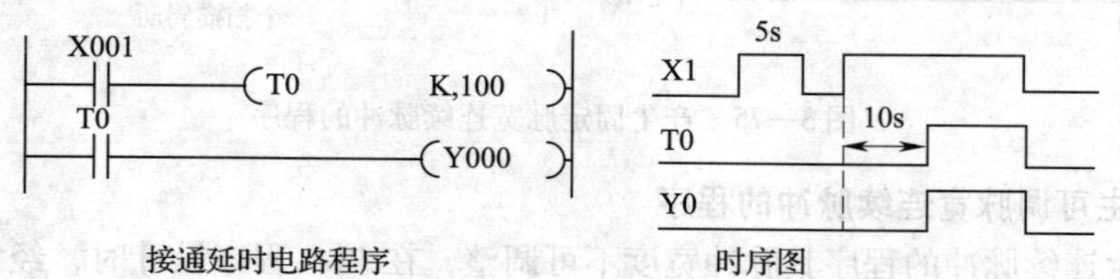

图 3—78　接通延时控制

如图 3—79 所示为断开延时控制程序，当 X003 接通后，Y003 便有输出，当 X003 断开 10 s 后，Y003 才停止输出，所以称为断开延时控制程序。

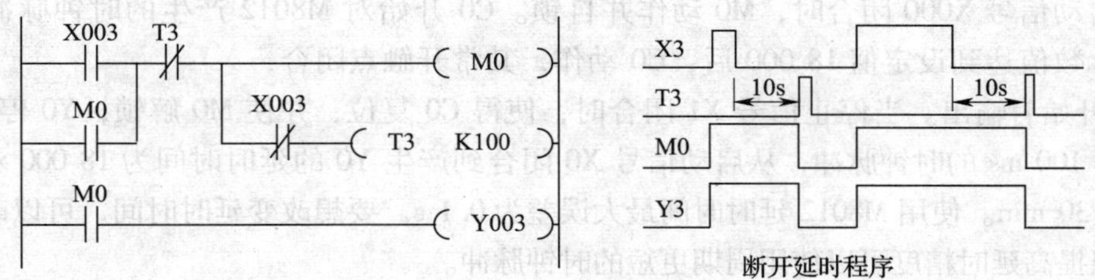

图 3—79 断开延时控制

（7）定时器串级使用控制程序

在 PLC 程序设计中经常用到较长时间延时的控制程序，而定时器的时间设定值范围是固定的，达不到要求，这时可以使用两个或多个定时器串级使用以扩展延时范围。如图 3—80 所示程序为使用两个定时器串联，达到 1 h 延时的控制程序。

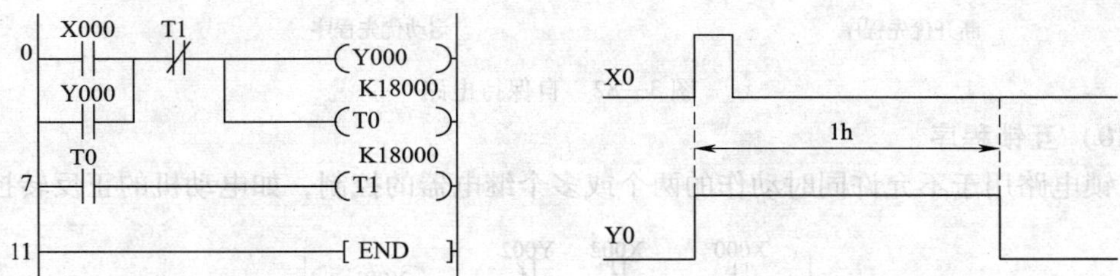

图 3—80 定时器串级使用控制程序

当 X0 接通后，Y0 便有输出，这时 T0 开始延时，当 T0 延时达到 1 800 s（30 分钟）后，启动 T1 开始延时。当 T1 延时达到 1 800 s（30 分钟）后，停止 Y0 输出。这样，在 X0 启动后 Y0 开始输出，1 h 后 Y0 停止输出。

（8）采用计数器实现延时的控制程序

使用计数器实现定时功能，需要使用时钟脉冲作为计数器的输入信号，而时钟脉冲可以由 PLC 内部的特殊辅助继电器产生。如 M8011、M8012、M8013、M8014 等。这些特殊辅助继电器分别为 10 ms、100 ms、1 s、1 min 时钟脉冲。如图 3—81 所示为采用计数器实现延时的控制程序。

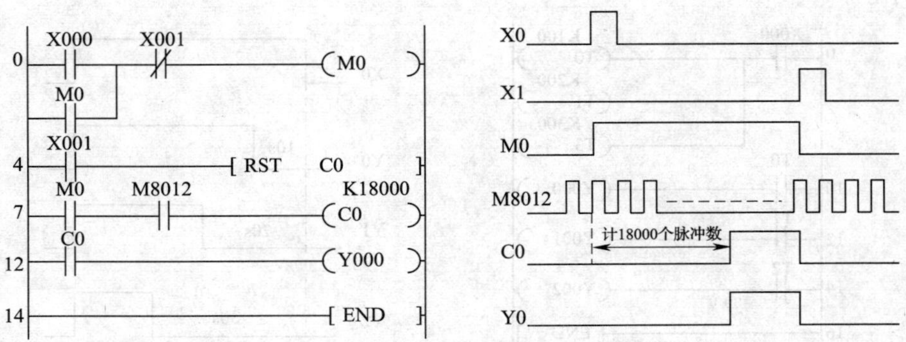

图 3—81 采用计数器实现延时的控制

当启动信号 X000 闭合时，M0 动作并自锁。C0 开始对 M8012 产生的时钟脉冲进行计数。当计数值达到设定值 18 000 后，C0 动作，其常开触点闭合，

Y0 开始有输出。当停止信号 X1 闭合时，使得 C0 复位，并使 M0 解锁，Y0 停止输出。M8012 为 100 ms 的时钟脉冲，从启动信号 X0 闭合到产生 Y0 的延时时间为 18 000 × 0.1 s = 1 800 s = 30 min。使用 M8012 延时时间最大误差为 0.1 s。要想改变延时时间，可以改变设定值，要想提高延时精度可以使用周期更短的时钟脉冲。

(9) 自保持程序

自保持电路也称自锁电路，分为启动优先和断开优先两种。常用于无机械锁定开关的启动停止控制中，如用无机械锁定功能的按钮控制电动机的启动和停止。

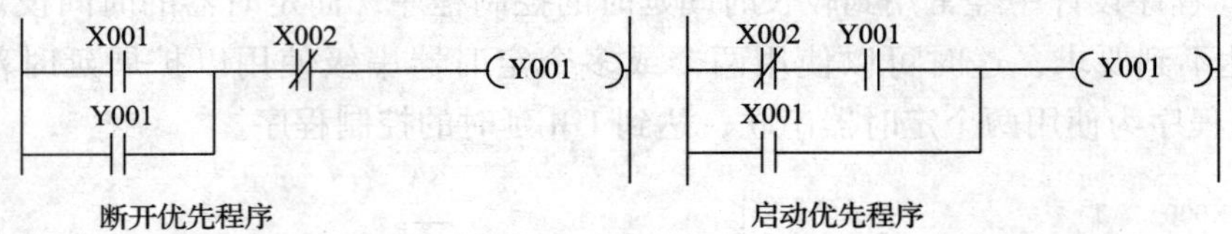

图 3—82　自保持电路

(10) 互锁程序

互锁电路用于不允许同时动作的两个或多个继电器的控制，如电动机的正反转控制。

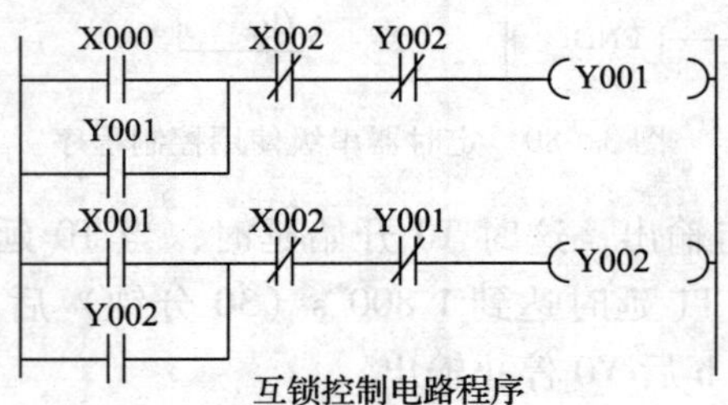

图 3—83　互锁电路

(11) 顺序延时接通程序

当 X0 接通后，输出端 Y0、Y1、Y2 按顺序每隔 10 s 输出接通。

用三个定时器 T0、T1、T2 设置不同的定时时间，可实现按顺序先后接通，当 X0 断开后同时停止。

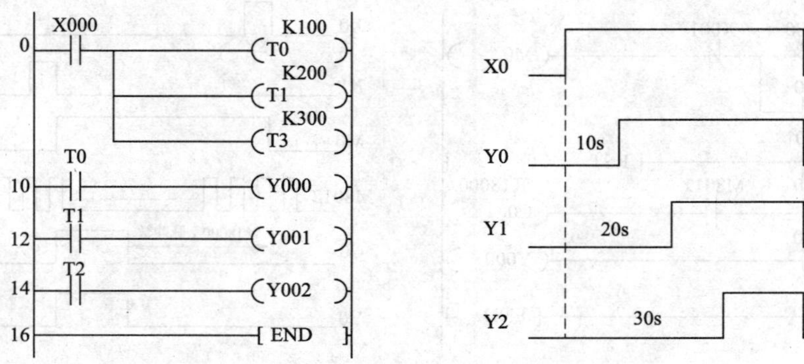

图 3—84　顺序延时接通程序

三、编程实例

1. 点动计时器

如图 3—85 所示是一个常用的点动计时器的时序图，其功能为每次输入 X000 接通时，Y000 输出一个脉宽为定长的脉冲，脉宽由定时器 T000 设定值设定。

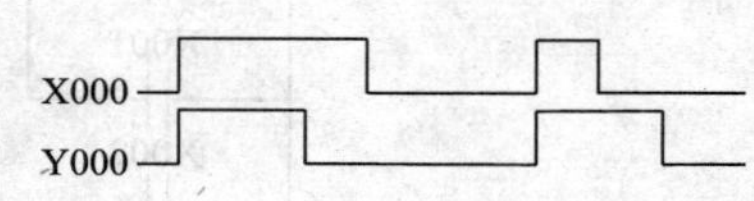

图 3—85 点动计时器时序图

根据时序图我们就可画出相应的梯形图，如图 3—86 所示。根据梯形图可以写出 PLC 指令语句表如下：

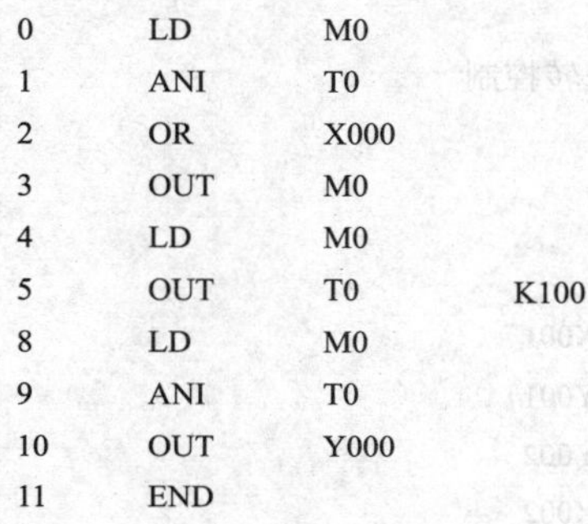

```
0    LD    M0
1    ANI   T0
2    OR    X000
3    OUT   M0
4    LD    M0
5    OUT   T0    K100
8    LD    M0
9    ANI   T0
10   OUT   Y000
11   END
```

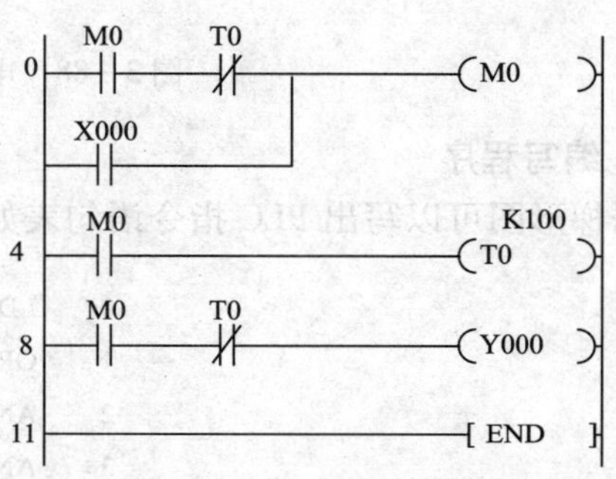

图 3—86 点动计时器梯形图

2. 电动机正反转控制

(1) PLC 的 I/O 点的确定和分配

输入			输出		
SB1	停止按钮	X0	KM1	接触器	Y1
SB2	正转按钮	X1	KM2	接触器	Y2
SB3	反转按钮	X2			

(2) PLC 接线图

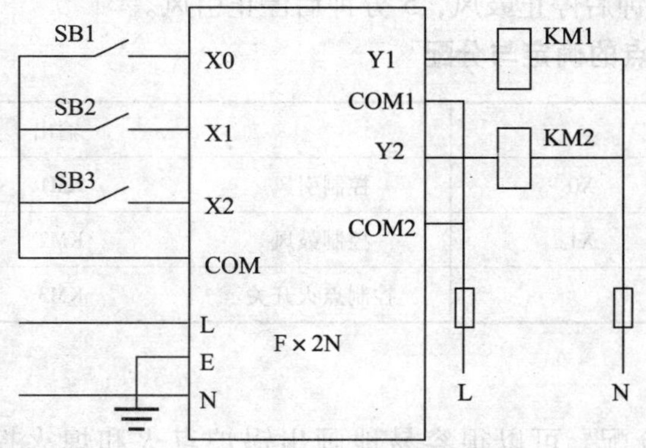

图 3—87 电动机正反转控制 PLC 接线图

(3) 画出梯形图

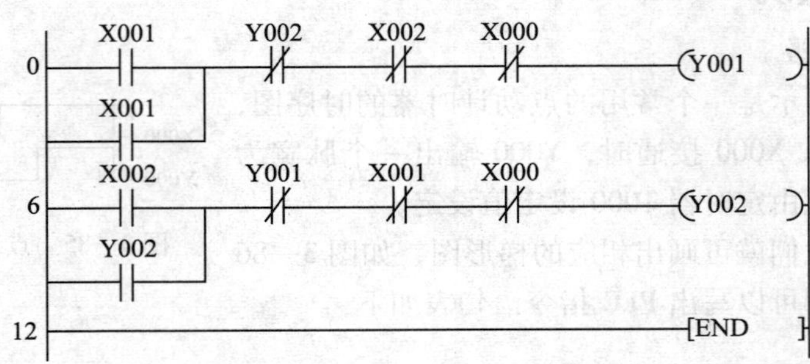

图 3—88　电动机正反转控制

(4) 编写程序

根据梯形图可以写出 PLC 指令语句表如下：

```
0    LD     X001
1    OR     Y001
2    ANI    Y002
3    ANI    X002
4    ANI    X000
5    OUT    Y001
6    LD     X002
7    OR     Y002
8    ANI    Y001
9    ANI    X001
10   ANI    X000
11   OUT    Y002
12   END
```

3. 锅炉点火和熄火控制

控制要求为：点火过程为先启动引风，5 分钟后启动鼓风，2 分钟后点火燃烧；熄火过程为先熄灭火焰，2 分钟后停止鼓风，5 分钟后停止引风。

(1) PLC 的 I/O 点的确定与分配

输入		输出		
点火信号	X0	控制引风	KM1	Y0
熄火信号	X1	控制鼓风	KM2	Y1
		控制点火开关	KM3	Y2

(2) PLC 接线图

PLC 的 I/O 点的分配，可以很容易地画出锅炉点火和熄火控制 PLC 接线图，如图 3—89所示。

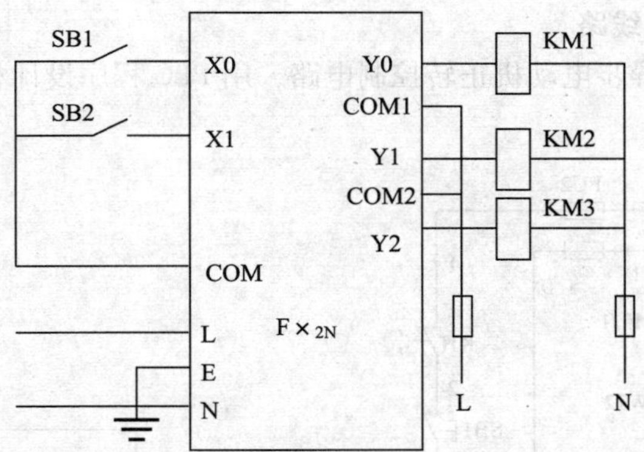

图 3—89　锅炉点火和熄火控制 PLC 接线图

(3) 画出梯形图

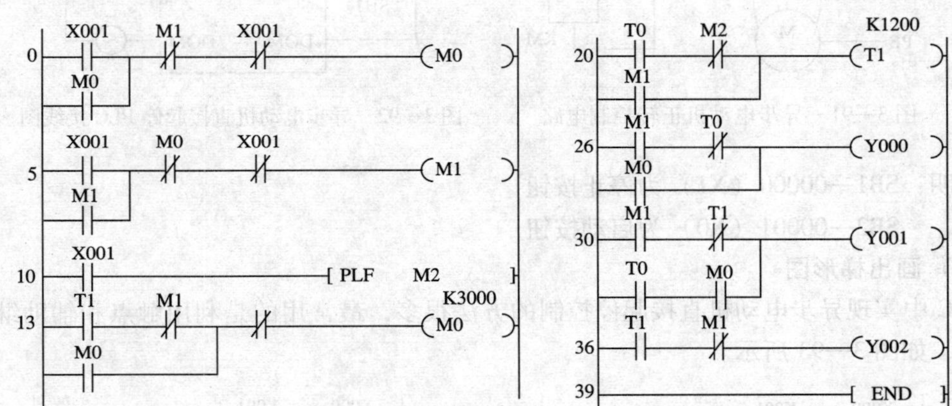

图 3—90　锅炉点火和熄火控制 PLC 梯形图

(4) 编写控制程序指令语句表

0　LD　X000
1　OR　M0
2　ANI　M1
3　ANI　X001
4　OUT　M0
5　LD　X001
6　OR　M1
7　ANI　M0
8　ANI　X000
9　OUT　M1
10　LD　X001
11　PLF　M2
13　LD　T1
14　AND　M1
15　OR　M0
16　ANI　M2
17　OUT　T0　K3000
20　LD　T0
21　ANI　M2
22　OR　M1
23　OUT　T1　K1200
26　LD　M1
27　OR　M0
28　ANI　T0
29　OUT　Y000
30　LD　M1
31　ANI　T1
32　LD　T0
33　AND　M0
34　ORB
35　OUT　Y001
36　LD　T1
37　ANI　M1
38　OUT　Y002
39　END

4. 电动机起停控制线路

如图 3—91 所示是异步电动机正转控制电路，用 PLC 程序设计相应的梯形图程序。

（1）PLC 接线图

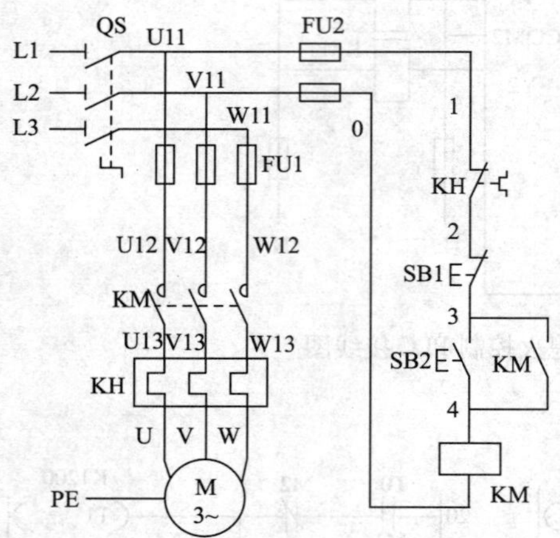

图 3—91　异步电动机正转控制电路

图 3—92　异步电动机直接起停 PLC 接线图

说明：SB1—00000（X1）为停止按钮

SB2—00001（X0）为启动按钮

（2）画出梯形图

PLC 中实现异步电动机直接起停控制的方法很多，最常用的是利用触点和辅助继电器的方法，如图 3—93 所示。

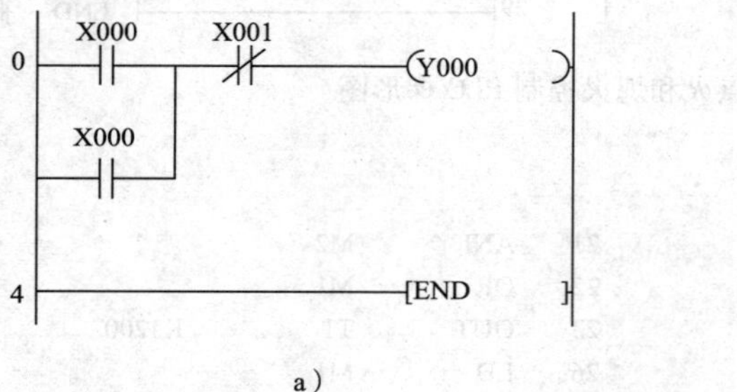

a）

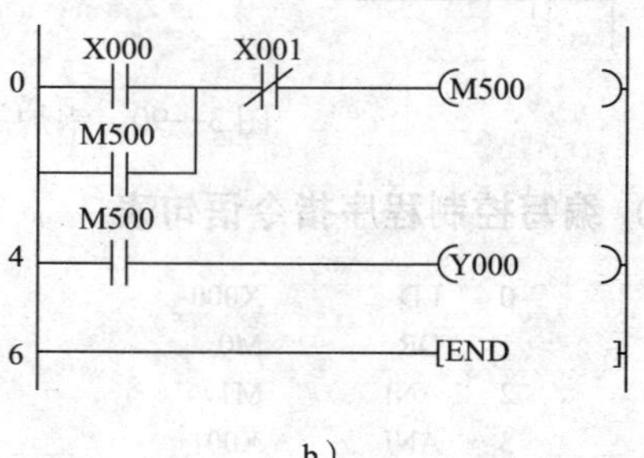

b）

图 3—93　异步电动机直接起停 PLC 梯形图

a）利用触点　b）利用辅助继电器

（3）编写控制程序指令语句表分别为：

0	LD	X000
1	OR	Y000
2	ANI	X001
3	OUT	Y000
4	END	

0	LD	X000
1	OR	M500
2	ANI	X001
3	OUT	M500
4	LD	M500
5	OUT	Y000
6	END	

5. 正反转控制电路

如图 3—94 所示是异步电动机正反转控制电路。根据电动机正反转原理，用 PLC 设计其控制程序。

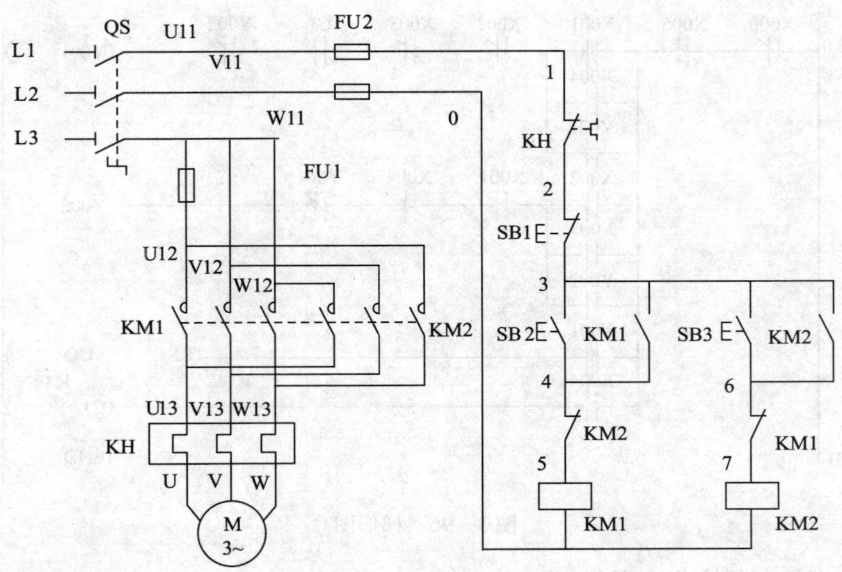

图 3—94　异步电动机正反转控制电路

(1) PLC 的 I/O 点的确定与分配

输入地址	外部输入信号	输出地址	外部输出信号
X0	停止按钮 SB1	Y1	电动机正转接触器 KM1
X1	正转启动按钮 SB2	Y2	电动机反转接触器 KM2
X2	反转启动按钮 SB3		

(2) PLC 接线图

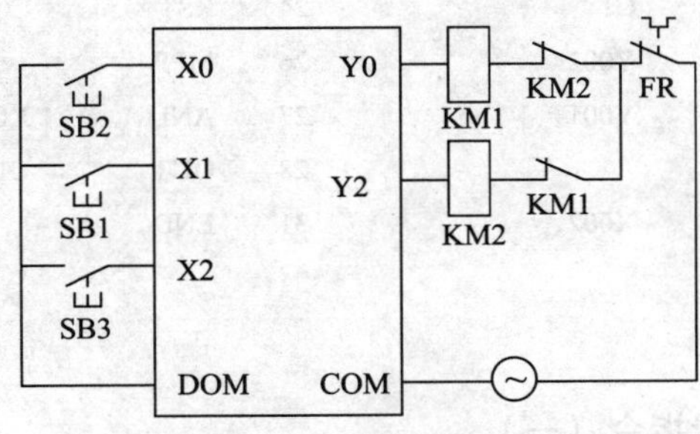

图 3—95　PLC 接线图

说明：SB1—00000（X0）为停止按钮

SB2—00001（X1）为正转启动按钮

SB3—00002（X2）为反转启动按钮

KM1—01000（Y1）为正转接触器

KM2—01001（Y2）为反转接触器

（3）画出梯形图

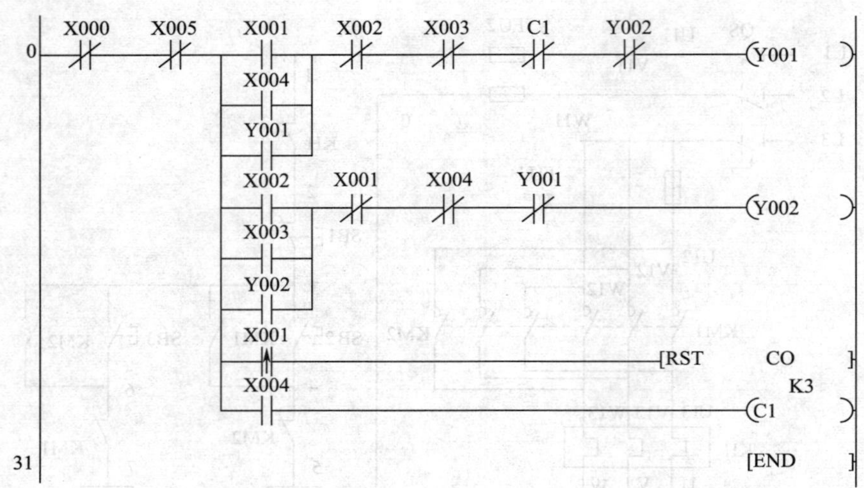

图 3—96　梯形图

（4）编写控制程序指令语句表

0	LDI	X000	14	OR	X003	
1	ANI	X005	15	OR	Y002	
2	MPS		16	ANB		
3	LD	X001	17	ANI	X001	
4	OR	X004	18	ANI	X004	
5	OR	Y001	19	ANI	Y001	
6	ANB		20	OUT	Y002	
7	ANI	X002	21	MRD		
8	ANI	X003	22	ANDP	X001	
9	ANI	C1	24	RST	C0	
10	ANI	Y002	26	MPP		
11	OUT	Y001	27	AND	X004	
12	MRD		28	OUT	C1	K3
13	LD	X002	31	END		

四、技能训练

训练项目 1：基本逻辑指令（一）

1．训练目标

（1）熟悉可编程序控制器的操作方法。

（2）熟悉实验设备的使用方法。

（3）掌握基本逻辑指令的使用方法。

2. 器材准备

（1）可编程序控制器。

（2）编程器或计算机编程软件。

（3）可编程序控制器教学实验设备。

3. 训练内容和步骤

（1）LD、LDI、AND、ANI、OR、ORI、OUT、END

1）LD：取指令，将常开触点与左母线连接。

2）LDI：取反指令，将常闭触点与左母线连接。

3）AND：与指令，常开触点的串联连接。

4）ANI：与反指令，常闭触点的串联连接。

5）OR：或指令，常开触点的并联连接。

6）ORI：或反指令，常闭触点的并联连接。

7）OUT：输出指令，线圈驱动。

8）END：结束指令，表示程序的结束。

（2）将如图 3—97 所示给出的梯形图程序，输入到可编程序控制器中运行，根据运行情况进行调试，直到通过为止。

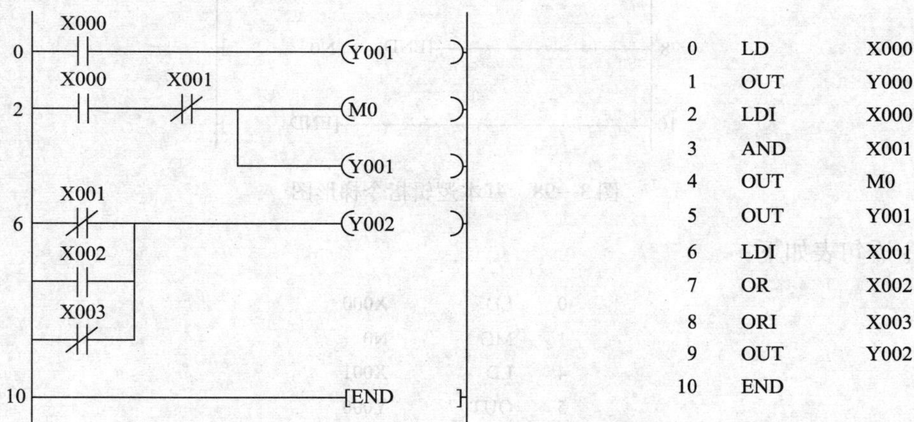

图 3—97　基本逻辑指令（一）

（3）操作

1）当输入 X0 接通时，驱动输出 Y0。

2）当输入 X0 切断、输入 X1 接通时，驱动辅助继电器 M0，同时驱动输出 Y1。

3）输入 X1 切断或输入 X2 接通或 X3 切断时，驱动输出 Y2。

训练项目 2：基本逻辑指令（二）

1. 训练目标

（1）熟悉可编程序控制器的操作方法。

（2）熟悉实验设备的使用方法。

（3）掌握基本逻辑指令的使用方法。

2. 器材准备

（1）可编程序控制器。

（2）编程器或计算机编程软件。

（3）可编程序控制器教学实验设备。

3. 训练内容和步骤

（1）MC、MCR

1）MC：主控指令，公共串联触点连接。

2）MCR：主控复位指令，公共串联触点断开。

（2）将如图 3—98 所示给出的梯形图程序，输入到可编程序控制器中运行，根据运行情况进行调试，直到通过为止。

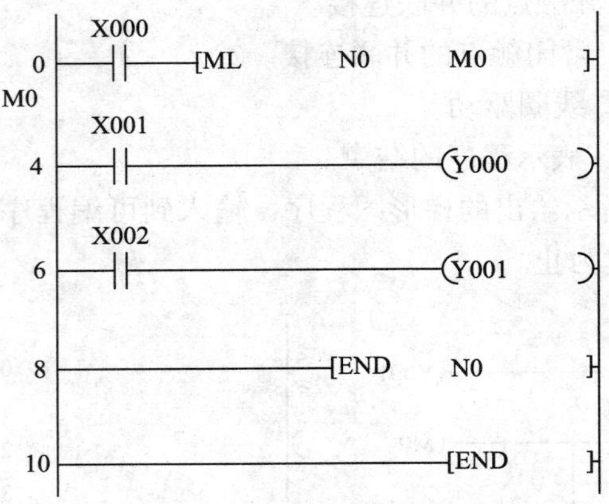

图 3—98　基本逻辑指令梯形图

指令语句表如下：

0	LD	X000
1	MC	N0
4	LD	X001
5	OUT	Y000
6	LD	X002
7	OUT	Y001
8	MCR	N0
10	END	

（3）操作

1）输入 X0 接通，辅助继电器 M0 接通。从 M0 接通起，从 MC 指令起到 MCR 指令止的程序段中的输出都可能接通。

2）在 X0 接通条件下，输入 X1 接通时，驱动输出 Y0，输入 X2 接通时，驱动输出 Y1。

（4）SET、PLS、PLF、RST

1）SET：置位指令，使线圈置位并保持。

2）PLS：脉冲指令，上升沿微分输出。

3）PLF：脉冲指令，下降沿微分输出。

4）RST：复位指令，使线圈复位。

（5）将如图 3—99 所示给出的梯形图程序，输入到可编程序控制器中运行，根据运行情况进行调试，直到通过为止。

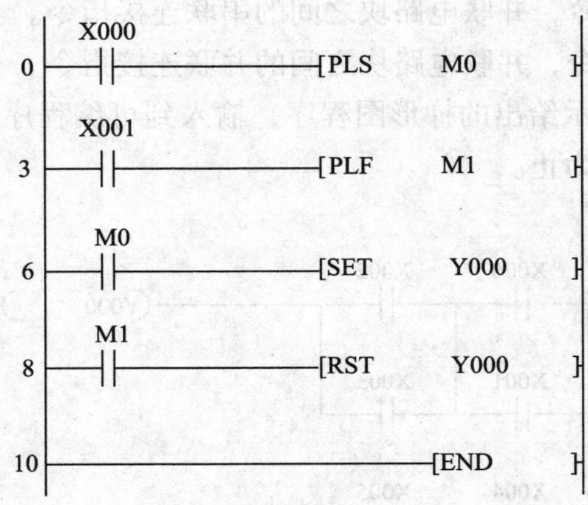

图 3—99　基本逻辑指令实验二梯形图（二）

指令语句表如下：

0	LD	X000
1	PLS	M0
3	LD	X001
4	PLF	M1
6	LD	M0
7	SET	Y000
8	LD	M1
9	RST	Y000
10	END	

（6）操作

1）用输入 X0 的上升沿微分输出驱动辅助继电器 M0（1 个扫描周期），输出 Y0 触点接通并保持。

2）用输入 X1 的下降沿微分输出驱动辅助继电器 M1（1 个扫描周期），使输出 Y0 触点断开。

训练项目 3：基本逻辑指令（三）

1. 训练目标

（1）熟悉可编程序控制器的操作方法。

（2）熟悉实验设备的使用方法。

（3）掌握基本逻辑指令的使用方法。

2. 器材准备

（1）可编程序控制器。

（2）编程器或计算机编程软件。

（3）可编程序控制器教学实验设备。

3. 训练内容和步骤

1）ANB、ORB

①ANB：电路块与指令，并联电路块之间的串联连接指令。

②ORB：电路块或指令，并联电路块之间的并联连接指令。

2）将如图 3—100 所示给出的梯形图程序，输入到可编程序控制器中运行，根据运行情况进行调试，直到通过为止。

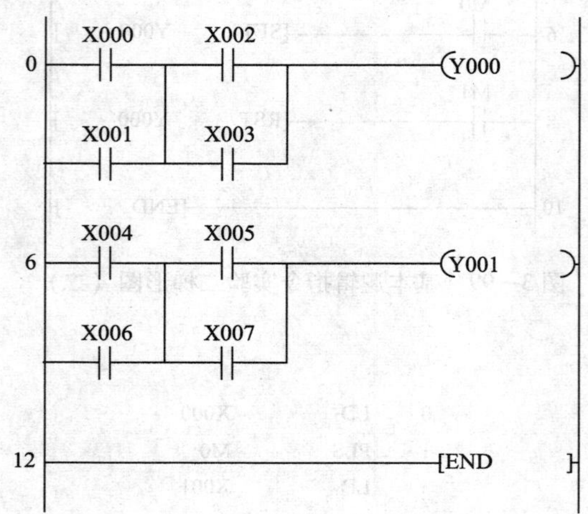

图 3—100　基本逻辑指令实验三梯形图一

指令语句表如下：

```
0    LD     X000
1    OR     X001
2    LD     X002
3    OR     X003
4    ANB
5    OUT    Y000
6    LD     X004
7    AND    X005
8    LD     X006
9    AND    Y007
10   ORB
11   OUT    Y001
12   END
```

3）操作

①输入 X0 或输入 X1 接通并且输入 X2 或 X3 接通时，驱动输出 Y0。

②输入 X4 与输入 X5 同时接通或输入 X6 与输入 X7 同时接通时，驱动输出 Y1。

4）MPS、MRD、MPP

①MPS：进栈指令，记忆到 MPS 指令为止的状态；

②MRD：读栈指令，读出用 MPS 指令记忆的状态；

③MPP：出栈指令，读出用 MPS 指令记忆的状态并消除这些状态。

5）将如图 3—101 所示给出的梯形图程序，输入到可编程序控制器中运行，根据运行情况进行调试，直到通过为止。

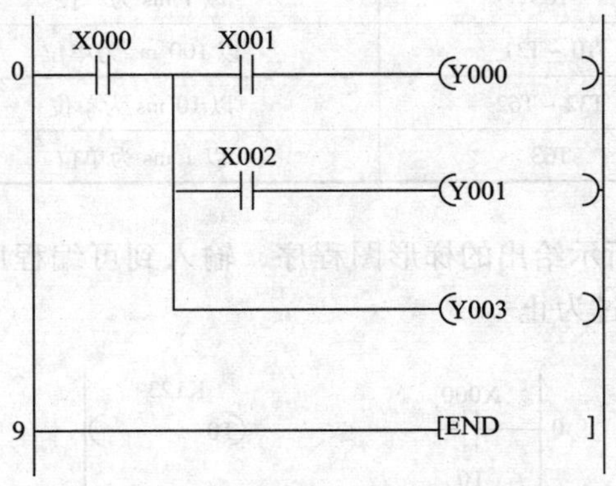

图 3—101　基本逻辑指令实验三梯形图二

指令语句表如下：

0	LD	X000
1	MPS	
2	AND	X001
3	OUT	Y000
4	MRD	
5	AND	X002
6	OUT	Y001
7	MPP	
8	OUT	Y003
9	END	

6）操作

①输入 X0 接通，当输入 X1 接通时，驱动输入 Y0。

②当输入 X2 接通时驱动输出 Y1，而输出 Y2 在输入 X0 接通时就驱动。

训练项目 4：基本逻辑指令（四）

1. 训练目标

（1）熟悉可编程序控制器的操作方法。

（2）熟悉实验设备的使用方法。

（3）掌握基本逻辑指令的使用方法。

2. 器材准备

（1）可编程序控制器。

（2）编程器或计算机编程软件。

（3）可编程序控制器教学实验设备。

3. 训练内容和步骤

(1) 定时器

在 PLC 编程中，不同定时器在不同情况下的时间单位不同，详见表 3—4。

表 3—4　　定时器的时间单位

M8028 = OFF	T0 ~ T62	以 100 ms 为单位	0 ~ 3276.7 s
	T63	以 1 ms 为单位	0 ~ 32.767 s
M8020 = ON	T0 ~ T31	以 100 ms 为单位	0 ~ 3276.7 s
	T32 ~ T62	以 10 ms 为单位	0 ~ 327.67 s
	T63	以 1 ms 为单位	0 ~ 32.767 s

(2) 将如图 3—102 所示给出的梯形图程序，输入到可编程序控制器中运行，根据运行情况进行调试，直到通过为止。

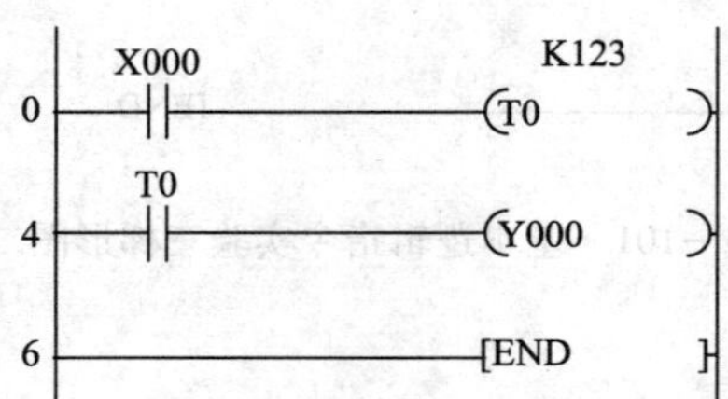

图 3—102　基本逻辑指令实验四梯形图一

指令语句表如下：

```
0    LD     X000
1    OUT    T0      K123
4    LD     T0
5    OUT    Y000
6    END
```

(3) 动作时序图如图 3—103 所示。

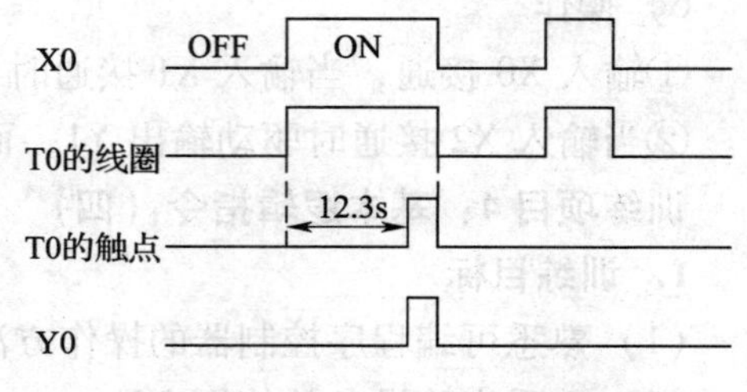

图 3—103　定时器动作时序图

定时器既可以按上述的程序直接指定值，也可以用数据寄存器间接指定设定值。如果采用数据寄存器（D），特殊数据寄存器（D8013、D8030、D8031）时，数据寄存器中的数值就是定时器的设定值。1 号模拟电位器的模拟值（0 ~ 255）装入 D8013 或 D8030；2 号模拟电位器的模拟值（0 ~ 255）装入 D8031。

(4) 计数器

通用	C0 ~ C15	0 ~ 32.767 次
保持用	C16 ~ C31	0 ~ 32.767 次

（5）将如图 3—104 所示给出的梯形图程序，输入到可编程序控制器中运行，根据运行情况进行调试，直到通过为止。指令语句表由读者写出。

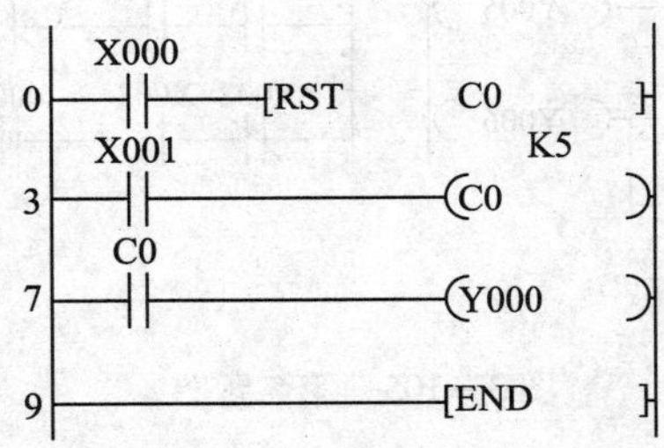

图 3—104　基本逻辑指令实验四梯形图二

课后练习

1．基本逻辑指令都由哪几部分组成？各指令的功能？

2．试比较 PLC 梯形图与继电器—接触器控制电路图的异同。如何绘制梯形图？

3．请画出以下指令表的梯形图。

0	LD X000	11	ORB
1	MPS	12	ANB
2	LD X001	13	OUT Y001
3	OR X002	14	MPP
4	ANB	15	AND X007
5	OUT Y000	16	OUT Y002
6	MRD	17	LD X010
7	LDI X003	18	ORI X011
8	AND X004	19	ANB
9	LD X005	20	OUT Y003
10	ANI X006		

4．画出指令语句表的梯形图。

（1）

0	LD	X000	
1	ANI	M0	
2	OUT	M0	
3	LDI	X000	
4	RST	C0	
6	LD	M0	
7	OUT	C0	K6
10	LD	C0	
11	OUT	Y000	
12	END		

（2）

0	LD	X000	9	OUT	Y000
1	MPS		10	MPP	
2	AND	X001	11	OUT	Y001
3	MPS		12	MPP	
4	AND	X002	13	OUT	Y002
5	MPS		14	MPP	
6	AND	X003	15	OUT	Y003
7	MPS		16	MPP	
8	AND	X004	17	OUT	Y004
			18	END	

5. 写出如图 3—105 所示的两个梯形图的指令语句表。

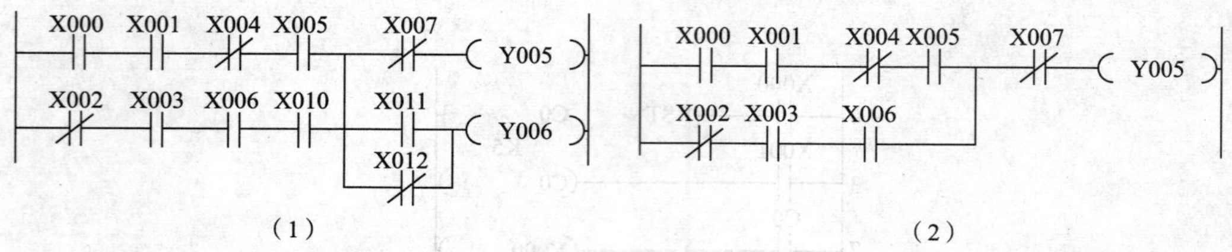

图 3—105 第 5 题图

6. 对如图 3—106 所示梯形图进行时序分析。

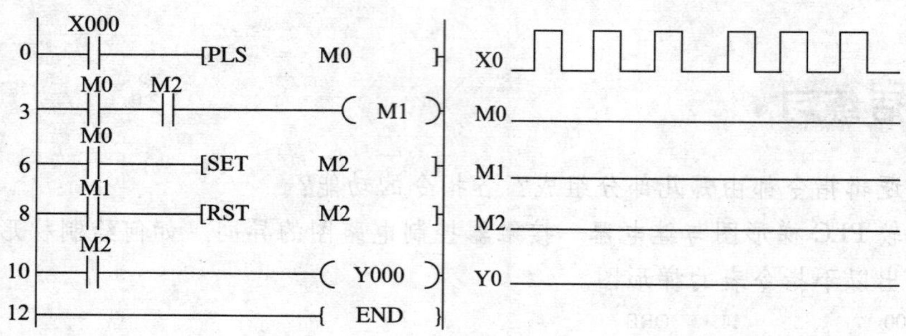

图 3—106 第 6 题图

课题 3 电动机正反转 PLC 控制设计和装调

学习目标

1. 了解三级带式运输机工作原理。
2. 熟练掌握三级带式运输机 PLC 接线图。
3. 能用基本指令编写和修改三相交流异步电动机正反转程序。

一、工艺要求与分析

某生产线的末端有一台三级带式运输机，分别由 M1、M2、M3 三台电动机组成，启动时要求按 10 s 的时间间隔，顺序启动 M1、M2、M3，停止时按 15 s 的时间间隔，顺序停止 M3、M2、M1。带式运输机的启动和停止分别由启动按钮和停止按钮来控制。具体要求：

1. 工作方式设置：手动和自动循环。
2. 有必要的电气保护和互锁。三级带式运输机如图 3—107 所示。

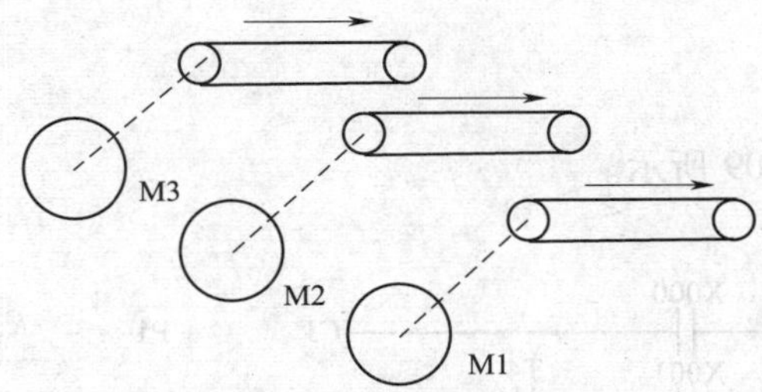

图 3—107　三级带式运输机示意图

二、I/O 地址分配

元件名称	输入接口名称	说明	元件名称	输出接口名称	说明
QS	X0	手动/自动转换	KM1	Y1	M1 带式启动
SB1	X1	自动循环启动	KM2	Y2	M2 带式启动
SB2	X2	自动循环停止	KM3	Y3	M3 带式启动
SB3	X3	M1 手动启动			
SB4	X4	M2 手动启动			
SB5	X5	M3 手动启动			
SB6	X6	M1 手动停止			
SB7	X7	M2 手动停止			
SB10	X10	M3 手动停止			

三、PLC 接线图

PLC 接线图如图 3—108 所示。

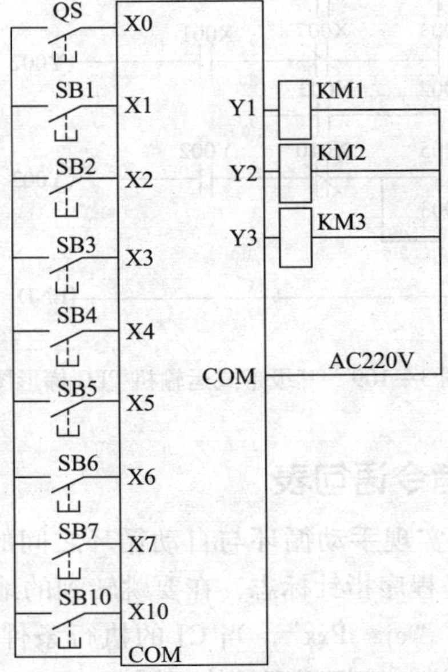

图 3—108　三级带式运输机 PLC 接线图

四、PLC 梯形图

PLC 梯形图如图 3—109 所示。

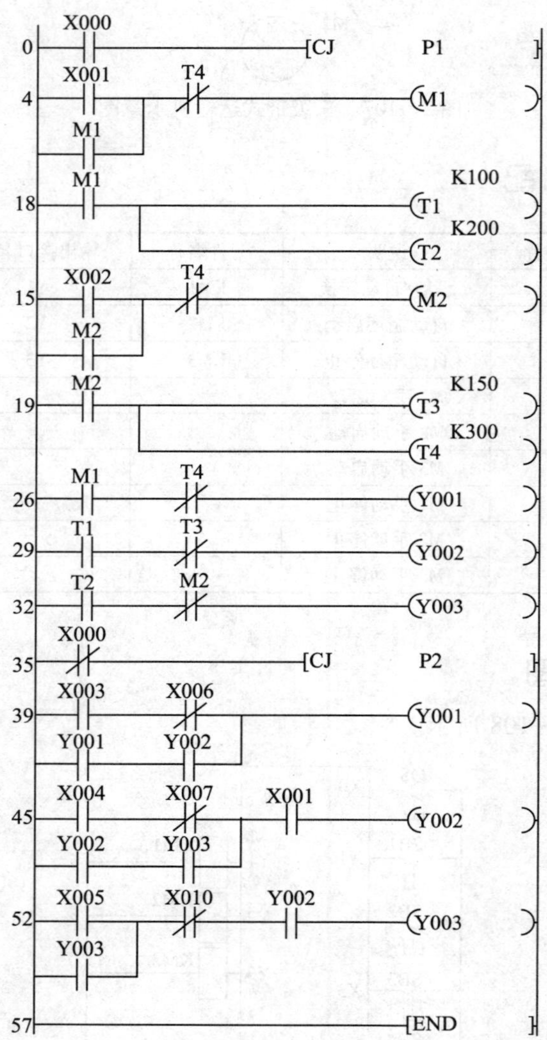

图 3—109　三级带式运输机 PLC 梯形图

五、PLC 控制程序指令语句表

本例中使用了 CJ 指令来实现手动循环与自动循环之间的转换。CJ 是条件跳转指令，（功能号是 FNC00 Pxx，Pxx 是程序指针标志，在要跳转到的地方前面加程序标号，标号任选 P0 ~ P127），软件直接输入“cj　Pxx”，当 CJ 的执行条件满足时，会直接跳转到你的 Pxx 处，从这里执行向下的扫描，缩短程序的执行周期。

```
0    LD    X000
1    CJ    P1
4    LD    X001
5    OR    M1
6    ANI   T4
7    OUT   M1
8    LD    M1
9    OUT   T1    K100
12   OUT   T2    K200
15   LD    X002
16   OR    M2
17   ANI   T4
18   OUT   M2
19   LD    M2
20   OUT   T3    K150
23   OUT   T4    K300
26   LD    M1
27   ANI   T4
28   OUT   Y001
29   LD    T1
30   ANI   T3
31   OUT   Y002
32   LD    T2
33   ANI   M2
34   OUT   Y003
     P1
35   LDI   X000
36   CJ    P2
39   LD    X003
40   OR    Y001
41   LDI   X006
42   OR    Y002
43   ANB
44   OUT   Y001
45   LD    X004
46   OR    Y002
47   LDI   X007
48   OR    Y003
49   ANB
50   AND   Y001
51   OUT   Y002
52   LD    X005
53   OR    Y003
54   ANI   X010
55   AND   Y002
56   OUT   Y003
     P2
57   END
```

课题 4　电动机 Y—△启动 PLC 控制设计和装调

学习目标

1. 了解电动机 Y—△启动电路工作原理图。
2. 熟练掌握电动机 Y—△启动 PLC 接线图。
3. 能用基本指令编写和修改电动机 Y—△启动 PLC 程序。

一、操作要求

1. 使用基本逻辑指令编写电动机 Y—△启动的应用程序。
2. 用按钮、指示灯、监控软件对程序进行模拟调试。

二、操作准备

项目所需设备、工具、材料见表 3—5。

表 3—5　　项目所需设备、工具、材料

序号	名称	规格型号	数量	备注
1	PLC	三菱 FX_{2N} 型	1 台	交流电源已连接好，由开关控制
2	计算机		1 台	
3	编程电缆		1 根	
4	按钮			
5	指示灯			
6	剥线钳		1 个	
7	压接钳		1 个	

三、操作步骤和内容

1. 启动 GX Developer 并新建一个文件。

双击计算机桌面上的编程软件 GX Developer 图标，启动编程软件。

在打开的启动画面中选择“创建新文件”，在 PLC 类型设置选择框中选择 PLC 类型为“FX2N”，按“OK”按钮进入编辑界面。执行菜单命令“文件”—“保存”，在文件保存窗口中的“文件名”一栏中填写文件名如“TEST1”，其余各栏不填写，单击“保存”，此文件即被保存，以后可以再次被打开。

2. 用基本逻辑指令，编写能实现电动机 Y—△启动的应用程序。

三相异步电动机 Y—△降压启动的电路图如图 3—110 所示。

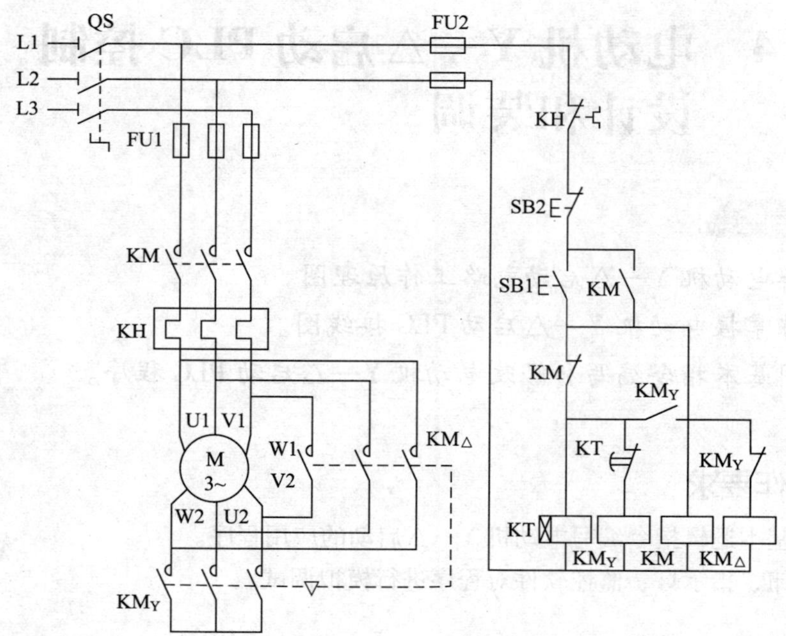

图 3—110　三相异步电动机 Y—△降压启动电路图

如图 3—110 所示为继电器控制的三相异步电动机 Y—△启动电路。按启动按钮 SB1，接触器 KM_Y和时间继电器 KT 同时得电，并通过 KM_Y的常开触点使接触器 KM 也得电，电动机接成 Y 形联结启动，按钮 SB1 也被自保。当延时 3 s 后，KT 常闭触点断开，接触器 KM_Y失电，KM_Y的常闭触点接通，使接触器 $KM_△$得电，电动机接成△形联结投入运行。当按停止按钮 SB2 或电动机过载使热继电器 KH 动作时，KM、$KM_△$接触器失电，电动机停止运行。

要求用 FX_{2N}系列 PLC 按三相异步电动机 Y—△启动继电器控制电路图编制 PLC 梯形图，写出语句表。

梯形图的设计可有多种方法，如可按照各输入输出变量的逻辑关系设计、按经验设计、按照继电控制电路替代设计及按工艺流程设计等。在用 PLC 对旧设备进行改造的场合，采用按照继电控制电路图直接替代成 PLC 梯形图的方法比较简单直观，易于接受。

按照电动机 Y—△启动的继电控制电路图作替代设计梯形图前，首先应确定输入、输出设备与 PLC 输入、输出端口的对应关系，也就是进行 I/O 地址分配，依据 I/O 地址分配表画出 PLC 接线图，然后按原控制电路图写出梯形图。根据本例中输入、输出设备情况，作出 I/O 地址分配表见表 3—6。

表 3—6　　电动机 Y—△启动的 I/O 分配表

输入设备	输入端口编号	输出设备	输出端口编号
热继电器 KH	X0	接触器 KM	Y1
启动按钮 SB1	X1	接触器 KM_Y	Y2
停止按钮 SB2	X2	接触器 $KM_△$	Y3

按照 I/O 地址分配表画出电动机 Y—△启动的 PLC 接线图如图 3—111 所示，按照继电控制电路图直接画出梯形图并经过适当的优化后所得到的 PLC 梯形图如图 3—112 所示。

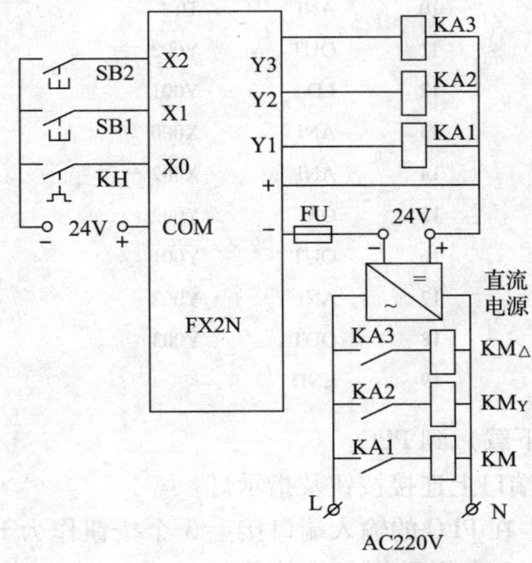

图 3—111　电动机 Y—△启动的 PLC 接线图

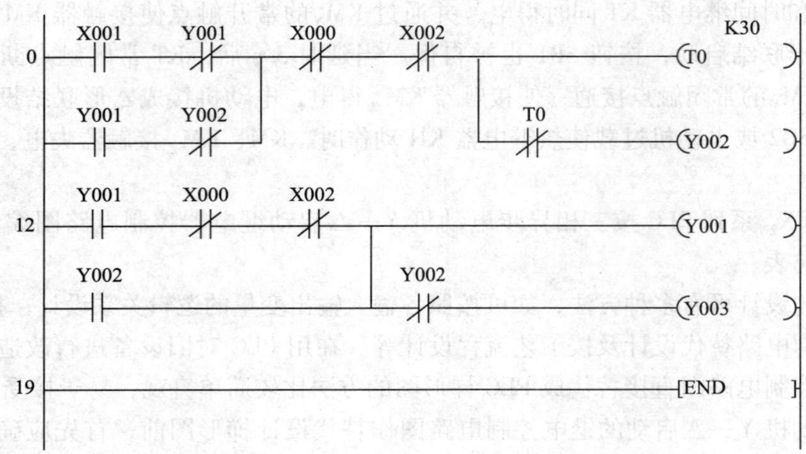

图 3—112　电动机 Y—△启动的 PLC 梯形图

3．在 GX Developer 的梯形图视图中输入如图 3—112 所示的梯形图，在程序视图中可以看到转换的程序如下。

```
0    LD    X001
1    ANI   Y001
2    LD    Y001
3    AND   Y002
4    ORB
5    ANI   X000
6    ANI   X002
7    OUT   T0    K30
10   ANI   T0
11   OUT   Y002
12   LD    Y001
13   ANI   X000
14   ANI   X002
15   OR    Y002
16   OUT   Y001
17   ANI   Y002
18   OUT   Y003
19   END
```

4．将程序写入（下载）到 PLC。

5．在 PLC 的 I/O 端口上连接按钮及指示灯。

如图 3—111 所示，在 PLC 的输入端口接上 3 个按钮作为 KH、SB1 和 SB2，在输出端口 Yl、Y2 和 Y3 上接上 3 个指示灯以代替 KM、KM_Y、$KM_\triangle$ 供调试时观察控制结果用。3 个指示灯的另一端并接在一起后与输出端的“－”相连。

课题5　传感器装调

学习目标

1. 了解接近开关、光电开关、磁性开关以及光电编码器的外形、基本结构、引线、工作原理和使用方法。

2. 掌握各种传感器的安装和调整方法。

一、识别和安装调整接近开关

1. 接近开关的类型和基本结构

在各类开关中，有一种对接近它的物件有“感知”能力的元件——传感器。利用传感器对接近物体的敏感特性达到控制开关通或断的目的，这就是接近开关。接近开关是一种非接触性的检测开关，是一种无须与运动部件进行机械接触就可以操作的位置开关。当物体接近开关的感应面并达到动作距离时，不需要机械接触及施加任何压力即可使开关动作，从而驱动继电器或给计算机装置提供控制指令。

(1) 接近开关的类型

传感器可以根据不同的原理和不同的方法做成，而不同的传感器对物体的“感知”方法也不同，所以常见的接近开关有以下几种：

1）电感式接近开关。这种开关是利用导电物体在接近这个能产生电磁场的接近开关时，使物体内部产生涡流。这个涡流反作用到接近开关，使开关内部电路参数发生变化，由此识别出有无导电物体移近，进而控制开关的通或断。这种接近开关所能检测的物体必须是导电体，一般用于检测金属物体。

2）电容式接近开关。这种开关的测量对象通常是构成电容器的一个极板，而另一个极板是开关的外壳。当有物体移向接近开关时，不论它是否为导体，由于它的接近，总要使电容的介电常数发生变化，从而使电容量发生变化，使得和测量头相连的电路状态也随之发生变化，由此便可控制开关的接通或断开。这种接近开关检测的对象，不限于导体，可以是绝缘的液体或粉状物等。

3）光电式接近开关。利用光电效应做成的接近开关，通常称为光电开关。将发光器件与光电器件按一定方向安装好以后，当被检测物体接近时，会遮住光束或产生反射光，光电器件接收到光线的变化后便产生信号输出，由此便可“感知”有物体接近。这种接近开关能检测不透光或能产生反射光的物体。

4）磁式接近开关。利用磁敏感元件做成的接近开关，通常称为磁性开关。当一个物体（永久磁铁或外部磁场）接近时，开关检测面上的磁敏感元件使开关内部电路状态发生变化，由此识别附近有磁性物体存在，进而控制开关的通或断。这种接近开关的检测对象必须是磁性物体。

除了以上几种常用的接近开关之外，还有一些其他形式的接近开关，如能感知与环境温度不同的物体接近的热释电式接近开关、能感知物体移动距离变化的超声波接近开关或微波接近开关等。

（2）接近开关的基本结构

接近开关通常由敏感元件、测量转换部分和放大输出电路构成，其中敏感元件是能直接感受被测对象的部分，测量转换部分把敏感元件输出的信号转换成电信号并进一步转换成开关信号，最后经放大后输出。从外形看，接近开关一般为圆柱形或方形，以不锈钢、黄铜或塑料作为外壳。在接近开关的正面有一个感应区域，指向轴线方向。在外壳之内有振荡线圈和内部电路，以及输出元件，通过引出的接线与外部继电器或计算机装置（或可编程序控制器，简称 PLC）进行连接。接近开关的基本形状如图 3—113 所示。

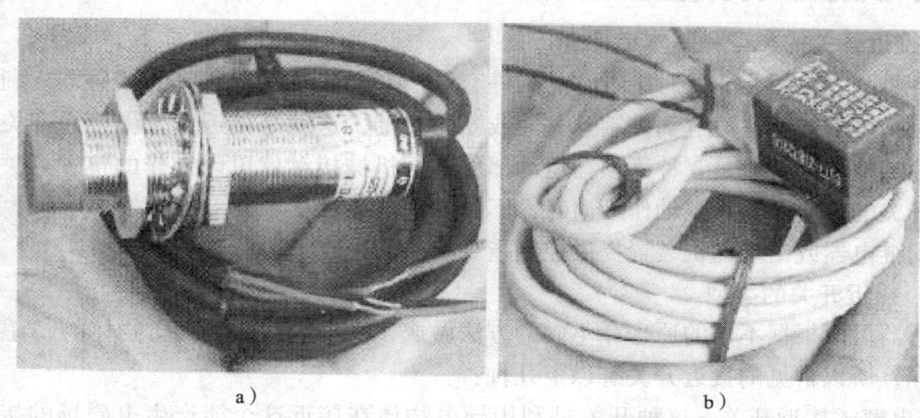

图 3—113　接近开关的基本形状
a）圆柱形　b）方形

接近开关的输出元件一般是晶体三极管，根据三极管的类型不同，接近开关分为 NPN 型输出或 PNP 型输出，如图 3—114 所示。图中分别画出了两种输出元件类型中信号输出端电流的方向，在连接到 PLC 上时应注意选择合适的类型。

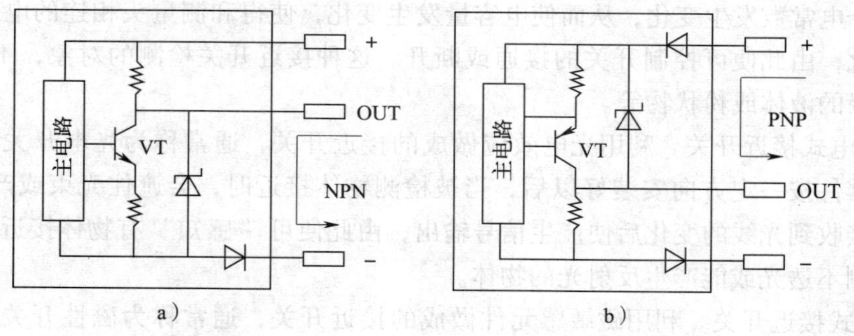

图 3—114　接近开关输出电路
a）NPN 型　b）PNP 型

2. 接近开关的引线及识别方法

（1）接近开关的引线

根据接近开关的输出形式的不同，接近开关引出的接线分为2线、3线及4线等几种。

1）两线制。有源两线制接近开关分直流与交流，此类接近开关的特点就是引出线为两根线，负载与接近开关串联后接到电源上。直流两线制接近开关分二极管极性保护与整流桥极性保护，前者在接电源时需要注意极性，后者就不需要注意极性，如图3—115所示。交流两线制接近开关不需要注意极性。

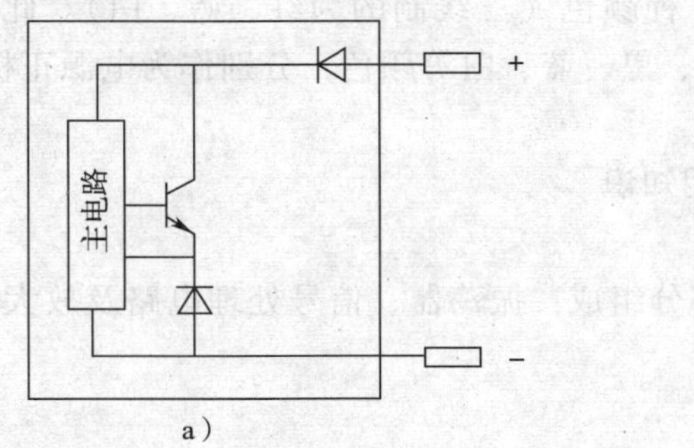

a）

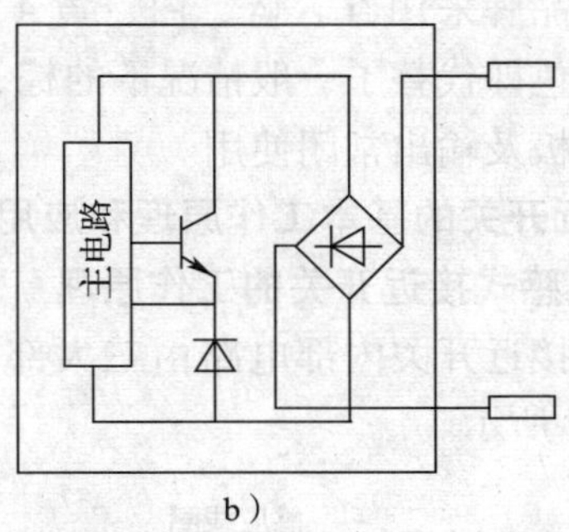

b）

图3—115　两线制接近开关

a）二极管极性保护　b）整流桥极性保护

2）直流三线制（或四线制）。直流三线制接近开关的输出元件是晶体三极管，当三极管导通时，相当于一个接点（常开或常闭）导通，此类接近开关的输出引线为3根线。直流四线制接近开关与三线制相同，只是同时提供一个常闭和一个常开输出，有4根线引出。如图3—116所示。

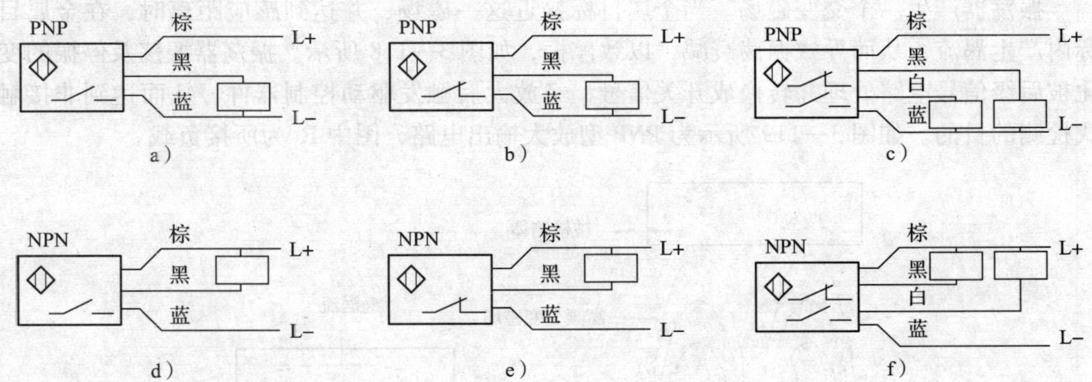

图3—116　直流三线制（或四线制）接近开关的输出引线及接线示意图

a）三线制PNP常开　b）三线制PNP常闭　c）四线制PNP常开+常闭

d）三线制NPN常开　e）三线制NPN常闭　f）四线制NPN常开+常闭

（2）接近开关引线的识别

接近开关的输出引线一般应按说明书或标签上给出的接线图用导线颜色加以识别。在有些品牌的接近开关给出的接线图上，导线颜色采用英文缩写，分别为：

BK（BLACK）黑色：一般为输出线，输出为常开。

BN（BROWN）棕色：一般为电源线，接电源正极。

BU（BLUE）蓝色：一般为电源线，接电源负极。

WH（WHITE）白色：一般为输出线，输出为常闭。

RE（RED）红色：一般为电源线，接电源正极。

YE（YELLOW）黄色：一般为输出线，输出为常闭。

在绝大部分情况下，输出引线为棕、黑、蓝、白 4 种颜色（三线制的为棕、黑、蓝），也有少部分品牌采用红、蓝、白、黄 4 种颜色（三线制的为红、蓝、白）。此时红、蓝、白、黄等颜色即代替了一般情况下的棕、黑、蓝、白等颜色，分别作为电源正极、输出常开、电源负极及输出常闭使用。

3. 接近开关的基本工作原理和应用知识

（1）电感式接近开关的工作原理

电感式接近开关内部电路由三大部分组成：振荡器、信号处理电路及放大输出电路，如图 3—117 所示。

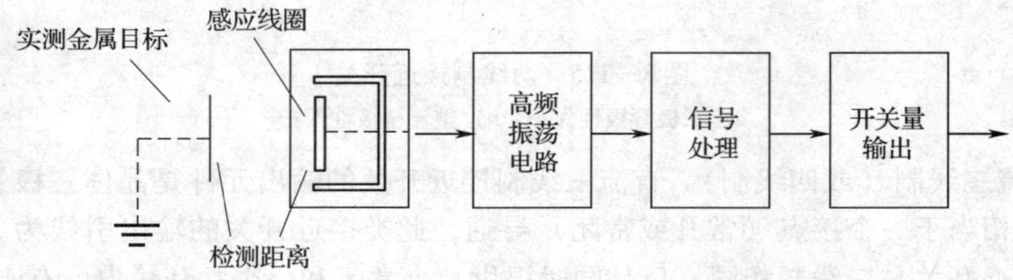

图 3—117　电感式接近开关的电路功能图

振荡器产生一个交变磁场。当金属目标接近这一磁场，并达到感应距离时，在金属目标内产生涡流，从而导致振荡衰减，以致停振，如图 3—118 所示。振荡器振荡及停振的变化被后级信号电路处理并转换成开关信号，经放大后触发驱动控制器件，从而达到非接触式检测的目的。如图 3—119 所示为 PNP 型放大输出电路，图中 R_L为所接负载。

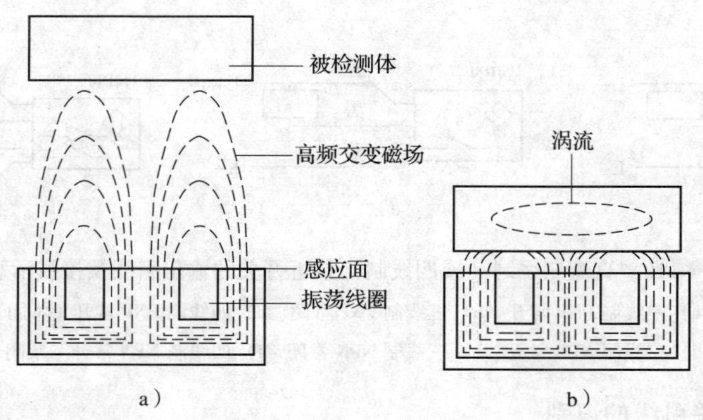

图 3—118　金属目标对交变磁场的影响

a）金属被检测体在检测距离之外　b）金属被检测体在检测距离之内

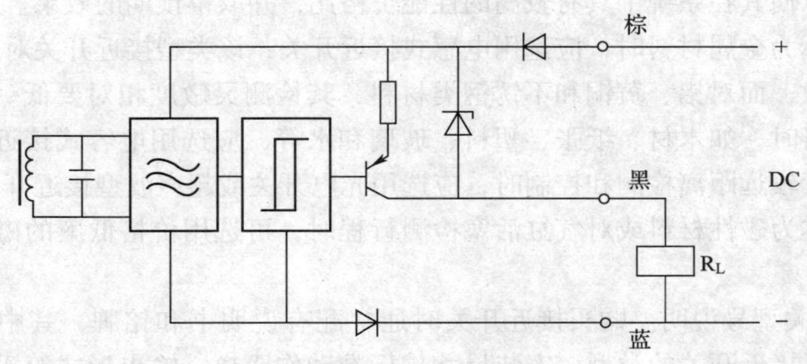

图 3—119 PNP 型放大输出电路

(2) 电容式接近开关的工作原理

电容式接近开关内部电路同样由振荡器、信号处理电路及放大输出电路三大部分组成。电容式接近开关的感应面由两个同轴金属电极构成，很像“打开的”电容器电极，构成一个电容，串接在 RC 振荡回路内，如图 3—120 所示。电源接通时，RC 振荡器不振荡，当一目标朝着电容器的电极靠近时，电容器的容量增加，振荡器开始振荡；通过后级电路的处理，将停振和振荡两种状态转换成开关信号，从而起到了检测有无物体存在的目的。该传感器能检测金属物体，也能检测非金属物体。在检测较低介电常数的物体时，可以顺时针调节多圈电位器（位于开关后部）来增加感应灵敏度，一般调节电位器使电容式接近开关在 0.7 ~0.8 Sn 的位置动作（Sn 为接近开关的额定动作距离）。

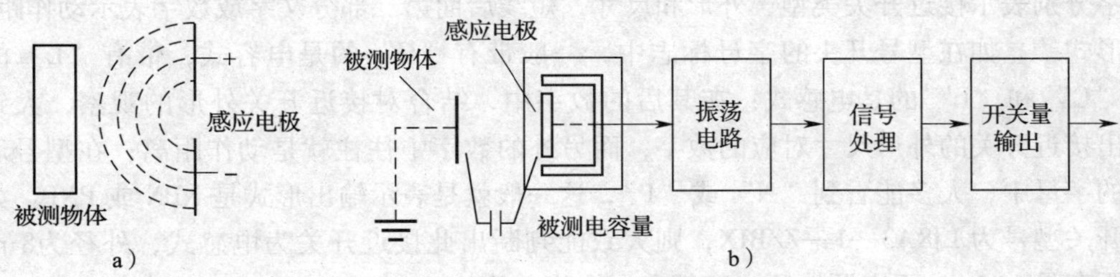

图 3—120 电容式接近开关原理图
a）感应电容示意图 b）内部电路功能图

(3) 接近开关的应用知识

1）接近开关的常用术语说明

①动作距离。当标准检测体由正面靠近接近开关的感应面时，使接近开关动作时检测体与感应面之间的距离为接近开关的动作距离（标准检测体是指为测定基本性能而制作的形状、尺寸、材料均加以规定的检测件）。

②复位距离。当标准检测体由正面离开接近开关的感应面，开关由动作转为释放时，检测体离开感应面的距离。

③回差 H。动作距离和复位距离之差的绝对值。

④设定距离。在实际使用时整定的动作距离，一般整定为额定动作距离的 80%。

2）接近开关的选用。对于不同材质的检测目标和不同的检测距离，应选用不同类型的接近开关，以使其在系统中具有较高的性能价格比，并取得预期的效果。

当检测目标为金属材料时，应选用电感式接近开关，该类型接近开关对铁镍、A3 钢类材料检测最灵敏，而对铝、黄铜和不锈钢类材料，其检测灵敏度相对要低一些。当检测目标为非金属材料时，如木材、纸张、塑料、玻璃和水等，应选用电容式接近开关。金属体和非金属要进行较远距离检测和控制时，应选用光电开关或超声波型接近开关。

对于检测体为磁性材料或对气缸活塞检测行程时，可选用价格低廉的磁性开关或霍尔式接近开关。

3）接近开关型号说明。购买接近开关时通常配有说明书和铭牌，其中接近开关的型号中一般包含了接近开关的类型、安装尺寸、标准动作距离、输出形式等重要信息，在使用、安装时应仔细阅读。如常用的韩国奥托尼克斯（Autonics）的电容式接近开关型号为：CR30—15 DN，其中 C 代表电容式，R 代表螺纹圆柱形，30 表示外径尺寸为 30 mm，15 表示动作距离为 15 mm，D 表示为直流（DC9 A 即为交流 AC），N 表示为 NPN 型常开输出（P 即为 PNP 型常开）。又如中沪接近开关的型号为：ZLJ—A8 M—lANA，其中 ZLJ 代表电感式接近开关，第 1 个 A 表示外形是螺纹圆柱形，8 表示外形尺寸为 M8（标准螺纹），M 表示安装类型为埋入式，1 表示动作距离为 1 mm，第 2 个 A 表示工作电源为 6 ~ 30 V（DC），N 表示输出形式为 NPN 型，最后 1 个 A 表示输出状态为常开。

由于各品牌、各种系列的接近开关型号命名并无一定规则，使得用户对接近开关型号的理解带来困难。因此要完全弄清型号的含义，就必须阅读相关厂家的产品资料。但从使用的角度来看铭牌上的型号，大致能了解到一些有关的信息。一般型号中第一部分的文字及数字分别表示接近开关类型、外形和尺寸，短线后面第二部分文字或数字表示动作距离、输出形式等。如在型号开头的字母标志中，一般带有“C”的是电容式，带有“L”的或没有“C”和“L”的是电感式；在其后的数字中，结合对接近开关外形的观察，大致能辨别出接近开关的外形尺寸对应的数字，而另外的数字中往往就是动作距离；在型号后半部分的字母中，大多能看到“N”或“P”，这一般就是表示输出形式是 NPN 或 PNP。如某接近开关型号为 LJ8A3—1—Z/BIX，则大致能判断出此接近开关为电感式，外径为8 mm，动作距离是 1 mm，而电源电压一般都会在铭牌上单独标出。

4）接近开关的安装形式。接近开关的安装形式有埋入式和非埋入式两种，埋入式接近开关的感应面与金属外壳齐平，如图 3—121a 所示；非埋入式接近开关的感应面突出于金属外壳，如图 3—121b 所示。

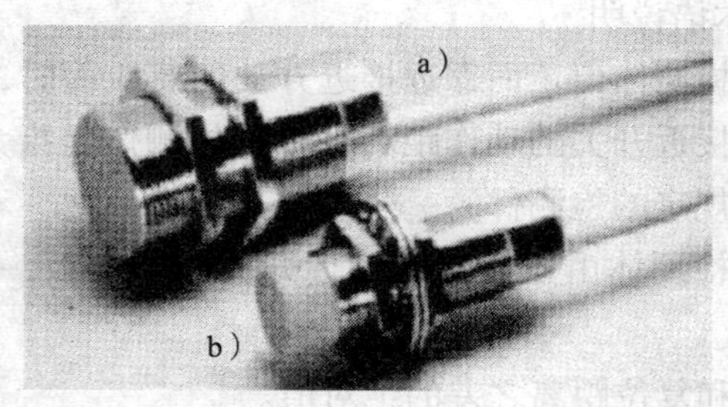

图 3—121 埋入式和非埋入式接近开关的外形

a）埋入式 b）非埋入式

在安装时，埋入式接近开关能够埋入金属里，直至“感应面”与金属平面齐平。相邻两个接近开关之间的距离必须大于或等于直径 d。非埋入式接近开关不能埋入金属里安装，两个接近开关之间的距离必须大于或等于 2d。如果是安装在金属凹陷部位时，周围突出的金属要远离接近开关直径的 2 倍以上距离。安装示意图如图 3—122 所示。

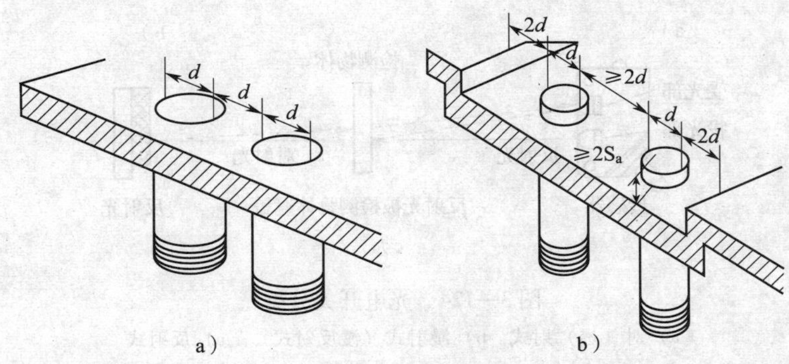

图 3—122　接近开关的安装示意图

a）埋入式接近开关的安装　b）非埋入式接近开关安装在金属凹陷部位

二、识别和安装调整光电开关

1. 光电开关的类型和基本结构

光电开关是通过把发光强度的变化转换成电信号的变化来实现控制的，一般由三部分构成：发送器、受光器和检测电路，如图 3—123 所示。

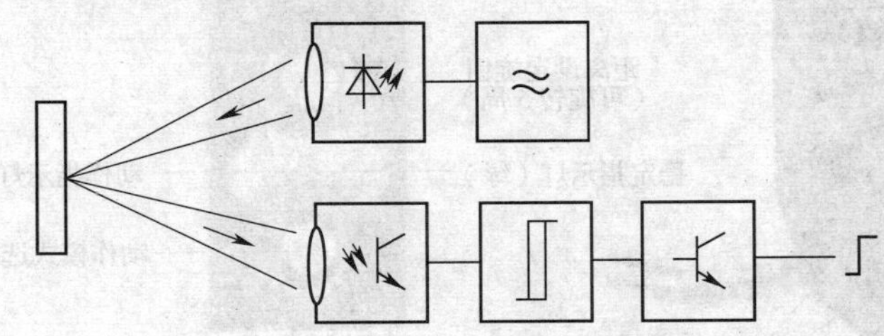

图 3—123　光电开关的构成

发送器对准目标不间断地发射光束，发射的光束一般来源于发光二极管（LED）或激光二极管。受光器由光电二极管或光电三极管组成。在受光器的前端，装有光学元件，如透镜和光圈等。在其后是检测电路，它能滤出有效信号，将该信号转换成开关信号并放大后输出。按照接收器接收光的方式的不同，光电开关可分为对（透）射式、反射式和漫射式三种，如图 3—124 所示。

光纤的出现扩大了光电开关的使用范围，它可以在特殊的环境中使用，检测微小的物体。把发光器发出的光用光纤引导到检测点，再把检测到的光信号用光纤引导到光接收器就组成光纤式光电开关。按动作方式的不同，光纤式光电开关（光纤传感器）通常分成对射式和漫反射式等多种类型。

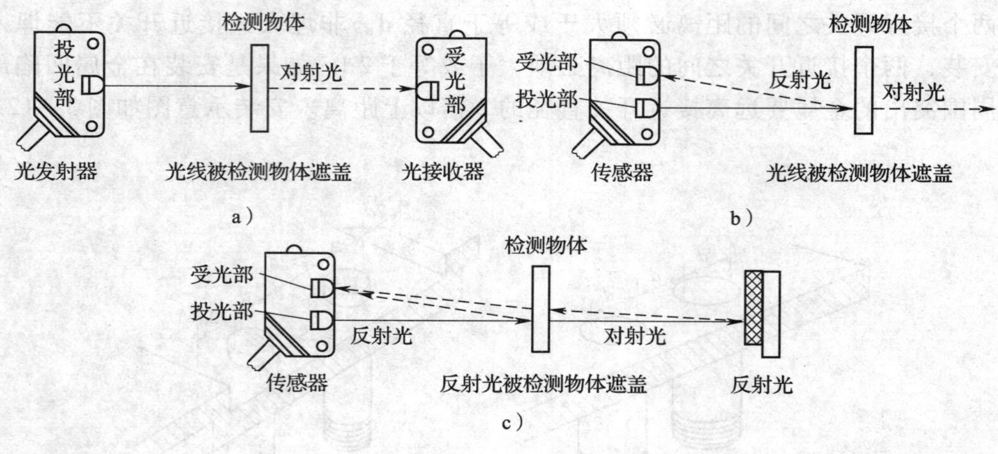

图 3—124　光电开关分类

a）对（透）射式　b）漫射式（漫反射式）　c）反射式

2. 光电开关的识别方法

（1）光电开关类型的识别

光电开关一般体积较小，有圆柱形、方形、平板形、凹槽形等多种外形，但在它的某一个平面上总是可以看出有一个或两个透镜形状的部位，而在另一侧一般都有一两个调节旋钮，如图 3—125 所示。

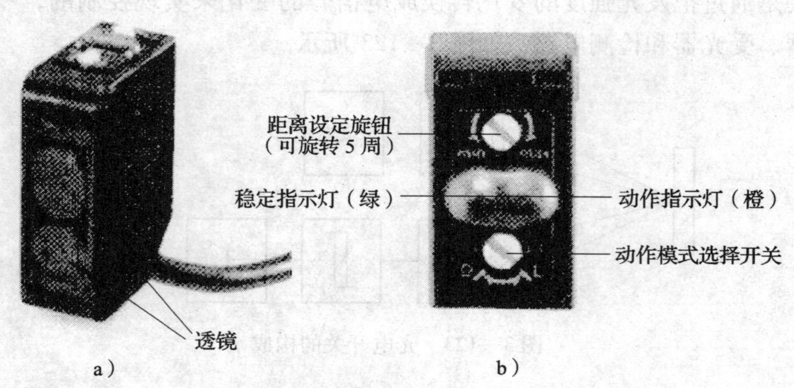

图 3—125　光电开关的形状

a）光电开关外形　b）调节旋钮和指示灯

不同类别的光电开关一般能够从外形上识别：对射式的发射器和受光器是分开的，在发射器和受光器的头部都各有一个透镜，只有一个调节灵敏度的旋钮；反射式和漫射式的发射器和受光器都是一体化的，都具有两个并列的透镜，一般都有两个调节旋钮或一个调节旋钮但多一根引线，因此这两者比较不易分辨，但如果带有附件，反射式是带一个反射板的。而光纤传感器的外形与一般光电开关完全两样，它带有两根光纤，光纤的端部带有光纤检测头，特征非常明显。各种类别的光电开关如图 3—126 所示。

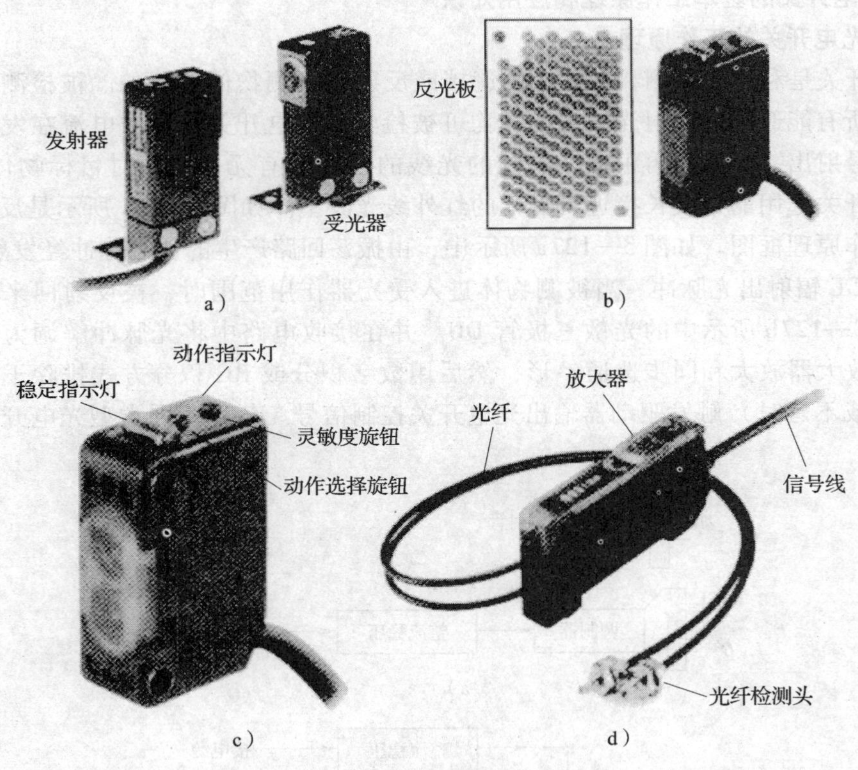

a）
b）
c）
d）

图 3—126　各种不同类别的光电开关的识别

a）对射式　b）反射式　c）漫反射式　d）光纤传感器

（2）光电开关引线的识别

光电开关的引线识别与接近开关类似，应按说明书或铭牌上的接线图中所标注的颜色来识别。一般情况下，发射、接收一体化的光电开关有三根引线：棕、黑、蓝，棕色与蓝色的分别是电源线的正和负，黑色的是输出线。有的光电开关多了一根白色的引线，是选择动作模式的控制线。对射式的光电开关发射器和受光器是分开的，发射器有两根引线：棕色与蓝色，分别是电源线的正和负；受光器有三根引线：棕、黑、蓝，与一体化的光电开关相同，但一般不会有白色的控制线。

（3）光电开关型号的识别

各种不同品牌、系列的光电开关的型号命名是不同的，具体还是要看厂商的产品样本或说明书。但一般在型号中大致能反映出一些重要的信息，如检测距离、输出形式等。例如，某光电开关的型号为 BM3 M—TDT，可大致了解此开关的检测距离是 3 m，NPN 型输出。又如某光电开关型号为 BJ300—DDT—P，可大致了解此开关的检测距离是 300 mm，PNP 型输出。一般型号中前半部分表示产品系列和检测距离（单位为米的数字后带 M，不带 M 的单位是 mm），短横线后的部分往往表示光电开关类型、供电性质、输出形式等。如上述型号中的 DDT—P，第一个字母 D 表示漫反射型（T 为对射型，M 为镜面反射型）；第二个字母 D 表示直流供电；第三个字母 T 表示晶体管输出；最后的 P 表示为 PNP 输出（NPN 输出一般不标）。

3．光电开关的基本工作原理和应用知识

(1) 光电开关的工作原理

光电开关是利用被检测物对光束的遮挡或反射来检测物体有无的。被检测物体不限于金属，所有能遮断或反射光线的物体均可被检测。光电开关将输入电流在发射器上转换为光信号射出，受光器再根据接收到的光线的强弱或有无，实现对目标物体的探测。多数光电开关选用的是波长接近可见光的红外线光波型。如图 3—127 所示是反射式光电开关的工作原理框图。如图 3—127a 所示中，由振荡回路产生的调制脉冲经发射电路后，由发光管 GL 辐射出光脉冲。当被测物体进入受光器作用范围时，被反射回来的光脉冲进入如图 3—127b 所示中的光敏三极管 DU。并在接收电路中将光脉冲解调为电脉冲信号，再经放大器放大和同步选通整形，然后用数字积分或 RC 积分方式排除干扰，最后经延时（或不延时）触发驱动器输出光电开关控制信号。各种不同类型光电开关的工作情况如下：

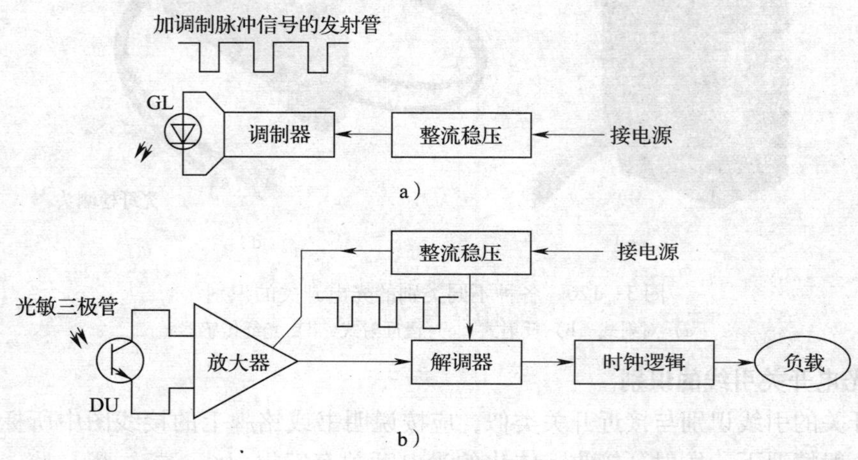

图 3—127　光电开关的工作原理框图
a) 发射器　b) 受光器

1) 对射式光电开光。若把发光器和受光器分离开，就可使检测距离加大。由一个发光器和一个受光器组成的光电开关就称为对射分离式光电开关，简称对射式光电开关。它的检测距离可达几米乃至几十米。使用时把发光器和受光器分别装在检测物通过路径的两侧，检测物通过时阻挡光路，受光器就动作，输出一个开关控制信号。

2) 反射式光电开关。把发光器和受光器装入同一个装置内，在它的前方装一块反光板，利用反射原理完成光电控制作用的称为反射式（或反射镜反射式）光电开关。三角反射板由很小的三角锥体反射材料组成，能够使光束准确地从反光板中返回，具有实用意义。它可以在与光轴 0°～25°的范围改变发射角，使光束几乎是从一根发射线，经过反射后，还是从这根发射线直线返回。正常情况下，发光器发出的光被反光板反射回来被受光器收到；一旦光路被检测物挡住，受光器收不到光时，光电开关就动作，输出一个开关控制信号。

3) 漫射式光电开关。漫射式光电开关是利用光照射到被测物体上后反射回来的光线而工作的，由于物体反射的光线为漫射光，故称为漫射式光电开关。它的检测头里也装有一个发光器和一个受光器，但前方没有反光板。正常情况下发光器发出的光受光器是收不到的；当检测物通过时挡住了光，并把部分光反射回来，受光器就收到光信号，输出一个开关控制信号。

（2）光电开关的应用知识

1）光电开关的动作模式。光电开关的动作有“暗动（Dark ON）”和“亮动（Light ON）”两种模式。

①暗动（Dark ON）：遮光动作。它表示在进入受光器的光束减少到一定程度时或被全遮时，输出三极管将导通输出。

②亮动（Light ON）：也称受光动作。它是指进入受光器的光束增加到一定量时，输出三极管导通且有输出。

2）使用时的注意事项。光电开关可用于各种应用场合，在使用光电开关时，应注意环境条件，以使光电开关能够正常可靠地工作。

①光电开关在环境照度较高时，一般都能稳定工作。但应避免将受光器光轴正对太阳光、白炽灯等强光源。在不能改变受光器光轴与强光源的角度时，可在光电开关上方四周加装遮光板或套上遮光筒。

②在几组光电开关并列靠近安装时，应防止相互干扰，相邻的光电开关应拉开间距。对于对射式光电开关，防止这种干扰最有效的办法是发射器和受光器交叉设置。

③当被测物体有明亮光泽或遇到光滑金属面时，一般反射率都很高，有近似镜面的作用，这时应将投光器与检测物体安装成10°~20°的夹角，以使其光轴不垂直于被检测物体，从而防止误动作。

④应排除背景物影响。使用漫反射式发、受光器时，有时由于目标体离背景物较近或者背景是光滑等反射率较高的物体时，可能会使光电开关不能稳定检测。

此时可以采用使目标体远离背景物、拆除背景物、将背景物涂成无光黑色，或设法使背景物粗糙、灰暗等方法加以排除。

⑤光电开关的透镜可用擦镜纸擦拭，禁用稀释溶剂等化学品，以免永久损坏塑料镜。

⑥高压线、动力线和光电传感器的配线不应放在同一配线管或线槽内，否则会由于感应而造成光电开关的误动作或损坏。

三、识别和安装调整磁性开关

1. 磁性开关的类型及图形符号

磁性开关是一种对磁性物体敏感的接近开关。一般经常使用的磁性开关有两类，一类是用霍尔元件做成的接近开关，也叫作霍尔开关。当磁性物件移近霍尔开关时，开关检测面上的霍尔元件因产生霍尔效应而使开关内部电路状态发生变化，由此识别附近有磁性物体存在，进而控制开关的通或断。另一类是用舌簧开关（干簧管）做成的，主要是用来检测汽缸活塞位置的，即检测活塞的运动行程的。霍尔型磁性开关和干簧管磁性开关如图3—128所示。

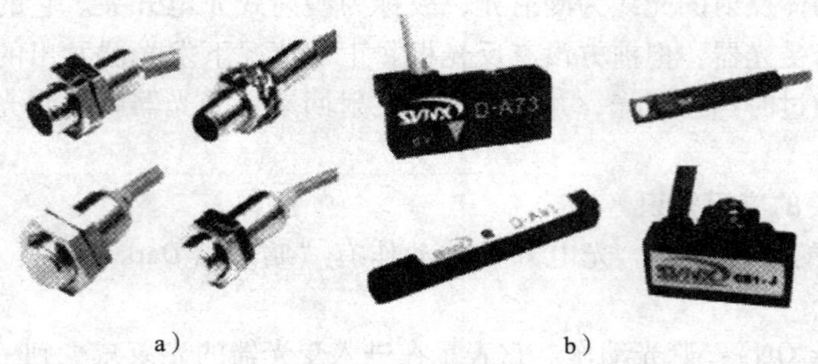

a）　　b）

图 3—128　磁性开关

a）霍尔型磁性开关　b）干簧管磁性开关

在绘制电气原理图时，磁性开关、接近开关、光电开关要用规定的图形符号来表示，国家标准中磁性开关、接近开关、光电开关的图形符号如图 3—129 所示。

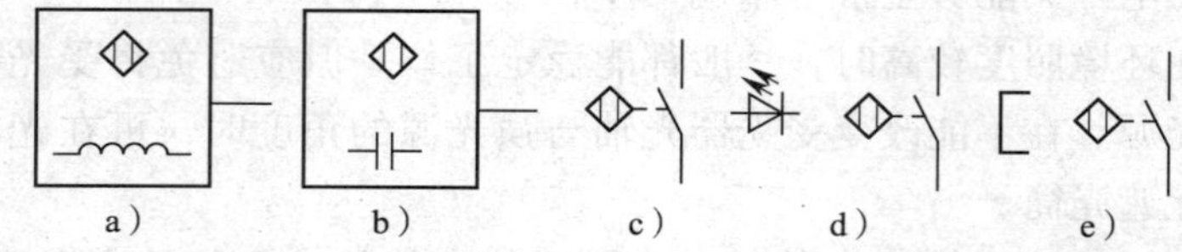

a）　b）　c）　d）　e）

图 3—129　磁性开关、接近开关、光电开关的图形符号

a）电感式接近开关方框符号　b）电容式接近开关方框符号　c）接近开关动合触点

d）光电开关动合触点　e）磁性开关动合触点

2. 磁性开关及引线的识别

霍尔型磁性开关和干簧管磁性开关的识别还是比较方便的。霍尔型接近开关的外形一般都是螺纹圆柱形，也有方形的，以金属为外壳材料；而干簧管磁性开关一般体积较小，外壳材料大都是塑料，外形有方形的，也有圆柱形的，一般都有 3 ~ 4 mm 大小的圆孔供螺钉固定用。

磁性开关的引线有两根的，也有三根的。两根引线的一般是棕色和蓝色，使用时串接负载后接到电源上，如使用直流供电时，棕色的线是正极，蓝色的是负极。三根引线的一般是棕色、黑色和蓝色，棕色和蓝色接电源正极和负极，黑色的引线是输出线。

3. 磁性开关的基本工作原理和应用知识

（1）干簧管磁性开关的工作原理和应用

干簧管磁性开关的内部主要就是一个干簧管（即干式舌簧管的简称，见图 3—130）。它是一根密封的玻璃管，管中装有两个铁质的弹性舌簧，舌簧端面互叠但留有一条细间隙。舌簧端面触点镀有一层贵金属，如铑或钌，使开关具有稳定的特性和极长的使用寿命。管中还灌有惰性气体以防止触点氧化和碳化。平时，玻璃管中的两个舌簧触点是分开的。当有磁性物质靠近玻璃管时，在磁场磁力线的作用下，管内的两个簧片被磁化而互相吸引接触，簧片就会吸合在一起，使触点所接的电路连通。外磁力消失后，两个簧片由于本身的弹性而分开，线路也就断开了。

在实际运用中，通常用永久磁铁控制这两根金属片的接通与否，所以干簧管又被称为

“磁控管”。干簧管磁性开关的原理框图如图 3—131 所示，电路中在干簧管上还串联了 LED 指示灯和稳压管作保护用。如图 3—131 所示为二线制的磁性开关，可以交、直流两用。此外还有三线制的磁性开关，其输出元件为晶体管，与接近开关类似，也有 NPN 型和 PNP 型之分。

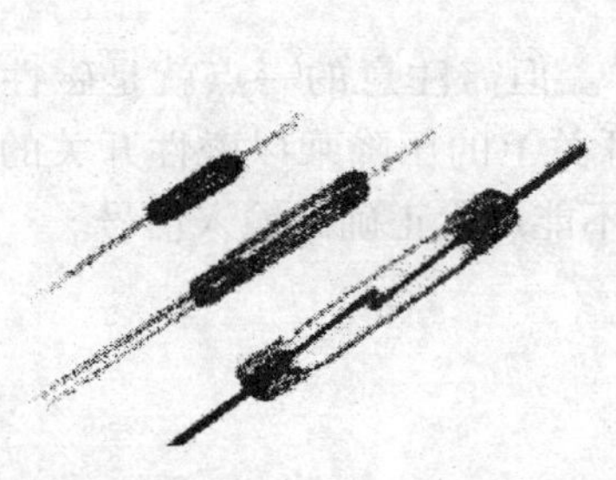

图 3—130　干簧管的结构图

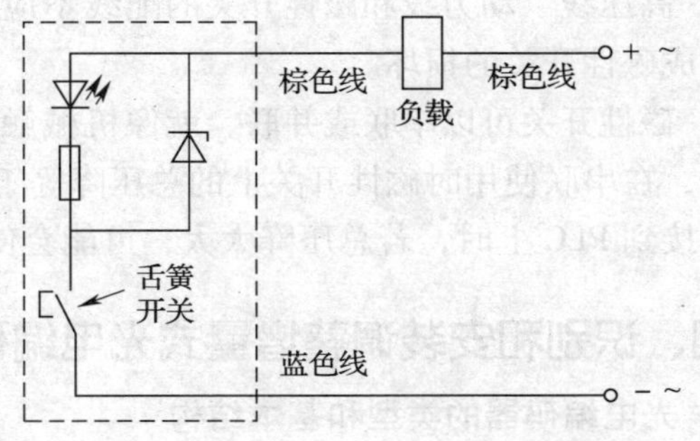

图 3—131　干簧管磁性开关的原理框图

干簧管具有结构简单、体积小、便于控制等优点，可以安装在金属中，甚至可以穿过金属去检测磁性物体的接近。实际使用时通常将磁性开关固定在气缸外壳上，来检测气缸内活塞的位置。使用磁性开关时，尽量远离强磁场或周围有导磁金属环境，避免产生干扰。

（2）霍尔型磁性开关的工作原理和应用

当一块通有电流的金属或半导体薄片垂直地放在磁场中时，薄片的两端就会产生电位差，这种现象就称为霍尔效应，霍尔效应的灵敏度高低与磁场的磁感应强度成正比。霍尔型磁性开关的感应面有一个霍尔元件，当磁性物体接近时，磁感应强度 B 增大。当 B 值达到一定的程度时，霍尔开关内部的触发器翻转，霍尔开关的输出电平状态也随之翻转。输出端一般采用三极管输出，和接近开关类似，有 NPN、PNP、常开型、常闭型、锁存型、双信号输出之分。霍尔型磁性开关的原理框图如图 3—132 所示。

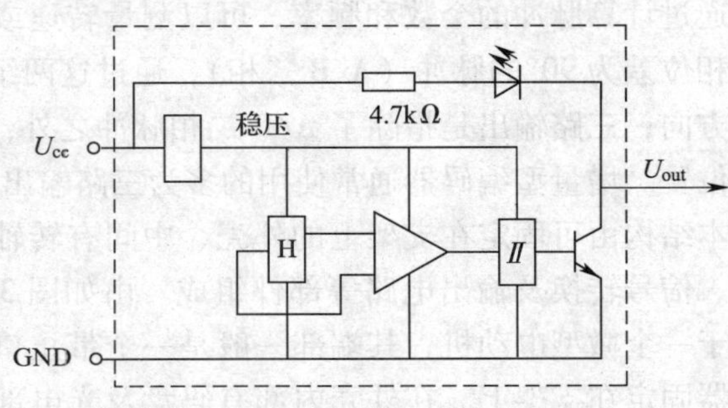

图 3—132　霍尔型磁性开关原理框图

霍尔型磁性开关的功能类似干簧管磁性开关，但是比它寿命长，响应快，无磨损，但在安装时要注意磁铁的极性，若磁铁极性装反则无法工作。可安装在金属中，可穿过金属进行检测，可并排紧密安装。

（3）磁性开关使用注意事项

1）电压和电流应避免超出使用范围。

2）严禁磁性开关与电源直接接通，必须同负载（如继电器等）串联使用。

3）磁性开关选用连接之前，要确认使用的工作电源，采用直流电源时，磁性开关的棕色线串负载后接电源的正极，蓝色线接电源的负极。

4）应避免在有强磁场、大电流的环境使用磁性开关。开关附近有强磁场时，例如高功率步话机、低频噪声源、中短波发射器等应远离磁性开关，否则必须加上屏蔽装置。

5）高压线、动力线和磁性开关的配线不应放在同一配线管或线槽内，否则会由于感应而造成磁性开关的损坏。

6）磁性开关可以串联或并联，就像机械触点一样。但需注意的一点就是磁性开关上的压降，在串联使用时磁性开关上的总压降等于磁性开关上的压降乘以磁性开关的串联个数。连接到 PLC 上时，若总压降太大，可能会使 PLC 不能产生正确的输入信号。

四、识别和安装调整增量式光电编码器

1. 光电编码器的类型和基本结构

旋转编码器是用来测量转速或角位移的装置。光电式旋转编码器（以下简称光电编码器）通过光电转换，可将输出轴的角位移、角速度等机械量转换成相应的电脉冲，以数字量输出，技术参数主要有每转脉冲数（几十个到几千个都有）和供电电压等。光电编码器的外形如图 3—133 所示。

图 3—133 光电编码器

光电编码器按运动部件的运动方式可分为旋转式和直线式两种，按信号原理可分为增量型编码器和绝对型编码器。

（1）增量型编码器有单路输出、双路输出和三路输出等不同形式。单路输出是指编码器的输出是一组脉冲，通过计算脉冲的个数和频率，可以测量转速或角位移；而双路输出的旋转编码器输出两组相位差为 90°的脉冲（A/B 二相），通过这两组脉冲不仅可以测量转速，还可以判断旋转的方向；三路输出是指除了 A/B 二相脉冲之外，另外每转输出一个 Z 相脉冲以代表零位参考位置。增量型编码器通常使用的多为三路输出。

增量型编码器的基本结构由可固定在支架上的外壳、中间有转轴的光电码盘、光电发射器件、光电接收器件、信号转换及输出电路等部件组成。由如图 3—133 所示中可看出，旋转编码器的外壳类似于一个微型电动机，其端部一般是一个带止口的安装法兰，用安装法兰上的螺孔可将编码器固定在支架上。在外壳内部有码盘及光电部件，码盘可由中间的转轴带动其旋转。在机壳内还有电路板，是信号处理电路和输出电路。输出电路通过机壳后部或侧面的引线电缆将信号输出，并引进电源。

（2）绝对型编码器内部的光电码盘上有许多道光通道刻线，每道刻线依次以 2 线、4 线、8 线、16 线……编排，这样，在编码器的每一个位置，通过读取每道刻线的亮、暗，可获得一组从 2 的零次方到 2 的 n－1 次方的唯一的二进制编码，这就称为 n 位绝对型编码器。这样的编码器由光电码盘的机械位置决定每个位置输出唯一的编码，可以表示转轴的绝对位置。它无须记忆，无须找参考点，而且不用一直计数，什么时候需要知道位置，什

么时候就去读取它的位置。

2. 光电编码器的输出电压及引线

(1) 编码器的输出电路

编码器的输出电路常用的有集电极开路输出（Open Collector）、电压输出（Voltage Output）、线驱动输出（Line Driver）和推挽式输出（Totem Pole）等。

集电极开路输出如图 3—134 所示，这种输出方式通过使用编码器输出侧的 NPN 三极管，将三极管的发射极引出端子连接至 0 V，集电极开路作为输出端。使用时必须通过负载将集电极连接到电源 + V。当输出信号为 ON 时，三极管输出为低电平，电流流入。

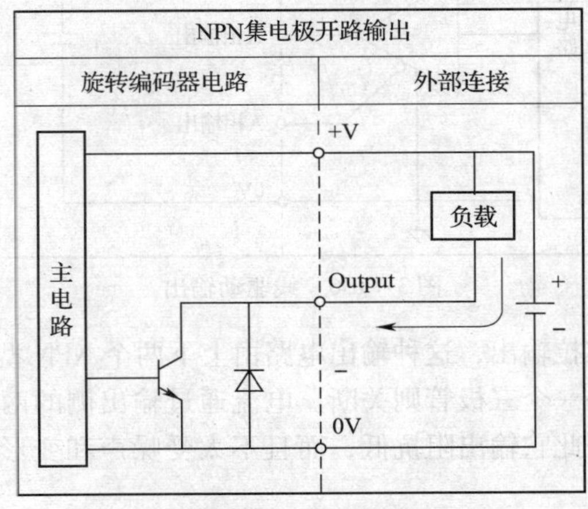

图 3—134　集电极开路输出

电压输出如图 3—135 所示，这种输出方式通过使用编码器输出侧的 NPN 三极管，将三极管的发射极引出端子连接至 0 V，集电极端子通过负载电阻与 + *U*ce 相连，并作为输出端。外部负载接在集电极输出端与 0 V 之间。

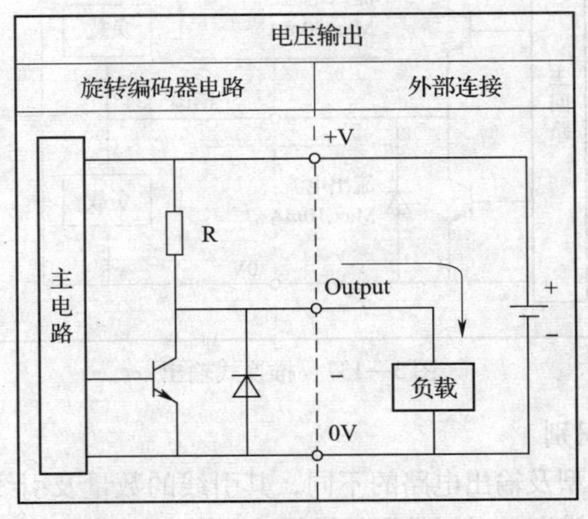

图 3—135　电压输出

线驱动输出是按照 RS—422 A 标准的数据传送电路，可使用双绞线电缆进行长距离传送。这种输出方式采用双端输出，由于它具有高速响应和良好的抗噪声性能，使得线驱动输出适宜长距离传输。输出电路如图 3—136 所示。

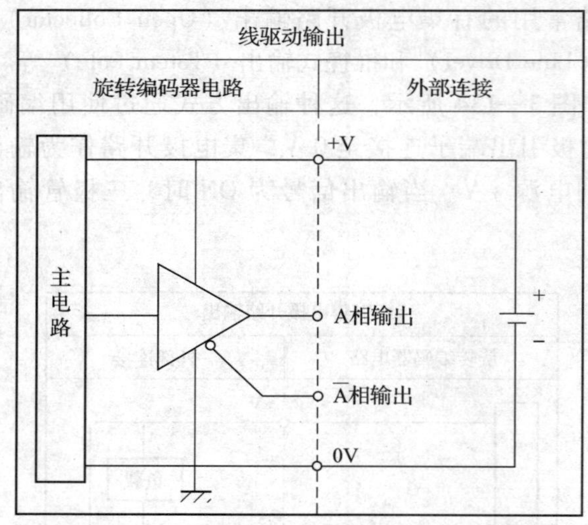

图 3—136　线驱动输出

推挽式输出也称为推拉输出，这种输出电路由上下两个 NPN 型的三极管组成，当其中一个三极管导通时，另外一个三极管则关断。电流通过输出侧的两个三极管向两个方向流入，并始终输出电流。因此它输出阻抗低，而且不太受噪声和变形波的影响。输出电路如图 3—137 所示。

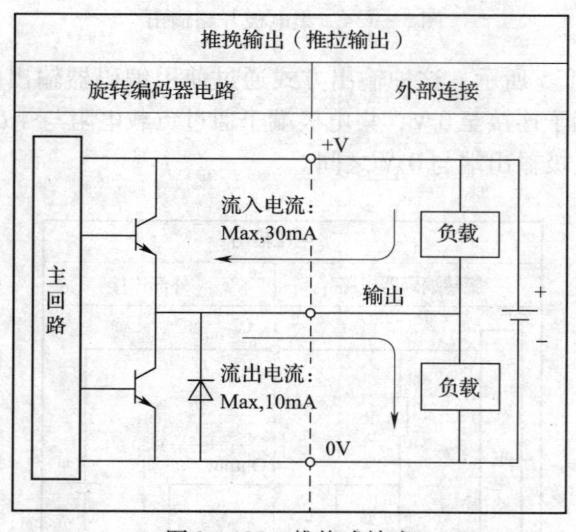

图 3—137　推挽式输出

（2）编码器引线的识别

根据编码器的不同类型及输出电路的不同，其引线的数量及引线的颜色各有不同，应参照各编码器的说明书进行辨别。对于常用的增量型编码器，引线一般有 5 线的及 8 线的。5 线式的五根引线是 + V、0 V、A、B、Z（A、B、Z 相是共零的）及屏蔽线 F、G。8 线式的八根

线是 +V、0 V、A、－A、B、－B、Z、－Z 及屏蔽线 F、G。其中电源线 +V 线一般是棕色线，0 V 即 GND，一般是蓝色线，而其余几根线的颜色并无一定规律，需按说明书进行辨别。

3. 增量型编码器的基本工作原理和应用知识

（1）增量型编码器的工作原理

增量型编码器的结构较简单，主要由光源、码盘、检测光栅、光电检测器件和转换电路组成（见图 3—138a）。在旋转的码盘上刻有节距相等的辐射状透光缝隙，如图 3—138b 所示，相邻两个透光缝隙之间的距离代表一个脉冲周期。另有一条码道开有一个（或一组）特殊的窄缝，用于产生定位或零位信号。检测光栅上刻有 A、B 两组与码盘相对应的透光缝隙，用以通过或阻挡光源和光电检测器件之间的光线。它们的节距和码盘上的节距相等，并且两组透光缝隙错开 1/4 节距，使得光电检测器件输出的信号在相位上相差 90°电角度。

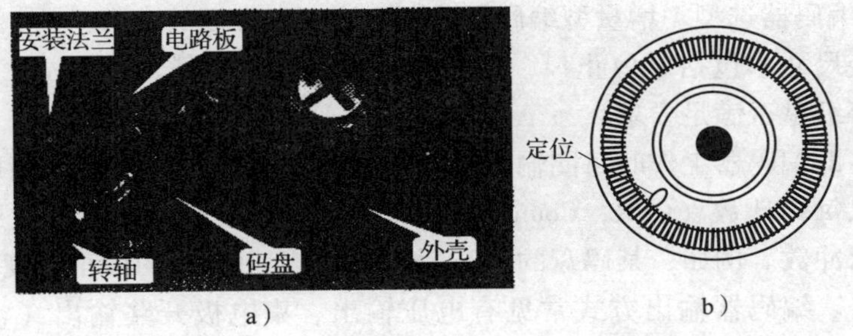

图 3—138　增量型编码器的结构与码盘

a）光电编码器的基本结构　b）码盘

在编码器的相对两侧，分别安装光源和光电器件，如图 3—139 所示。当码盘随着被测转轴转动时，检测光栅不动，光线透过码盘和检测光栅上的缝隙照射到光电检测器件上，光电检测器件就输出两组相位相差 90°电角度的近似于正弦波的电信号，再经过信号处理电路的整形、放大等处理后，输出 A/B/Z 相的方波脉冲信号。增量式编码器正转和反转时输出信号波形如图 3—140 所示。

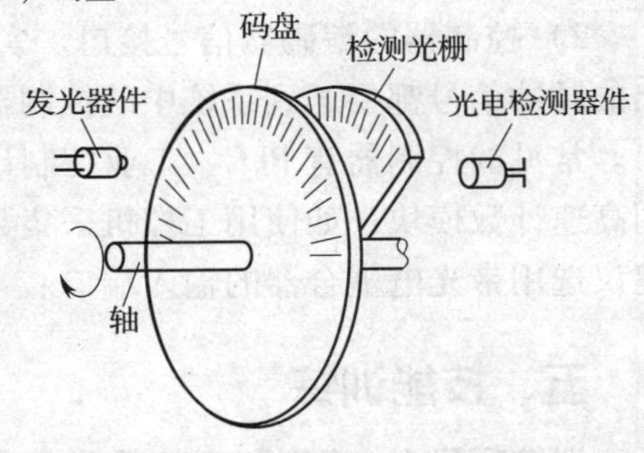

图 3—139　增量型编码器的原理示意图

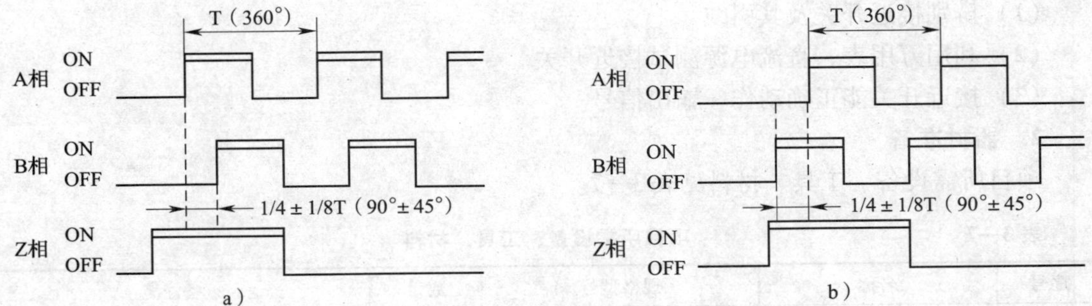

图 3—140　正转和反转时编码器输出信号波形

a）正转（CW）　b）反转（CCW）

由原理示意图和输出波形图中可以看出，码盘上沿圆周一圈的缝隙数是一个常数，每当码盘旋转一圈，编码器就会输出同样数量的脉冲，而且脉冲的频率是和转轴的转速成正比的。因此只要对脉冲的个数计数，就能计算出转轴角位移的大小；对一定时间内的脉冲计数，就能计算出脉冲的频率，进而计算出转轴的转速。从输出波形图上还可看出，编码器轴正转时，A 相脉冲超前 B 相脉冲 90°；反转时，A 相脉冲滞后 B 相脉冲 90°。因此，只要能对 A 相和 B 相的脉冲相位进行检测，就能辨别出编码器转轴的转向。在实际应用中，可在 A 相信号为“1”时对 B 相脉冲的上升沿和下降沿进行检测，若测得 B 相脉冲的上升沿发生在 A 相信号为“1”时，就认为是正转；如测得 B 相脉冲的下降沿发生在 A 相信号为“1”时，就认为是反转。

（2）增量型编码器的应用知识

1）增量型编码器选型。增量型编码器选型应注意三方面的参数：

①机械安装尺寸。包括定位止口，轴径，安装孔位；电缆出线方式；安装空间体积；工作环境防护等级是否满足要求。

②分辨率。即编码器工作时每圈输出的脉冲数，是否满足设计使用精度要求。增量编码器的分辨率以每转计数（CPR，Counts Per Revolution）表示，亦即码盘旋转一圈，光电检测可产生的脉冲数。例如，某码盘的 CPR 为 2048，则可分辨的最小角度为 10′33″。

③电气接口。编码器输出方式常见有电压输出、集电极开路输出（常见编码器型号中，C 为 NPN 型管输出，C2 为 PNP 型管输出）、线驱动器输出等。其输出方式应和其控制系统的接口电路相匹配。

2）控制器的编码器信号接口。实际应用系统中，编码器一般是作为检测部件，其输出的脉冲信号都要送到系统中的控制器中去，控制器需配置与编码器信号相匹配的输入接口。常见的控制器有 PLC、工业控制计算机、单片计算机等。如使用 PLC 采集数据，可选用高速计数模块；如使用工控机采集数据，可选用高速计数板卡；如使用单片机采集数据，建议选用带光电耦合器的输入端口。

五、技能训练

训练项目 1：识别和安装调整电感式和电容式接近开关

1．训练目标

（1）辨别接近开关及其引线。

（2）利用万用表、直流电源测试接近开关。

（3）接近开关能正确动作，输出信号。

2．器材准备

项目所需设备、工具、材料见表 3—7。

表 3—7　项目所需设备、工具、材料

序号	名称	规格型号	数量	备注
1	万用表	MF368 型（指针式）	1 台	其他型号也可
2	直流电源	DC24 V	1 台	附导线两根（红、黑各一根，一端带鳄鱼夹）

续表

序号	名称	规格型号	数量	备注
3	电感式接近开关	中沪 ZLJ—A30—15 ANA	1 个	其他型号也可
4	电容式接近开关	Autonics CR30—15 DN	1 个	其他型号也可
5	PLC	三菱 FX_{2N}型	1 台	交流电源已连接好，由开关控制
6	十字旋具	75 mm	1 个	
7	一字旋具		1 个	
8	剥线钳		1 个	
9	压接钳		1 个	
10	叉形冷压接线端头	UTl—3	10 个	
11	软接线	0.8 mm	共 3 m	分红、蓝、黑等几种颜色
12	电阻	10 kΩ	1 个	

3. 操作步骤与内容

(1) 辨别接近开关及其引线

对 1 个电感式和 1 个电容式接近开关进行观察，外形基本相同。

观察 2 个接近开关的外形及铭牌如图 3—141 所示，看到图左接近开关的型号是 ZLJ—A30—15 ANA，初步辨别是电感式，外形是 M30 螺纹圆柱形，动作距离是 15 mm，NPN 型输出，直流供电，电源电压为 10 ~ 30 V；图右接近开关的型号是 CR30—15 DN，判断为电容式，M30 螺纹圆柱形，动作距离为 15 mm，NPN 型常开输出，直流供电，电源电压为 12 ~24 V。

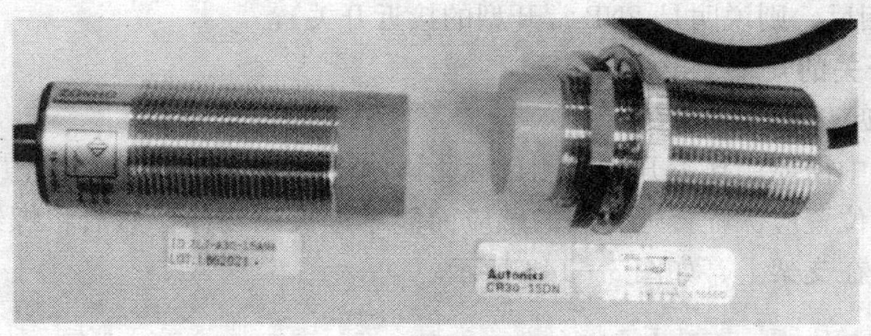

图 3—141　传感器及铭牌的观察

观察两个接近开关的引线均为三根线，颜色均是棕、黑、蓝色，初步判断为棕、蓝分别接电源正、负极，黑色的是输出线，黑、蓝之间接负载。对照查看铭牌上的接线图，判断是正确的。

(2) 利用万用表、直流电源测试接近开关

步骤 1　测试接近开关的类型

先对型号为 ZLJ—A30—15 ANA 的接近开关进行测试。用一字螺钉旋具将接近开关上棕色的引线接到 24 V 直流电源的正极，将一根带鳄鱼夹的导线接到直流电源负极，用鳄鱼夹把蓝色引线和 10 kΩ 电阻的一端夹在一起；另外用一个鳄鱼夹把电阻的另一端和接近开关上的黑色引线夹在一起。接通电源后，将万用表调到直流电压 50 V 挡，注意黑表棒应放在接电源负极的一侧。测量电阻两端的电压，如图 3—142 所示。用一个金属物体靠近接近开关，这时电压读数会发生变化，从高电平变为低电平；再用一个非金属物体靠近接近开关，电压读数没有发生变化，仍是高电平，说明这个接近开关只对金属物体敏感，证实它是电感式的接近开关。

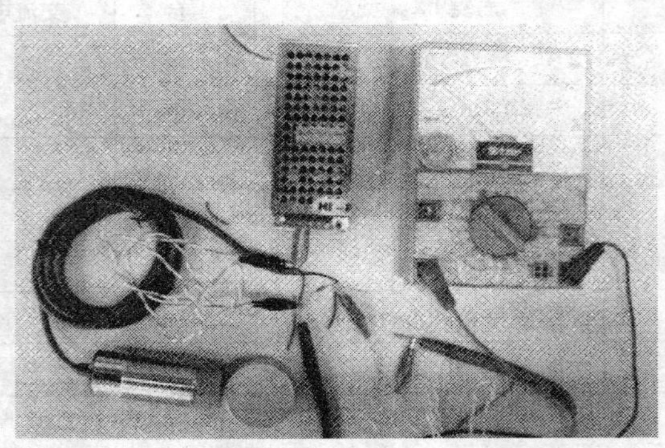

图 3—142　接近开关的测试

按照同样的接法和步骤对另一个型号为 CR30 —15 DN 的接近开关进行测试，发现它对金属和非金属都敏感，证实它是电容式的接近开关。

步骤 2　测试接近开关的输出形式

按照上述测试步骤中，观察万用表上的电压读数：当被测物体未靠近接近开关时，电压为 23 V 以上（高电平），而当被测物体靠近接近开关时，电压为 1 V 以下（低电平），说明此接近开关为 NPN 常开型（若当被测物体靠近接近开关时，电压由低电平变为高电平，与 NPN 型相反，则说明是 PNP 常开型的接近开关）。

(3) 接近开关的安装、接线

步骤 1　接近开关的机械安装

在实际设备中需要用接近开关检测目标物体的位置时，先安装好接近开关的固定支架。固定支架的安装位置应保证接近开关的感应面能靠近被测物体，然后将螺纹圆柱形的接近开关用螺母固定在支架上，如图 3—143 所示。

图 3—143　将接近开关固定在支架上

步骤 2　接近开关的电气安装

接近开关的电气安装是指将接近开关的引线接到控制电路中的电源和负载上。接近开关的引线一般应通过接线端子来进行连接。连接到螺钉压紧型端子排上时，一般可将引线的塑料外层剥去后把线心绞紧后直接插入接线端子的孔中，用一字螺钉旋具将螺钉拧紧。若连接到各种螺旋式接线端子上时，应使用压接钳在引线头上压接 1 个叉型冷压接线端头后再插到接线端子上螺钉的垫圈下，把螺钉拧紧，如图 3—144 所示。

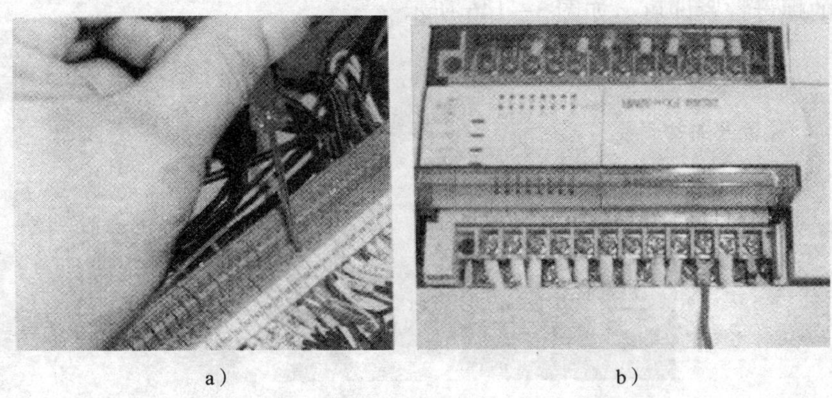

a）　　　　b）

图 3—144　接近开关引线与接线端子的连接

a）与螺钉压紧型接线端子的连接　b）与螺旋式接线端子的连接

接近开关的输出线应与负载连接，对 NPN 型的接近开关，负载应接在信号线与电源正极之间。接近开关的负载可以是继电器的线圈，但更多的情况是 PLC 的输入电路。

接近开关连接到 PLC 上时，应注意 PLC 的输入电路与接近开关输出形式的配合。对于 NPN 型的接近开关，PLC 的输入电流应该是从输入端子流出的（即通常所说 PLC 是“漏型”的。对于“源型”的 PLC，输入电流是流进 PLC 的输入端子的，则应配接 PNP 型的接近开关，对下文中要介绍的光电开关、磁性开关、光纤传感器等都应同样处理）。三菱 FX 系列的 PLC 输入电路使用内部电源，其输入端子是连接到内部电源正极的；而松下 FP 系列 PLC 的输入电路要将内部电源正极端子“24 +”与 com 端相连。将 NPN 型接近开关按如图 3—145 所示线路与 PLC 连接，接线时要使用叉形冷压端头。

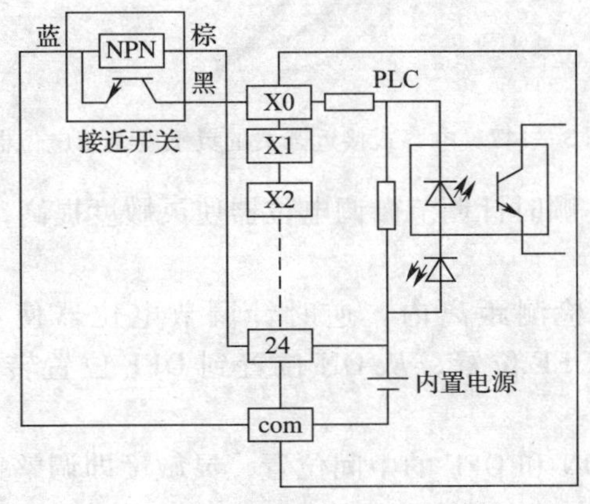

图 3—145　接近开关与 PLC 的连接

（4）接近开关的调整

步骤 1 调整接近开关的位置

将被测物体放置在检测位置上，接通接近开关的电源和 PLC 的电源。略微松开固定支架上的螺母，调整接近开关的前后位置，调整到接近开关上的 LED 指示灯点亮后（接近开关上没有指示灯的可观察 PLC 相应输入端口上的 LED），把接近开关再往前移动一些，将固定支架上的螺母拧紧即可，如图 3—146 所示。

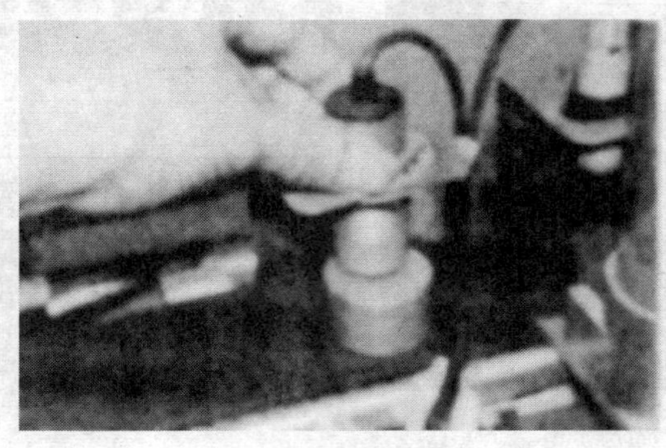

图 3—146 接近开关位置的调整

步骤 2 调整电容式接近开关的灵敏度

电容式接近开关上一般都有微调电位器可供调整灵敏度。如图 3—147 所示。调整的方法和顺序为：

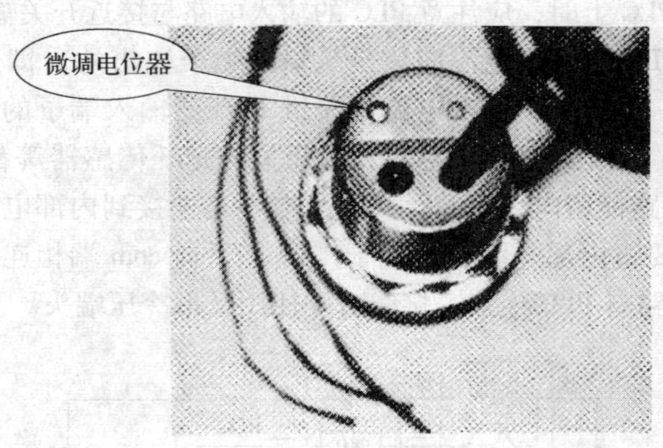

图 3—147 电容式接近开关的灵敏度调节电位器

1）把被测物体移开，顺时针调节微调电位器使灵敏度提高，直到 LED 指示灯亮，记住此位置为 ON 位置。

2）把被测物体放在检测距离内，逆时针调节电位器使灵敏度下降，直到 LED 熄灭，记住这个位置为 OFF 位置，从 ON 位置到 OFF 位置转过约 1.5 圈时测量较稳定。

3）将电位器调整到 ON 和 OFF 的中间位置，灵敏度即调整完成。灵敏度调整的步骤如图 3—148 所示。

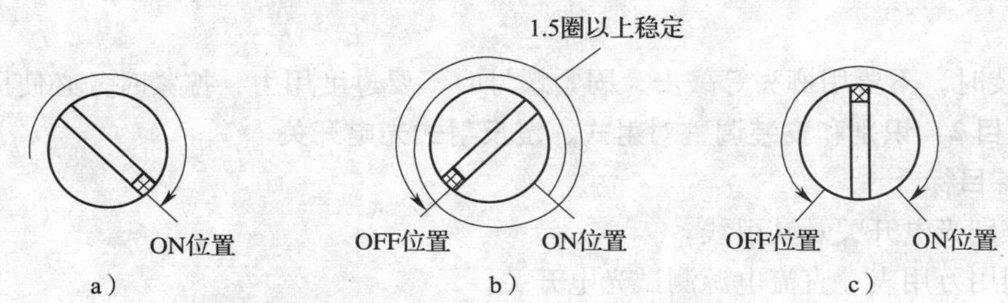

图 3—148　电容式接近开关的灵敏度调节步骤

a）顺时针调到 ON 位置　b）逆时针调到 OFF 位置　c）调整完成

4. 注意事项

（1）正确使用万用表，注意使用方法

1）在通电情况下进行测量时，不能用电阻挡测量电路中元器件的电阻，而应使用测量电压、电流的方法进行测量。

2）测量前应先估计大致的测量范围，注意万用表的量程应调整到大于可能出现的最大值，对指针式万用表指针处于刻度的中间位置时较为准确。

3）测量电压时应与被测器件并联，测量电流应与被测器件串联。

4）注意表棒颜色所代表的极性。测量电压、电流时红表棒应置于电位较高的一侧，测量电阻时表棒之间有电压输出：对指针式万用表黑表棒为正极，红表棒为负极；而对数字式万用表则相反，红表棒为正极，黑表棒为负极。

（2）注意各种开关的输出极 NPN 和 PNP 的区别

1）对提供常开触点的接近开关来说，输出极为 NPN 型的在目标体靠近时为低电平输出；而 PNP 型的为高电平输出。

2）NPN 型输出的负载接在电源正极与输出线之间，负载电流从输出线流进接近开关；PNP 型输出的负载接在输出线与电源负极之间，负载电流从输出线流出接近开关。

（3）按规范要求进行安装、接线

1）防止短路。电源和接近开关输出线之间只有在串接负载时才能接通，不经过负载而直接将电源接到输出线上会损坏接近开关，必须加以注意。

2）注意电源、电压。接通电源之前必须先确定电源种类（交、直流）和额定电压范围，否则可能烧毁电路。

3）防止误配线。使用直流电源时注意电源极性，不要误配线，否则容易损坏电路。

4）电源复位时间。接近开关在电源接通 100 ms 后进入工作状态，当负载与接近开关不是连接在同一电源上时，应先接通接近开关的电源。

5）采用金属配线管。电力线、动力线离接近开关电线很近时，会引起误动作，应用单独金属配管配线；接近开关的电线长度不要超过 100 m，电线截面应大于 0.5 mm^2。

6）被检测体不应接触接近开关，以免因摩擦及碰撞而损伤接近开关。

7）用手拉拽接近开关引线会损坏接近开关，安装时最好在引线距开关 100 mm 处用线卡固定牢固。

8）安装时，不要用榔头等敲击，固紧螺母时不要过度用力，拧紧时务必使用垫圈。

训练项目 2：识别和安装调整对射式、漫反射式光电开关

1. 训练目标

（1）辨别光电开关及其引线。

（2）利用万用表、直流电源测试光电开关。

（3）光电开关能正确动作，输出信号。

2. 器材准备

项目所需设备、工具、材料见表 3—8。

表 3—8　项目所需设备、工具、材料

序号	名称	规格型号	数量	备注
1	万用表	MF368 型（指针式）	1 台	其他型号也可
2	直流电源	DC24 V	1 台	附导线两根（红、黑各一根，一端带鳄鱼夹）
3	对射式光纤传感器	Autonics BF3 RX，光纤型号 FT－420—10	1 个	其他型号也可
4	漫反射式光电开关	Autonics BYD100— DDT	1 个	其他型号也可
5	PLC	三菱 FX_{2N}型	1 台	交流电源已连接好，由开关控制
6	十字旋具	75 mm	1 个	
8	剥线钳		1 个	
9	压接钳		1 个	
10	叉形冷压接线端头	UTl—3	10 个	
11	软接线	0. 8 mm	共 3 m	分红、蓝、黑等几种颜色

3. 操作步骤和内容

（1）辨别光电开关

观察如图 3—149 所示的光电开关，如图 3—149 c 所示中光电开关有两根光纤，且两根光纤头上各带一个检测头，可判断其为对射式的光纤传感器。如图 3—149a 所示的光电开关在一侧有并列两个透镜形状的部位，在另一侧有一个旋钮和一个指示灯如图 3—149b 所示，因此初步判断其为反射式或漫反射式光电开关。

再观察两个光电开关的铭牌，看到它们的型号一个是 BF3RX，如图 3—149d 所示，所配光纤型号为 FT—420—10；另一个型号是 BYD100 — DDT，如图 3—149b 所示。对照附带的产品说明书，看出 BF3RX 是 BF3 系列光纤传感器，RX 表示光源是红色，NPN 型输出，所配 FT 型光纤为对射式（若配 FD 型光纤即为漫反射式）。BYD100 — DDT 为 BYD 系列光电开关，检测距离为 100 mm，DDT 表示为漫反射式、直流供电、NPN 型晶体管集电极开路输出。

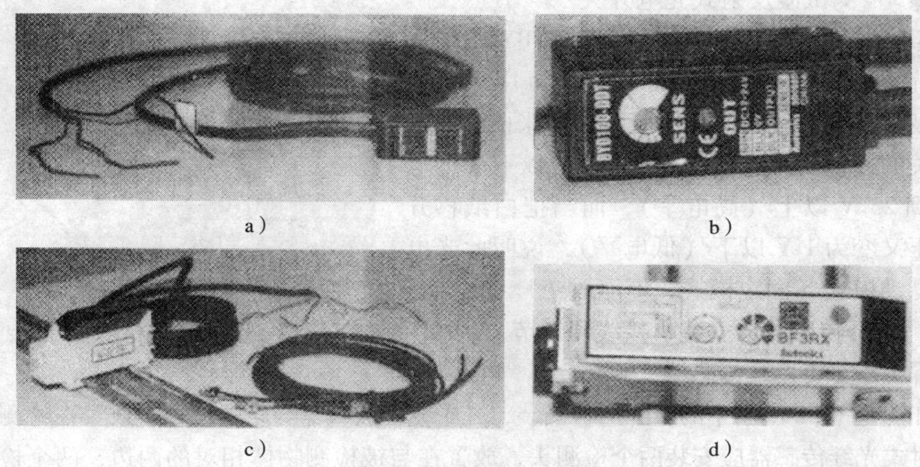

图 3—149　对光电开关的识别

a）漫反射式光电开关　b）图 a 中光电开关的铭牌　c）光纤传感器　d）图 c 中光纤传感器的铭牌

（2）利用万用表、直流电源测试光电开关

步骤 1　测试光纤传感器

用万用表 R×10k 挡测棕、蓝、黑三根引线相互之间的电阻值，均应在 0.5 MΩ 至无穷大之间。

将光纤传感器上棕色和白色的引线并在一起接到 24 V 直流电源的正极，将一根一端带鳄鱼夹的导线接到电源负极，用鳄鱼夹把蓝色引线和 10 kΩ 电阻的一端夹在一起，另外用一个鳄鱼夹把电阻的另一端和接近开关上的黑色引线夹在一起。扳下光纤传感器前端的锁定杆，把光纤插入两个插孔中，插到底后将锁定杆关闭，如图 3—150 所示。接通电源，有一根光纤头上的检测头会发出红光。将万用表调到直流电压 50 V 挡，测量电源正极和黑色输出线之间的电压，注意红表棒应放在电源正极上。把发光的光纤检测头去对准另一根光纤的检测头，这时电压读数会从高电平变为低电平；再用一张不透光的纸插入到两个检测头之间遮断红光，电压读数从低电平变为高电平，说明这个光纤传感器是暗动模式。关闭电源，把白色引线从 24 V 直流电源的正极改接到负极，再接通电源重新测试。将纸插入两个检测头之间，可以看出电压读数从高电平变为低电平，说明光纤传感器已变为亮动模式。即白色控制线接电源正极时光电传感器为暗动模式，接负极时为亮动模式。

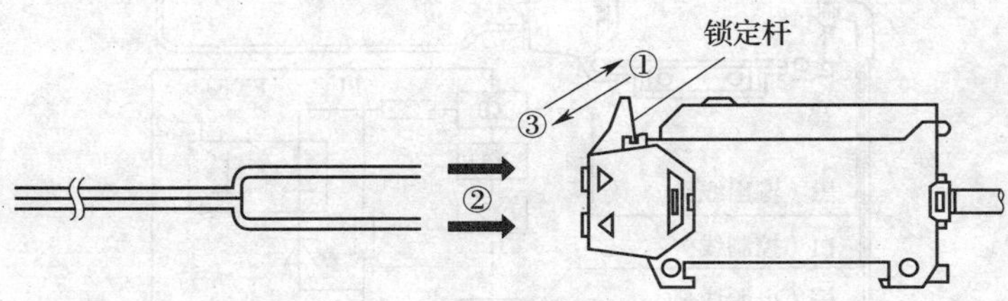

图 3—150　光纤与放大器的连接

①锁定杆“厂”为打开。②要慢慢地紧密地将光纤插入放大器中（深度：15 mm）

③锁定杆“厂”向上为关闭。

步骤 2　测试漫反射式光电开关

按照同样的接法（无白色引线）把 BYD100—DDT 型光电开关接到直流电源上，用万用表测量电源正极和黑色引线之间的电压。把一张白纸靠近光电开关的透镜处时，电压读数从 1 V 以下（低电平）变到 23 V 以上（高电平），而当把白纸移开时，电压又变为 1 V 以下（低电平），说明此光电开关为亮动模式（固定模式，不能改变）。

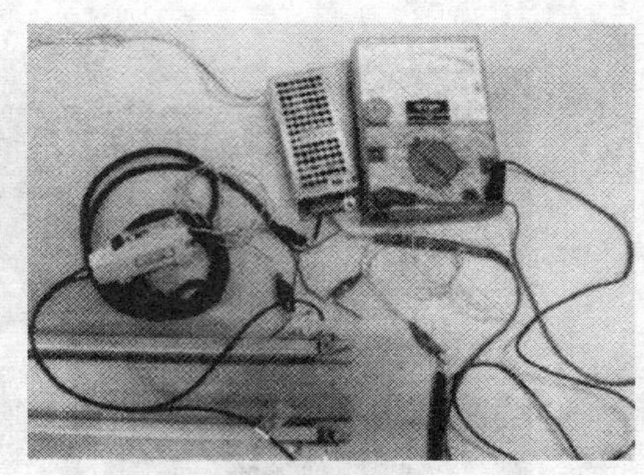

图 3—151　光纤传感器的测试

（3）光纤传感器的安装、接线和调节

步骤 1　安装光纤传感器

按如图 3—152 所示中的步骤进行安装，其中光纤放大器导轨的位置可放置在检测位置附近。对射式光纤传感器应安装两个检测头，放置在与被检测物体相对的两边，两个检测头应相向对准。在用螺母紧固检测头时，不要用力过大，也不能用榔头敲击。连接光纤时应注意不要刮伤光纤的切面，也不要用力强拉光纤。弯曲光纤的曲率半径应大于光纤半径的 30 倍。

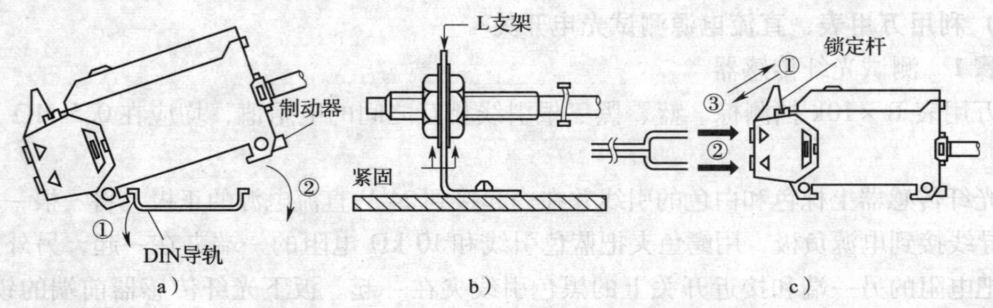

图 3—152　光纤传感器的安装步骤

a）安装放大器　b）安装光纤检测头　c）把光纤插入放大器

步骤 2　连接光纤传感器

用压接钳在光纤传感器的 4 根引线上压接叉形冷压接线端头，按如图 3—153 所示连接图将光纤传感器连接到 PLC 上。图中白色引线的接法是接为暗动模式，若要接成亮动模式则把白色线接到电源负极即可。

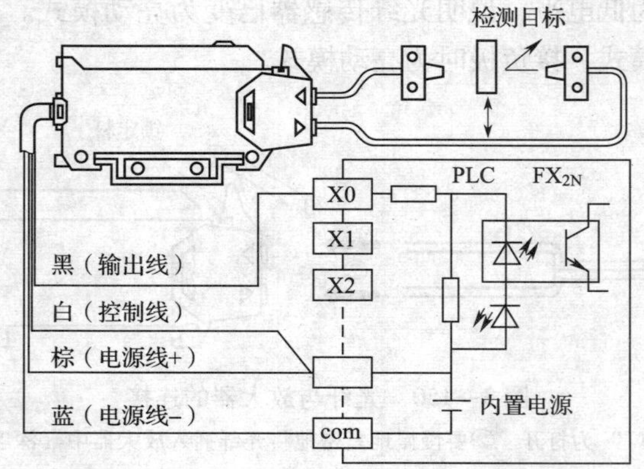

图 3—153　光纤传感器与 PLC 的连接

步骤 3　调节光纤传感器

1）光轴的调整。将相对安装的两个光纤检测头上下左右移动，把发射器发出的红光对准受光器。注意观察 PLC 的输入端口 LED，直到 LED 指示灯从亮到熄灭，表示光轴已对准，即将光纤检测头紧固在固定支架上。

2）灵敏度的调节。光纤传感器 BF3 RX 有两个灵敏度调节旋钮，如图 3—149 d 所示。其中一个是粗调（Coarse），另一个是细调（Fine）。按见表 3—9 的方法调节灵敏度。

表 3—9　　灵敏度的调节

序号	探测类型		▲调整	VR	
	漫反射型	透过型		粗调 Coarse	细调 Fine
1	初步设置		将粗调 VR 设置到 Min 位置，将细调 VR 设置到中间位置（▼）	Min.	（－）（＋）
2	接收光	接收光	检测状态在接收光状态时，将粗调 VR 慢慢地向右调整到 ON 的位置	ON Min.	（－）（＋）
3	接收光	接收光	调整细调 VR 向（－）的方向调整到 OFF 止，然后，再向（＋）的方向调到 ON 时，这个 A 就是确认的位置		A ON OFF（－）（＋）
4	中断光	中断光	使检测状态在中断光状态时，细调 VR 向（＋）方向调节到 ON，再向（－）方向调节到 OFF，这个 B 就是确认的位置，向（＋）方向调不到 ON 时，（＋）方向的最大位置就是 B 位置	以后不需要粗调了	OFF B （－）（＋）ON
5	—	—	将它调到 A 和 B 的中间这就是所要设定的最佳位置		A B （－）（＋）
6	中断光	中断光	如果按以上的方法不能完成调整，调节细调 VR 向（＋）的位置到最大，然后再重新设置一次	Min.	（－）（＋） Max.

（4）漫反射式光电开关的安装接线和调节

步骤 1 安装、连接漫反射式光电开关

先在需检测的位置上安装好固定支架，然后用两个 3 mm 螺钉把光电开关固定在支架上，如图 3—154 所示。

漫反射式光电开关有三根引线：棕、蓝、黑。可参照如图 3—144 所示的接法，把接近开关换作光电开关，线的颜色不变，用叉形冷压接线端头接到 PLC 上即可。

步骤 2 调节漫反射式光电开关

完成接线后，接通 PLC 电源，用小旋具按下述步骤调整光电开关背面的灵敏度旋钮，调整时注意观察光电开关或 PLC 输入电路上的指示灯。

1）使用时可以将灵敏度设置到最大，但考虑到检测目标背景的影响，灵敏度应加以调整。

2）把被测物体放置在检测位置，灵敏度旋钮由最小位置（Min）慢慢调节到动作（ON）位置 a。如图 3—155 所示。

3）把被测物体移开，继续向灵敏度增大方向调节旋钮，慢慢调节到动作（ON）位置 b；如果调不到动作位置，则最大灵敏度位置（Max）就作为 b 位置。

4）把旋钮调节到 a 和 b 之间的中间位置，就是最佳灵敏度位置。

图 3—154 漫反射式光电开关的安装

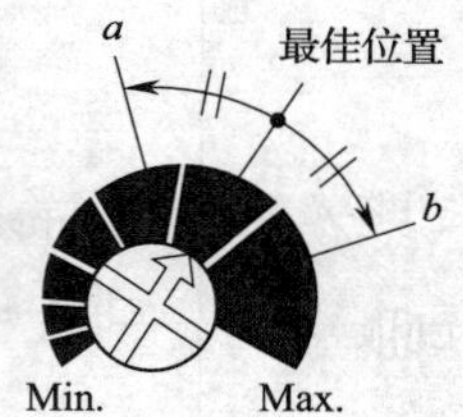

图 3—155 漫反射式光电开关灵敏度的调节

训练项目 3：识别和安装调整磁性开关

1. 训练目标

（1）辨别磁性开关及其引线。

（2）利用万用表、直流电源测试磁性开关的引线。

（3）磁性开关能正确动作，输出信号。

2. 器材准备

项目所需设备、工具、材料见表 3—10。

表 3—10　　项目所需设备、工具、材料

序号	名称	规格型号	数量	备注
1	万用表	MF368 型（指针式）	1 台	其他型号也可
2	直流电源	DC24 V	1 台	附导线两根（红、黑各一根，一端带鳄鱼夹）
3	直线气缸	SMC CDJ2816—60—B		带两个 D— C73 型磁性开关，其他型号也可
4	磁铁		2 个	
5	PLC	三菱 FX_{2N}型	1 台	交流电源已连接好，由开关控制
6	十字旋具	75 mm	1 个	
7	继电器	HH54 P，DC24 V	1 个	连插座。其他型号也可
8	剥线钳		1 个	
9	压接钳		1 个	
10	U 形冷压接线端头	4 mm	10 个	
11	软接线	0.8 mm^2	共 3 m	分红、蓝、黑等几种颜色

3. 操作步骤

（1）辨别磁性开关

对实训室所提供的磁性开关进行辨别。根据其外形（见图 3—156）可以看出，此开关是用黑色塑料为外壳，上有一个 4 mm 直径的圆孔和一个指示灯，体积较小，外形尺寸只有 26 mm×11 mm×8 mm，输出引线只有两根。在外壳上看到标出型号为 D—C73，DC24 V/5～40 mA，AC100 V/5～20 mA。根据其外形特点、输出引线和外壳标注上交直流两用的特点，可初步判断此磁性开关为干簧管磁性开关。

图 3—156　D—C73 型磁性开关

（2）利用万用表、直流电源测试磁性开关的引线

用万用表 R×10 k 挡测两根引线之间的电阻，正反向都应为∞；将一块磁铁靠近磁性开关，可以看到万用表的电阻读数减小，且黑表棒接棕色引线、红表棒接蓝色引线时阻值较大，约为 20 kΩ，而红表棒接棕色引线、黑表棒接蓝色引线时阻值较小，约为 8 kΩ（说明：此阻值与所使用的万用表类型和选择的量程有关，用数字万用表测量时测得的阻值与此值相差较大）。使用 DC24 V 电源，将电源正极通过一个DC24 V的继电器线圈后接到磁性开关棕色引线，而蓝色引线接电源负极。接通电源，在未放磁铁前两根引线间电压为 24 V；当磁铁靠近时，指示灯点亮，串接的继电器得电吸合，测得两根引线间压降变为 3 V 左右，此即磁性开关的压降。

（3）磁性开关的安装、接线

步骤 1　磁性开关的机械安装

磁性开关一般用于检测气缸中活塞的位置。在气缸内的活塞头上内装有环型磁铁，

而磁性开关则在气缸外紧贴缸壁安装。根据不同的型号，磁性开关可以是安装在缸体壁的槽内，以紧固螺钉固定，也可用专用固定钢带把磁性开关固定在缸壁上，如图 3—157 所示。

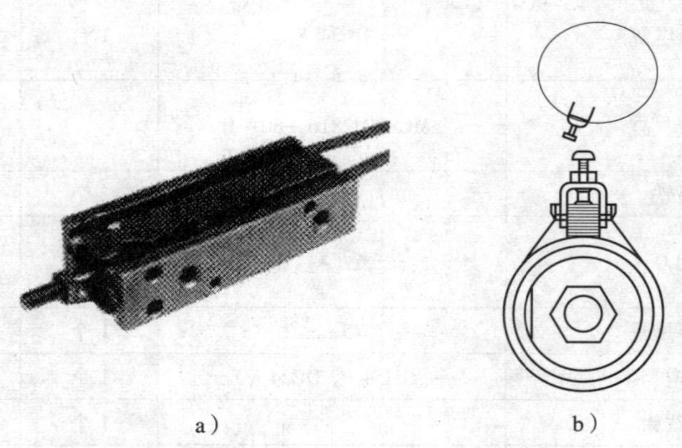

图 3—157　将磁性开关固定在气缸壁上
a）用紧定螺钉固定在槽内　b）固定钢带安装

步骤 2　磁性开关的接线

将安装在气缸上的两个磁性开关的引线接到控制电路中 PLC 的输入端子上。使用压接钳在引线头上压接叉型冷压接线端头后，把棕色的引线接到 PLC 输入端子上螺钉的垫圈下，把螺钉拧紧；蓝色的引线接到 PLC 输入端的公共端子 com 上即可。磁性开关与 PLC 的接线如图 3—158 所示。

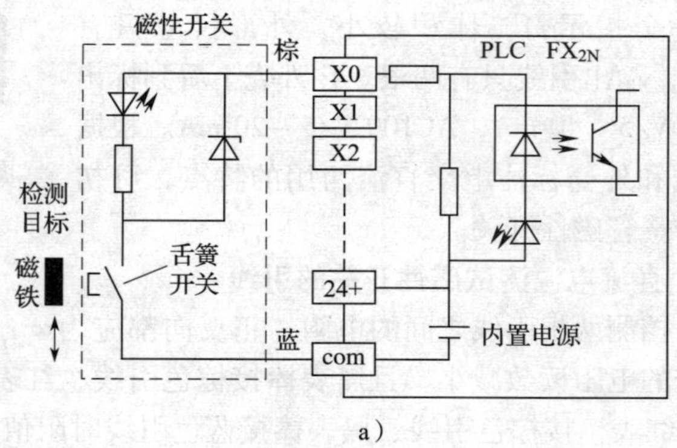

图 3—158　磁性开关与 PLC 的接线

步骤 3　磁性开关的位置调整

在气缸两端分别有缩回限位和伸出限位两个极限位置，自动控制中往往需要这两个位置的信息，以便实现控制功能。获取信息的方法是在这两个极限位置都分别装有一个磁性开关。气缸的活塞（或活塞杆）上安装有磁环，当气缸的活塞杆运动到哪一端时，哪一端的磁感应式接近开关就动作并发出电信号。在 PLC 的自动控制中，可以利用该信号判断气缸的运动状态，以确定活塞杆是被推出或返回。调试时，磁性开关的安装位置可以调整，调整方法是松开它的紧固螺栓，让磁性开关可以顺着气缸滑动，同时观察磁性开关上 LED 指示灯的亮暗。

接通 PLC 的电源，松开两个磁性开关固定钢带上的紧固螺栓。先将活塞杆推到缩回位置，滑动缩回限位磁性开关，当磁性开关上 LED 亮时，缩回限位磁性开关到达指定位置，旋紧缩回限位磁性开关的紧固螺栓。再将活塞杆拉出到伸出限位位置，滑动伸出限位磁性开关，当磁性开关上 LED 亮时，伸出限位磁性开关到达指定位置，旋紧伸出限位磁性开关的紧固螺栓。然后重复几次将活塞杆推进和拉出，看两个磁性开关的 LED 能否可靠动作，若有不稳定的状况，可以将相应磁性开关的位置再调整一下。如图 3—159 所示。

图 3—159　磁性开关位置的调整

训练项目 4：识别和安装调整光电编码器

1．训练目标

（1）辨别光电编码器及其引线。

（2）安装光电编码器。

（3）光电编码器能正确动作，输出信号。

2．器材准备

项目所需设备、工具、材料见表 3—11。

表 3—11　项目所需设备、工具、材料

序号	名称	规格型号	数量	备注
1	增量式光电编码器	Autonics E50 S8—100—3—1—24	1 个	其他型号也可
2	三相异步电动机	0. 37 kW，1 400 r/min	1 台	固定在铁制底座上，已连接好三相电源和正反转控制线路
3	固定支架		1 个	底部安装孔与电动机底座上螺孔相配
4	柔性联轴器		1 个	轴孔与电动机及编码器相配
5	PLC	三菱 FX_{2N} 型	1 台	交流电源已连接好，由开关控制
6	十字旋具	75 mm	1 个	
7	继电器	HH54 P，DC24 V	1 个	连插座。其他型号也可
8	剥线钳		1 个	
9	压接钳		1 个	
10	U 形冷压接线端头	4 mm	10 个	
11	双踪示波器	YB4325	1 台	带两个探头

3. 操作步骤和内容

（1）识别光电编码器

对如图 3—160 所示编码器，先从外形上看，前端部有转轴，属轴型编码器（编码器与被测转轴之间联结的方式分为轴型、中空型和嵌入型等）。前端的安装法兰上有圆台形的定位止口，平面上三个螺孔用于将编码器紧固在固定支架上。后端有电缆，电缆头上有五根引线和一根屏蔽线，应属于标准型的旋转编码器。

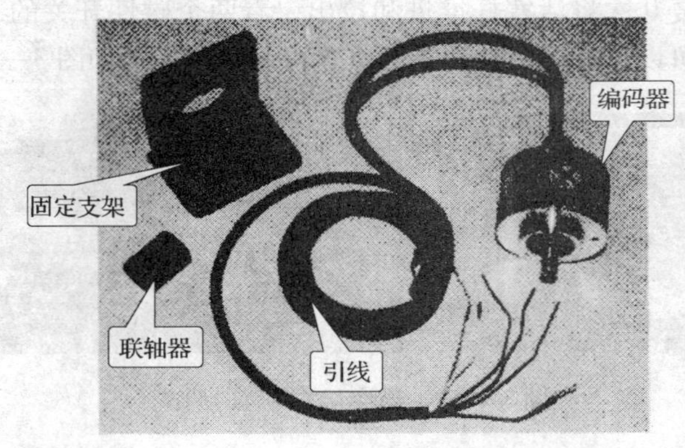

图 3—160　旋转编码器

再看铭牌（见图 3—161），铭牌上的编码器型号为 E50 S8 - 100 - 3 - 1 - 24，查说明书并参考铭牌上的参数，可知道此编码器的外径是 50 mm，转轴的直径是 8 mm，每转发 100 个脉冲；型号中的 3 表示输出为 A/B/Z 相标准型输出（2 表示 A/B 相输出，4 表示 A、A -、B、B - 线驱动输出，6 表示 A、A -、B、B -、Z、Z - 线驱动输出）；后面的 1 表示为推挽式输出（2 表示 NPN 集电极开路输出，3 表示电压输出，L 表示线驱动输出），最后的 24 表示电源是 DC24 V。

ROTARY　ENCORDER

MODEL
E50S8-100-3-1-24

12-24VDC 5%
LOT NO：FE13
Autonics

BLACK——OUT A
WHITE——OUT B
ORENGE——OUT Z
BROWN——+V
BLUE——0V
SHIELD——F.G
MADE IN KOREA

图 3—161　旋转编码器的铭牌

从铭牌上了解到，六根引线中，棕色（BROWN）和蓝色（BLUE）分别是 24 V 电源的正、负极，黑色（BLACK）、白色（WHITE）和橘色（ORANGE）分别是 A、B、Z 相的输出，屏蔽线（SHIELD）接机壳地（F. G）。

（2）光电编码器的安装、接线

步骤 1　编码器的安装

任务：在异步电动机的轴上安装编码器。如图 3—162 所示。

a）

b）

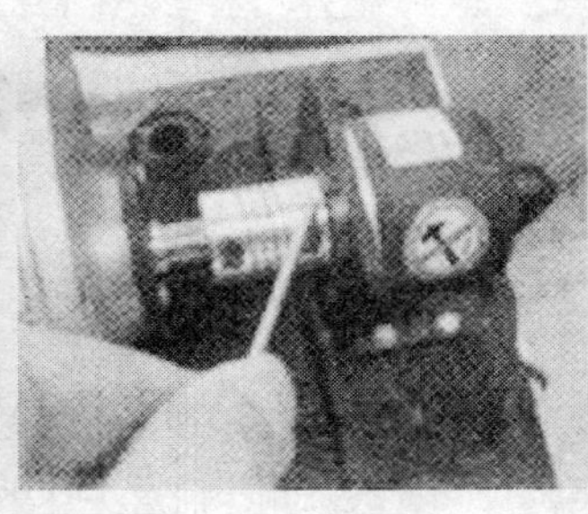
c）

图 3—162 编码器的安装
a）安装固定支架 b）固定编码器 c）安装联轴器

1）在安装电动机的底座上用螺钉固定编码器的固定支架，注意使用垫铁并调整支架的位置，使支架上定位编码器的圆孔中心高度与电动机轴的中心高一致，圆孔中心对准轴中心后再旋紧螺钉（见图 3—162a）。

2）把编码器前端安装法兰的止口套进固定支架的定位圆孔中，并用三个螺钉把编码器固定在支架上（见图 3—162b）。

3）移动先前已套在电动机轴上的柔性联轴器，使联轴器两端的孔分别套在电动机和编码器的轴上，然后紧固联轴器上的内六角螺钉，从而使编码器的转轴与电动机的转轴连接在一起（见图 3—162 c）。

4）略微松开电动机底座上固定编码器支架的四个螺钉，用手盘动电动机，同时移动调整支架位置，直到电动机旋转时编码器随之旋转而不产生晃动，旋紧固定螺钉，使编码器支架牢固地固定在底座上。

步骤 2 编码器的接线，要求把编码器连接到 PLC 上

对推挽式输出的接线，外部负载可以接在输出端与电源 + V 之间，也可以接在输出端与 0 V 之间，但要注意两种方式电流的方向正好相反，前一种接法负载电流是流进输出端的（称为灌电流），这种接法时允许的负载电流较大。具体应用时应与控制系统的接口电路相配合。在将编码器接到 PLC 的输入端口上时，由于 PLC 是通过高速计数器来连接编码器的，因此编码器 A/B/Z 相的接线还应遵照 PLC 中高速计数器对输入端子的规定来连接。

对三菱 FX_{2N}系列 PLC，可使用其基本单元上所包含的高速计数器连接编码器，根据其以 A、B 相输入方式接线时的规定，要将 A 相引线接到输入端子 X0 上，B 相引线接到端子 X1 上，Z 相引线可根据使用需要连接，本单元中暂时不使用 Z 相。按如图 3—163 所示线路，用压接钳在引线上压接叉形接线端头后，将编码器电源和 A、B 相引线及屏蔽线连接到 PLC 上。

步骤 3 编码器输出波形的观察

完成编码器与 PLC 的连接之后，接通 PLC 的电源，用手工盘动电动机，观察 PLC 上输入端子 X0、X1 的 LED 指示灯是否有闪亮的现象。然后接通异步电动机的电源，启动电动机。在电动机正向或反向稳定运转时，用双踪示波器同时观察 X0、X1 端子上的脉冲波形，注意观察电动机正转或反转时 X0、X1 端子上两路脉冲波形的相位差。

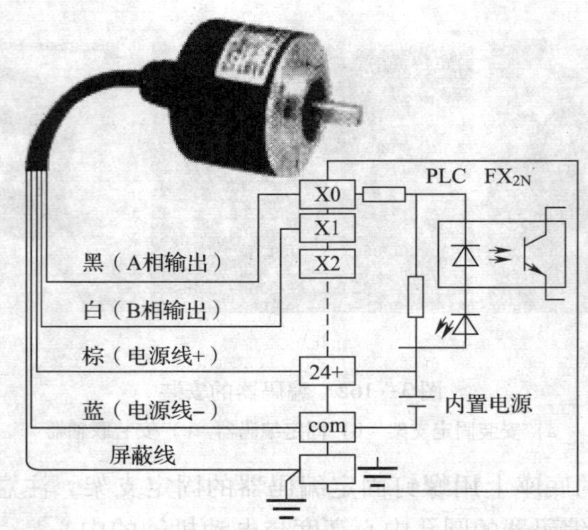

图 3—163 编码器与 PLC 高速计数器的连接

4. 注意事项

（1）由于编码器属于高精度机电一体化设备，所以编码器轴与用户端输出轴之间需要采用弹性软连接，以避免因用户轴的窜动、跳动而造成编码器轴系和码盘的损坏。安装时应保证编码器轴与用户输出轴的同轴度小于 0. 20 mm，与轴线的偏角小于 1. 5°。

（2）安装时严禁敲击和摔打碰撞，以免损坏轴系和码盘。长期使用时，应定期检查固定编码器的螺钉是否松动（每季度一次）。

（3）接地线应尽量粗，一般应大于 1. 5 mm^2。编码器的输出线彼此不要搭接，信号线不要接到直流电源上或交流电流上，以免损坏输出电路。

（4）光电编码器的类型不同、输出电路不同，其引脚也不同。使用前应仔细阅读说明书，按照说明书的要求进行接线。

课题 6　交流变频器的认识和维护

学习目标

1. 了解变频调速的基础知识。
2. 了解变频器的基本结构、基础知识、基本操作应用和维护。

在过去很长的时期内，由于直流调速系统可通过改变直流电动机的电枢电压、励磁电流等方法进行无级调速，具有较为优良的静态性能和动态性能，因此得到了广泛应用。但直流电动机存在结构复杂、成本高、维护工作量大、事故故障率高等缺点，而交流电动机结构简单、坚固耐用、成本低、维修工作量小、事故故障率低，且可在恶劣的环境中应用，但调速性能差。随着电力电子器件（尤其全控型器件）的制造技术、电力电子变换技术、交流电动机调速控制技术以及带微型计算机的全数字化控制技术发展，交流变频调速系统有了重大突破。目前，交流变频调速系统已逐步取代直流调速系统，应用也越来越广泛。

一、变频器组成和结构

为实现异步电动机变频调速必须具有能够同时变电压和变频率的交流电源，而交流电网提供的是恒压、恒频的交流电源，所以必须设置专门的变频器，把恒压、恒频的交流电源变换成变电压和变频率的交流电源，供给异步电动机。过去是采用旋转式变频机组，即由直流电动机驱动交流同步发电机，调节直流电动机的转速来改变交流同步发电机输出电压和频率，从而实现异步电动机变频调速。这种旋转式变频机组体积大、效率低、维护困难。随着电力电子技术的迅速发展，旋转式变频机组已被电力电子器件组成的静止式变频器所替代，静止式变频器已得到广泛应用。

1. 交—交变频器和交—直—交变频器

静止式变频器从整体结构上可分为交—交变频器和交—直—交变频器。交—交变频器将恒压、恒频（如 50 Hz）的交流电直接变换成变压和变频的交流电，如图 3—164 所示。这种变频器又称为直接式变频器。

交—直—交变频器先将恒压、恒频的交流电通过整流器变换成直流电，再通过无源逆变器将直流电变换成变压和变频的交流电，如图 3—165 所示。由于这类变频器在恒压、恒频的交流电源和输出的变压和变频的交流电源之间有一个中间直流环节，在变压和变频的过程中经历了电能的两次变换，所以又称为间接变频器。

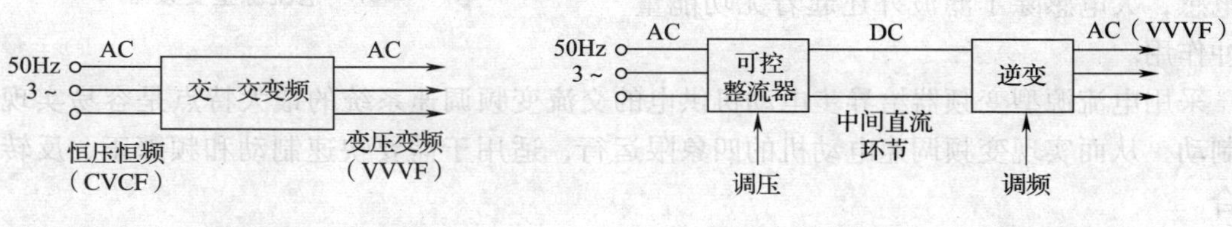

图 3—164　交—交变频器结构图　　图 3—165　交—直—交变频器结构图

2. 电压源型变频器和电流源型变频器

在实际应用中，绝大部分采用交—直—交变频器。交—直—交变频器根据主回路中间直流环节的性质，可分成电压源型变频器和电流源型变频器两大类。

（1）电压源型变频器（以下简称电压型变频器）

电压型变频器主回路结构形式如图 3—166 所示。图中变频器主电路的中间直流环节采用大电容滤波，整流器输出电压经大电容的滤波作用后，使直流侧电压波形比较平直。此时在逆变器前级的整流、滤波电路可认为是内抗阻小的恒压源，逆变器输出交流电压波形为矩形波。

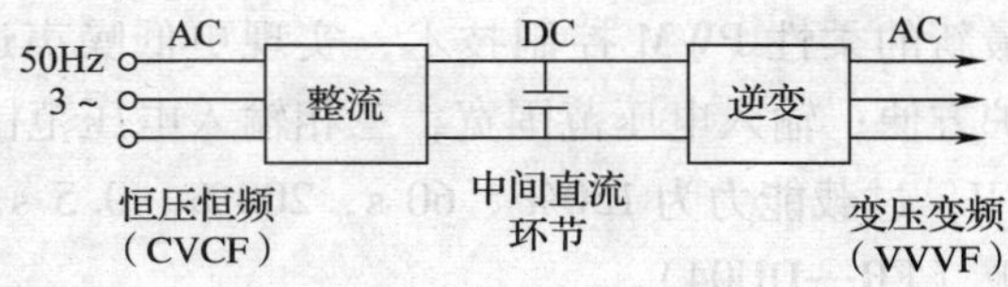

图 3—166　电压源型变频器

在变频调速系统中，变频器的负载是异步电动机，属于感性负载。在中间直流环节与电动机之间，除了有功功率的传递外，还存在无功功率的交换。电压源型变频器中间直流环节储能元件采用大电容，电容除了滤波外还起着无功能量缓冲作用。

采用电压源型变频器给异步电动机供电的交流变频调速系统要实现回馈制动和四象限运行比较困难。当变频调速系统需要制动时，可以在变频器中间直流电路上并联能耗制动电路，将电动机在发电制动状态返送到中间直流电路的能量消耗在制动电阻上，实现能耗制动；或者在输入可控整流器 UR 上反并联一个可控整流器，使它工作在有源逆变状态，将电动机在发电制动状态返送到中间直流电路的能量回馈交流电网，实现回馈制动。电压源型变频器适用于多台电动机同步运行时的供电电源，或单台电动机调速但不要求快速启、制动场合。

（2）电流源型变频器（以下简称电流型变频器）

电流型变频器主回路结构形式如图 3—167 所示。图中，变频器主电路的中间直流环节采用大电感滤波，大电感的滤波作用使直流侧电流波形比较平直。此时在逆变器前级的电路可认为是内抗阻很大的恒流源，逆变器输出交流电流波形为矩形波。电流型变频器主电路的中间直流环节的储能元件采用大电感，大电感除了滤波外还起着无功能量缓冲作用。

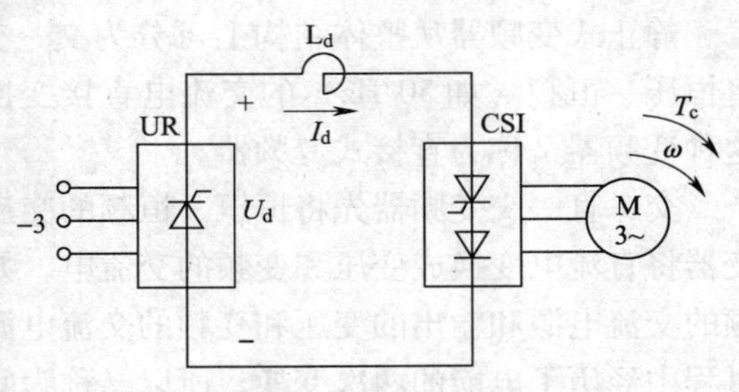

图 3—167　电流源型变频器

采用电流源型变频器给异步电动机供电的交流变频调速系统的最大特点是容易实现回馈制动，从而实现变频调速电动机的四象限运行，适用于需要快速制动和频繁正、反转的场合。

二、变频器的基本组成及性能规格

1. 现阶段市场通用变频器

变频器经过更新换代，在产品性能和可靠性等方面都有了很大提高。目前，市场上流行的通用变频器的种类较多，如三菱电机的 FR 系列、西门子公司 6 SE70 系列和 MicroMaster 4（简称 MM4）系列、安川公司的 G7 系列等通用变频器。

三菱电机的 FR 系列通用变频器有 FR — A500、FR — F700、FR — E500、FR—S500E、FR—V500 等系列变频器。FR—A500 系列变频器为多功能高性能变频器，FR—F700 系列变频器为节能型轻负载变频器，FR— E500 系列变频器为经济型高性能变频器，FR—S500E 系列变频器为简易型变频器，分别如图 3—168 ~ 图 3—171 所示。三菱通用变频器的特点是采用三菱最新的柔性 PWM 控制技术，实现更低噪声运行；具有可拆卸型冷却风扇和接线端子，维护方便；输入电压范围宽，三相输入电压范围为 323 ~ 528 V，单相输入电压范围 170 ~ 264 V，过载能力为 150%、60 s，200%、0.5 s，具有反时限特性，随机附带一个简易操作面板（FR—DU04）。

图 3—168　FR—A540 系列通用变频器

图 3—169　FR—F700 系列通用变频器

图 3—170　FR— E540 系列通用变频器

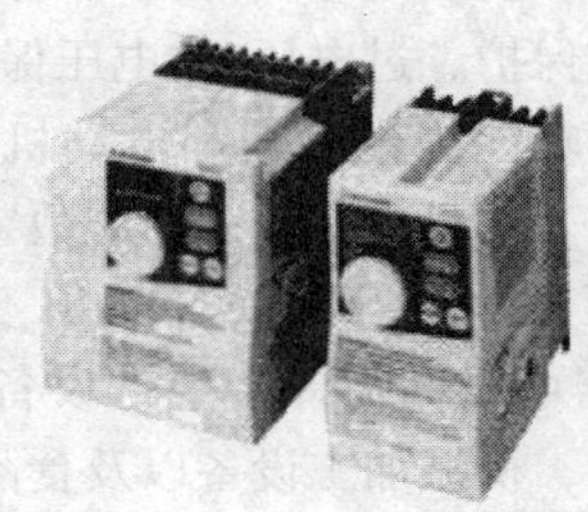

图 3—171　FR—S540 E 系列通用变频器

三菱电机的 FR—A540 变频器采用先进磁通矢量控制技术，适用一般工业应用负载，其功率范围为 0.4 ~ 375 kW，400 V 系列变频器三相进线电压为 AC380—480 V。

西门子 MicroMaster 4（简称 MM4）系列变频器有 MM410、MM420、MM430、MM440 四个系列变频器。MM410 变频器为“廉价型”变频器，MM420 变频器为“通用型”变频器，MM430 变频器为“水泵和风机专用型”变频器，MM440 变频器为“适用于一切传动装置的矢量型”变频器，分别如图 3—172 ~ 图 3—175 所示。

图 3—172　MM440 系列通用变频器

图 3—173　MM430 系列通用变频器

图 3—174　MM420 系列通用变频器

图 3—175　MM410 系列通用变频器

MM440 变频器由微处理器控制，采用具有现代先进技术水平的绝缘栅双极型晶体管（IGBT）作为功率输出器件，采用现代先进技术的矢量控制系统，保证变频器传动装置具有很高的性能和极佳的品质。此外，变频器具有内置的直流注入制动、复合制动功能，它还具有过电流保护、过电压/欠电压保护、变频器过热保护、电动机过热保护等功能，全面而完全的保护功能为变频器和电动机提供了良好的保护。MM440 变频器结构紧凑、体积小、便于安装。它具有六个多功能数字量输入端、两个模拟输入端、三个多功能继电器输出端、两个模拟量输出端。MM440 变频器控制方式有矢量控制方式和 *V/f* 控制方式。MM440 变频器可以作为许多生产设备的传动装置，例如，物料运输系统，纺织工业，电梯，起重设备，机械加工设备以及食品，饮料和烟草工业。MM440 变频器有多种型号，额定功率范围为 0.12 ~ 250 kW。

2. 通用变频器的基本组成

通用变频器的基本组成如图 3—176 所示，由主电路（包括整流电路、中间直流滤波电路、制动电路、逆变电路）和控制电路组成，分述如下：

（1）整流电路

通用变频器中，三相变频器一般采用二极管三相桥式整流电路（单相变频器一般采用二极管单相桥式整流电路）把交流电压变为直流电压。

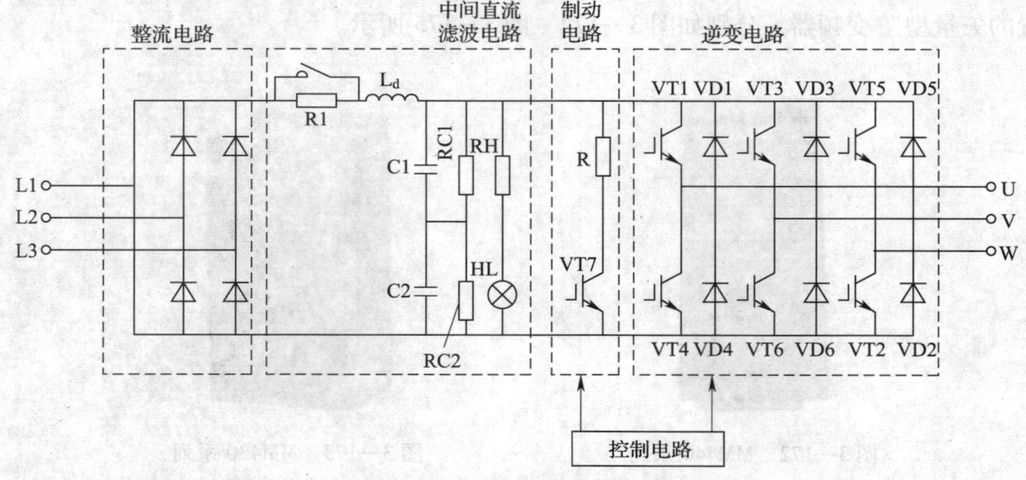

图 3—176　通用变频器的基本组成

(2) 中间直流滤波电路

中间直流滤波电路采用大电容滤波，由于受到电解电容器的电容量和耐压能力的限制，滤波电路通常由若干个电容器并联成一组电容器组，再由两组电容器组串联组成，并在两组电容器组的电容上各并联一个均压电阻 RC1 和 RC2，使两组电容器组的电容电压相等。在整流电路和滤波电路之间接入一个限流电阻 R1，以限制充电电流。当直流电压（电容器组的电容端电压）上升一定值时用接触器（或晶闸管等器件）将限流电阻 R1 短路。为了减小电网交流侧高次谐波，使输入电流连续，提高变频器的功率因数，在中间直流滤波电路中串接直流电抗器 L_d。

有的变频器中间直流滤波电路还有直流电压指示环节，如图 3—176 所示中 RH 和 HL。在维修变频器时，必须等 HL 指示灯熄灭后才能进行。

(3) 逆变电路

逆变电路采用 SPWM 逆变电路，其功能把直流电转换成电压、频率可调的三相交流电。目前中小容量的通用变频器中，SPWM 逆变电路中的功率开关器件大部分采用 IGBT，它由六只 IGBT 管组成三相桥式结构，每个桥臂上反并联了反馈二极管。IGBT 器件需要有自己特有驱动电路、保护电路和缓冲电路。

(4) 制动电路

在通用变频器中常采用如图中所示能耗制动电路。能耗制动电路采用斩波方式，用功率器件控制能耗制动电阻接通与断开，将再生回馈电能转换为热能消耗掉。能耗制动电路简单、经济，但能源利用率低。

(5) 控制电路

通用变频器的控制电路主要任务是完成对逆变电路的脉冲控制、变频器运行控制及各种保护等功能。目前通用变频器都是采用微处理器进行全数字式控制，变频器的控制程序存储在存储器中，用户可通过参数设置改变所需要的控制程序，达到变频器的控制运行要求。

3. 通用变频器的性能规格

在使用通用变频器时，首先会接触到生产厂家提供的各种类型变频器的产品样本。这些产品样本中，一般介绍变频器的系列型号、特长以及变频器性能规格和功能。下面主要对通用变频器的额定数据进行介绍与说明。

(1) 输入侧（电源侧）的额定数据

变频器对输入侧（电源）的要求主要有电压、频率、电压与频率允许变动率三个方面。

1）额定电压。中小容量的通用变频器的输入额定电压主要有三相交流 380 V，单相交流 220 V，其中三相交流 380 V 通用变频器应用最为广泛。

2）额定频率。通用变频器的额定频率有 50 Hz 或 60 Hz。在我国，通用变频器的额定频率为 50 Hz。

3）电压与频率允许变动率。它是指输入电压幅值和频率的允许波动的范围，一般电压允许波动为额定电压的 ±10% 左右，三相电源不平衡度小于或等于 3%；而频率波动一般允许为额定频率的 ±5%。

（2）输出侧的额定数据

1）额定输出电流（A）。额定输出电流是反映变频器容量的最关键的参数，是变频器中功率开关器件所能承受的电流耐量，是反映变频器的负载能力的最关键的参数，是用户选择变频器的主要依据。选择变频器时，主要考虑额定输出电流这个参数，要考虑变频器的额定输出电流是否满足电动机的运行要求，负载总电流不能超过变频器的额定输出电流。

2）额定容量（kV·A）。额定容量为变频器在额定输出电压和额定输出电流下的三相视在输出的功率（kV·A）。由于变频器的额定容量与额定输出电压有关，因此，变频器的额定容量不能确切表达变频器的负载能力，只能作为变频器的负载能力的一种辅助参考值。

3）最大适配电动机的容量（kW）。最大适配电动机的容量是指变频器允许配用的最大电动机的容量。应该注意，最大适配电动机的容量（kW）一般是以4极标准异步电动机为对象，是针对一种特定电动机而标出，可视为一种参考值。因此在驱动4极以上电动机及特殊电动机时，就不能单单依据此项指标选择变频器。

4）最大输出电压。变频器的输出电压一般是按 *V/f* 曲线变化，变频器性能规格表中给出的输出电压是变频器的可能最大输出电压。

5）输出频率。变频器输出频率的调节范围。

6）过载能力。变频器的过载能力是指其输出电流超过额定电流的允许范围。通用变频器的过载能力一般用额定电流百分比和持续时间来表示。如西门子 MM440 系列通用变频器过载能力采用 150% 额定电流、持续时间 60 s 或 110% 额定电流、持续时间 60 s 来表示。与异步电动机的过载能力相比较，通用变频器的过载能力小，允许过载时间短，在通用变频器应用时必须注意。

三、通用变频器的安装与接线

虽然市场上流行的通用变频器的种类较多，如三菱电机的 FR 系列、西门子公司 6 SE70系列和 MicroMaster 4（简称 MM4）系列、安川公司的 G7 系列等通用变频器。但这些变频器在安装与接线及应用注意事项方面基本相同，为了更具体介绍通用变频器的安装与接线，现以西门子公司 MM440 系列变频器为例进行叙述。

1. 变频器的安装

（1）安装环境

变频器是精密的电力电子设备，为确保变频器能稳定地工作，对其使用环境和安装的场所有一定的要求，以使其发挥出应有的功能。

使用环境要求如下：

环境温度：−10 ~ +50℃。

相对湿度：<95% RH（无结露）。

海拔高度：海拔 1 000 m 以下。当使用环境为海拔 1 000 m 以上时，变频器的额定容量应随之降低。

（2）安装空间

变频器在运行中会产生热量，因而变频器安装时，要考虑变频器的通风及散热。为了便于通风散热，变频器应垂直安装，变频器周围应留有足够空间，具体要求如图 3—177 所示。

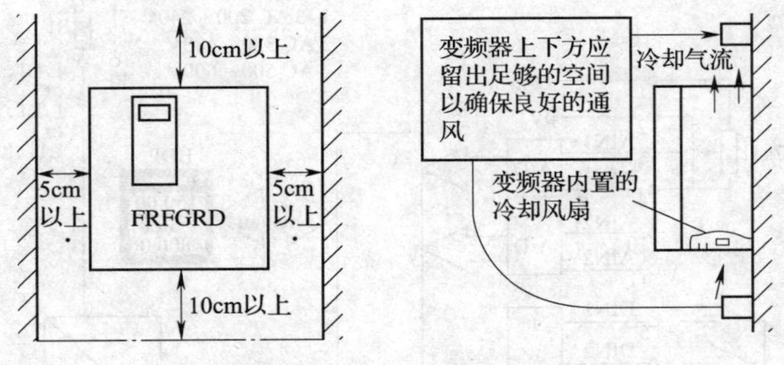

图 3—177　变频器安装空间

2. 通用变频器的端子接线图与端子功能

MM440 变频器方框图如图 3—178 所示。

MM440 变频器接线端子可分为主电路接线端子和控制回路接线端子。

（1）主电路接线端子

1）主电路电源接线端子：（Ll、L2、L3）。

2）变频器输出接线端子：（U、V、W）。

3）直流电抗器接线端子：（DC/R + 端和 B + /DC + 端）当不用直流电抗器时，DC/R + 端和 B + /DC + 端应连接。

4）制动电阻接线端子：（B + /DC + 端和 B – 端）。

5）外接制动单元和制动电阻接线端子：（D/L –、C/L + ）。

6）接地端子：（PE）。

（2）控制回路外接接线端子

1）模拟量输入端子：1#为 +10 V，2#为 0 V；3# – 4#为模拟量 1（AINl）输入端子；10# – 11#为模拟量 2（AIN2）输入端子。

2）多功能数字量（开关量）输入端：5#、6#、7#、8#、16#、17#分别为数字量（DIN1、DIN2、DIN3、DIN4、DIN5、DIN6）输入端；9#为带隔离的 – 1 ~ 24 V，28#为带隔离的 0 V。5#、6#、7#、8#、16#、17#的功能可以由参数 P701、P702、P703、P704、P705、P706 等设置，具体见下面参数一节叙述。

3）模拟量输出端子：12# – 13#为模拟量 1（AINl）输出端子，其中 12#为模拟量输出 1“ + ”端，13#为模拟量输出 1“ – ”端；26# – 27#为模拟量 2（AINl）输出端子，其中 26#为模拟量输出 2“ + ”端，27#为模拟量输出 2“ – ”端。

4）多功能数字量（继电器）输出端：18#、19#、20#为继电器 1 输出端，20#为公共端；21#、22#为继电器 2 输出端，22#为公共端；23#、24#、25#为继电器 3 输出端，25#为公共端；继电器 1、继电器 2、继电器 3 的功能可以由参数 P731、P732、P733 等设置，具体见下面参数一节叙述。

5）电动机热保护输入端：14#、15#为电动机热保护输入端。

6）RS—485 通信端口：29#、30#为 RS—485 通信端口。

西门子 MM440 变频器的控制电路接线端子如图 3—179 所示。

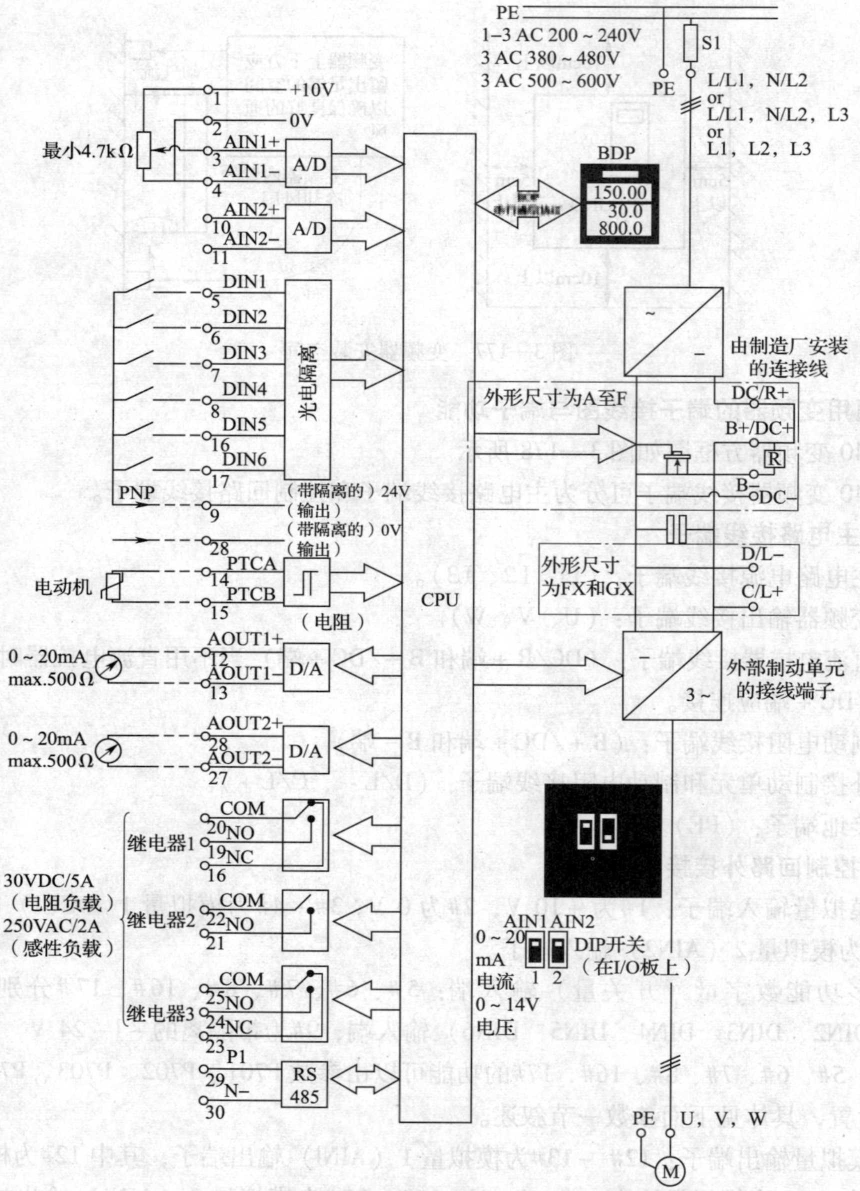

PE
1-3 AC 200 ~ 240V
3 AC 380 ~ 480V
3 AC 500 ~ 600V
S1
PE
L/L1，N/L2
or
L/L1，N/L2，L3
or
L1，L2，L3
+10V
0V
最小4.7kΩ
AIN1+
AIN1−
A/D
AIN2+
AIN2−
A/D
BDP
150.00
30.0
800.0
DIN1
DIN2
DIN3
DIN4
DIN5
DIN6
光电隔离
由制造厂安装的连接线
外形尺寸为A至F
DC/R+
B+/DC+
R
B−
DC−
PNP
（带隔离的）24V（输出）
（带隔离的）0V（输出）
D/L−
C/L+
外形尺寸为FX和GX
电动机
PTCA
PTCB
（电阻）
CPU
0 ~ 20mA max.500Ω
AOUT1+
AOUT1−
D/A
外部制动单元的接线端子
3 ~
0 ~ 20mA max.500Ω
AOUT2+
AOUT2−
D/A
COM
NO
NC
继电器1
30VDC/5A（电阻负载）
250VAC/2A（感性负载）
COM
NO
继电器2
COM
NO
NC
继电器3
AIN1 AIN2
0 ~ 20 mA 电流
0 ~ 14V 电压
DIP开关（在I/O板上）
P1
N−
RS 485
PE U，V，W
M

图 3—178 西门子 MM440 变频器方框图

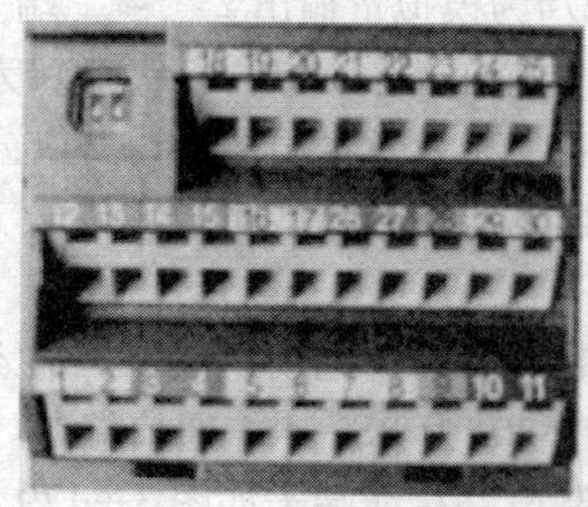

图 3—179 西门子 MM440 变频器的控制电路接线端子布置图

四、变频器的日常维护与检查

变频器是一种精密的静止型电力电子装置，其核心部件基本上可以视为免维护的。在日常的运行中，引起变频器发生故障或运行情况不正常的主要原因有变频器使用操作问题、变频器的通风散热问题以及变频器的部分损耗件的老化和磨损等。

日常检查与维护中主要是对变频器运行情况（如电源电压和控制电压、输出电流）、变频器的通风散热、变频器的部分损耗件（如通风扇、滤波电解电容器等）的老化和磨损等问题进行维护与检查。

在日常运行维护中，要经常检查变频器的输出电流，如果输出电流在同样工况下高于平时输出电流值，应查明原因。产生输出电流大的原因有机械设备方面的原因、电动机方面的原因及变频器的原因。

在日常运行中，由于室内空调设备、电气控制柜通风机以及变频器内部通风机的故障，会对变频器通风散热产生严重的影响。每班运行前都应该对室内空调设备、电气控制柜通风机以及变频器内部通风机是否正常工作进行直观检查，发现问题及时处理。检查变频器时必须切断电源，还要注意主电路电容器充分放电，确认电容器放电完后再进行检查，以避免电容器残存的电压引起触电危险。

变频器中冷却通风扇、滤波电解电容器等属于变频器的损耗件，需要定期更换。冷却通风扇的更换标准通常是2~3年，滤波电解电容器的更换标准通常是5年。

五、技能训练

训练项目：识别和安装变频器

1. 训练目标

（1）熟悉变频器操作面板（BOP）及其使用。

（2）能够进行变频器的基本操作应用。

2. 器材准备

项目所需设备、工具、材料见表3—12。

表3—12　　项目所需设备、工具、材料

序号	名称	规格型号	数量	备注
1	交流变频调速装置	西门子MM440系列变频调速装置	1	
2	三相异步电动机	YSJ7124　$P_N=370$ W，$U_N=380$ V，$I_N=1.12$ A，$n_N=1\,400$ r/min，$f_N=50$ Hz	1	
3	万用表	指针式万用表或数字式万用表	1	

3. 操作步骤与内容

（1）变频器基本操作面板（BOP）及其使用

MM440变频器在标准供货方式时，装有如图3—180所示的状态显示板（SDP）。对于一些用户来说，利用状态显示板（SDP）和制造厂的缺省设置值就可以使变频器投入运行。但对于大多数用户来说，由于工厂的缺省设置值不适合所使用设备的情况，此时可以利用基本操作板（BOP）或高级操作板（AOP）修改参数，使之匹配起来。基本操作板（BOP）如图 3—181 所示，高级操作板（AOP）如图 3—182 所示。基本操作板（BOP）或高级操作板（AOP）是作为可选件供货的。这里以基本操作板（BOP）为例，介绍利用基本操作板（BOP）进行 MM440 变频器的调试方法。

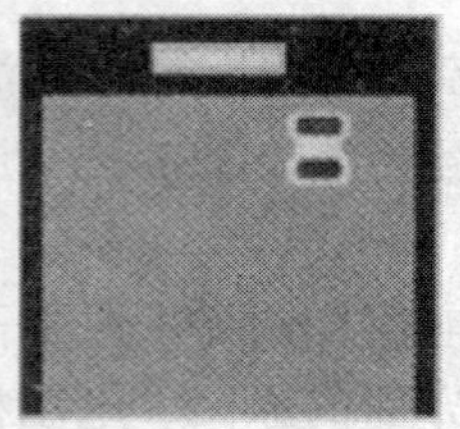

图 3—180　状态显示板（SDP）

图 3—181　基本操作板（BOP）

图 3—182　高级操作板（AOP）

MM440 变频器的状态显示板（SDP）更换为基本操作板（BOP）的操作步骤与方法如图 3—183 所示。

①
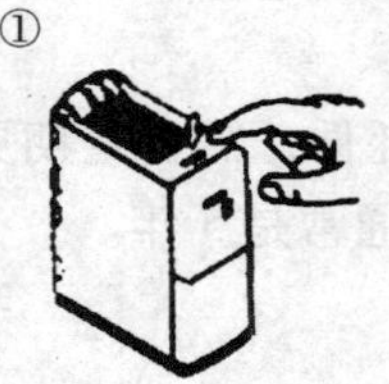
②
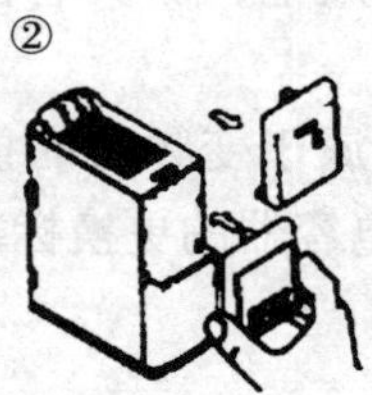
③

④

图 3—183　状态显示板（SDP）更换为基本操作板（BOP）的操作步骤与方法
①按下卡钮　②移去 SDP 装上 BOP　③BOP 上端推进卡钮　④更换完毕

1）基本操作面板（BOP）各按键的功能作用。基本操作面板（BOP）各按键的功能作用见表 3—13。

表 3—13　　基本操作面板 BOP 上的按键的功能作用

显示/按钮	功能	功能的说明
r0000	状态显示	LCD 显示变频器当前的设定值
I	启动电动机	按此键启动变频器。默认值运行时此键是被封锁的。为了使此键的操作有效，应设定 P0700 = 1
O	停止电动机	OFF1：按此键变频器将按选定的斜坡下降速率减速停车。缺省值运行时此键被封锁，为了允许此键操作，应设定 P0700 = 1 OFF2：按此键两次或一次但时间较长，电动机将在惯性作用下自由停车。此功能总是“使能”的
	改变电动机的转动方向	按此键可以改变电动机的转动方向。电动机的反向用负号表示或用闪烁的小数点表示。缺省值运行时此键是被封锁的，为了使此键的操作有效，应设定 P0700 = 1

续表

显示/按钮	功能	功能的说明
jog	电动机点动	在变频器无输出的情况下，按此键将使电动机启动并按预设定的点动频率运行。释放此键时，变频器停车。如果变频器/电动机正在运行，按此键将不起作用
Fn	功能	此键用于浏览辅助信息。变频器运行过程中，在显示任何一个参数时按下此键并保持不动 2 s，将显示以下参数值，在变频器运行中从任何一个参数开始 1. 直流回路电压（用 U_d表示—单位：V） 2. 输出电流（A） 3. 输出频率（Hz） 4. 输出电压用（U_o表示—单位：V） 5. 由 P0005 选定的数值：连续多次按下此键将轮流显示以上参数。 跳转功能在显示任何一个参数（r××××或 P××××）时，短时间按下此键，将立即跳转到 r 0000，如果需要的话，您可以接着修改其他的参数，跳转到 r 0000 后，按此键将返回原来的显示点。在出现故障或报警的情况下，按此键可以将操作板上显示的故障或报警信息复位
P	访问参数	按此键即可访问参数
▲	增加数值	按此键即可增加面板上显示的参数数值
▼	减少数值	按此键即可减少面板上显示的参数数值

2）变频器基本操作面板（BOP）操作方法。下面介绍将参数 P0010 设置值由默认的 0 改为数值 30 及修改下标参数 P0304 的操作步骤，说明变频器操作面板（BOP）设置与更改变频器参数方法。按照介绍的类似方法，可以用操作面板（BOP）更改任何一个变频器参数。

将参数 P0010 设置值由默认的 0 改为 30 数值的操作步骤为：

步骤 1　变频器送电后，操作面板（BOP）显示 0.00。

步骤 2　按“P”键访问参数，操作面板（BOP）显示 r 0000。

步骤 3　按“▲”键直到操作面板显示 P0010。

步骤 4　按“P”键进入参数数值访问级，操作面板显示参数默认的数值 0。

步骤 5　按“▲”键或“▼”键达到参数所需要的设定值，操作面板显示需要的设定值 30。

步骤 6　按“P”键确认并存储参数的数值，操作面板显示 P0010，参数 P0010 由原来

0 改为 30。

步骤 7 按“▼”键直到操作面板显示 r 0000，或按功能键（Fn 键）返回 r 0000。

修改下标参数 P0304 操作步骤为：

步骤 1 按“P”键访问参数操作面板（BOP）显示 r 0000。

步骤 2 按“▲”键直到操作面板显示 P0304。

步骤 3 按“P”键进入参数数值访问级，操作面板显示 in000。

步骤 4 按“P”键显示当前的设定值 400。

步骤 5 按“▲”键或“▼”键达到参数所需要的设定值，操作面板显示设定值 304。

步骤 6 按“P”键确认和存储这一数值，操作面板显示 P0304。

步骤 7 按“▼”键直到显示出 r 0000。

按照上述方法可对变频器的其他参数进行设置，当所有参数设置完毕后，可按功能键（Fn 键）返回 r 0000。

（2）变频器的基本操作应用

变频器的基本操作应用可分为两种。第一种为变频器的控制端子控制变频器的运行（如正转运行、反转运行及停止等），而变频器的输出频率调节，即电动机转速调节由外接模拟量给定电位器来调节。第二种为变频器的基本操作面板（BOP）控制变频器的运行（如正转运行、反转运行及停止等）及变频器的输出频率调节，即电动机转速调节。为了便于进行变频器的基本操作应用，首先对变频器基本参数功能作一些说明。

步骤 1 变频器基本参数功能应用

1）驱动装置的显示参数 r0000。本参数显示用户选定的由 P0005 定义的输出数据。按下 Fn 键并持续 2 秒，用户就可看到直流回路电压、输出电流、输出频率的数值以及选定的 r0000（设定值在 P0005 中定义）。

2）用户访问级参数 P0003。本参数用于定义用户访问参数组的等级。缺省设置值为 1。其中：P0003 = 1 标准级，可以访问最经常使用的一些参数。P0003 = 2 扩展级，允许扩展访问参数的范围例如变频器的 I/O 功能。P0003 = 3 专家级，只供专家使用（注意，如要 P0005 = 22，显示转速，必须设定 P0003 = 3）。

3）显示选择参数 P0005。本参数用于选择参数 r0000（驱动装置的显示）要显示的参量。缺省设置值为 21。其中：P0005 = 21 实际频率，P0005 = 22 实际转速，P0005 = 25 输出电压，P0005 = 26 直流回路电压，P0005 = 27 输出电流。

4）调试参数过滤器 P0010。本参数用于对与调试相关的参数进行过滤。只筛选出那些与特定功能组有关的参数。缺省设置值为 0。其中：P0010 = 0 变频器准备运行，在变频器投入运行前应将 P0010 = 0。P0010 = 1 快速调试，在快速调试时，应将 P0010 = 1。电动机额定参数 P0304 ~ P0311 只能在 P0010 = 1 时改变。P0010 = 30 工厂的设定值，与 P0970 = 1 一起用于变频器参数复位（复位为缺省设置值）。

5）使用地区参数 P0100。本参数用于确定功率设定值。例如，铭牌的额定功率 P0307 的单位是［kW］还是［hp］。除了基准频率 P2000 以外，还有铭牌的额定频率缺省值 P0310 和最大电动机频率 P1082 的单位也都在这里自动设定。缺省设置值为 0。本参数只能在 P0010 = 1 快速调试时进行修改。其中：P0100 = 0 欧洲—［kW］，频率缺省值 50 Hz。

P0100 =1 北美—［hp］，频率缺省值60 Hz。P0100 =2 北美—［kW］，频率缺省值60 Hz。

6）电动机的额定电压参数 P0304。本参数用于设置电动机铭牌数据中额定电压（V）。本参数只能在 P0010 =1（快速调试时）进行修改。

7）电动机额定电流参数 P0305。本参数用于设置电动机铭牌数据中额定电流（A）。本参数只能在 P0010 =1（快速调试时）进行修改。

8）电动机额定功率参数 P0307。本参数用于设置电动机铭牌数据中额定功率（kW/hp）。当 P0100 =0 时，额定功率为 kW、频率缺省值 50 Hz。本参数只能在 P0010 =1（快速调试时）进行修改。

9）电动机的额定频率参数 P0310。本参数用于设置电动机铭牌数据中额定频率（Hz），缺省设置值为50。本参数只能在 P0010 =1（快速调试时）进行修改。

10）电动机的额定转速参数 P0311。本参数用于设置电动机铭牌数据中额定转速（r/min）。本参数只能在 P0010 =1（快速调试时）进行修改。

11）选择命令源参数 P0700。本参数用于选择数字的命令信号源，缺省设置值为2。

其中，P0700 =1 时，数字操作面板（BOP）设置，即数字操作面板（BOP）控制操作方式。P0700 =2 时，由端子排输入，即控制端子运行控制操作方式。

12）数字输入1 ~6 的功能参数 P0701 ~ P0706。P0701 ~ P0706 用于选择数字输入1 ~6的功能。数字输入1 ~4 分别对应于多功能输入端5#端 ~8#端；数字输入5 ~6 分别对应于多功能输入端 16#端、17#端。其中，P0701 缺省设置值为 1，P0702 缺省设置值为 12，P0701 ~ P0706 都可分别设置，当 P0701 ~ P0706 的设置值改变时，多功能输入端5#端 ~8#端、16#端、17#端的具体功能也随之改变。具体功能见下面设置说明。

其中：P0701 ~ P0706 =1 ON/OFF1（接通正转/停车命令1）。P0701 ~ P0706 =2 ON（reverse）/OFF1（接通反转/停车命令1）。P0701 ~ P0706 =10 正向点动。P0701 ~ P0706 =11 反向点动。P0701 ~ P0706 =12 反转（转向切换）。

13）频率设定值的选择参数 Pl000。本参数用于选择频率设定值的信号源。其中，P1000 =1 时，频率设定值由数字操作面板（BOP）电动电位器设定值提供；P1000 =2 时，频率设定值由模拟量设定值提供；P1000 =3 时，频率设定值由固定频率设定值提供。本参数缺省设置值为2。

14）最低频率参数 P1080。本参数用于设定最低的电动机运行频率［Hz］。缺省设置值为0。

15）最高频率参数 P1082。本参数用于设定最高的电动机运行频率［Hz］。缺省设置值为50。

16）斜坡上升时间参数 P1120。本参数用于设定斜坡函数曲线不带平滑圆弧时，电动机从静止状态加速到最高频率 P1082 所用的时间，缺省设置值为10。

17）斜坡下降时间参数 P1121。本参数用于设定斜坡函数曲线不带平滑圆弧时，电动机从最高频率 P1082 减速到静止停车所用的时间，缺省设置值为10。

18）结束快速调试参数 P3900。本参数用于完成优化电动机的运行所需的计算，在完成计算以后，P3900 和 P0010 自动复位为0。缺省设置值为0。其中，当 P3900 =1 时，结束快速调试，并按工厂设置参数复位；当 P3900 =3 时，结束快速调试，只进行电动机数据的计算。

步骤 2 变频器的控制端子控制及模拟量给定操作应用按如图 3—184 所示的变频器控制端子控制及模拟量给定操作系统接线图进行接线。在确定接线无误的情况下，经检查后，接通电源开关。

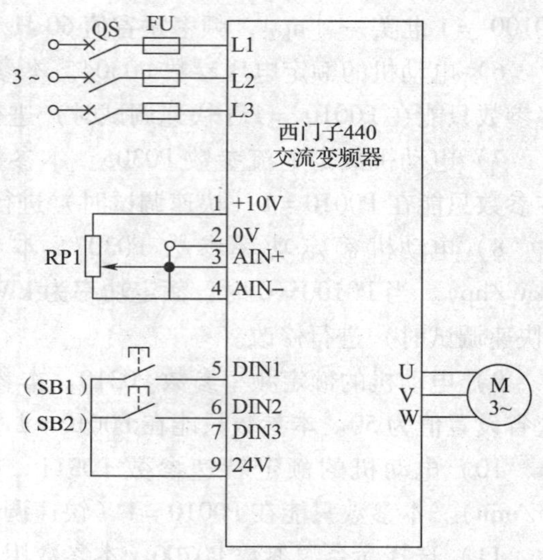

图 3—184 MM440 变频器控制端子控制及模拟量给定操作系统接线图

1）变频器参数复位为出厂时缺省设定值的操作。为了将变频器所有参数复位为出厂时的缺省设定值，应按下面的步骤设置参数。

P0010 = 30

P0970 = 1 恢复出厂设置。

复位过程需要 1 ~ 3 min 才能完成，将变频器的参数复位为工厂的缺省设置值。

2）快速调试。快速调试是西门子 MM440 系列变频器在调试阶段最重要的工作之一，它对于变频器长期安全稳定运行是非常关键的。快速调试包括电动机的参数和斜坡函数等参数的设定。快速调试的进行与参数 P3900 的设定有关，当 P3900 = 1 时，快速调试结束后，要完成必要的电动机计算，并使其他所有参数复位为工厂的缺省设定值；在 P3900 = 1，并完成快速调试以后，变频器即已做好了运行准备。MM440 系列变频器快速调试有一个标准的流程图，但牵涉到设置的参数较多，这里按上面所介绍基本参数为例说明快速调试的步骤。

P0003 = 3
P0010 = 1　　快速调试
P0100 = 0　　功率用（kW）
P0304 = 380　　电动机额定电压（V）
P0305 = 1.12　　电动机额定电流（A）
P0307 = 0.37　　电动机额定功率（kW）
P0310 = 50　　电动机额定频率（Hz）
P0311 = 1 400　　电动机额定转速（r/min）
P0700 = 2　　选择由控制端子控制运行
P1000 = 2　　选择由模拟量给定
P1080 = 0　　最低频率
P1082 = 50　　最高频率
P1120 = 8　　斜坡上升时间（根据要求设定）
P1121 = 5　　斜坡下降时间（根据要求设定）
P3900 = 1　　结束快速调试

快速调试结束，变频器进入“运行准备就绪”状态。为了使电动机开始运行，必须将 P0010 返回到“0”，即 P0010 = 0，否则电动机不会开始运行。当 P3900 = 1 时，快速调试结束后，自动将 P0010 返回到“0”，即 P0010 = 0，变频器进入“运行准备就绪”状态。如果未设置 P3900 参数，则必须将 P0010 = 0。

3）运行工艺参数

P0003 = 3

P0005 = 22

P0701 = 1　　运行指令。接通（ON）—正转运行，断开（OFF）—停止运行。

P0702 = 12　　转向切换指令。断开（OFF）—正转运行，接通（ON）—反转运行。

4）变频器的控制端子控制及模拟量给定操作。按下自锁按钮 SB1，5#端接通，电动机正转运行，其转速由外接模拟量给定电位器 RP1 控制。调节 RP1 使给定电压达到所要求的值，记录此时转速、输出频率、输出电压、输出电流等数据。断开 SB1，5#端断开，则电动机将减速停车。按下自锁按钮 SB1、SB2，5#端、6#端接通，电动机反转运行。调节 RP1 使给定电压达到所要求值，记录此时转速、输出频率、输出电压、输出电流等数据。断开 SB1，5#端断开，则电动机将减速停车。

注意，上述变频器参数设置中运行工艺参数还可设置为下列数据：

P0701 = 1 运行指令。接通（ON）—正转运行，断开（OFF）—停止运行。

P0702 = 2 运行指令。接通（ON）—反转运行，断开（OFF）—停止运行。

此时变频器的控制端子控制及模拟量给定操作为：按下自锁按钮 SB1，5#端接通，电动机正转运行，其转速由外接模拟量给定电位器 RP1 控制。调节 RP1 使给定电压达到所要求值，记录此时转速、输出频率、输出电压、输出电流等数据。

断开 SB1，5#端断开，则电动机将减速停车。按下自锁按钮 SB2，6#端接通，电动机反转运行。调节 RP1 使给定电压达到所要求值，记录此时转速、输出频率、输出电压、输出电流等数据。断开 SB2，6#端断开，则电动机将减速停车。

从上述例子可看出，变频器参数设置可以有不同方法，在变频器应用中要熟悉并灵活使用。

步骤 3　基本操作面板（BOP）控制变频器的操作应用

按图 3—185 所示的基本操作面板（BOP）操作系统接线图进行接线。在确定接线无误的情况下，经检查后，接通电源开关。

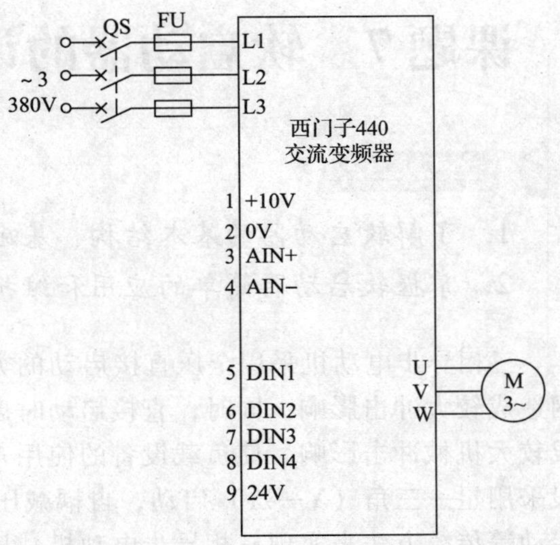

图 3—185　基本操作面板（BOP）操作系统接线图

1）变频器参数复位为出厂时缺省设定值的操作。为了将变频器所有参数复位为出厂时的缺省设定值，应按下面的步骤设置参数。

P0010 = 30

P0970 = 1　　恢复出厂设置。

复位过程需要 1 ~ 3 min，将变频器的参数复位为工厂的缺省设置值。

2）快速调试

P0003＝3

P0010＝1　快速调试

P0100＝0　功率用（kW），频率默认为50 Hz

P0304＝380　电动机额定电压（V）

P0305＝1.12　电动机额定电流（A）

P0307＝0.37　电动机额定功率（kW）

P0310＝50　电动机额定频率（Hz）

P0311＝1 400　电动机额定转速（r/min）

P0700 ＝1　选择基本操作面板（BOP）控制

Pl000 ＝1　选择电动电位计（MOP）给定

P1080＝0　最低频率

P1082＝50　最高频率

P1120＝8　斜坡上升时间（根据要求设定）

P1121＝5　斜坡下降时间（根据要求设定）

P3900＝1　结束快速调试

快速调试结束，变频器进入“运行准备就绪”状态。

4．注意事项

（1）接线完成后，必须认真检查接线，只有接线正确并经过许可后，才能进行通电调试。

（2）在通电调试过程中，应观察变频器面板显示器以监视系统运行状况，如有不正常现象，应立即采取相应措施加以解决，否则将可能造成事故。

（3）技能操作实训中，必须用电安全，杜绝产生人身和设备安全事故。

课题7　软启动器的认识和维护

学习目标

1．了解软启动器的基本结构、基础知识。

2．掌握软启动器简单的应用和维护。

三相异步电动机采用全压直接启动的方式时，电动机的启动电流很大，对供电电网造成较大冲击影响。同时，直接启动时启动转矩和启动应力亦较大，对负载设备造成较大机械冲击影响，使负载设备的使用寿命降低。为了减小电动机的启动电流，一般采用星—三角（Y—△）启动，自耦减压启动、电抗器减压启动、延边三角形减压启动等传统方法来实现三相异步电动机减压启动。但是，这些减压启动方法都是有级减压启动，启动过程存在二次冲击电流，对供电电网和负载设备有冲击影响。另外，在部分应用场合，不希望交流电动机采用瞬间停电、停机。例如：高层建筑、大楼的水泵系统，如果异步电动机采用瞬间停电、停机，会产生巨大的“水锤效应”，使管道甚至水泵遭到损坏。为减少和防止“水锤效应”，需要异步电动机逐渐停机，即软停车。

随着微电子技术、电力电子技术、传动控制技术及计算机技术的快速发展，采用晶闸管为主要功率器件、微处理器（或单片机）为控制核心的智能型电动机启动设备—电子式软启动器（以下简称软启动器），可以使电动机在整个启动过程中实现无冲击而平滑的启动，而且可根据电动机负载的特性来调节启动过程中的参数，如启动电压、启动电流、启动时间等。软启动器具有良好的人机交互界面，便于操作与调试。可以设置多种启动模式和停止模式，并可以对启动时间、软停时间进行设置。软启动器具有完善的保护功能，可灵活设置相关保护参数，并具有故障信号报警等功能；软启动器还具有控制信号输入和输出等多种控制信号，有些型号软启动器还具有先进的RS—485等通信功能，可以与可编程控制器（PLC）等构成自动化控制系统；由于软启动器性能优良、体积小、质量轻，并且具有智能控制及多种保护功能，负载适应性很强，逐步取代星—三角（Y—△）启动，自耦减压启动、电抗器减压启动、延边三角形减压启动等传统的减压启动设备，在各行各业得到越来越多的应用。

一、软启动器组成和结构

软启动器主要构成是串接于三相交流电源与被控电动机之间的三相反并联晶闸管及其电子控制电路，如图3—186所示。

由如图3—186可知，软启动器主电路就是采用相位控制的三相反并联晶闸管组成的交流调压电路。在每一相中均拥有两个反并联接法的晶闸管，其中一只晶闸管用于正半周，另一只用于负半周。软启动器中电子控制电路是以微处理器（或单片机）为控制核心器件。电子控制电路控制晶闸管的触发脉冲控制角α大小来调节晶闸管的导通角，从而改变软启动器输出电压，即三相交流电动机定子电压的大小。

软启动器除了软启动功能外，还具有软停车功能。软停车与软启动过程相反，软启动器得到停机指令后，晶闸管从全导通逐渐地减小导通角，输出电压逐渐降低，电动机转速逐渐下降到零。

由以上分析可知，软启动器实际上是采用相位控制的交流调压电路，仅仅是改变输出电压，而频率是不变的。

软启动器一般有三种停止方式，停止方式曲线如图3—187所示。

（1）自由停止（慢性停车）。在这种停机方式下，软启动器接到停止命令后即断开旁路接触器并禁止晶闸管的调压输出，电动机依负载惯性逐渐停车。适用于对停车时间和停车距离无要求的负载设备。

（2）软停止/泵停止。在这种停机方式下，电动机的供电由旁路接触器切换到晶闸管调压输出，输出电压由全压逐渐减小，使电动机转速平稳降低，直至停止。适用于对停车时间有要求和柔性停机要求的泵类负载等场合。

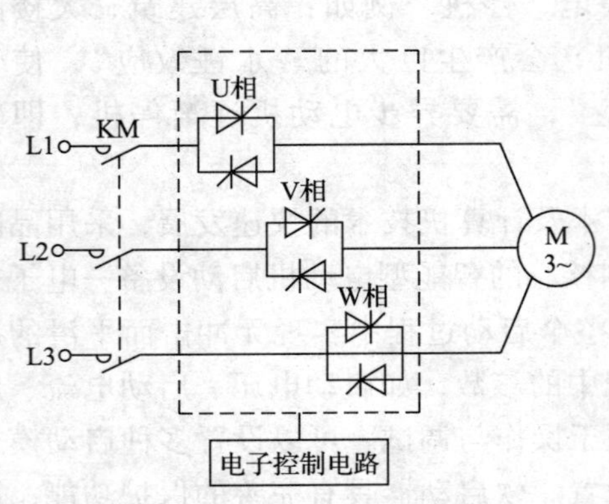

图 3—186　软启动器的原理图

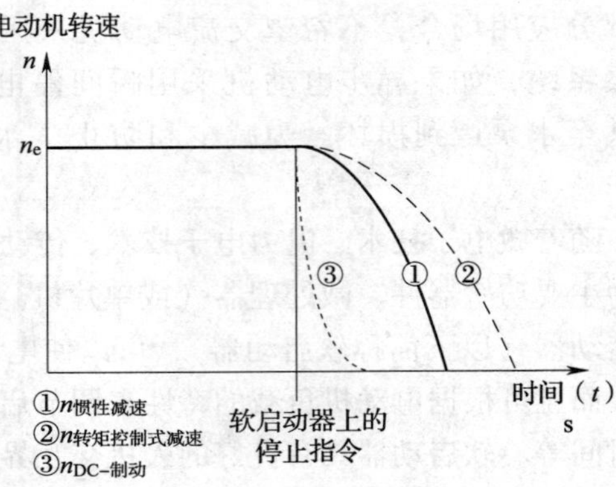

图 3—187　停止方式曲线

（3）直流制动（DC 制动）电动机转速停止。一般软启动器不具备此种功能。软启动器接到停机信号后，由旁路接触器切换为晶闸管供电，由晶闸管主电路向电动机输入（可控）直流电流，从而加快制动，制动时间可调，用于对停车时间和停车距离有要求的工作场合，在一定程度上代替了反接制动停车。

二、软启动器的接线

1. 软启动器的安装

（1）安装环境

为了保证软启动器正常运行，对其使用环境和安装的场所有以下要求：

1）环境温度。运行时：−25 ~ +60℃（在 40 ~600℃的范围内，软启动器额定电流每摄氏度递减 0. 8%）。储存时：−40 ~ +70℃。

2）环境湿度：95%（无冷凝）。

（2）安装方法

软启动器应垂直安装，请勿倒置、斜装、水平安装。应使用螺钉安装在牢固的结构上。软启动器在运行中会产生热量，因而安装时，要考虑软启动器的通风及散热。为了便于通风散热，软启动器应垂直安装，软启动器周围应留有足够空间，具体要求如图 3—188 所示。

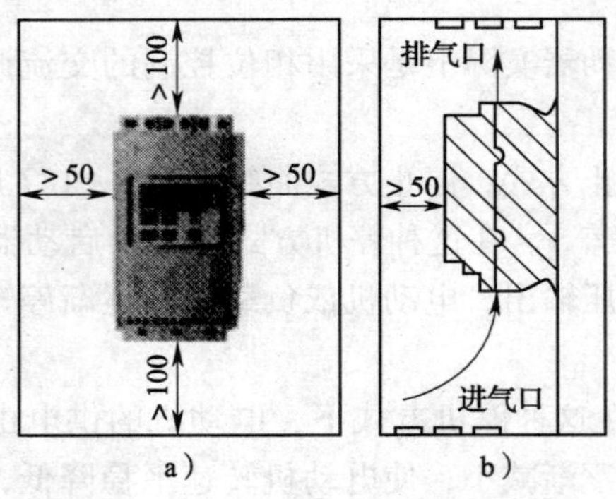

图 3—188　软启动器安装空间

a）正面　b）侧面

2. 软启动器的接线

按软启动器系统原理图或接线图对软启动器进行接线。

注意：如采用旁路型软启动器时，软启动器的主电路接线时要注意外接旁路接触器相序不能接错。为了安全和减少噪声，软启动器的金属外壳必须良好接地。

3. 软启动器的通电调试与运行

软启动器的通电调试与运行以前，应确认软启动器的输入相数、额定输入电压值应和交流电源的相数、电压值一致。软启动器的调试与运行时，不能采用主电路电源开/关的方法来控制软启动器运行和停止，应待软启动器通电以后，用软启动器上的控制端子的启动/停止来控制软启动器的运行和停止。

软启动器的通电调试前，首先进行软启动器的参数设置。主要应根据负载类型设置启动方式及其相关参数，其次设置停止方式及其相关参数。另外，有些软启动器还需设置电动机保护功能及相关参数。

一般情况下，软启动器的参数设置主要有启动时间、停止时间、初始电压（启动电压）及电流限制值等。软启动器的参数设置完成后，可以进行试运行，根据电动机启动和停车运行情况再对启动时间、停止时间、初始电压及电流限制值等参数设置值进行修改调整，使电动机启动和停车达到生产工艺要求。

（1）初始电压（启动电压）的高低决定了电动机的启动电流和启动转矩。较小的初始电压（启动电压）会产生较小的启动转矩和较小的启动电流。如电动机启动速度太快，则应降低初始电压（启动电压）的设置值。

（2）启动时间的长短可决定在什么时间内将电动机电压从所设置的启动电压升高到电源电压。当启动时间较长时，就会在电动机启动过程中产生较小的加速转矩，这样就会使电动机加速时间变长，从而实现软启动。应适当选择启动时间的长短，使得电动机在该时间内达到其额定转速。如果所选择的启动时间太短，也就是当启动时间在电动机完成加速之前就已结束时，这时将会出现很大的启动电流。如电动机启动太快，转矩大，电流高，应增加启动时间或减少初始电压（启动电压）。

4. 软启动器的维护和故障处理

（1）软启动器的维护

软启动器是一种静止型电力电子装置，在日常的运行中，引起软启动器发生故障或运行情况不正常的主要原因有软启动器使用操作问题、软启动器的通风散热问题以及软启动器的部分损耗件的老化和磨损等。日常检查与维护中主要是对软启动器运行情况（如电源电压和控制电压、输出电流）、软启动器的通风散热、软启动器的部分损耗件（如通风扇等）的老化和磨损等问题进行维护与检查。

在日常运行维护中，要经常检查软启动器控制柜通风机以及软启动器内部通风机工作情况，检查软启动器冷却通道不被脏物和灰尘堵塞。在停电时可检查通风机，转动叶片应无阻碍，转动灵活。

（2）软启动器的故障及其分析处理

1）按启动信号时，电动机不启动故障。此时首先应检查软启动器三相交流电源是否正常，有无缺相。如果软启动器三相交流电源不正常，有缺相现象，则重点检查软启动器三相交流电源，输入端快速熔断器是否熔断开路，晶闸管是否开路，晶闸管线是否接触良好等。然后检查软启动器输出三相交流电压是否正常，有无缺相。如软启动器输出三相交流电压不正常，有缺相现象，则应检查输出回路及电动机连接线，晶闸管线是否接触良好，晶闸管是否损坏等。

按启动信号时，电动机不启动故障除了软启动器主电路原因外，还有控制电路原因。此时应检查软启动器控制电路电源电压是否正常，启动信号是否正常，热过载保护继电器是否脱扣及主接触器控制电路断开等。

2）无启动信号时，电动机嗡嗡欲动故障。应重点检查软启动器输出三相交流电压。这种情况下，软启动器中一个或多个晶闸管可能已被击穿损坏。如是带旁路接触器的软启动器还应检查旁路接触器及其控制电路工作是否正常，旁路接触器是否卡在闭合位置上。

3）软启动器过热故障。此时应首先检查冷却风扇工作是否正常，同时检查冷却风道是否被脏物和灰尘堵塞。另外软启动器启动过于频繁或电动机功率与软启动器不匹配，也会引起软启动器过热故障现象。

三、技能训练

训练项目：识别和安装软启动器

1. 训练目标

（1）进行软启动器的接线。

（2）进行软启动器的操作应用。

2. 器材准备

项目所需设备、工具、材料见表 3—14。

表 3—14　项目所需设备、工具、材料

序号	名称	规格型号	数量	备注
1	软启动器装置	PSR 软启动器装置	1	
2	三相异步电动机	$P_N = 1.5$ kW，$U_N = 380$ V，$n_N = 1\ 460$ r/min，$f_N = 50$ Hz	1	
3	万用表	指针式万用表或数字式万用表	1	

3. 操作步骤和内容

（1）按软启动器系统原理图及要求在软启动器装置上完成接线

按如图 3—189 所示的软启动器系统原理图进行接线。在确定接线无误的情况下，经检查后接通电源开关。

（2）按设备及工艺要求，在软启动器装置上完成通电调试与运行

接线完成后，经过检查确定接线无误的情况下，可接通电源开关进行通电调试。调试时首先应根据负载类型及生产工艺要求，进行软启动器的参数设置。PSR 软启动器主要设定启动时间、停止时间及初始电压等参数，如图 3—190 所示。

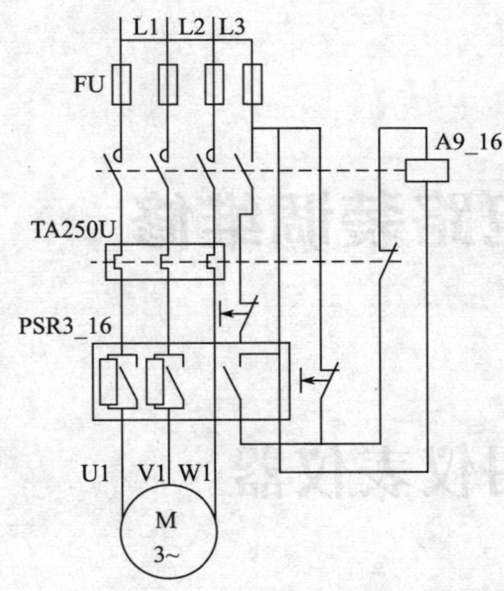

图 3—189　PSR 系列软启动器系统原理图

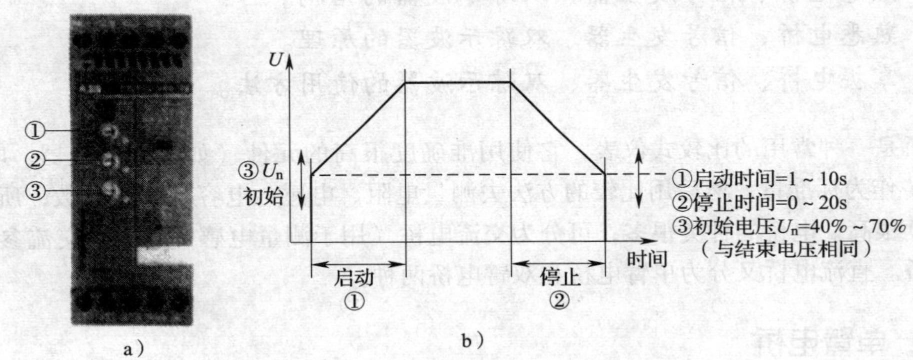

图 3—190　PSR 系列软启动器的参数设定

a）软启动器的前面板　b）工艺参数示意图

软启动器参数设定完成后，可以进行试运行。根据电动机启动情况调整启动时间及初始电压等参数，使电动机实现软启动。

模块四 基本电子电路装调维修

课题1　常用仪表仪器

学习目标

1. 熟悉电桥、信号发生器、双踪示波器的结构。
2. 熟悉电桥、信号发生器、双踪示波器的原理。
3. 掌握电桥、信号发生器、双踪示波器的使用方法。

电桥是一种常用的比较式仪表，它使用准确度很高的元件（如标准电阻器、电感器、电容器）作为标准量，然后用比较的方法去测量电阻、电感、电容等电路参数，所以电桥的准确度很高。电桥的种类很多，可分为交流电桥（用于测量电感、电容等交流参数）和直流电桥。直流电桥又分为单臂电桥和双臂电桥两种。

一、单臂电桥

1. 基本结构

直流单臂电桥又称惠斯登电桥，是一种专门用来测量电阻的精密测量仪器。

直流单臂电桥的原理电路如图4—1所示，它都是由四个桥臂、电源和检流计等组成。图中被测电阻 R_X 和 R1、R2、R 三个已知电阻连接成四边形，每一边称为电桥的一个桥臂。在电桥的两个对角顶点之间接一直流电源，一般称为电桥输入端；而在电桥另外两个对角顶点之间接检流计，一般称为电桥输出端。

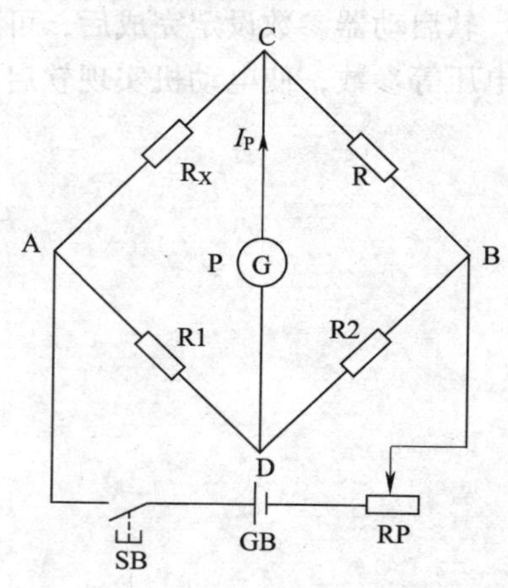

图4—1　直流单臂电桥原理图

2. 工作原理

当接通按钮开关 SB 后，调节标准电阻 R1、R2、R，使检流计两端没有电位差，即检流计 P 的指示为零，这种状态称为电桥的平衡状态。

电桥平衡的特点是检流计电流等于零，即 $I_P=0$。

电桥平衡的条件是

$$\frac{R_1}{R_2} = \frac{R_X}{R} \text{或} R_X R_2 = R_1 R \qquad (4—1—1)$$

它说明电桥相对桥臂电阻的乘积相等时，电桥就处于平衡状态，检流计中的电流$I_P=0$。

由平衡条件得待测电阻

$$R_X = \frac{R_1}{R_2}R \qquad (4—1—2)$$

式中，R_1和R_2称为比例臂，R称为比较臂。

根据式（4—1—2），测R_X时有两种调平衡的方法：一种是选定比例臂的比率（倍率）R_1/R_2，调比较臂电阻R；另一种是选定比较臂电阻R，调比例臂电阻之比R_1/R_2。当$R_1/R_2=1$时，$R_X=R$，电桥就好似一架等臂天平，R_X与R分别相当于待测质量和砝码。而$R_1/R_2 \neq 1$的情况，则如一个杆秤。

二、双臂电桥

1. 基本结构

直流双臂电桥又称凯尔文电桥。和直流单臂电桥相比，它能够消除接线电阻和接触电阻对测量结果的影响，因此，直流双臂电桥是专门用来精密测量 1 Ω 以下小电阻的仪器。直流双臂电桥的原理电路如图 4—2 所示，电路中 R_X为待测电阻，R_S为比较用的标准电阻。R1、R2、R3、R4 分别组成电桥的四个臂，且阻值较大（$10 \sim 10^3$ Ω）。设桥路中 P1、P2、S1、S2 处的导线电阻和接触电阻分别为 r1、r2、r3、r4，当它们作为附加电阻加入 R1、R2、R3、R4 桥臂电阻中时，因$R_1 \sim R_4$远大于$r_1 \sim r_4$（$10^{-5} \sim 10^{-2}$ Ω），且r/R很小，因此其影响可忽略不计。至于 C1、C2、D1、D2 处的导线电阻和接触电阻（总称附加电阻）是在电桥的外电路上，与电桥平衡无关。设r为 C2、D2 间附加电阻的总和，且 C2、D2 间用短而粗的导线连接，使$r \to 0$。试验表明，只要适当调节 R1、R2、R3 、R4 和 R_S的阻值，就可以消除 r 对测量结果的影响。

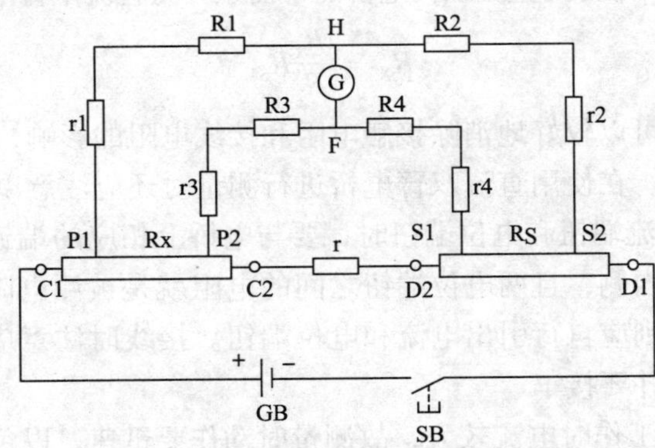

图 4—2　直流双臂电桥电路原理图

QJ42 型携带式直流双臂电桥面板配置如图 4—3 所示。各部分名称如下：

①检流计，其上有机械调零器；②电位端接线柱（P1，P2）；③电流端接线柱（C1，C2）；④倍率开关；⑤电源选择开关；⑥外接电源接线柱；⑦标尺；⑧读数盘 Rb；⑨检流计按钮开关；⑩电源按钮开关。

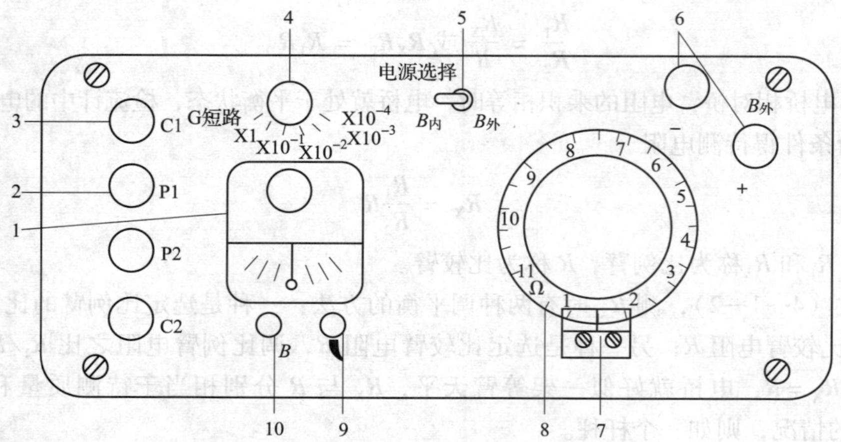

图 4—3　QJ42 型直流双臂电桥面板配置

2. 工作原理

直流双臂电桥中，电阻 R_X 和比较用的标准电阻 Rs 都有四个接线端，如图 4—2 所示，即电流接头和电压接头分开，从而可以把各部分的导线电阻和接触电阻分别引入检流计回路或电源回路中，使它们或者与电桥平衡无关，或者被引入大电阻的支路中，目的是大大减小导线电阻和接触电阻的影响，这类接线方式的电阻被称为四端电阻。由于流经 C1、C2 的电流较大，C1、C2 端常被称为“电流端”，而流经 P1、P2 的电流较小，P1、P2 端常被称“电压端”。

直流双臂电桥的原理与直流单臂电桥类似，其不同之处是被测电阻 R_X 与 R_3 串联后组成电桥的一个桥臂；标准电阻 Rs 与 R_4 串联后组成电桥的另一个桥臂，它相当于直流单臂电桥的比较臂。R1、R2 组成电桥的比例臂。R1 ~ R4 均可调节，且在结构上做成 R1 和 R3、R2 和 R4 同步调节，即始终保持 $R_1 = R_3$、$R_2 = R_4$。在此条件下，忽略 r 的影响，然后仿照直流单臂电桥的推导方法，可得到直流双臂电桥的平衡条件与直流单臂电桥相同，即为

$$R_X = \frac{R_1}{R_2} R_S$$

由于直流双臂电桥可以较好地消除接触电阻和接线电阻的影响，因而在测量小电阻时，能够获得较高的准确度。在使用直流双臂电桥进行测量时还应注意以下两点：

（1）被测电阻有电流端钮和电位端钮时，要与电桥上相应的端钮相连接。要注意电位端钮总是在电流端钮的内侧，且两电位端钮之间的电阻就是被测电阻。如果被测电阻没有电流端钮和电位端钮，则应自行引出电流和电位端钮。接线时注意应尽量用短粗的导线接线，接线间不得绞合，并要接牢。

（2）直流双臂电桥工作时电流较大，故测量时动作要迅速，以免电池耗电量过大。

三、信号发生器

1. 基本结构

低频信号发生器主要由振荡器、功率放大器、输出级和直流稳压电源四部分组成，各部分的作用如下：

（1）振荡器是低频信号发生器的核心，它决定了仪器输出信号的波形和频率。一般的低频信号发生器均采用RC文氏电桥振荡器，该振荡器由两级阻容耦合放大器和一个RC选频网络的正反馈电路组成。该振荡器的输出频率完全由RC来决定，其特点是频率调节方便，输出波形好，频率稳定。

（2）功率放大器作用是使信号发生器有足够的输出功率。为保证输出信号不失真，要求功率放大器的频率特性好，非线性失真小，输出阻抗低，以提高其带负载能力。为此，功率放大器采用了射极输出器输出。

（3）输出级主要包括衰减器和电压表。衰减器的作用是将输出信号幅度调节到所需要的数值。电压表可以指示出输出信号电压的大小。

（4）稳压电源（40 V直流稳压电源）是供给振荡器和功率放大器的电源。

2. XD7型低频信号发生器

XD7型低频信号发生器为全晶体管化仪器，可以产生20 Hz～200 kHz的正弦波信号。除电压输出外，还有不小于5 W的功率输出，可配接8 Ω、600 Ω、5 kΩ三种负载。XD7型低频信号发生器的面板布置如图4—4所示。

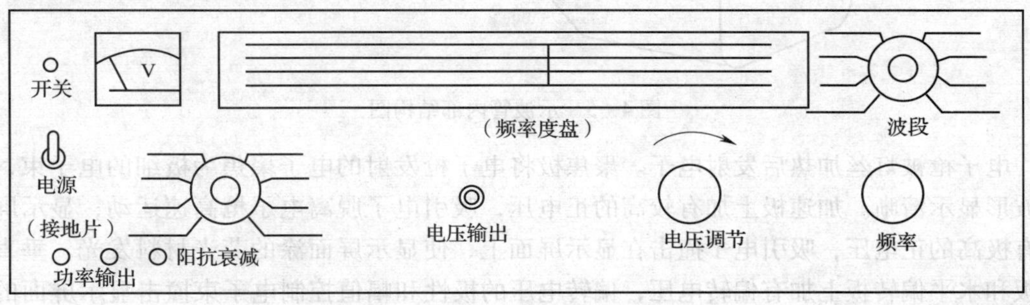

图4—4　XD7型低频信号发生器面板布置图

各旋钮及接线柱的作用如下。

（1）波段旋钮：选择输出信号的频率范围。

（2）频率旋钮：配合波段旋钮，在已选定的频率范围内连续调节输出信号的频率。

（3）阻抗衰减旋钮：为得到最大的输出功率，应使阻抗衰减旋钮置于适当位置。

（4）电压调节旋钮：配合阻抗衰减旋钮，选择输出电压的幅度。

低频信号发生器维护方法如下：

（1）仪器通电之前，应先检查电源的进线，再将电源线接入220 V交流电源上。

（2）开机前，应将“电压调节”旋钮旋至最小，输出信号用电缆从“电压输出”插口或“功率输出”插口引出。如需要平衡输出，可将阻抗衰减旋钮置于600 Ω或5 kΩ处，再将功率输出接线柱的接地片取下，输出引线接在两个红色接线柱上即可，此时，连接本仪器的其他仪器也不应有接“地”（仪器外壳）端。

（3）接通电源开关，将“波段”旋钮置于所需挡位，调节“频率”旋钮至所需输出频率（由频率刻度盘上可以观察输出频率）。

（4）按所需信号电压的大小及阻抗值，选择“阻抗衰减”旋钮并调节“电压调节”旋钮，电压表即可指示出衰减前的输出电压值。

四、双踪示波器

1. 双踪示波器概述

(1) 基本结构

通用示波器主要由示波管、Y轴偏转系统、X轴偏转系统、扫描及整步系统、电源五部分组成。示波管是示波器的核心，其作用是把所需观测的电信号变换成发光的图形，示波管的基本结构如图4—5所示。

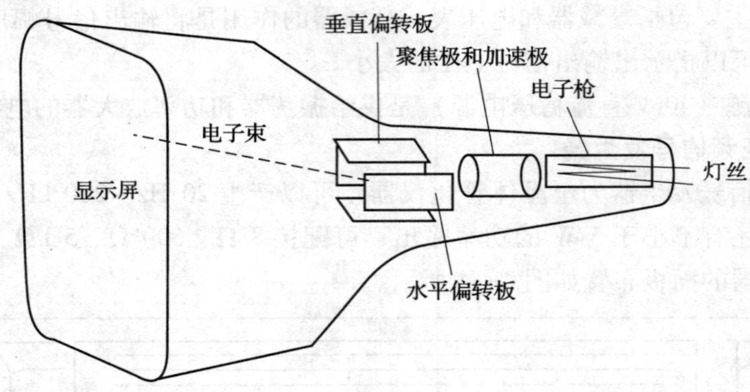

图4—5 示波管内部结构图

电子枪被灯丝加热后发射电子。聚焦极将电子枪发射的电子聚焦为极细的电子束，可使波形显示清晰。加速极上加有较高的正电压，吸引电子脱离电子枪高速运动；显示屏上加有极高的正电压，吸引电子撞击在显示屏面上，使显示屏面涂的荧光材料发光。垂直偏转板和水平偏转板上加有偏转电压，偏转电压的极性和幅值控制电子束撞击显示屏面的位置。当偏转电压跟随输入信号变化时，就可以使电子束在屏面上“画”出信号波形。

(2) 工作原理

双踪示波器的工作原理框图如图4—6所示。双踪示波器具有两路输入端，可同时接入

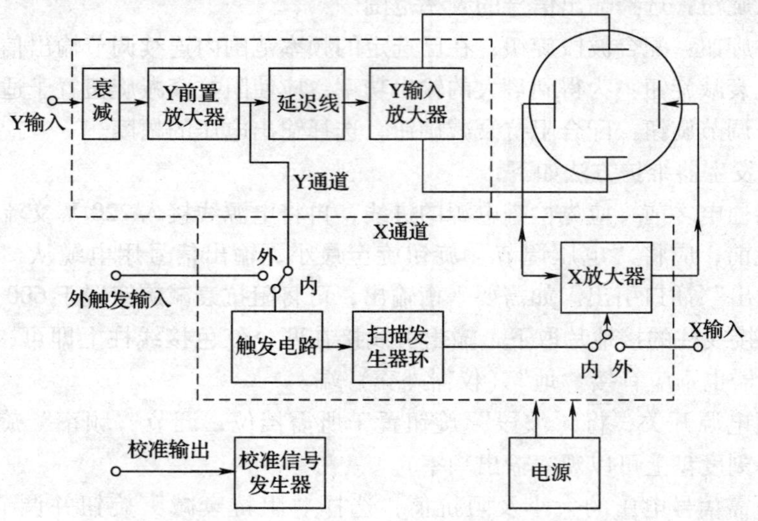

图4—6 双踪示波器的工作原理框图

两路电压信号进行显示。在示波器内部，将输入信号放大后，使用电子开关将两路输入信号轮换切换到示波管的偏转板上，使两路信号同时显示在示波管的屏面上，便于进行两路信号的观测比较。

2. YB4325 双踪示波器

YB4325 双踪示波器面板示意图如图 4—7 所示。

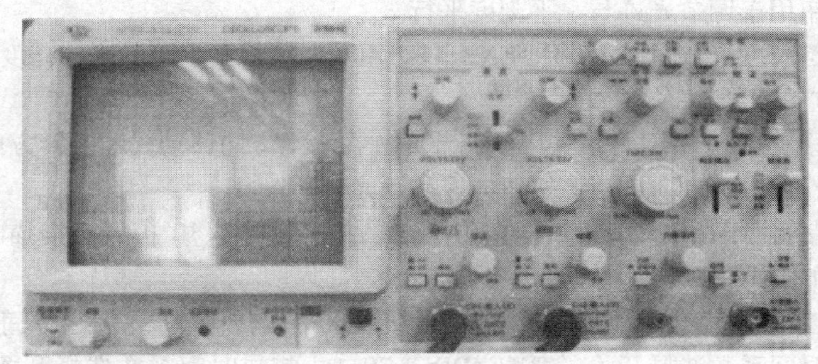

图 4—7 示波器面板示意图

(1) YB4325 双踪示波器面板说明及各控制旋钮按键功能介绍

示波器面板功能图如图 4 —8 所示。

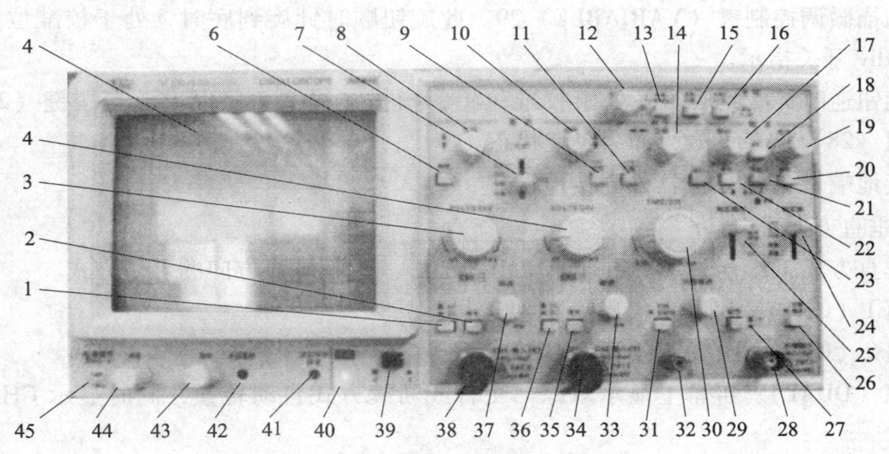

图 4—8 示波器面板功能图

YB4325 双踪示波器面板分为五大功能区域。

1）电源和显示部分

①电源开关（POWER）39。将电源开关按键弹出即为“关”位置，将电源线接入，按电源开关键，接通电源。

②电源指示灯 40。电源接通时，指示灯亮。

③显示屏 5。仪器的测量显示终端。

④校准信号输出端子（CAL）45。提供 1 ± 2 0% kHz，2 ± 20% VP—P，方波做本机 Y 轴、X 轴校准用。

⑤辉度旋钮（INTENSITY）44。控制光点和扫描线的亮度，顺时针方向旋转旋钮，亮

度增强。

⑥聚焦旋钮（FOCUS）43。用辉度控制旋钮将亮度调至合适的标准，然后调节聚焦控制旋钮，直至光迹达到最清晰的程度。虽然调节亮度时，聚焦电路可自动调节，但聚焦有时也会轻微变化，如果出现这种情况，需重新调节聚焦旋钮。

⑦光迹旋转旋钮（TRACE ROTATION）42。由于磁场的作用，当光迹在水平方向轻微倾斜时，该旋钮用于调节光迹与水平刻度平行。

⑧读出字符辉度（READOUT INTEN）41。用于调节读出字符和光标亮度。

2）水平方向部分

①水平位移（POSITION）14。用于调节光迹在水平方向移动。顺时针方向旋转该按钮向右移动光迹，逆时针方向旋转该按钮向左移动光迹。

②扩展控制键（MAG ×10）11。按下去时，扫描因数 ×10 扩展。扫描时间 Time/vid 开关指示数值的1/10。

③X—Y 控制键23。按下此键，CH1 信号接入水平偏转，CH2 信号接入垂直偏转。

④主扫描时间系数选择开关（TIME/DIV）30。主扫描时间系数选择开关共20 挡，在0. 1 μs ~0. 5 s/div 范围选择扫描速率。

⑤扫描非校准状态开关键31。按下此键，扫描时基进入非校准调节状态，此时调节扫描微调有效。

⑥扫描微调控制键（VARIABLE）29。此旋钮顺时针旋到底时，处于校准位置，扫描由 Time/div 开关指示。

此旋钮逆时针旋到底时，处于校准位置，扫描减慢 2. 5 倍以上。当按键（27）未按入，旋钮（28）调节无效，即为校准状态。

⑦接地端子32。示波器外壳接地端。

3）垂直方向部分

①垂直方式工作开关（VERTICAL MODE）7。选择垂直方向的工作方式。

通道1（CH1）：屏幕上仅显示 CH1 信号。

通道2（CH2）：屏幕上仅显示 CH2 信号。

双踪（DUAL）：屏幕上显示双踪，交替或断续方式自动转换，同时显示 CH1 和 CH2 的信号。

叠加（ADD）：显示 CH1 和 CH2 输入信号的代数和。

②垂直位移（POSITION ）8、10 。调节光迹在屏幕中的垂直位置。

③断续工作方式开关6。CH1、CH2 两个通道按断续方式工作，断续频率约为250 kHz。如果交替扫描时，需要“断续”方式可用此开关强制实现。

④衰减器开关（VOLSTS/DIV）3、4。用于选择 CH1 及 CH2 的垂直偏转系数，共 12 挡。

如果使用的是 10:1 的探极，计算时将幅度 ×10。

⑤交流—直流—接地（AC、DC、GND）1、2、35、36。输入信号与放大器连接方式选择开关。

交流（AC）：放大器输入端与信号连接经电容器耦合。

接地（GND）：输入信号与放大器断开，放大器的输入端接地。

直流（DC）：放大器输入端与信号直接耦合。

⑥垂直微调旋钮（VARIABLE）37、33 。垂直微调用于连续改变电压偏转系数。此旋钮在正常情况下应位于顺时针方向旋到底的位置。将旋钮逆时针方向旋到底，垂直方向的灵敏度下降到 2.5 倍以上。

⑦通道 1 输入端【CH1 INPUT（X）】38。该输入端用于垂直方向的输入，在 X—Y 方式时，作为 X 轴输入端。

⑧CH2 极性开关（INVERT）9。按此开关时 CH2 显示反相信号。

⑨通道 2 输入端【CH2 INPUT（Y）】34。和通道 1 一样，但在 X—Y 方式时，作为 Y 轴输入端。

4）触发部分

①释抑（HOLD（　　）FF）17。当信号波形复杂，用电平旋钮不能稳定触发时，可用“释抑”旋钮使波形稳定同步。

②电平锁定（LOCK）18。无论信号如何变化，触发电平自动保持在最佳位置，不需人工调节电平。

③触发电平旋钮（TRIG LEVEL）19。用于调节被测信号在某选定电平触发，当旋钮转向“+”时显示波形的触发电平上升，反之触发电平下降。

④触发方式选择（TRIG MODE）和复位（RESET）。

自动（AUTO）22：在“自动”扫描方式时，扫描电路自动进行扫描。在没有信号输入或输入信号没有被触发同步时，屏幕上仍然可以显示扫描基线。

常态（NORM）21：有触发信号才能扫描，否则屏幕上无扫描线显示。当输入信号的频率低于 50 Hz 时，请用“常态”触发方式。

单次（SINGLE）：当自动（AUTO）、常态（NORM）两键同时弹出即为单次触发工作状态。

当触发信号到来时，准备（READY）指示灯亮，单次扫描结束后指示灯熄灭，复位键（RESET）20 按下后电路又处于待触发状态。

⑤触发耦合选择开关 25。

交流（AC）：这是交流耦合方式。

高频抑制（HF REJ）：触发信号通过交流耦合电路和低通滤波器作用到触发电路。

电视（TV）：TV 触发，以便于观察 TV 视频信号。

直流（DC）：这是直流耦合方式。

⑥触发源选择开关（SOURCE）24。

通道 1 X—Y（CH1，X—Y）：CH1 通道信号为触发信号，当工作方式在 X—Y 方式时，拨动开关应设置于此挡。

通道 2（CH2）：CH2 通道的输入信号是触发信号。

电源（LINE）：电源频率信号为触发信号。

外接（EXT）：外触发输入端的触发信号是外部信号，用于特殊信号的触发。

⑦触发极性按钮（SLOPE）27 触发极性选择。用于选择在信号的上升沿触发或下降沿

触发。

⑧交替触发（TRIU ALT）26：在双踪交替显示时，触发信号来自于两个垂直通道，此方式可以用于同时观察两路不相关信号。

⑨外触发输入插座（EXT IPUT）28：用于外部触发信号的输入。

5）光标控制部分

①光标位移12：旋转此控制旋钮可将选择的光标移位。

读出开/关：按下“光标开/关”键可以打开或关闭示波器读出功能。

探极×1/×10：指示探极状态×1/×10，按下“光迹_▽_▼（基准）”键的同时旋转光标“位移”（39）旋钮，可选择×1/×10探极状态。

②光标光迹_▽_▼（基准）13：按此键选择移动的光标，被选中的光标带有“▽”或“▼”标记；当两个光标均带有标记时，两个光标可同时移动。

③光标功能15：按此键选择下列测量功能。

ΔV：电压差测量。

ΔV%：电压差百分比测量（5 div = 100%）。

ΔVdB：电压增益测量（5 div = 0 dB）。

ΔT：时间差测量。

1/ΔT：频率差测量。

DUTY：占空比（时间差的百分比）测量（5 div = 100%）。

PHASE：相位测量（5 div = 360°）。

④光标开/关16：按此键可以打开/关闭光标测量功能。

五、技能训练

训练项目1：用直流单臂电桥测量电阻

1. 训练目标

（1）识别直流单臂电桥面板上的开关和旋钮的功能，学会直流单臂电桥的一般使用方法。

（2）用直流单臂电桥测量被测元件的电阻值，并记录测量步骤。

2. 器材准备

单臂电桥测量元器件清单见表4—1。

表4—1　　单臂电桥测量元器件清单

序号	名称	规格型号	数量	备注
1	单臂电桥	0142型携带式直流单臂电桥	1台	
2	被测元件	自选	1套	

3. 训练内容及步骤

（1）使用前先将检流计的锁扣打开，调节调零器使指针指在零位。

（2）接入被测电阻时，应采用较粗较短的导线，并将接头拧紧。

（3）估计被测电阻的大小，选择适当的比例臂，使比较臂的四挡电阻都能被充分利用，从而提高测量准确度。例如，被测电阻 R_X 约为几欧时，应选用 ×0.001 的比例臂；被测电阻为几十欧时，比例臂应选 ×0.01 挡，其余依此类推。

（4）电桥电路接通后，若检流计指针向“+”方向偏转，应增大比较臂电阻；反之则应减小比较臂电阻，如此反复调节各比较臂电阻，直至检流计指针指零，电桥处于平衡状态为止。此时，被测电阻值 = 比例臂读数 × 比较臂读数。

（5）电桥使用完毕，应先切断电源，然后拆除被测电阻，最后将检流计锁扣锁上，以防搬动过程中震坏检流计。对于没有锁扣的检流计，应将按钮“G′”切断，它的常闭触点会自动将检流计短路，使可动部分受到保护。

（6）发现电池电压不足应及时更换，否则将影响电桥的灵敏度。当采用外接电源时，必须注意电源极性。将电源的正、负极分别接到“+”、“-”端钮，且不要使外接电源电压超过电桥说明书上的规定值，否则有可能烧坏桥臂电阻。

训练项目 2：使用直流双臂电桥测量低值电阻

1. 训练目标

（1）识别直流双臂电桥面板上的开关和旋钮的功能，学会直流双臂电桥的一般使用方法。

（2）用直流双臂电桥测量被测元件的电阻值，并记录测量步骤。

2. 器材准备

双臂电桥测量元器件清单见表 4—2。

表 4—2　　双臂电桥测量元器件清单

序号	名称	规格型号	数量	备注
1	双臂电桥	QJ42 型携带式直流双臂电桥	1 台	
2	被测元件	自选	1 套	

3. 训练内容及步骤

（1）在仪器底部电池盒中装上 3～6 节 1 号干电池，或在外接电源接线柱“B 外”上接入 1.5～2 V、容量大于 10 Ah 的直流电源，并将“电源选择”开关拨向相应位置。

（2）将检流计指针调到“0”位置。

（3）将被测电阻 R_X 的四端接到双臂电桥的相应四个接线柱上。

（4）估计被测电阻值将倍率开关旋到相应的位置上。

（5）当测量电阻时，应先按“B”后按“G”按钮，并调节读数盘 Rb，使检流计重新回到“0”位。断开时应先放“G”后放“B”按钮。注意：一般情况下，“B”按钮应间歇使用。此时电桥已处平衡，而被测电阻 R_X 为 R_X =（倍率开关的示值）×（读数盘的示值）Ω。

（6）使用完毕，应把倍率开关旋到“G”短路位置上。

训练项目 3：使用 YB4325 双踪示波器对波形的幅值、频率进行测量

1. 训练目标

（1）识别示波器面板上的开关和旋钮的功能，学会示波器的一般使用方法。

（2）用示波器测量给定信号电源的幅值、频率，并记录测量步骤。

2．器材准备

示波器测量元器件清单见表4—3。

表4—3　示波器测量元器件清单

序号	名称	规格型号	数量	备注
1	单相交流电源	2 220 V	1台	
2	直流电源	自选	1台	
3	万用表	自选	1台	
4	双踪示波器	自选	1台	
5	函数信号发生器	YB432J	1台	

3．训练内容及步骤

（1）按表4—4设置示波器的开关及控制旋钮或按键。

表4—4　示波器的开关及控制旋钮或按键的设置

项目	设置	项目	设置
电源（POWER）	弹出	耦合（COUPLING）	AC
辉度（INTENSITY）	顺时针1/3处	触发极性（SLOPE）	+
聚焦（FOCUS）	适中	交替触发（TRIG ALT）	弹出
垂直方式（MODE）	CH1	电平锁定（LOCK）	按下
断续（CHOP）	弹出	释抑（HOLDOFF）	最小（逆时针方向到底）
CH2反相（INV）	弹出	触发方式	自动
垂直位移（POSITION）	适中	水平衰减（TIME/DIV）	0. 5 ms/div
衰减开关（VOLT/DIV）	0. 5 V/DIV	扫描非标标准（SWPUNCAL）	弹出
微调（VARIABLE）	校准位置	水平位移（POSITION）	适中
AC—DC—接地（GND）	接地（GND）	×10扩展（×10 MAG）	弹出
触发源（SOURCE）	CH1	X—Y	弹出

（2）将电源线接到交流电源插座，然后按如下步骤操作：

步骤1　打开电源开关，电源指示灯变亮，约20 s后，示波管屏幕上会显示光迹，如60 s后仍未出现光迹，应按表4—4检查开关和控制按钮的设定位置。

步骤2　调节辉度旋钮（INTENSITY）和聚焦（FOCUS）旋钮，将光迹亮度调到适当，且最清晰。

步骤3　调节CH1位移旋钮及光迹旋转旋钮，将扫描线调到与水平中心刻度线平行。

步骤4　将探极连接到CH1输入端，将2 V_{P-P}校准信号加到探极上。

步骤5　将AC—DC—GN开关拨到AC，屏幕上将会出现如图4—9所示示波器面板功能图所示的波形。

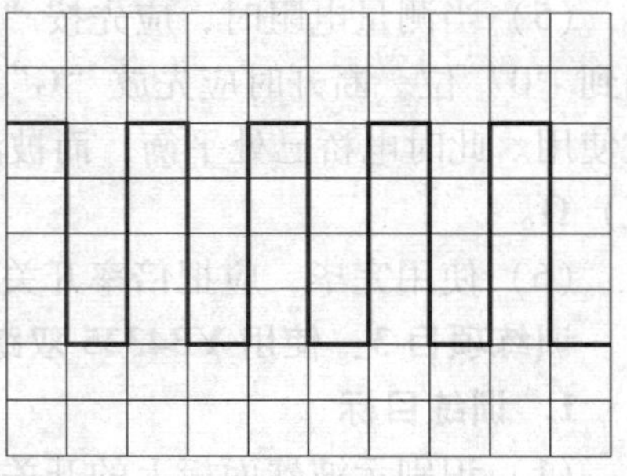

图4—9　示波器波形

步骤6 调节聚焦（FOCUS ）旋钮，使波形达到最清晰。

步骤7 为便于信号的观察，将（VOLT/DIV）开关和水平衰减（TIME/DIV）开关调到适当的位置，使信号波形幅度适中，周期适中。

步骤8 调节垂直位移和水平位移旋钮到适中位置，使显示的波形对准刻度线且电压幅度（V_{P-P}）和周期（T）能方便读出。

上述为示波器的基本操作步骤，CH2 单通道的操作方法与 CH1 类似。

4. 注意事项

（1）示波器接通电源后，需预热数分钟后再开始使用。开关电源不要频繁使用。一般在工作开始前就打开示波器，工作结束后才关闭示波器。

（2）示波器正常使用温度在 0～40℃。使用时不要将其他仪器或杂物盖在示波器的通风孔上，以免影响散热，造成仪器过热而损坏。

（3）示波器使用过程中应避免频繁开关电源，以免损坏示波管。暂时不用时只需将荧光屏的亮度调暗即可。

（4）示波器荧光屏上所显示的亮点或波形的亮度要适当，光点不要长时间停留在一点上，以免损伤荧光屏。

（5）改变显示波形的垂直方向的大小。调节衰减开关（VOLTAGE/DIV）3（如果是 CH1 的信号波形）或者 4（如果是 CH2 的信号波形）。

（6）调节波形的垂直位置。调节垂直位移（POSITION）旋钮 8 用于移动 CH1 信号的波形，10 用于移动 CH2 信号的波形。

（7）调节波形在水平方向的个数。调节主扫描时间系数选择开关（TIME/DIV）。

（8）如果波形左右移动，调整与触发有关的各种机件。

（9）示波器的接地端应与被测信号电压的地端接在一起，以避免引入干扰信号，同时应注意输入电压不要超过额定值。

（10）示波器 Y 轴输入的 CH1 与 CH2 其接地端是连通的，若同时使用 Y 轴两路输入时，两个探极的地线必须连接在同一点上或等电位处，不要接错。否则会引起短路烧毁器件或设备。

（11）注意不要用探极拖拉示波器。

课后练习

1. 为什么直流单臂电桥不适用于测量小于 1 Ω 的电阻，而直流双臂电桥可以用来测量阻值小于 1 Ω 的电阻值？

2. 简述使用单臂直流电桥测量电阻时的步骤。

3. 使用直流电桥时有哪些注意事项？

4. 低频信号发生器主要有哪几部分组成？试述其工作原理。

5. 示波器用来检测什么信号？

6. 电子仪器为何要接地？

课题 2　三端稳压电路装调维修

学习目标

1. 了解三端稳压集成电路的型号及性能。
2. 掌握集成稳压电路的应用方法。

一、三端稳压集成电路

1. 三端集成稳压器的型号

稳压电路种类很多，传统稳压电路是由分立元件构成的。但由于三端式集成稳压电路体积小、性能可靠、接线方便，已经得到了广泛的使用，因此目前普遍应用的是集成稳压器。

最常用的三端式集成稳压电路是 CW78××系列（输出正电压）和 CW79××系列（输出负电压）。这两个系列型号中的后两位数字表示输出的电压值。

例如：CW7805 表示输出电压是 +5 V，CW7912 表示输出电压为 -12 V 等。两个系列输出电压有 5 V、6 V、9 V、12 V、15 V、18 V、24 V 共七个挡位。

如果要求输出电压可调，可选用 CW117、CW317 等三端可调式集成稳压器。

三端式集成稳压电路有两种封装形式：一种是金属壳封装，另一种是塑料封装，如图 4—10 所示。

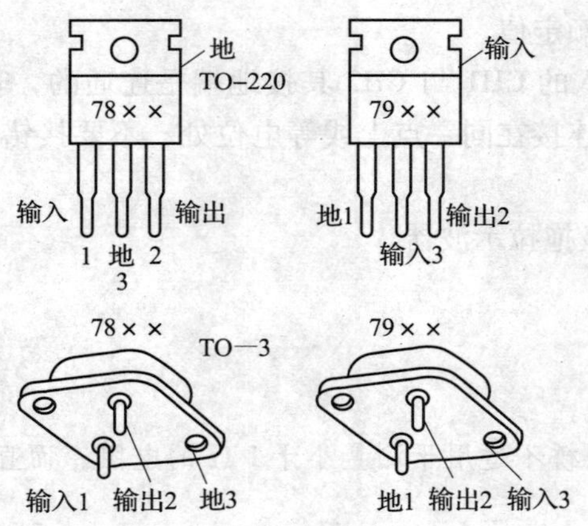

图 4—10　78、79 系列器件的引脚

2. 三端集成稳压器的性能

三端式集成稳压电路的内部结构比较复杂，除了典型的串联式稳压电路外，还有启动电路和三种保护电路，从而使得电路具有过流保护、过热保护和安全区保护（保证调整管工作在安全区内）的功能。CW78××电路只有三个外接端子，分别为输入端 1，输出端 2

和公共端3，因此使用十分方便。电路的最大输出电流为1.5 A，为了保证电路的正常工作，要求输入电压至少比输出电压高2 ~3 V，但是输入电压最高不得超过35 ~40 V。CW79××的管脚与CW78××不同，其中1为公共端、2为输出端、3为输入端。

3. 使用三端可调式集成稳压器的注意事项

（1）为了保证集成稳压器正常工作，当市电处于最低值时，应使集成稳压器的输入电压高于输出电压2 ~3 V。

（2）集成稳压器的引脚不可接错，同时注意接地端不可浮空。

（3）按要求加装散热器。

（4）严禁超负荷使用。

二、集成稳压电路的应用方法

1. 基本接法

三端式集成稳压电源的基本接法如图4—11所示，W7800电路的1端接输入电压，2端输出固定的稳定电压，3端接地。W7900电路的3端接输入电压，2端输出固定的稳定电压，1端接地。输入端和输出端接的电容器C是滤波电容器，一般取1 000 μF，而并联在C旁的C1和C2是为了防止电路产生自激振荡、消除输出的高频噪声用的，一般取0.1 ~1 μF。

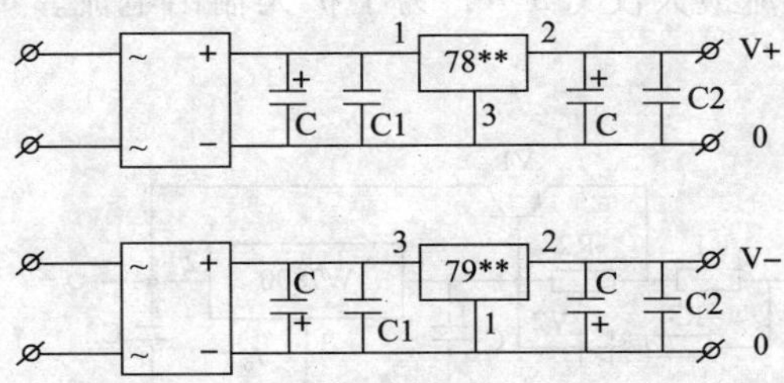

图4—11　三端式集成稳压电源的基本接法

2. 扩大输出电压的接法

如果输出电压需要高于型号中的固定值时，可以采用扩大输出电压的接法，如图4—12所示的电路。

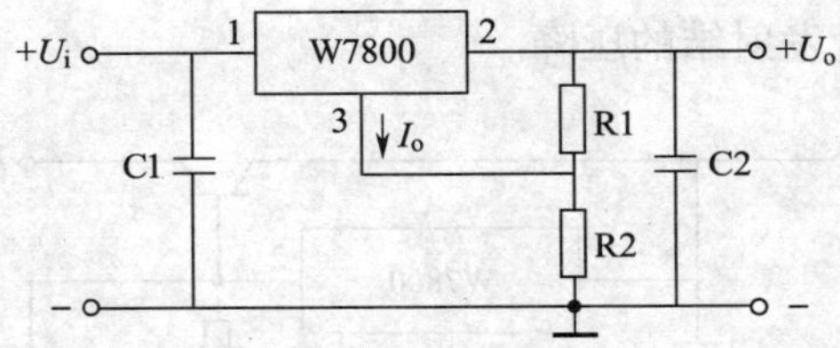

图4—12　三端式集成稳压电路扩大输出电压的接法

电路在输出端接有电阻R1、R2组成的分压电路。设三端稳压电路W78××的稳定电压是U_W=×× V，从集成电路3端流出的静态电流为I_Q时（为8 ~12 mA），则可得输出电压U_o。

即 $$U_o = \left(1 + \frac{R_2}{R_1}\right) U_W + I_Q R_2$$

由于 I_Q 的大小与输入电压及负载电流有关，因此输出电压 U_o 的稳定性比固定电压 U_W 要差些。在分压电路中如果串入电位器，则输出电压就是可调的了。为了使 I_Q 的大小不影响输出电压，进一步提高输出可调的稳压电源的稳压性能，应该在电路上设法减小 I_Q 对稳压性能的影响，这看来就应该把 I_Q 做得很小而且很稳定。当然这可以在电路中加入运算放大器和负电源来实现，但使用不大方便。事实上目前已经有了这样的专门用于输出电压可调的稳压电源的专用的三端集成稳压电路，其型号为 W117 系列（负电源为 W317 系列），其输出电压的调节范围可达 2 ~ 40 V，W117 的基本应用电路如图 4—13 所示。

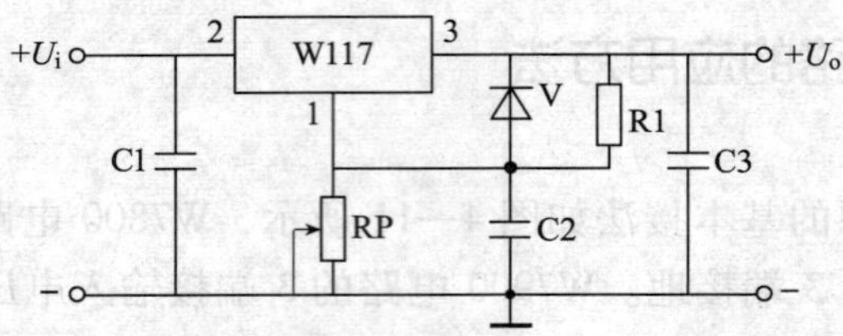

图 4—13　W117 三端集成稳压电路

3. 扩大输出电流的接法

W7800 系列的输出电流最大仅 1.5 A，为了扩大输出电流、可以采用如图 4—14 所示的电路。

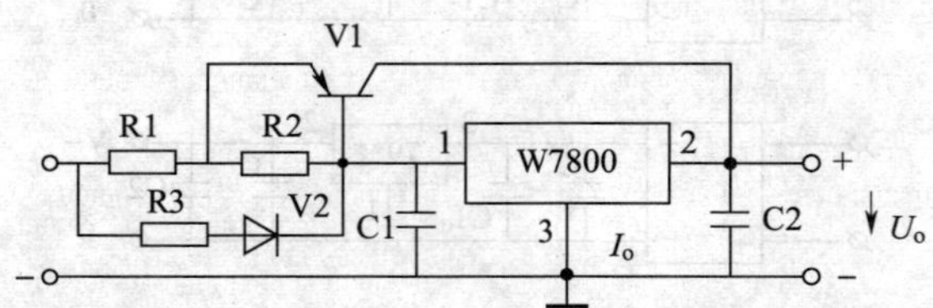

图 4—14　扩大输出电流的电路

图中集成电路提供稳定的输出电压与一部分输出电流，另一部分输出电流由大功率三极管 V1 提供，图中 R1，R3 和二极管 V2 用于对大功率管 V1 进行过流保护。

如图 4—15 所示为另一种扩大输出电流的电路，电路中用三极管 V1 扩大输出电流，二极管 V2 用以补偿三极管发射结的压降。

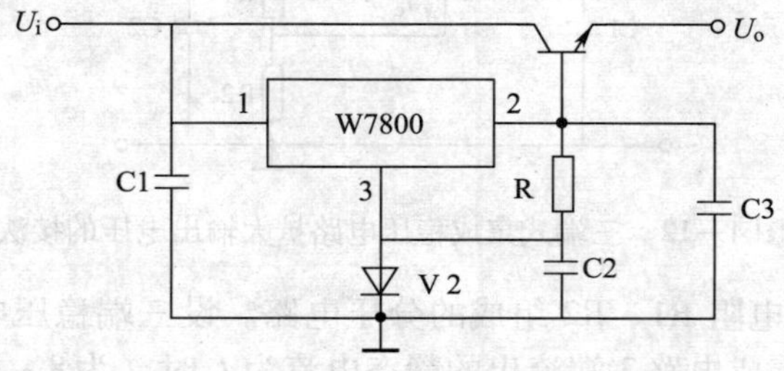

图 4—15　扩大输出电流的电路

4. 用三端稳压器输出正、负电压的稳压电路

在实际应用中，经常需要输出正、负电压的稳压电源，如图 4—16 所示是输出正、负电压的典型的稳压电路。该电路由 W7815 和 W7915 系列三端式集成稳压器组成，W7815 系列三端式集成稳压器输出 +15 V 电压，W7915 系列三端式集成稳压器输出 −15 V 电压。

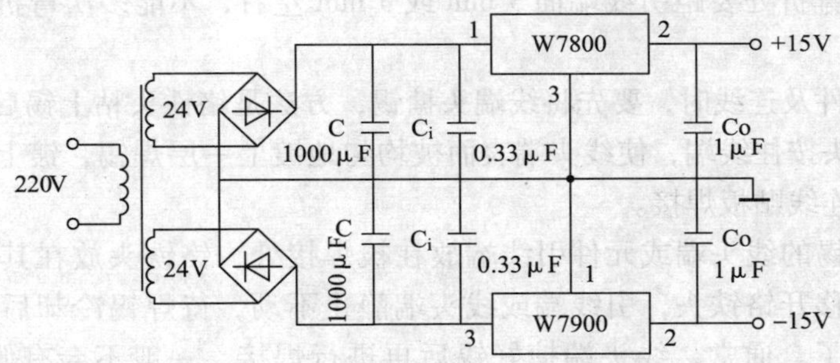

图 4—16 输出正负电压稳压电路

三、技能训练

训练项目：三端稳压电路安装调试及故障排除

1. 训练目标

(1) 掌握三端稳压电路焊接安装方法。

(2) 掌握三端稳压电路故障排除方法。

2. 器材准备

输出正、负电压的稳定电路装接元器件清单见表 4—5。

表 4—5 输出正、负电压的稳压电路装接元器件清单

序号	名称	规格型号	数量	备注
1	单相变压器	~220 V/24 V×2	1 台	
2	印制电路板	自选	1 块	
3	电子元件（电阻、电容、二极管、稳压管、集成芯片等）	自选	1 套	
4	万用表	自选	1 块	

3. 操作要求

(1) 熟悉印制电路板和电子元件的焊前处理及操作准备。

(2) 掌握对三端稳压电路的安装、焊接。

(3) 掌握三端稳压电路的故障诊断和故障排除。

4. 操作步骤

(1) 根据自己画出的电路安装图，照图焊接安装。

(2) 焊接前，先要对电路板进行清洁，不允许在电路板上用铅笔、圆珠笔画线条及符号、保证电路板整洁。

（3）焊接元件前，先要对元器件进行检查测试，对二极管、三极管进行正常与否的判别，对电位器进行阻值变化平滑性的检查。

（4）电阻、小功率三极管、电容、二极管等元件的安装，因为是要进行多次拆装及调整测试，不允许将元器件引脚留得过短、贴板安装，故需要对元件引线脚进行整形，弯折引线脚时，弯折处要距引线端面 3 mm 或 5 mm 左右，不能多次弯折，防止引线脚被折断。

（5）焊接元件及连线时，要先将线端头搪锡，方法是铬铁头粘上锡后，把线头端放在松香里，将铬铁头按住线端，使线头端表面被均匀地镀上一层焊锡，镀上锡的线头为银白色。板子背面的连线贴板焊接。

（6）将镀上锡的线头端或元件引线端放在被焊接处，铬铁头放在其上面，待焊接处的焊锡熔化后，移开铬铁头，引线端或线头端静止不动，待焊锡冷却后，引线端或线头端便被牢固焊上了。通常，线头端搪好锡后再进行焊接，一般不会有假焊、虚焊存在。但不先搪锡进行焊接的电路板，假焊、虚焊是最常有的事，电路安装不成功的可能性极大。

（7）焊接电位器时尤其要注意，不能将连线焊在电位器焊接片的铆钉孔处，连线只能焊在电位器焊接片伸出的接线端处，不然，很容易焊坏电位器。凡是焊接片上的铆钉孔处有焊锡，电位器都要被焊坏。

5. 三端稳压电路常见故障诊断和故障排除

稳压电源故障分析与排除见表 4—6。

表 4—6　稳压电源故障分析与排除

序号	故障现象	故障分析	排除步骤
1	整流后的电压小于输入电压的 90%	整流电路中的二极管产生压降引起	在 W7815、W7915 输入、输出端各并联一个二极管，以保护集成稳压器内部的调整管
2	滤波后的输出电压波形不平滑	滤波电容过小引起	滤波电容值增大
3	负载大小变化，输出电压也发生较小的变化	电容滤波，使电路外特性不够硬	将 C 滤波电路改为 LC 滤波电路

6. 注意事项

三端集成稳压器虽然应用电路简单，外围元件很少，但若使用不当，同样会出现稳压器被击穿或稳压效果不良的现象，所以在使用中必须注意以下几个问题。

（1）要防止产生自激振荡

三端集成稳压器内部电路放大级数多，开环增益高，工作于闭环深度负反馈状态，若不采取适当补偿移相措施，则在分布电容、电感的作用下，电路可能产生高频寄生振荡，从而影响稳压器的正常工作。

如图 4—11 所示中的 C1 及 C2 就是为防止自激振荡而必须加的防振电容器。虽然市电经整流后由容量很大的电容进行滤波，但铝电解电容器的寄生电感和电阻都较大，频率特性差，仅适用于 50 V、200 Hz 的电路。稳压电路的自激振荡频率都很高，因此只用大容量电容难以对自激信号起到良好的旁路作用，需要用频率特性良好的电容器与之并联才行，千万不可省去。

（2）要防止稳压器损坏

虽然三端稳压器内部电路有过流、过热及调整管安全工作区等保护功能，但在使用中应注意以下几个问题以防稳压器损坏。

1）防止输入端对地短路。

2）防止输入端和输出端接反。

3）防止输入端滤波电路断路。

4）防止输出端与其他高电压电路连接。

5）稳压器接地端不得开路。

（3）当集成稳压器输出端加装防自激电容器且容量较大时，万一输入端发生短路时，该电容器从输出端向稳压器的放电电流将使稳压器内的调整管损坏。为防止这种现象的发生，可从输出向输入端跨接一个大电流的二极管。

（4）在使用可调式稳压器时，为减小输出电压纹波，应在稳压器调整端与地之间接入一个 10 μF 电容器。

（5）为了提高稳压性能，应注意电路的连接布局。一般稳压电路不要离滤波电路太远，另外，输入线、输出线和地线应分开布设，采用较粗的线且要焊牢。

（6）三端集成稳压器是一个功率器件，它的最大功耗取决于内部调整管的最大结温。因此，要保证集成稳压器能够在额定输出电流下正常工作，就必须为集成稳压器采取适当的散热措施。稳压器的散热能力越强，它所能承受的功率也就越大。

（7）选用三端集成稳压器时，首先要考虑的是输出电压是否要求可以调整。若不需调整输出电压，则可选用输出固定电压的稳压器；若要调整输出电压，则应选用可调式稳压器。稳压器的类型选定后，就要进行参数的选择，其中最重要的参数就是需要输出的最大电流值，这样大致可确定出集成电路的型号。然后再审查一下所选稳压器的其他参数能否满足使用的要求。

课后练习

1. 最常用的三端式集成稳压电路 CW78××系列和 CW79××系列的区别是什么？

2. 三端式集成稳压电路 7800 系列的管脚与三端式集成稳压电路 7900 系列的管脚有何不同。

3. 三端式集成稳压电源的应用有哪些接法？

4. 使用三端集成稳压器应注意哪些事项？

5. 焊接一个实用的三端集成稳压电源。

课题 3　RC 阻容放大电路装调维修

学习目标

1. 掌握放大电路的分析方法。
2. 掌握 RC 阻容放大电路的安装、调试。
3. 掌握示波器、信号发生器等常用电子仪器的正确使用方法。

一、基本放大电路的组成

在生产和科学试验中，往往要求用微弱的信号去控制较大功率的负载，这就需要使用放大电路对信号进行放大。三极管的主要用途之一就是利用其放大作用来组成放大电路。放大电路的应用十分广泛，是电子设备中最普遍的一种基本单元。晶体管放大电路是由晶体管、电阻和电容等元件组成的电路。由于晶体管三个电极的连接方式不同，可组成共发射极、共基极和共集电极三种电路，即输入回路和输出回路的公共点分别是发射极、基极和集电极。其放大本质都是通过基极的控制作用，以小能量控制大能量。本课题主要介绍由分立元件组成的各种常用基本放大电路。

如图 4—17 所示是共发射极接法的基本交流放大电路。

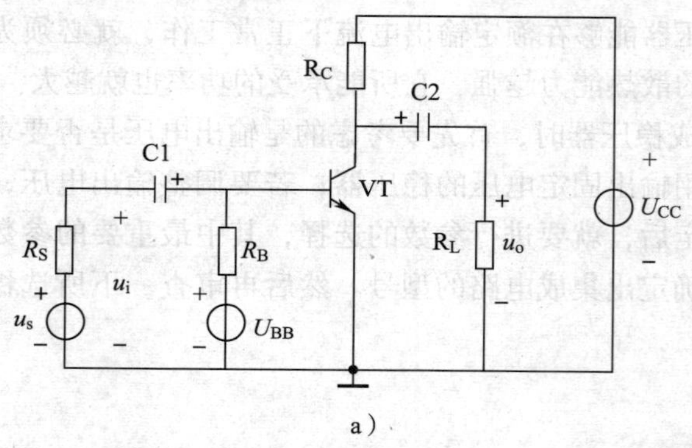

a）

图 4—17　基本交流放大电路

输入端接交流信号源（通常可用一个电动势 u_s 与电阻 R_s 串联的电压源等效表示），输入电压为 u_i，输出端接负载电阻 R_L，输出电压为 u_o。电路中各个元件的作用分别如下：

三极管 VT：三极管是放大电路中的放大元件，利用它的电流放大作用，在集电极电路获得放大了的电流，这电流受输入信号的控制。如果从能量观点来看，输入信号的能量是较小的，而输出的能量是较大的，但这不是说放大电路把输入的能量放大了。能量是守恒的，不能放大，输出的较大能量是来自直流电源 U_{CC}。也就是说能量较小的输入信号通过三极管的控制作用，去控制电源 U_{CC} 所供给的能量，以在输出端获得一个能量较大的信号。

这就是放大作用的实质，而三极管也可以说是一个控制元件。

集电极电源 U_{CC}：电源 U_{CC} 除为输出信号提供能量外，它还保证集电极处于反向偏置，以使晶体管起到放大作用。U_{CC} 一般为几伏到几十伏。

集电极负载电阻 R_C：集电极负载电阻简称集电极电阻，它主要是将集电极电流的变化变换为电压的变化，以实现电压放大。R_C 的阻值一般为几千欧到几十千欧。

基极电源 U_{BB} 和基极电阻 R_B。它们的作用是使发射结处于正向偏置，并提供大小适当的基极电流 I_B，以使放大电路获得合适的工作点。R_B 的阻值一般为几十千欧到几百千欧。

耦合电容 C1 和 C2：它们一方面起到隔直作用。C1 用来隔断放大电路与信号源之间的直流通路，而 C2 则用来隔断放大电路与负载之间的直流通路，使三者之间无直流联系，互不影响。另一方面又起到交流耦合作用，保证交流信号畅通无阻地经过放大电路，沟通信号源，放大电路和负载三者之间的交流通路。通常要求耦合电容 C 的交流压降小到可以忽略不计，即对交流信号可视做短路；因此电容值要取得较大，对交流信号频率其容抗近似为零。C1 和 C2 的电容值一般为几微法到几十微法，用的是极性电容器，连接时要注意其极性。

在图 4—17 的电路中，用了两个直流电源 U_{CC} 和 U_{BB}。实际上 U_{BB} 可以省去，再把 R_B 改接一下，只由 U_{CC} 供电，如图 4—18 所示。

这样，发射结仍是正向偏置，仍可以产生合适的基极电流 I_B（R_B 的阻值要相应调整）。

在放大电路中，通常把公共端接“地”，设其电位为零，作为电路中其他各点电位的参考点。同时为了简化电路的画法，习惯上不画电源 U_{CC} 的符号，而只在连接其正极的一端标出它对“地”的电压值 U_{CC} 和极性（“+”或“-”），如图 4—19 所示。

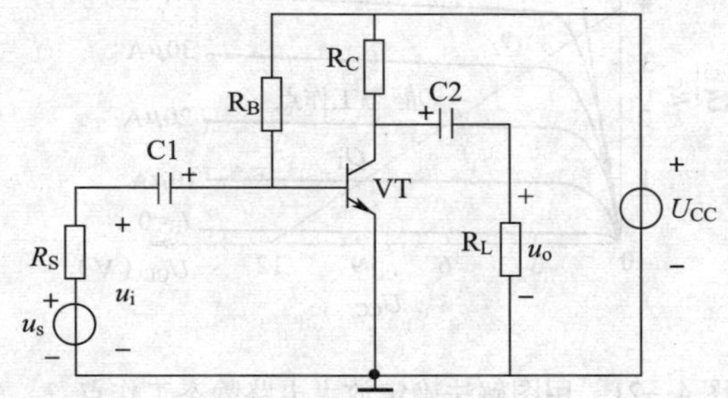

图 4—18　单电源供电的共射组态放大电路

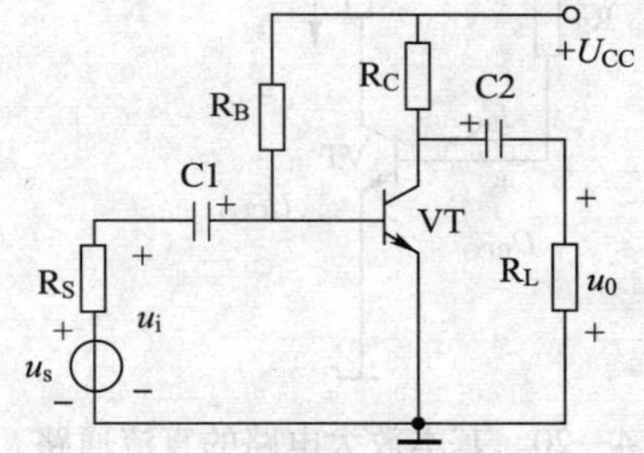

图 4—19　共射组态放大电路的习惯画法

二、基本放大电路的原理分析

对放大电路可分静态和动态两种情况来分析。

静态是当放大电路没有输入信号时的工作状态。静态分析是要确定放大电路的静态值（直流值）I_B、I_C、U_{CE} 和 U_{BE}，放大电路的质量与其静态值的关系甚大。

动态是有输入信号时的工作状态。动态分析是要确定放大电路的电压放大倍数 A_u、输入电阻 r_i 和输出电阻 r_o 等。

1. 放大电路静态分析

（1）用放大电路的直流通路确定静态值，静态值既然是直流，可用基本放大电路的直流通路来分析。如图 4—20 所示是基本放大电路的直流通路。

其静态时的基极电流 $I_B = \dfrac{(U_{CC} - U_{BE})}{R_B} \approx \dfrac{U_{CC}}{R_B}$

由于 U_{BE}（硅管约为0.6 V）比 U_{CC}小得多，可忽略不计。

由 I_B得出静态时的集电极电流

$$I_C = \bar{\beta} I_B + I_{CEO} \approx \bar{\beta} I_B \approx \beta I_B$$

其静态时的集—射极电压为

$$U_{CE} = U_{CC} - I_C R_C$$

（2）用图解法确定静态值

静态值也可以用图解法来确定，并能直观地分析和了解静态值的变化对放大电路工作的影响。在如图 4—21 所示的直流通路中，三极管与集电极负载电阻 R_C串联后接于电源 U_{CC}，可列出

$$I_C = -\frac{1}{R_C} U_{CE} + \frac{U_{CC}}{R_C}$$

这是一个直线方程，其斜率为 $\tan\alpha = -\dfrac{1}{R_C}$，在横轴上的截距为 U_{CC}，在纵轴上的截距为$\dfrac{U_{CC}}{R_C}$。这一直线在如图 4—21 所示上作出。因为它是由直流通路得出，并与集电极负载电阻 R_C有关。故称之为直流负载线。

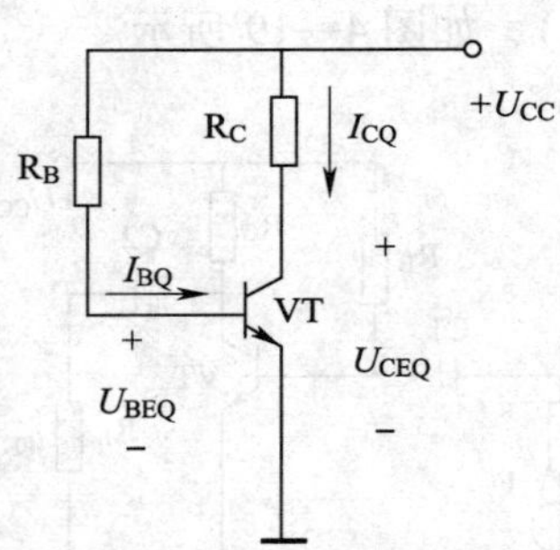

图 4—20　基本放大电路的直流通路

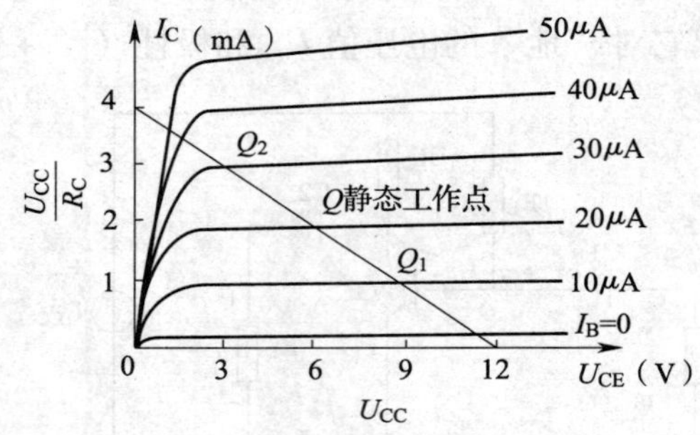

图 4—21　用图解法确定放大电路静态工作点

负载线与三极管的某条（由 I_B确定）输出特性曲线的交点 Q，称为放大电路的静态工作点，由它确定放大电路的电压和电流的静态值。

由此可见，基极电流 I_B的大小不同，静态工作点在负载线上的位置也就不同。根据对三极管工作状态的要求不同，要有一个相应不同的合适的工作点，这可由改变 I_B的大小获得。因此，I_B很重要，它确定三极管的工作状态，通常称它为偏置电流，简称偏流。产生偏流的电路，称为偏置电路，在如图 4—20 所示中，其路径为 U_{CC}→R_B→发射结→“地”。R_B称为偏置电阻。通常是改变 R_B的阻值来调整偏流 I_B的大小。

用图解法求静态值的一般步骤如下：给出三极管的输出特性曲线组→作出直流负载线→由直流通路求出偏流 I_B→得出的静态工作点→找出静态值。用图解法确定放大电路静态工作点如图 4—21 所示。

2. 放大电路的动态分析

当放大电路有输入信号时，三极管的各个电流和电压都含有直流分量和交流分量。直流分量一般即为静态值，由静态分析来确定。动态分析是在静态值确定后，分析信号的传输情况，考虑的只是电流和电压的交流分量（信号分量）。下面主要介绍微变等效电路法。

所谓放大电路的微变等效电路，就是把非线性元件三极管所组成的放大电路等效为一个线性元路，也就是把三极管线性化，等效为一个线性电路。这样，就可像处理线性电路那样来处理三极管放大电路。线性化的条件就是三极管在小信号（微变量）情况下工作。这才能在静态工作点附近的小范围内用直线段近似地代替三极管的特性曲线，如图 4—22 所示。

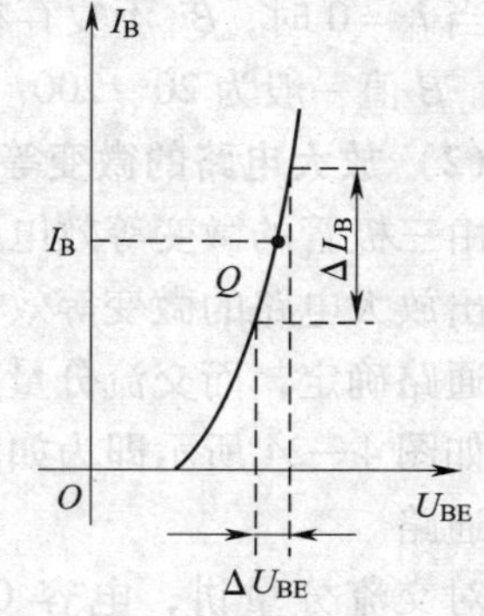

图 4—22　三极管输入特性曲线

(1) 三极管的微变等效电路

把三极管线性化，可用一个等效电路（也称为线性模型）来代替。可从共发射极接法三极管的输入特性和输出特性两方面来分析。

三极管的输入特性曲线属非线性。当输入信号很小时，在静态工作点 Q 附近的工作段可视为是直线。

当 U_{CE}为常数时，ΔU_{BE}与 ΔI_B之比 $r_{be}=\dfrac{\Delta U_{BE}}{\Delta I_B}=\dfrac{u_{be}}{i_b}$称为三极管输入电阻，它表示三极管的输入特性。在小信号情况下，r_{be}是一常数，由它确定 u_{be}和 i_b之间的关系。因此，三极管输入电路可用 r_{be}代替，如图 4—23 所示。

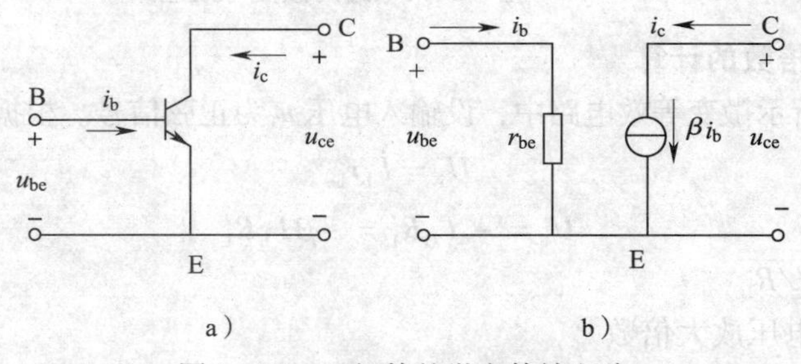

图 4—23　三极管的微变等效电路
a）三极管电路　b）三极管的微变等效电路

低频小功率晶体管的输入电阻常用下式估算

$$r_{be}=300\ \Omega+(\beta+1)\ \frac{26\ (\text{mV})}{I_E\ (\text{mA})}$$

式中，I_E是发射极电流的静态值。r_{be}一般为几百欧到几千欧。它是对交流而言的一个动态电阻。

三极管的输出特性曲线在线性工作区是一组近似等距离的平行直线。

当 U_{CE}为常数时，ΔI_C与 ΔI_B之比 $\beta=\dfrac{\Delta I_C}{\Delta I_B}=\dfrac{i_c}{i_b}$称为三极管的电流放大系数。

在小信号的条件下β是一常数，可由它确定i_c受i_b控制的关系。因此，三极管的输出电路可用等效恒流源$i_c=\beta i_b$代替，以表示晶体管的电流控制作用。

当$i_b=0$时，βi_b不复存在，所以它不是一个独立电源，而是受输入电流i_b控制的受控电源。β值一般为20～200。

(2) 放大电路的微变等效电路

由三极管的微变等效电路和基本放大电路的交流通路可得出放大电路的微变等效电路。如上所述，静态值可由直流通路确定，而交流分量则由相应的交流通路来分析计算。如图4—24所示即为如图4—19所示基本放大电路的交流通路。

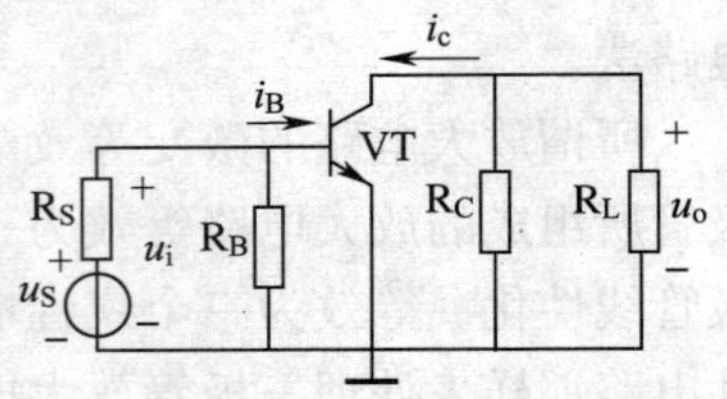

图4—24　基本放大电路的交流通路

对交流分量讲，电容C1和C2可视作短路；同时，一般直流电源的内阻很小，可以忽略不计，故直流电源也可以认为是短路的。据此就可画出交流通路。再把交流通路中的三极管用它的微变等效电路代替，即为基本放大电路的微变等效电路，如图4—25所示。电路中的电压和电流都是交流分量，箭头表示正方向。

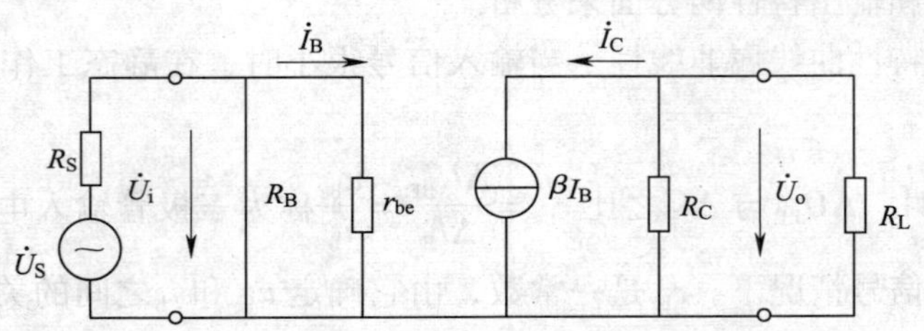

图4—25　基本放大电路的微变等效电路

(3) 电压放大倍数的计算

在如图4—25所示微变等效电路中，设输入电压u_i为正弦信号。根据如图4—25可列出：

$$\dot{U}_i=\dot{I}_b r_{be}$$

$$\dot{U}_o=-\dot{I}_C R'_L=-\beta\dot{I}_b R'_L$$

式中，$R'_L=R_C//R_L$

故放大电路的电压放大倍数

$$A_u=\frac{\dot{U}_o}{\dot{U}_i}=-\beta\frac{R'_L}{r_{be}}$$

上式中的负号表示输出电压U_o与输入电压U_i的相位相反。

当放大电路输出端开路（未接R_L）时

$$A_u=-\beta\frac{R_c}{r_{be}}$$

此电压放大倍数要比接R_L时为高。由此可见R_L的阻值越小，则电压放大倍数越低。

A_u除与R'_L有关外，还与β和r_{be}有关。在保持静态发射极电流I_E一定的条件下，β大的管子其r_{be}也大，但两者不是成正比地增大，而是随着β的增大，$\frac{\beta}{r_{be}}$值也在增大，但是增大得越来越少。也就是随着的β增大，电压放大倍数增大得越来越少。当β增大到一定程度时，电压放大倍数几乎与β无关。但是，在β一定时，只要稍把I_E增大一些，却能使电压放大倍数在一定范围内有明显的提高，而选用β较高的三极管，反而往往达不到这个效果。但应注意I_E的增大是有限制的。

三、技能训练

训练项目：RC 阻容放大电路的安装调试及故障排除

1. 训练目标

（1）熟悉印制电路板和电子元件的焊前处理及操作准备。

（2）掌握 RC 阻容放大电路的安装、焊接和调试。

（3）掌握 RC 阻容放大电路的故障诊断和故障排除。

2. 器材准备

RC 阻容放大电路装调维修元器件清单见表 4—7。

表 4—7　RC 阻容放大电路装调维修元器件清单

序号	名称	规格型号	数量	备注
1	直流电源	自选	1 台	
2	印制电路板	自选	1 块	
3	电子元件（电阻器、电容器、三极管等）	自选	1 套	
4	万用表	自选	1 台	
5	双踪示波器	自选	1 台	
6	函数信号发生器	自选	1 台	

3. 训练内容及步骤

（1）RC 阻容放大电路的原理分析

一个两级的阻容耦合放大器电路如图 4—26 所示。

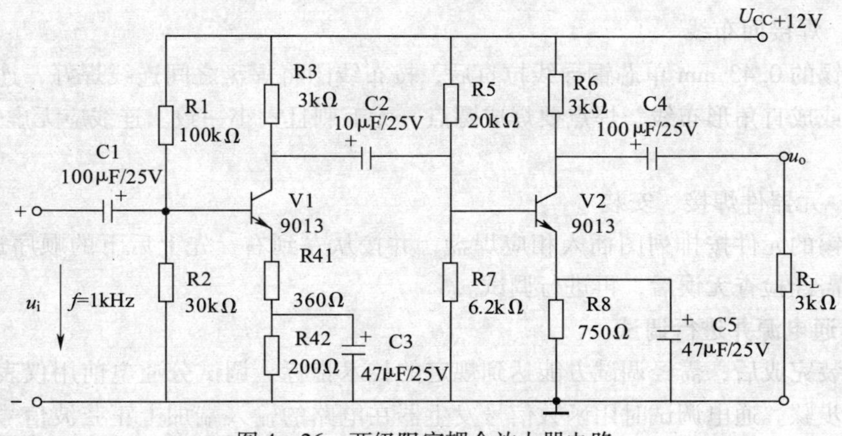

图 4—26　两级阻容耦合放大器电路

如图 4—26 所示是一个典型的两级三极管阻容耦合放大器电路。由于耦合电容 C1、C2 和 C4 的隔直流作用，各级之间的直流工作状态是完全独立的，因此可分别单独调整。但是，对于交流信号，各级之间有着密切的联系，前级的输出电压就是后级的输入信号，因此两级放大器的总电压放大倍数等于各级放大倍数的乘积 $A_u = A_{u1} \times A_{u2}$，同时后级的输入阻抗也就是前级的负载。

（2）对配套元器件进行测量

检查电路中所用电阻、电容及三极管数值与质量。

步骤 1　三极管极性及放大倍数的测量。

步骤 2　电阻器、电容器标称值的测量。

（3）对基本放大电路板的焊接、安装

装调 RC 阻容放大电路的印制电路板如图 4—27 所示。电路板上在安装元器件处均铆有空心铆钉。放大电路的安装、焊接分两道工序：先按布线图将铆钉板焊接面连线焊好，再按排列图将元件从铆钉板另一面插入焊盘，在连线面进行安装焊接。

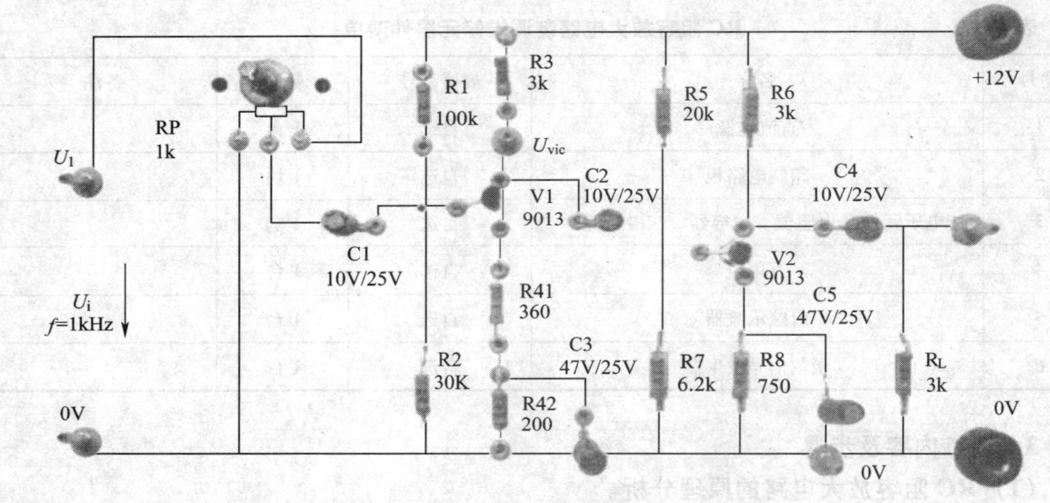

图 4—27　RC 阻容放大电路印制电路板

步骤 1　焊接面布线

将上好锡的 0. 43 mm 单芯铜导线拉直后，按布线图将焊盘之间连线焊好，连线不能交叉，应平行或成直角形布线，焊点要焊成圆点，无毛刺且大小一致。连线应无虚焊、错焊、漏焊现象。

步骤 2　元器件焊接、安装

将上好锡的元件按排列图插入相应焊盘，并按从左到右、先上后下的顺序进行焊接。元件焊接完需经检查无误后，再进行调试。

（4）接通电源并进行调试

电路安装完成后，需经调试方能达到规定的技术指标。调试分通电前用仪表测试与通电调试两大步骤。通电调试时用函数信号发生器在电路的输入端加上正弦波信号。要正确掌握调试技能，必须掌握电路工作原理，做好调试准备工作，制定调试内容，记录调试数据与测试波形。

（5）用万用表测量电路各主要点数据

测三极管 V1，V2 的静态电压，填入空格处：

U_{V1C}__________、U_{V1E}__________、U_{V2C}__________、U_{V2E}__________。

（6）用示波器观察电路各主要点的波形

用示波器观察电路中输入电压 u_i、第一级输出电压 u_{o1}（即三极管 V1 集电极对地电压）及负载 R_L上的输出电压波形 u_o。逐渐增大信号发生器输出正弦波信号的幅值，直到输出电压即将出现失真为止，此时的输出电压称为最大不失真输出电压。将 u_i、u_{o1}及最大不失真输出电压 u_o绘制在图 4—28 中，并在波形图中标出信号的周期和幅值。

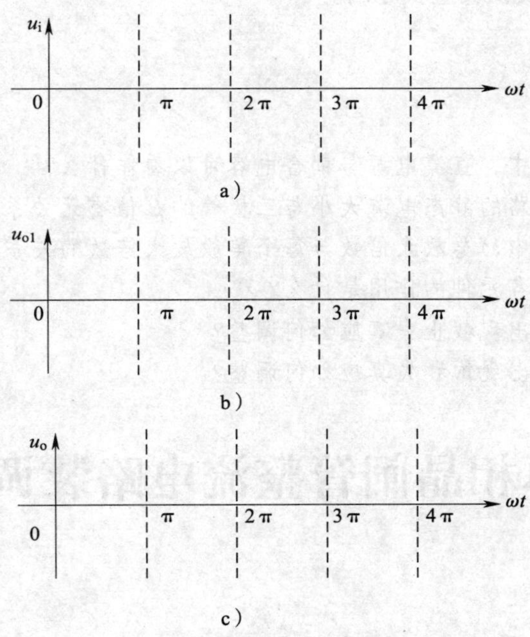

图 4—28　RC 阻容放大电路波形测绘

a）u_i波形　b）第一级输出波形　c）最大不失真的波形

4. 常见故障诊断和故障排除

RC 阻容放大电路故障分析与排除见表 4—8。

表 4—8　　RC 阻容放大电路故障分析与排除

序号	故障现象	故障分析	排除步骤
1	V1 输出无信号	由于第一级放大器不能正常工作，无输出信号加到第二级放大器中，故整个电路不工作	1. 检查 V1 管是否正常 2. 检查第一级放大电路各元件是否正常
2	U_o输出无信号，但 V1 输出信号正常	由于第二级放大器不能正常工作，故整个电路不工作	1. 检查 V2 管是否正常 2. 检查 C4 元件是否正常 3. 检查第二级放大电路各元件是否正常

5. 注意事项

(1) 正确使用测量仪器的接地端，仪器的接地端与电路的接地端要可靠连接。

(2) 在信号较弱的输入端，尽可能使用屏蔽线连线，屏蔽线的外屏蔽层要接到公共地线上，在频率较高时，要设法隔离连接线分布电容的影响，例如用示波器测量时，应该使用示波器探头连接，以减少分布电容的影响。

(3) 测量电压所用仪器的输入阻抗必须远大于被测处的等效阻抗。

(4) 测量仪器的带宽必须大于被测量电路的带宽。

(5) 正确选择测量点和测量方法。

(6) 认真观察记录实验过程，包括条件、现象、数据、波形、相位等。

(7) 出现故障时，要认真查找原因。

课后练习

1. 在微变等效电路中，直流电源与耦合电容可以看作什么？
2. 固定偏置放大电路的静态电流大小与三极管的 β 值有无关系？
3. 在多级放大电路中，总放大倍数与每个单级放大倍数的关系是什么？
4. 基本放大电路中各元件的作用是什么？
5. 基本放大电路中出现截止失真应如何调整？
6. 基本放大电路中出现饱和失真应如何调整？

课题 4 单相晶闸管整流电路装调维修

学习目标

1. 掌握单结晶体管和晶闸管的简易测试方法。
2. 能够正确选用元件。
3. 掌握单结晶体管同步触发电路的工作原理及调试方法。

一、晶闸管

晶闸管是硅晶体闸流管的简称，是一种可控制的硅整流器件，也称为可控硅(SCR)。它是在二极管的基础上发展起来的一种新型大功率半导体器件。它可以实现以微小的电信号对大功率电能进行控制或变换，是一种大功率半导体器件，广泛应用于可控整流，无触点继电器、交流调压、电动机速度控制等。晶闸管包括普通晶闸管、双向晶闸管、快速晶闸管等。由于普通晶闸管应用最广泛，故本课题着重介绍普通晶闸管。

1. 晶闸管的结构

晶闸管的外形有塑封式（小功率）、平板式（中功率）和螺栓式（中、大功率）几种，如图 4—29 所示。平板式和螺栓式晶闸管使用时固定在散热器上。

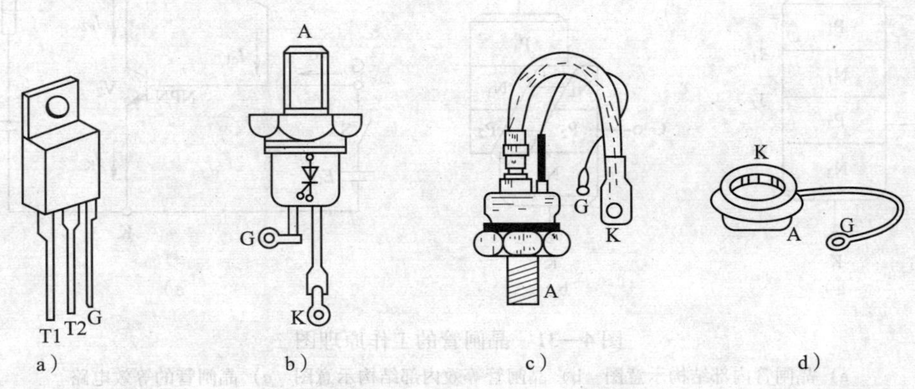

图 4—29 晶闸管的外形

a）塑封式 b）小功率螺旋式 c）大功率螺旋式 d）平板式

如图 4—30 所示为普通（单向）晶闸管的图形符号，是一种 PNPN 四层半导体元件，它有三个引出的电极，是在二极管符号的基础上又增加了一个控制极，表示其特性相当于一只带有控制端的特殊二极管。

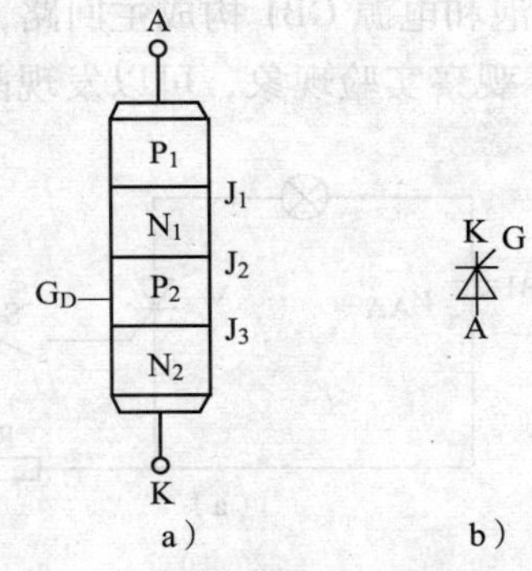

图 4—30 晶闸管的内部结构及符号

a）内部结构 b）符号

2. 晶闸管的工作原理

晶闸管是一个具有三个 PN 结的 PNPN 四层半导体元件，从内部结构上看，可以把它看成两个三极管 V1、V2 的组合，其中 V1 是 PNP 管、V2 是 NPN 管，如图 4—31b 所示。

由图 4—31b 可知，V2 的集电极电流 I_{C2} 是 V1 的基极电流 I_{B1}，V1 的集电极电流 I_{C1} 是 V2 的基极电流 I_{B2}。当合上开关 S 加上足够的正向门极电压，V2 流过基极电流 I_{B2}，经三极管 V2 放大，集电极电流 $I_{C2}=\beta_2 I_{B2}$，由于 I_{C2} 又是三极管 V1 的基极电流 I_{B1}，因此 I_{C2} 又经三极管 V1 再次放大，集电极电流 $I_{C1}=\beta_1 I_{C2}=\beta_1\beta_2 I_{B2}$，$I_{C1}$ 继续经三极管 V2 再次放大，使得 I_{C2} 急剧增大，如此交替放大将产生一个强烈的正反馈。这个正反馈过程可表示为 $I_g\uparrow\rightarrow I_{B2}\uparrow\rightarrow I_{C2}\uparrow\rightarrow I_{B1}\uparrow\rightarrow I_{C1}\uparrow\rightarrow I_{B2}\uparrow$，使得两个三极管都很快地饱和导通，即晶闸管导通。在晶闸管导通后，阳极电流大小由电源电压和负载决定。

当晶闸管导通后，它的导通状态完全依靠管子本身的正反馈作用来维持，即使取消门极电压（电流），晶闸管仍处于导通状态，这时门极已失去了控制作用，要想使晶闸管关断，可以在晶闸管的阳极和阴极间加上反向电压或将晶闸管的阳极电压断开，使阳极电流小于维持电流而关断。

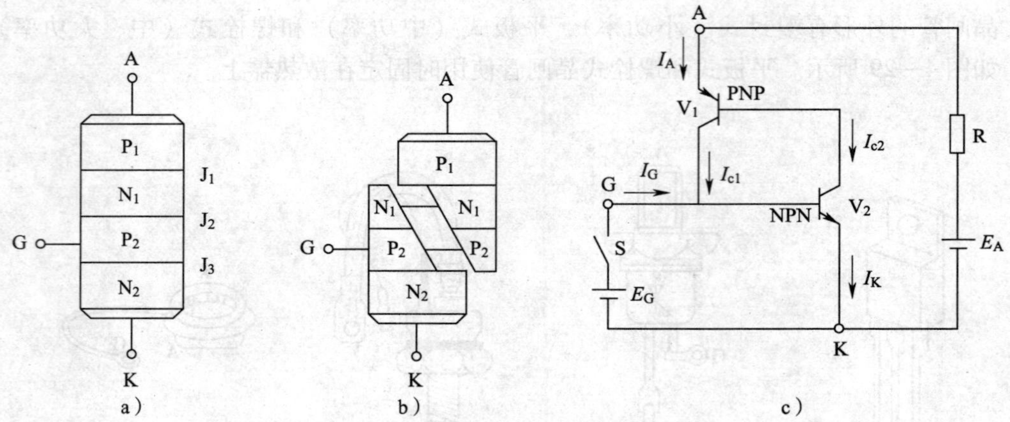

图 4—31　晶闸管的工作原理图

a）晶闸管内部结构示意图　b）晶闸管等效内部结构示意图　c）晶闸管的等效电路

3. 晶闸管的工作特性

晶闸管的工作特性可通过如图 4—32 所示的实验加以说明。图中晶闸管阳极 A、阴极 K、灯泡和电源 GB1 构成主回路，控制极 G、阴极 K、电阻 R、开关和电源 GB2 构成控制回路。观察实验现象，可以发现晶闸管工作有以下特点。

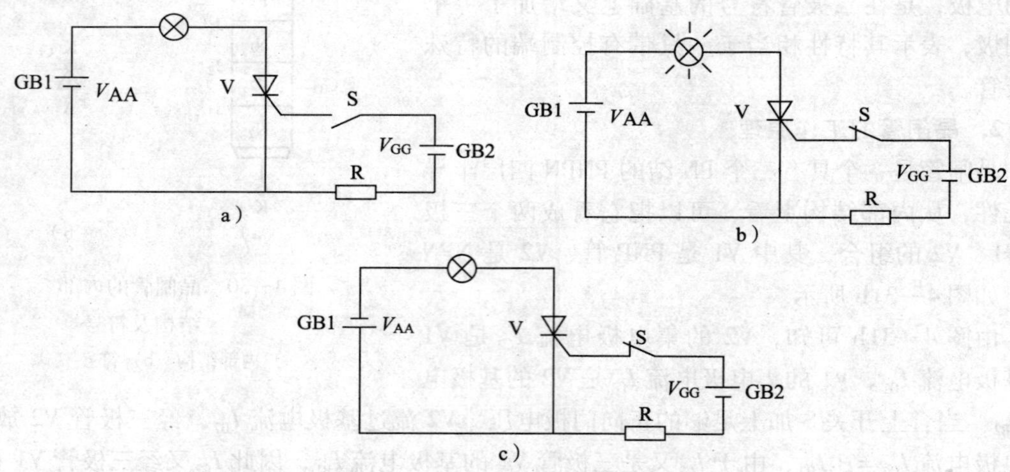

图 4—32　晶闸管特性实验

（1）正向阻断

如图 4—32a 所示，晶闸管加正向电压，而控制极不加正向电压，灯不亮，这种状态称为正向阻断。

（2）触发导通

如图 4—32b 所示，晶闸管加正向电压，再闭合开关 S，使控制极和阴极之间也加上正向电压（触发电压）这时灯亮，说明晶闸管已导通。这种状态称为触发导通。

(3) 维持导通

晶闸管一旦导通后，维持阳极电压不变，断开触发电压，灯仍亮，说明晶闸管仍然导通。这种状态称为维持导通。

(4) 反向阻断

如图 4—32c 所示，晶闸管加反向电压，这时不论是否加控制电压，也不论控制极所加是正向电压还是反向电压，灯都不亮，晶闸管都不导通。这种状态称为反向阻断。

从上述试验可以看出，晶闸管和整流二极管一样具有单向导电特性，电流只能从阳极流向阴极，但晶闸管又不同于整流二极管，还具有正向导通的可控特性。当晶闸管阳极和阴极间加上正向电压时，晶闸管还不能导通，处于正向阻断状态，只有在晶闸管阳极和阴极间加上正向电压，同时在控制极和阴极间加上适当的正向电压与电流时，晶闸管才能导通，控制极起到控制作用。综上所述，晶闸管导通的条件为：

1）晶闸管的阳极 A 和阴极 K 间加上正向阳极电压。

2）晶闸管的控制极 G 和阴极 K 间加上适当足够大的正向电压。

晶闸管关断的条件为晶闸管的阳极电流小于维持电流。在实际应用中，可以在晶闸管阳极和阴极间加上反向电压或将晶闸管阳极电压断开，使晶闸管的阳极电流小于维持电流而关断。

4. 晶闸管的伏安特性

由前面讨论可知，晶闸管相当于一个可以控制的单向导电的二极管。为了解它的特性，常采用如图 4—33 所示的阳极伏安特性曲线来分析。图中曲线表明了阳极电压、电流和控制电压、电流等因素的影响及相互的联系。此图横坐标表示阳极电压，纵坐标表示阳极电流，并以控制极电流 i_g 作参考变量，右上方表示晶闸管的正向特性，左下方表示晶闸管的反向特性。

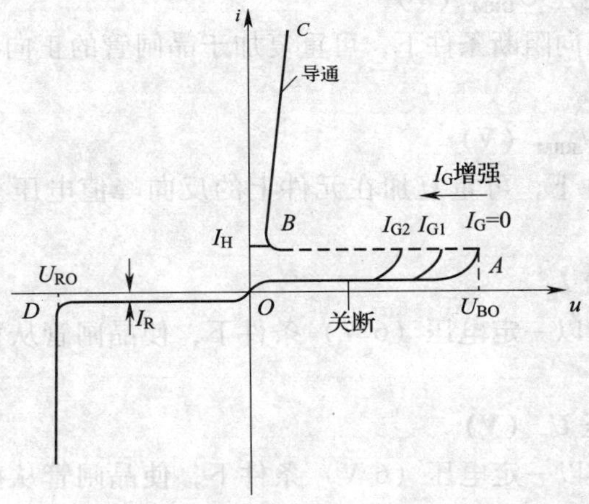

图 4—33　晶闸管阳极伏安特性

当阳极、阴极间加上反向电压时，J_1 和 J_3 结处于反向电压作用下，晶闸管反向阻断，它和一般 PN 结的反向特性相似，只有很小的反向漏电流。当反向电压增加到 U_{RO} 时，反向电流急剧增加，特性曲线开始弯曲。如再增加反向电压，此时晶闸管产生反向导通，也就是常说的反向击穿，造成永久性破坏。因此，把 U_{RO}称为晶闸管的反向转折电压。

当阳极、阴极间加上正向电压时，J_2处于反向电压作用下，因此这时只有很小的正向漏电流，故认为是截止的。这种截止状态称为晶闸管“正向阻断”，它与反向特性相似，如图 4—33 所示中 *OA* 段所示。

随着正向电压的不断升高，正向漏电流也不断增大，特性曲线逐渐向上弯曲。当电压升到 U_{BO}时，J_2结受很大的反向电场作用而击穿（对应曲线上的 *A* 点），晶闸管由正向阻断状态突然转变成导通状态，所以 U_{BO}叫做正向转折电压。晶闸管导通后，管压降很小，对应曲线的 *B* 点，约 1 V，电流很大，对应曲线 *BC* 段，因此 *BC* 线靠近纵轴而且陡直。应注意，这种导通的电流过大、次数过多，也会造成晶闸管特性下降，甚至被破坏。

上述是控制极不加电压的情况。当控制极加上正向电压时，控制极就有电流 i_g流过，这时只要在晶闸管上加较低的正向阳极电压就可使之导通。例如当 $i_g=0$ 时，$U_{BO}=800$ V；当 $i_g=15$ mA 时，$U_{BO}=5$ V，可以使晶闸管导通。由此可见，利用很小的控制极电流（毫安级）就可以控制晶闸管导通，这就是控制极的控制作用。

温度对晶闸管转折电压 U_{BO}的影响是很大的，当温度升高时 U_{BO}下降。例如当温度从 20℃升至 100℃时，U_{BO}就减至正常值的 1/4 左右。所以在使用晶闸管时必须考虑散热问题。

5. 晶闸管的主要参数

晶闸管的参数很多，其中主要的参数如下。

（1）额定正向平均电流 I_F（A）

即在规定的环境温度（≤40℃）、标准散热和晶闸管全导通条件下，阳极与阴极间可连续通过的工频正弦半波电流平均值。

（2）正向阻断峰值电压 U_{DRM}（V）

即在控制极断开和正向阻断条件下，可重复加于晶闸管的正向峰值电压。规定为正向转折电压 U_{BO}减去 100 V 。

（3）反向峰值电压 U_{RRM}（V）

即在控制极断开条件下，可重复加在元件上的反向峰值电压。规定为反向转折电压 U_{RO}减去 100 V。

（4）控制极触发电流 I_g

即在阳极与阴极间加以一定电压（6 V）条件下，使晶闸管从截止变为导通所需要的最小控制极直流电流。

（5）控制极触发电压 U_g（V）

即在阳极与阴极间加以一定电压（6 V）条件下，使晶闸管从截止变为导通所需要的最小控制极直流电压。

（6）维持电流 I_H（mA）

即在规定的环境温度、控制极断开和晶闸管导通的情况下，要维持晶闸管处于导通状态所必需的最小正向电流。

此外，还有正向平均漏电流、反向平均漏电流、工作结温度、开关时间等参数，可在晶闸管手册中查到。

6. 晶闸管的型号

国产晶闸管的命名方法如图 4—34 所示：

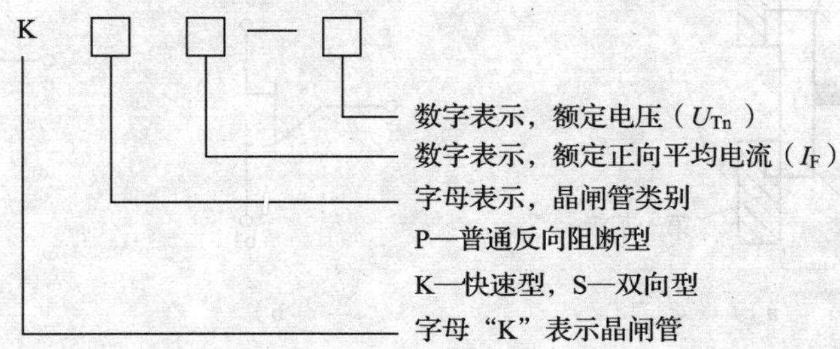

图 4—34 国产晶闸管的命名方法

常用晶闸管元件型号及其主要技术参数见表 4—9。

表 4—9 晶闸管元件型号及其主要参数表

参数	KP5	KP20	KP100	KP200	KP300	KP500	KP800	KP1000
通态平均电流/A	5	20	100	200	300	500	800	1 000
断态（反向）重复峰值电压/V	100 ~ 3 000	100 ~ 3 000	100 ~ 3 000	100 ~ 3 000	100 ~ 3 000	100 ~ 3 000	100 ~ 3 000	100 ~ 3 000
门极触发电压/V	≤3.5	≤3.5	≤4	≤4	≤5	≤5	≤5	≤5
门极触发电流/mA	≤70	≤100	≤250	≤250	≤300	≤300	≤400	≤400
断态电压临界上升率/V · μs^{-1}	25 ~ 1 000							
通态平均电压/V	1.2	1.2	1.2	0.8	0.8	0.8	0.8	0.8
额定结温/℃	100	100	115	115	115	115	115	115

二、单结晶体管

要使晶闸管导通，除了加上正向阳极电压外，还必须在门极和阴极之间加上适当的正向触发电压与电流。为门极提供触发电压与电流的电路称为触发电路。对晶闸管触发电路来说，首先它的触发信号应该具有足够的触发功率（触发电压与触发电流），以保证晶闸管可靠导通。其次触发脉冲应有一定的宽度，脉冲的前沿要陡峭，最后触发脉冲必须与主电路晶闸管的阳极电压同步，并能根据电路要求在一定的移相范围内移相。触发电路有很多种类，本单元介绍小功率可控整流电路中常用的单结晶体管触发电路。

1. 单结晶体管的结构

单结晶体管的结构与等效电路如图 4—35 所示。

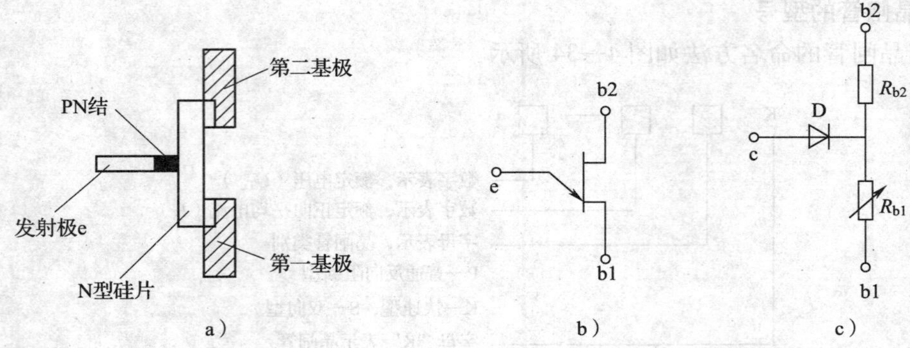

图 4—35　单结晶体管

a）结构示意图　b）符号　c）等效电路

单结晶体管有三个电极：发射极 e、第一基极 b1 与第二基极 b2。由图 4—35a 可见，在一块高电阻率的 N 型硅片上引出两个基极 b1 和 b2，两个基极之间的电阻就是硅片本身的电阻，一般为 2 ~ 12 kΩ。在两个基极之间靠近 b2 的地方用合金法或扩散法掺入 P 型杂质并引出电极，成为发射极 e。单结晶体管是一种特殊的半导体器件，有三个电极，只有一个 PN 结，因此称为“单结晶体管”，又因为管子有两个基极，所以又称为“双基极二极管”。

单结晶体管的等效电路如图 4—35b 所示，两个基极之间的电阻 $R_{bb}=R_{b1}+R_{b2}$，其中 R_{b2} 为 e 极与 b2 之间的电阻，R_{b1} 为 e 极与 b1 之间的电阻，在正常工作时，R_{b1} 的阻值是随发射极电流大小而变化，相当于一个可变电阻。PN 结可等效为二极管 VD，它的正向电压降通常为 0.7 V。单结晶体管的符号如图 4—35b 所示。

2. 单结晶体管的伏安特性

单结晶体管的伏安特性如图 4—36 所示。

单结晶体管的伏安特性就是在 b1、b2 之间加上恒定的直流电压 U_{bb} 时，发射极 e 与基极 b1 端口上的伏安特性，曲线如图 4—36 所示。如图 4—37 所示是测量单结晶体管的伏安特性的试验电路，U_{bb} 为基极电压，U_e 为发射极电压。

当 S1 断开、S2 接通时，即发射极不加电压，直流电压 U_{bb} 加在 b1、b2 之间，A 点电位取决于电阻 R_{b2} 和电阻 R_{b1} 上的分压为

$$U_A=\frac{R_{b1}}{R_{b2}+R_{b2}}U_{bb}=\eta U_{bb}$$

式中，η 称为单结晶体管的“分压系数”，其大小取决于 R_{b1} 和 R_{b2} 电阻值的大小，也就是说取决于管子的结构，一般为 0.3 ~ 0.9，是单结晶体管的一个重要参数。

将 S1 接通时，调节 R_e 使发射极电压 U_e 增加，如果发射极电压 U_e 小于 ηU_{bb}。则 PN 结因承受反向电压而截止，发射极只有极小的反向漏电流流过。随着 U_e 增加，反向漏电流增加，这一段的特性称为“截止区”。当电压 U_e 达到 $\eta U_{bb}+U_{VD}$ 时，PN 结导通，发射极电流 I_e 突然增大，对应于特性上的突变点 P 点称为“峰点”。对应于 P 点的电压与电流分别称

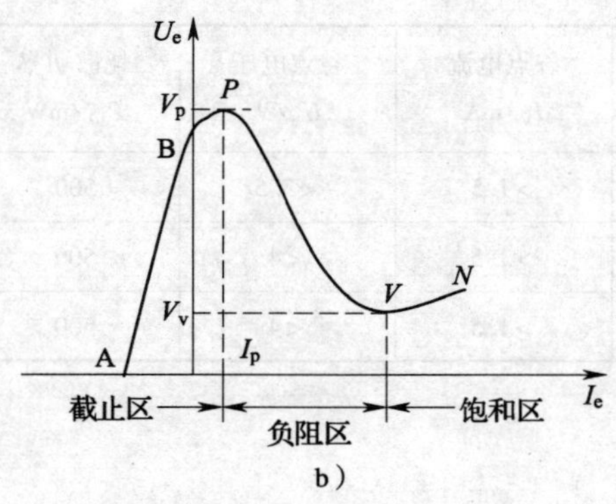

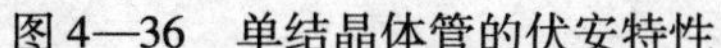

图 4—36 单结晶体管的伏安特性

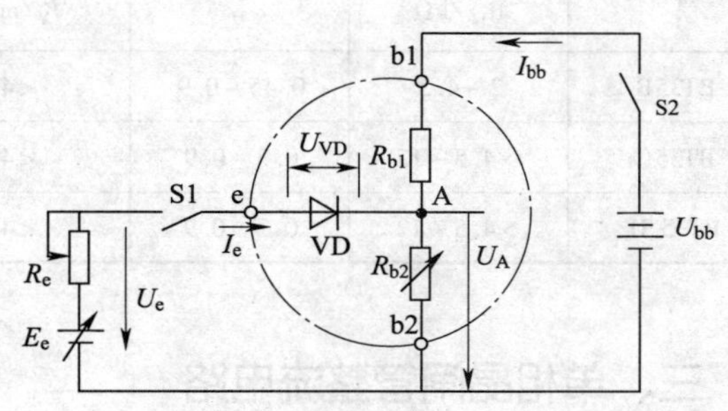

图 4—37 单结晶体管的试验电路

为“峰点电压”U_P与“峰点电流”I_P，峰点电压 $U_P = \eta U_{bb} + U_{VD}$，$U_{VD}$为单结晶体管中 PN 结 VD 的正向压降，一般取 0.7 V。导通以后，由于多数载流子的大量扩散，使得电阻 R_{b1}急剧减小，从而使得分压比 η 也迅速减小，导通所需要的电压 U_e也就随之减小，这就使得在发射极电流 I_e增大的同时，发射极电压 U_e反而减小了，在这一段特性曲线的动态电阻为负值，故这一段特性称为“负阻区”。当发射极电流 I_e增大到一定值后，电压 U_e下降到最低点，对应于特性的最低点 V 点称为“谷点”。对应谷点 V 的电压和电流分别称为谷点电压和谷点电流。在谷点以后，电阻 R_{b1}不再减小，特性的动态电阻又成为正值，发射极电压 U_e随着电流 I_e的增大而增大。对应的特性区域称为“饱和区”。此时如果减小发射极电压到谷点电压以下，则管子将回到截止区工作。

3. 单结管的主要参数

单结晶体管的主要参数有基极间电阻 R_{bb}、分压比 η、峰点电流 I_P、谷点电压 U_V、谷点电流 I_V及耗散功率 P_{b2}等。国产单结晶体管的型号有 BT31、BT33、BT35 等，BT 表示特种半导体的意思，其耗散功率分别为 100 mW、300 mW、500 mW。表 4—10 列出了部分常用单结晶体管型号及其主要参数。

表 4—10　　常用单结晶体管型号及其主要参数

参数名称	基极间电阻 R_{bb}/kΩ	分压比 η	峰点电流 I_V/mA	谷点电流 I_V/mA	谷点电压 U_V/V	耗散功率 P_{b2}/mW
测试条件	U_{bb} = 3 V I_e = 0	U_{bb} = 20 V	U_{bb} = 20 V	U_{bb} = 20 V	U_{bb} = 20 V	
BT33A	2 ~ 4.5	0.45 ~ 0.9	<4	>1.5	<3.5	300
BT33B	2 ~ 4.5	0.45 ~ 0.9	<4	>1.5	<3.5	300
BT33C	>4.5 ~ 12	0.3 ~ 0.9	<4	>1.5	<4	300
BT33D	>4.5 ~ 12	0.3 ~ 0.9	<4	>1.5	<4	300
BT35A	2 ~ 4.5	0.45 ~ 0.9	<4	>1.5	<3.5	500

续表

参数名称	基极间电阻 R_{bb}/kΩ	分压比 η	峰点电流 I_V/mA	谷点电流 I_V/mA	谷点电压 U_V/V	耗散功率 P_{b2}/mW
BT35B	2～4.5	0.45～0.9	<4	>1.5	<3.5	500
BT35C	>4.5～12	0.3～0.9	<4	>1.5	<4	500
BT35 D	>4.5～12	0.3～0.9	<4	>1.5	<4	500

三、单相晶闸管整流电路

1. 单相半波可控整流电路

(1) 电阻性负载

1) 工作原理和波形。单相半波可控整流电路带电阻性负载的电路图和波形图如图4—38所示。

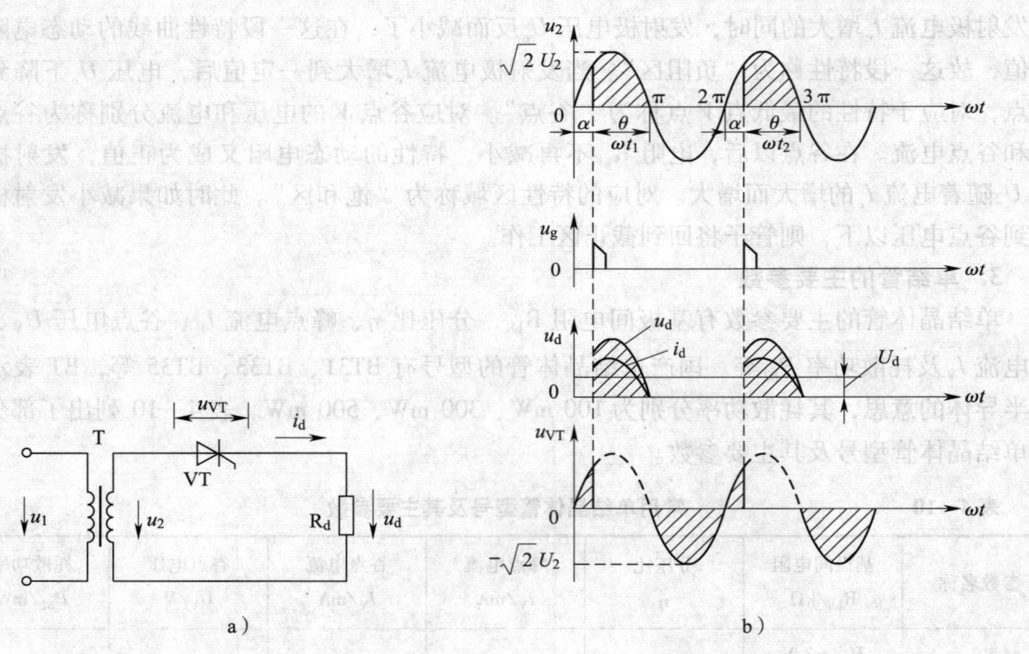

图4—38　单相半波可控整流电路带电阻性负载的电路图和波形图

a) 电路图　b) 波形图

如图4—38a所示是带电阻性负载的单相半波可控整流电路的电路图。变压器二次侧交流电压 u_2、触发脉冲 u_g、直流输出电压（即负载电压）u_d 及晶闸管两端电压 u_{VT} 的波形图如图4—38b所示。由于是电阻性负载，因此负载直流电流 i_d 的波形与直流输出电压波形的相位是相同的，又因为晶闸管与负载是串联的，所以流过晶闸管的电流 i_{VT} 就是负载直流电流 i_d。

由如图4—38所示可见，在$0\sim\omega t_1$的这段时间内，尽管交流电压u_2处于正半周，晶闸管受到正向电压，但是因为门极没有触发脉冲u_g，晶闸管处于正向阻断状态，负载电压$u_d=0$。在ωt_1时刻门极加上触发脉冲，晶闸管被触发导通，u_2电压输出到负载R_d上，如略去管子的正向压降，直流输出电压（负载电压）$u_d=u_2$。

在$\omega t=\pi$时，电压u_2下降为零，晶闸管的阳极电流小于维持电流，而使晶闸管关断。在交流电压u_2的负半周，晶闸管由于受到反向电压，继续保持反向阻断状态，负载上的电压、电流始终为零。直到下一个周期的ωt_2时，门极加上触发脉冲晶闸管再次导通，这样，负载R_d上就得出如图4—38b所示的电压波形。

在可控整流电路中，把晶闸管开始承受正向电压到触发导通的这段时间所对应的电角度称为控制角（移相角），用符号α表示。晶闸管在一周内导通的电角度称为导通角，用符号θ表示。在单相半波可控整流电路中，显然$\theta=180°-\alpha$，控制角α越小，则导通角θ就越大，直流输出电压的平均值U_d（即u_d波形阴影部分在一个周期内的平均值）就越大。由此可见，只要改变控制角α的大小，就能改变直流输出电压平均值U_d的大小。

晶闸管两端电压波形U_{VT}如图4—38b所示。当晶闸管处于导通状态时，如忽略管压降，晶闸管两端电压为零。当晶闸管处于正向和反向阻断状态时，晶闸管两端电压等于交流电压u_2。

2）直流输出电压平均值U_d的计算

$$U_d=0.45U_2\frac{1+\cos\alpha}{2} \tag{4—4—1}$$

当$\alpha=0°$时，直流输出电压平均值U_d最大，即$U_d=0.45\ U_2$，与二极管半波整流电路直流输出电压平均值相同。随着α的增大，直流输出电压平均值U_d逐渐减小，当$\alpha=180°$时，输出电压$U_d=0$。在可控整流电路中，使直流输出电压平均值U_d从最大值调整到0 V时，控制角α的变化范围称为“移相范围”。故带电阻性负载时，单相半波可控整流电路的移相范围为$0°\sim180°$。

$$I_d=\frac{U_d}{R_d}=0.45\frac{U_2}{R_d}\times\frac{1+\cos\alpha}{2} \tag{4—4—2}$$

3）晶闸管电流与电压的计算。因为晶闸管和负载串联，因此流过晶闸管上的电流显然就是负载电流。晶闸管电流平均值I_{dT}为：$I_{dT}=I_d$。晶闸管电流有效值I_T为

$$I_T=K_f\times I_{dT}=K_f\times I_d \tag{4—4—3}$$

式中，K_f为电流波形系数。单相半波可控整流电路带电阻负载时，直流负载电流波形就是直流输出电压（负载电压）波形，它是缺角的正弦半波波形。电流波形系数与电流的波形、控制角α的大小有关，计算比较复杂，一般可以查曲线或表格得出，单相半波可控整流的波形系数见表4—11。

表4—11　单相半波可控整流的波形系数

控制角 α	0°	30°	60°	90°	120°	150°
波形系数 K_f	1.57	1.66	1.88	2.22	2.78	3.99

由表可知，当 $\alpha=0°$时，电流波形系数 K_f为 1.57。

由如图 3—48b 所示中 u_{VT}波形图可见，晶闸管两端可能出现的最大正向和反向电压 U_{TM}就是电源电压 U_2的峰值电压，即

$$U_{TM}=\sqrt{2}U_2 \qquad (4—4—4)$$

(2) 电感性负载与续流二极管

在实际应用中，除了上述电阻性负载外，经常遇到的是电感性负载，如各种电动机的励磁绕组，各种电感线圈等。电感性负载既有电感，又有电阻，因而可用串联的电感 L 和电阻 R 表示。电感对电流的变化有阻碍作用，电感中的电流不能突变，当流过电感中的电流变化时，在电感两端要产生感应电动势，阻止电流变化。当电流增加时，感应电动势的极性阻止电流增加，当电流减小时，感应电动势的极性阻止电流减小。故可控整流电路带电感性负载和带电阻性负载的工作情况大不相同。

1）工作原理和波形。单相半波可控整流电路带电感负载时的电路图和波形图如图 4—39 所示。

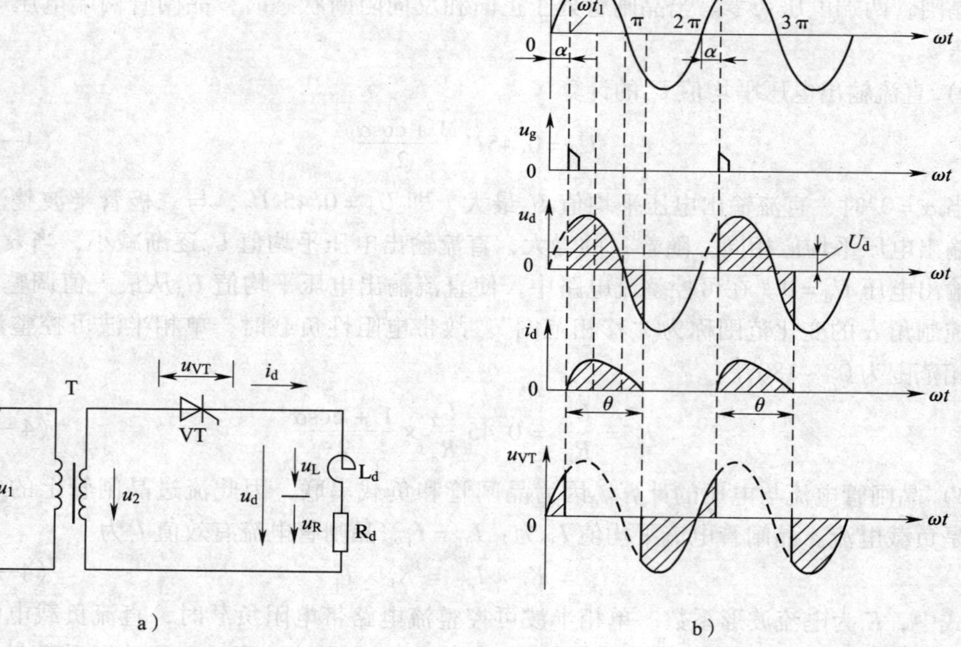

图 4—39　单相半波可控整流电路带电感负载的电路图和波形图

a）电路图　b）波形图

当 $\omega t=\alpha$ 时，晶闸管 VT 被触发导通，u_2电压立即加到负载（L_d和 R_d）上，在负载上立即出现输出直流电压 u_d，但由于电感 L_d作用，产生阻碍电流变化的感应电动势（其极性在图 4—39 中为上正下负），电感中电流（即负载电流）不能突变，只能从零逐步上升。当电流上升到最大值时，感应电动势为零，然后在电流减小时，感应电动势也就改变极性

（在图 4—39 中为上负下正）。当电源电压 u_2 下降到零，由于电感的感应电动势的作用，晶闸管 VT 仍受正向电压而导通，即使交流电压 u_2 由零变负，只要 $|e_L|$ 大于 $|u_2|$，晶闸管 VT 仍受正向电压，晶闸管将继续导通，负载上输出电压 u_d 出现负值，到晶闸管电流小于维持电流时，晶闸管 VT 关断，并立即承受反向电压。

由如图 4—39 可见，带电感性负载时，输出电压 u_d 和电流 i_d 的波形与电阻性负载大不相同，由于电感 L_d 作用，输出直流电压 u_d 将出现一段时间的负电压，使输出电压平均值 U_d 减小。电感 L_d 越大，负电压部分越大，使输出电压平均值 U_d 下降越多。当电感 L_d 很大，满足 $\omega L_d >> R_d$ 的条件（通常 $\omega L_d > 10R_d$ 即可）时，负载上输出直流电压 u_d 的正、负面积接近相等，输出直流电压的平均值 U_d 近似等于零。由此可见，单相半波可控整流电路用于大电感负载时，不管 α 如何调节，U_d 电压总是很小，因此这种电路实际上并不采用。实际的单相半波可控整流电路在带有电感性负载时，都在负载两端并联有续流二极管。

2）续流二极管的作用。为了去掉输出电压的负值部分，可以在负载两端并联一个二极管 VD，如图 4—40a 所示，这个二极管称为“续流二极管”。当交流电压 u_2 为正时，晶闸管触发导通，此时负载两端电压为正，续流二极管受反压不通，负载上电压波形与不加续流二极管相同。当交流电压 u_2 由过零值变负时，二极管因受到正向电压而导通，晶闸管由于受到负电压而关断，负载电流此时在感应电动势作用下，将通过二极管形成回路，沿着负载与二极管继续流通，此时负载两端电压近似为零。

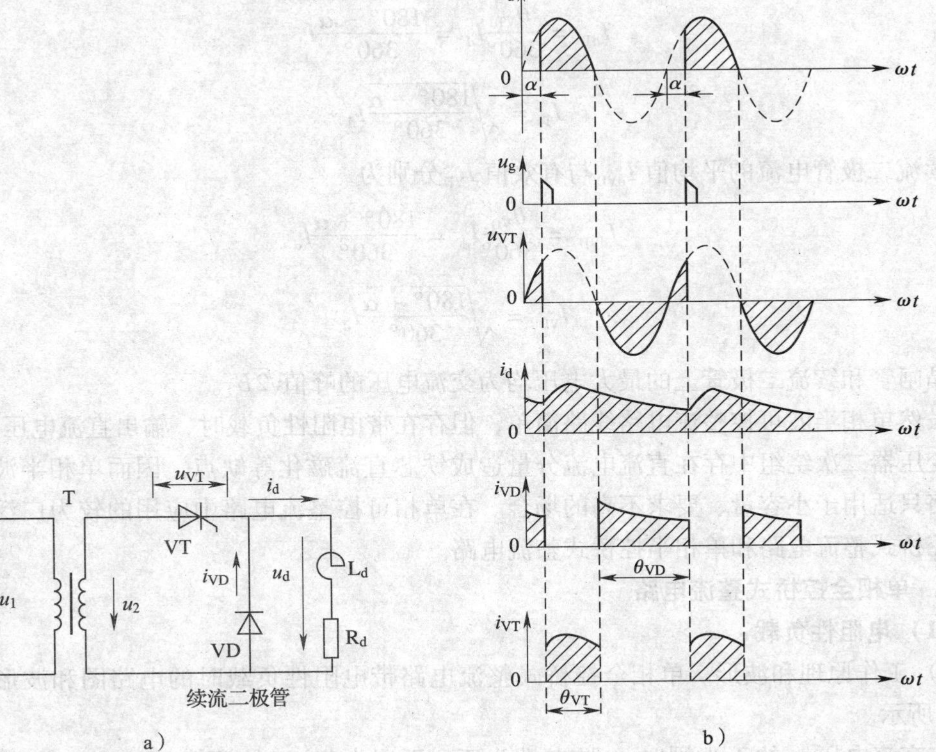

图 4—40　大电感负载带续流二极管的电路图和波形图
a）电路图　b）波形图

当电感 L_d很大时（$\omega L_d > 10\ R_d$），即所谓大电感负载时，此时由于电感的滤波作用，使得负载电流 i_d基本趋于平直，可以看成是一条平行于横轴的直线。负载电流由流过晶闸管电流 i_{VT}和续流二极管电流 i_{VD}两部分组成。负载电流的流通路径为：在晶闸管导通时，通过晶闸管流通，波形图中晶闸管的导通角用 θ_{VT}表示；当晶闸管关断时，负载电流是通过续流二极管流通的，续流二极管的导通角用 θ_{VD}表示，如图 4—40b 所示。从如图 4—40b 所示的波形图可见，大电感负载的负载电流 i_d基本上是一条水平线，而晶闸管电流 i_{VT}与续流二极管电流 i_{VD}则是矩形波。

3）带续流二极管的大电感负载电路的计算。由于电路输出电压波形已经去掉了负值部分，因此输出电压波形与带电阻性负载时相同，输出直流电压平均值的计算公式也与带电阻性负载时相同。即

$$U_d = 0.45U_2\frac{1+\cos\alpha}{2}$$

移相范围与带电阻性负载时相同为 0°～180°。

负载直流电流的平均值为

$$I_d = \frac{U_d}{R_d}$$

由上可知，这一负载直流电流是由晶闸管与续流二极管两条路径提供的，晶闸管电流的平均值 I_{dT}有效值 I_T分别为

$$I_{dT} = \frac{\theta_{VT}}{360°}I_d = \frac{180° - \alpha}{360°}I_d$$

$$I_T = \sqrt{\frac{180° - \alpha}{360°}}I_d$$

续流二极管电流的平均值 I_{dVD}与有效值 I_{VD}分别为

$$I_{dVD} = \frac{\theta_{VD}}{360°}I_d = \frac{180° + \alpha}{360°}I_d$$

$$I_{VD} = \sqrt{\frac{180° + \alpha}{360°}}I_d$$

晶闸管和续流二极管上的最大电压均为交流电压的峰值$\sqrt{2}U_2$。

虽然单相半波可控整流电路线路简单，但存在带电阻性负载时，输出直流电压脉动大，整流变压器二次绕组中存在直流电流分量造成铁芯直流磁化等缺点，因而单相半波可控整流电路只适用于小容量、要求不高的场合。在单相可控整流电路中应用的较为广泛的是单相全控桥式整流电路和单相半控桥式整流电路。

2. 单相全控桥式整流电路

（1）电阻性负载

1）工作原理和波形。单相全控桥式整流电路带电阻性负载时的电路图和波形图如图 4—41 所示。

在交流电压 u_2的正半周时（即 A 端为正，B 端为负），晶闸管 VT1 和 VT3 受正向电压，α 时刻同时触发 VT1、VT3，使其导通。电流通路从 A→VT1→R_d→VT3→B，回到变压

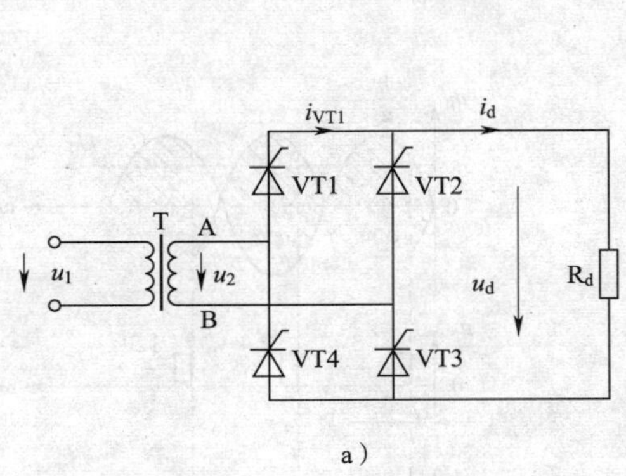

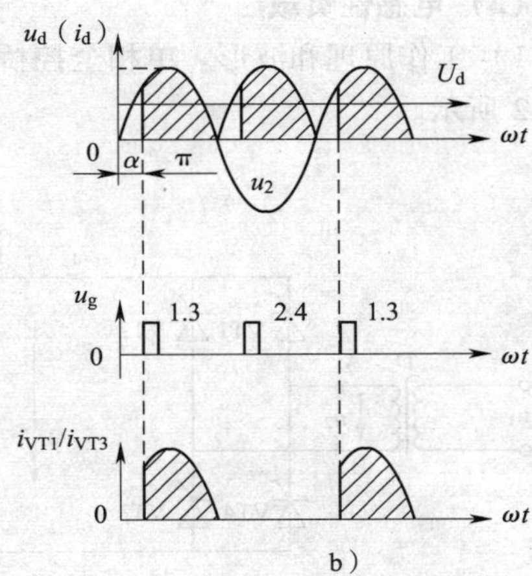

图 4—41　单相全控桥式整流电路带电阻性负载的电路图和波形图
a）电路图　b）波形图

器，输出直流电压 $u_d = u_2$。0 ~ π 期间，晶闸管 VT2、VT4 均受反向电压而截止。当 $\omega t = \pi$ 时，交流电压 u_2减小到零，使晶闸管 VT1、VT3 因电流小于维持电流而关断。在交流电压 u_2的负半周时（即 A 端为负，B 端为正），仍在 α 时刻同时触发 VT2、VT4，使其导通。电流从 B→VT2→R_d→VT4→A 回到变压器。当交流电压 u_2再次过零时，晶闸管 VT2、VT4 关断。如此周而复始，只要在门极上每隔 180°轮流触发晶闸管 VT1、VT3 和 VT2、VT4，在负载上就得到了由控制角 α 控制的输出直流电压 u_d。输出电压和电流波形图如图 4—41b 所示。

2）输出直流电压平均值 U_d的计算。由波形图可见，全控桥的输出直流电压比半波可控整流电路多了一倍的波形面积，因此输出直流电压平均值 U_d显然也比半波可控整流要多一倍，输出直流电压平均值 U_d可按下列公式计算

$$U_d = 0.9U_2\,\frac{1+\cos\alpha}{2}$$

当 $\alpha = 0°$时，输出电压最大，$U_d = 0.9\ U_2$；

当 $\alpha = 180°$时，输出电压 U_d为 0。

带电阻性负载时，电路的移相范围为 0° ~ 180°。

3）晶闸管电流与电压的计算。电阻负载的电流波形与电压波形是完全一致的，输出直流电流平均值 I_d可由输出直流电压平均值 U_d得出

$$I_d = \frac{U_d}{R_d} \tag{4—4—5}$$

晶闸管上的电流波形 i_{VT}如图 4—41b 所示，由于波形所包围的面积仅仅是负载电流波形面积的一半，因此晶闸管电流平均值 I_{dT}也就是 I_d的一半：$I_{dT} = \frac{1}{2}I_d$。

单相全控桥晶闸管电流波形与单相半波可控整流相同，因此晶闸管电流的有效值同样可以由表 4—11 查得波形系数后得出：$I_T = K_f I_{dT}$。晶闸管两端的电压最大值 U_{TM}显然仍是交流电压 u_2的峰值，即 $U_{TM} = \sqrt{2}U_2$。

（2）电感性负载

1）工作原理和波形。单相全控桥式整流电路带大电感负载时的电路图和波形图如图4—42所示。

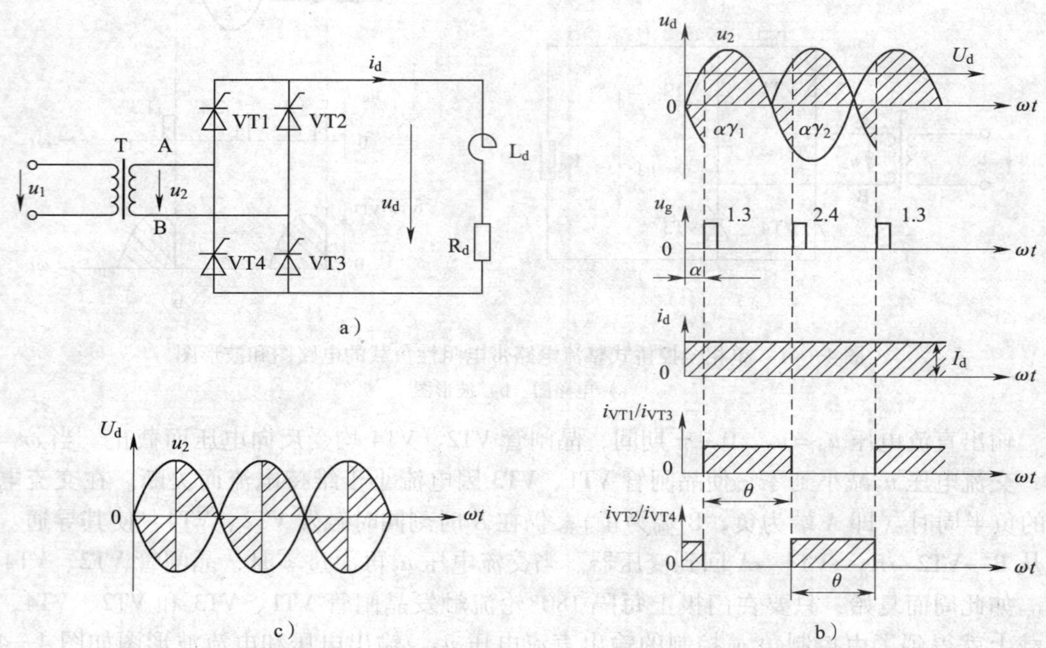

图4—42　单相全控桥式整流电路带大电感负载

a）电路图　b）波形图　c）$\alpha=90°$时u_d的波形

从如图4—42b所示波形图上可以看出，与电阻性负载相比较，有两个不同之处：

①输出电压u_d的波形不同，大电感负载时，输出电压u_d波形出现负值。在u_2正半周的ωt_1时，晶闸管VT1和VT3被同时触发导通，交流电压u_2加于负载上，此时VT2和VT4受到反向电压而关断。当u_2过零变负时，由于电感上感应电动势的作用，使晶闸管VT1、VT3继续导通，输出电压u_d就出现负值部分，直至u_2负半周同一控制角α所对应的ωt_2时刻，触发VT2、VT4导通，使VT1和VT3受到反向电压而关断，从而使电流i_d从晶闸管VT1和VT3转换到另外一对晶闸管VT2和VT4上去。同样VT2和VT4的关断也是由于VT1和VT3的触发导通受到反向电压而关断。

②晶闸管的导通角θ始终是180°，与控制角α的大小无关。晶闸管电流的波形是半个周期导通，半个周期截止的矩形波。这是由于一对晶闸管的关断，依赖于另一对晶闸管的触发导通，而触发脉冲是每隔180°触发一次。

2）输出直流电压平均值U_d的计算

单相全控桥式整流电路带大电感负载时，由于输出电压出现了负值，因此当控制角α相同时，电路的输出电压比带电阻性负载时要低，输出直流电压平均值U_d的大小可由下式求得：$U_d=0.9\ U_2\cos\alpha$。

当$\alpha=0°$，输出直流电压平均值U_d最大为$0.9U_2$，当$\alpha=90°$，输出直流电压平均值U_d

为0，如图4—42c所示，当$\alpha=90°$时，输出电压u_d波形的正负面积正好抵消，输出直流电压平均值U_d为0。故单相全控桥式整流电路带大电感负载时，移相范围为0°～90°。

3）晶闸管电流与电压的计算。负载直流电流的平均值

$$I_d = \frac{U_d}{R_d}$$

晶闸管电流平均值I_{dT}和有效值I_T分别为

$$I_{dT} = \frac{I_d}{2} \text{和} I_T = \frac{I_d}{\sqrt{2}}$$

晶闸管两端的最大电压U_{TM}为电源电压u_2的峰值：$U_{TM}=\sqrt{2}U_2$。

单相桥式全控整流电路要用四个晶闸管，线路较复杂，技术性能指标好，主要应用于要求较高或要求逆变的小功率单相可控整流电路。

3. 单相半控桥式整流电路

单相桥式全控整流电路中，需要两个串联的晶闸管（如VT1，VT3）同时导通，才能形成电流回路，而实际上一条支路的导通只要用一个晶闸管就可以进行控制了，因此将如图4—42所示全控桥整流电路中的两个晶闸管VT3和VT4可改为二极管VD1和VD2，如图4—43所示。电路也可以正常进行工作，这种电路就称为“单相桥式半控整流电路”，简称“半控桥”。由于半控桥电路比全控桥电路线路简单、费用低，因此在一般桥式可控整流电路中得到了较广泛的应用。

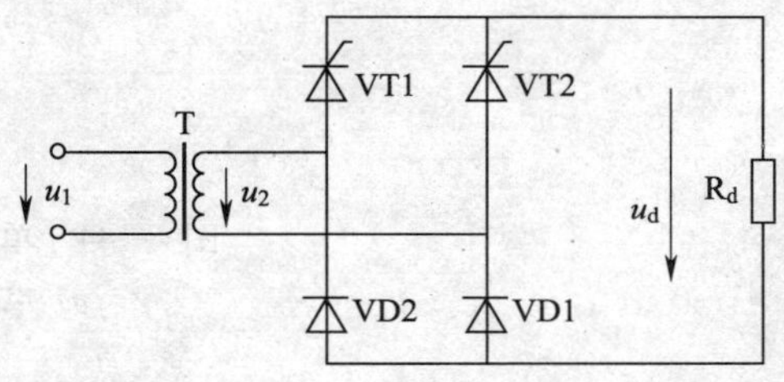

图4—43 单相半控桥式整流电路

(1) 电阻性负载

单相半控桥电路带电阻性负载时，其工作情况与单相全控桥电路完全相同。在电源电压u_2的正半周，当触发脉冲u_{g1}到来时，晶闸管VT1触发导通，电流经过VT1、负载R_d、VD1流通，此时VT2、VD2均承受反向电压而截止，到交流电压u_2过零时，晶闸管VT1关断。在电源电压u_2的负半周，当触发脉冲u_{g2}到来时，晶闸管VT2触发导通，电流经过VT2、负载R_d、VD2流通，到交流电压u_2过零时，晶闸管VT2关断。电路的输出电压u_d的波形、晶闸管电流i_{VT}的波形也与如图4—41b所示完全一样。因此电路计算与单相全控桥相同。

(2) 电感性负载

1）工作原理和波形。单相半控桥带大电感负载的电路图和波形图如图4—44所示。分析该电路工作原理时，应注意到二极管只要受正向阳极电压就可导通，而晶闸管不仅要受正向阳极电压且门极需施加正向触发脉冲才能导通。电路的工作过程如下：

当电感足够大时，负载电流i_d的波形是一根水平线，在交流电压u_2的正半周，当$\omega t=\alpha$时，晶闸管VT1被触发导通，电流经VT1、R_d、VD1流通，电源电压u_2加到负载上。当电源电压u_2下降到零开始变负时，由于电感L_d作用，晶闸管VT1继续导通，但此时A点电位比B点电位低，因而二极管VD2导通，二极管VD1受反向电压而截止，负载电流I_d经VD2，VT1流通。这时二极管VD2和晶闸管VT1起到续流二极管作用，输出电压$u_d=0$。

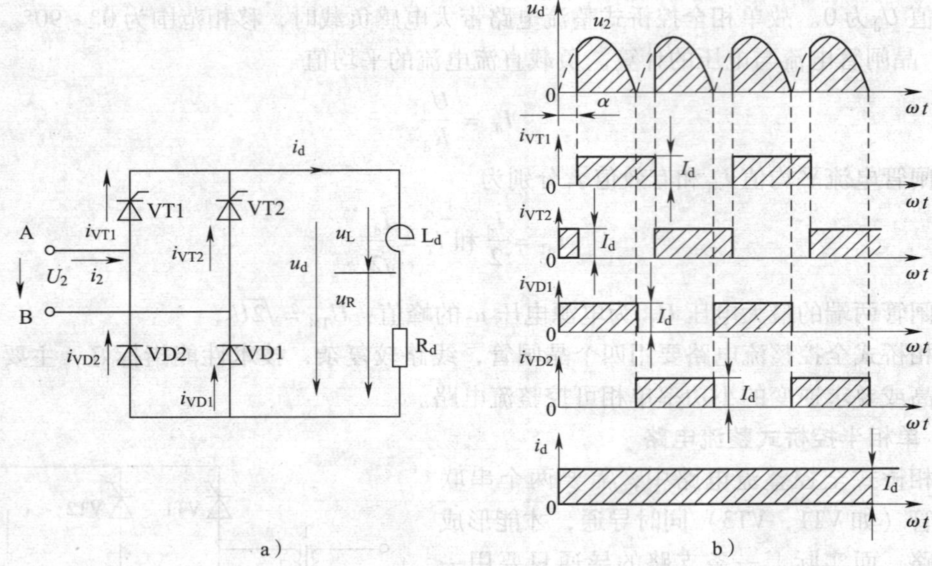

图 4—44　单相半控桥带大电感负载

a）电路图　b）波形图

在交流电压 u_2 的负半周，晶闸管 VT2 受正向电压，当 $\omega t=\pi+\alpha$ 时，晶闸管 VT2 被触发导通。VT2 导通后，电流经 VT2、R_d、VD2 流通，而 VT1 受反向电压而关断。当电压 u_2 上升到零开始变正时，由于电感 L_d 作用，晶闸管 VT2 继续导通，但此时 B 点电位比 A 点电位低，因而 VD1 导通，VD2 受反向电压而截止。

这时 VT2 和 VD1 起到续流二极管的作用，输出电压 $u_d=0$。输出电压 u_d、负载电流 i_d 的波形如图 4—44b 所示。

虽然单相桥式半控整流电路带大电感负载时具有自然续流作用，不接续流二极管也能工作，但在突然切断触发脉冲时，电路将可能发生正在导通的晶闸管一直导通而两个二极管轮流导通的失控现象。例如在 VT1 和 VD1 导通时，突然切断触发脉冲，当电压 u_2 过零变负时，由于电感 L_d 的作用，晶闸管 VT1 继续导通，而 VD1 和 VD2 自然续流，负载电流将通过 VD2、VT1 进行续流，只要电感足够大，这一续流过程完全可以延续到整个负半周，当 u_2 又进入正半周时，晶闸管 VT1 因为始终有电流，一直继续导通，而 VD1 和 VD2 换流，电路将由 VT1、VD1 导通输出完整的正弦正半周波形，电压 u_2 过零以后又通过 VD2、VT1 进行续流，如此就产生晶闸管 VT1 一直导通，二极管 VD1、VD2 轮流导通的失控现象，此时，电路输出将是完整的正弦波形，这在实际使用中是不允许。故单相半控桥整流电路在带大电感负载时，必须在负载两端并联续流二极管，如图 4—45 所示。

接上续流二极管后，当电源电压 u_2 过零时，负载电流经续流二极管 VD 续流，使直流输出端只有 1 V 左右的压降，使晶闸管 VT1 的电流小于维持电流而关断，这样就不会出现上述失控现象。接续流二极管电路的输出电压、电流波形如图 4—45b 所示。

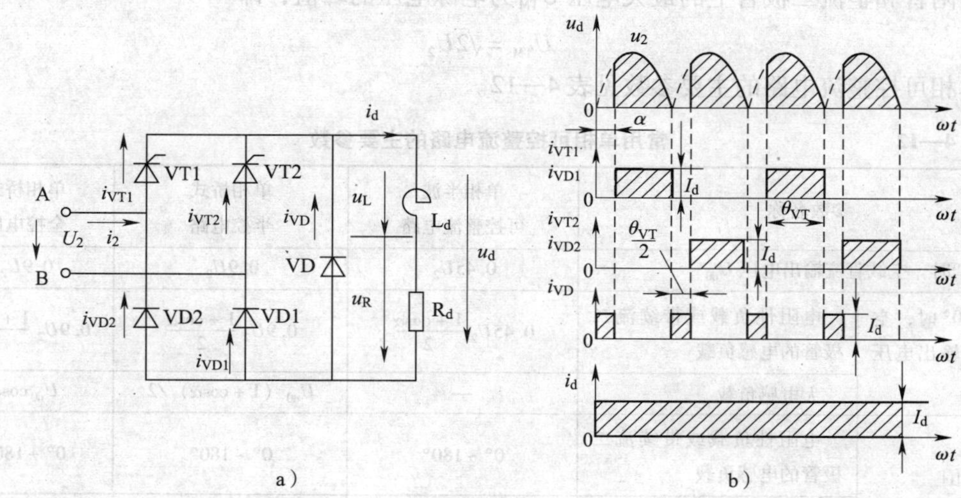

图 4—45　单相半控桥带大电感负载（接有续流二极管）

a）电路图　b）波形图

2）输出电压平均值 U_d的计算

由上分析可知，大电感负载带有续流二极管时，输出电压 u_d的波形与带电阻性负载时的输出电压 u_d波形完全相同，因此对于单相半控桥来讲，无论是连接哪种负载，输出电压平均值的计算公式均为

$$U_d = 0.9U_2\frac{1+\cos\alpha}{2} \tag{4—4—6}$$

单相半控桥的移相范围与负载性质无关，均为 0°～180°。

$$I_d = \frac{U_d}{R_d} = 0.9\frac{U_d}{R_d}\frac{1+\cos\alpha}{2}$$

3）晶闸管电流与电压的计算。负载平均电流为

由如图 4—45 所示可知，晶闸管和整流二极管电流均为矩形波，若控制角为 α 则晶闸管和整流二极管导通角均为 $\theta = 180° - \alpha$，因此晶闸管电流平均值和有效值分别为

$$I_{dT} = \frac{\theta}{360°}I_d = \frac{180° - \alpha}{360°}I_d$$

$$I_T = \sqrt{\frac{180° - \alpha}{360°}}I_d$$

整流二极管电流平均值和有效值与晶闸管相同。

续流二极管电流为每 180°导通一次，当导通角为 α 时，续流二极管电流平均值和有效值分别为

$$I_{dD} = \frac{\theta}{180°}I_d$$

$$I_D = \sqrt{\frac{\alpha}{180°}}I_d$$

晶闸管和整流二极管上的最大电压 U_{TM} 为电源电压的峰值，即

$$U_{\mathrm{TM}}=\sqrt{2}U_2$$

单相可控整流电路的主要参数见表 4—12。

表 4—12　　　　常用单相可控整流电路的主要参数

参数名称		单相半波可控整流电路	单相桥式半控电路	单相桥式全控电路
$\alpha=0°$时，空载直流输出电压 U_{d0}		$0.45U_2$	$0.9U_2$	$0.9U_2$
$\alpha\neq0°$时，空载直流输出电压 U_{d}	电阻性负载或带续流二极管的电感负载	$0.45U_2\dfrac{1+\cos\alpha}{2}$	$0.9U_2\dfrac{1+\cos\alpha}{2}$	$0.9U_2\dfrac{1+\cos\alpha}{2}$
	大电感负载	—	$U_{\mathrm{d0}}(1+\cos\alpha)/2$	$U_{\mathrm{d0}}\cos\alpha$
移相范围	电阻性负载或带续流二极管的电感负载	0°~180°	0°~180°	0°~180°
	大电感负载	—	0°~180°	0°~180°
元件最大导通角		180°	180°	180°
元件承受的最大正反向的电压		$\sqrt{2}U_2$	$\sqrt{2}U_2$	$\sqrt{2}U_2$

4. 单结晶体管触发电路

(1) 单结晶体管弛张振荡电路

利用单结晶体管的负阻特性和 RC 电路的充放电特性，可组成单结晶体管自激振荡电路，产生频率可变的脉冲。此电路也被称为弛张振荡电路，其电路如图 4—46a 所示。

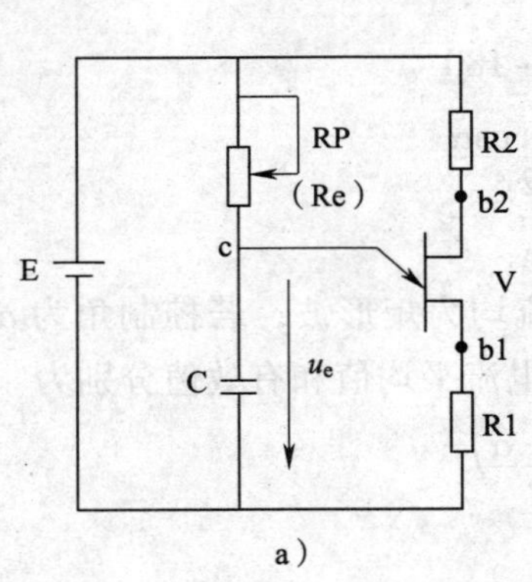

a）

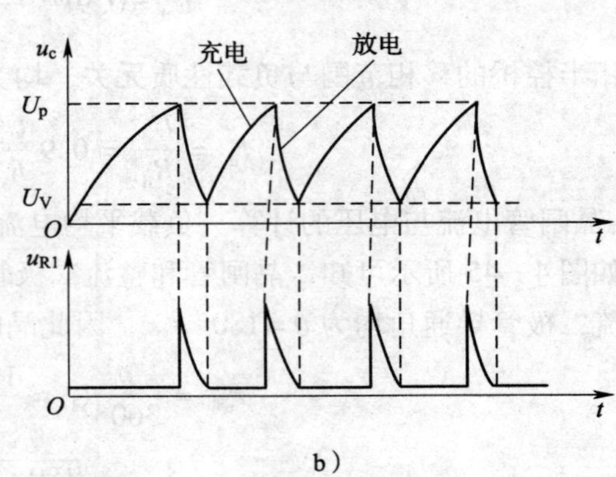

b）

图 4—46　单结晶体管弛张振荡电路

a）电路图　b）波形图

直流电源 E 一路经 R2、R1 在单结晶体管两个基极之间按分压比 η 分压；另一路通过 RP 对电容 C 充电，发射极电压 u_e 为电容器两端电压 u_c，按指数曲线渐渐上升，如图 4—46b 所示。当 $u_e<U_p$时，单结晶体管 e、b1 之间处于截止状态，随着 u_c（u_e）值增大，电容电压 u_c充到刚开始大于 U_p的瞬间，单结晶体管 e、b1 间的电阻突然变小（降为 20 Ω 左右）而开始导通。电容器上的电荷通过 e、b1 迅速向电阻 R1 放电。由于放电回路电阻

很小，放电时间很短，所以在 R1 上得到很窄的尖脉冲。当 u_c（u_e）小于谷点电压 U_V时，单结晶体管从导通又转为截止，电容器 C 又开始充电，电路不断振荡，在电容器上形成锯齿波电压，在电阻 R1 上输出前沿很陡的尖脉冲。振荡频率为 $f = 1/\ [R_e C \ln\ (1/1 - \eta)]$，改变 R_e即可改变振荡频率。

（2）单结晶体管触发电路

上述单结晶体管自激振荡电路输出的尖脉冲是可以用来触发晶闸管，但不能直接用作触发电路，还必须解决触发脉冲与主电路同步问题。单结晶管触发电路实际上就是由同步电路和单结晶体管自激振荡电路两部分组成。典型的单结晶体管触发电路如图 4—47 所示。

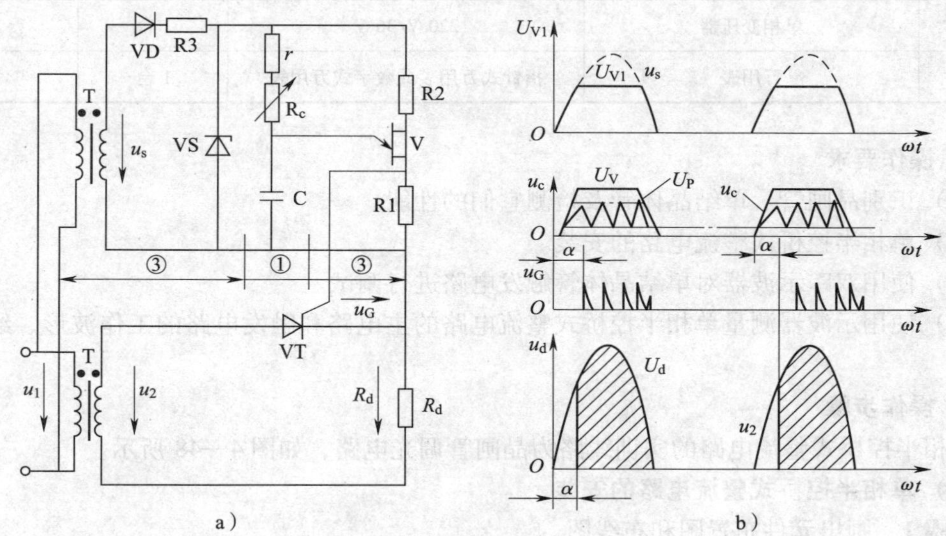

图 4—47　单结晶体管触发电路

a）电路图　b）波形图

1）同步环节分析。单结晶体管振荡电路的电源与所触发的晶闸管的主电路电源为同一电源。在梯形波过零点时，单结晶体管的电压 U_{bb}也降为零，电容 C 上的电荷经单结晶体管放电到零，这样就保证了电容 C 能在主电路晶闸管开始承受正向电压时从零开始充电，每个周期产生的第一个触发脉冲相对于过零点的时间都是一样的（即移相角 α 一样），触发电路与主电路取得了同步，这样主电路输出的波形 U_d就有规则。

2）单节晶体管触发电路特点。结构简单，易于调试。由于它的参数差异较大，对于多相触发时不易一致。其输出功率较小，脉冲较窄，控制线性度差，可用移相范围一般小于150°。不加放大环节可触发50 A 以下的晶闸管。多用于控制精度要求不高的单相晶闸管控制系统中。

四、技能训练

训练项目：单相半控桥式整流电路装调维修

1．训练目标

完成单相半控桥式整流电路装调维修。

2. 器材准备

单相半控桥式整流电路装调所需设备和器件见表4—13。

表4—13 单相半控桥式整流电路装调所需设备和器件

序号	名称	规格型号	数量	备注
1	单相半控桥式整流电路板		1块	
2	单结晶体管触发电路板		1块	
3	双踪示波器	YB43020 D	1台	
4	单相变压器	220 V/36 V	1台	
5	万用表	指针式万用表或数字式万用表	1台	

3. 操作要求

(1) 识别晶闸管、单结晶体管及检测它们的性能。

(2) 单相半控桥式整流电路的安装。

(3) 使用双踪示波器对单结晶体管触发电路进行调试。

(4) 使用示波器测量单相半控桥式整流电路的主电路和触发电路的工作波形、绘制并分析。

4. 操作步骤

单相半控桥式整流电路的实训线路为晶闸管调光电路，如图4—48所示。

(1) 单相半控桥式整流电路的安装

步骤1 画出元件布置图和布线图

根据如图4—48所示电路图，画出元件布置图和布线图。

步骤2 元器件选择与测量

根据如图4—48所示电路图，选择元器件并进行测量，重点对二极管、稳压管、单结晶体管、晶闸管等元器件的性能、极性、管脚等进行测量和区分。可采用万用表的电阻挡（或用数字万用表二极管挡）对单结晶体管和晶闸管进行简易测试。

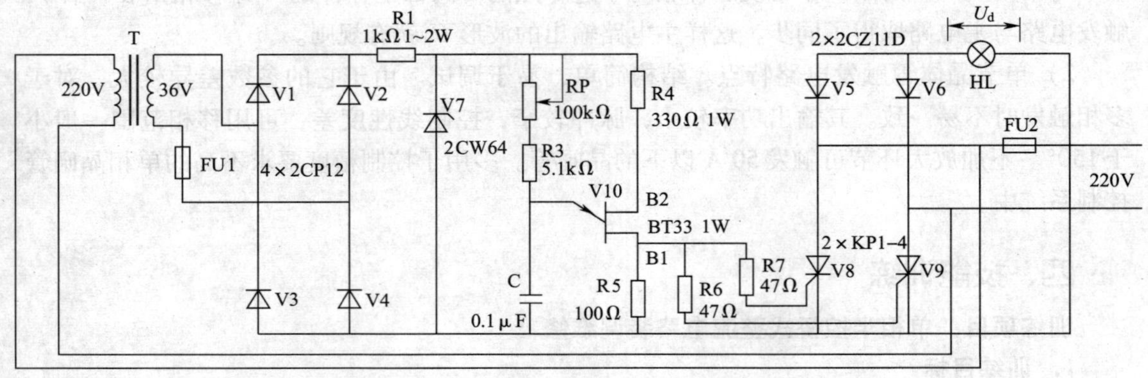

图4—48 晶闸管调光电路

1）如图 4—49 所示为单结晶体管 BT33 的管脚排列及图形符号。好的单结晶体管 PN 结正向电阻 R_{EB1}、R_{EB2} 均较小，且 R_{EB1} 稍大于 R_{EB2}，PN 结的反向电阻 R_{B1E}、R_{B2E} 均应很大，根据所测阻值，即可判断出各管脚及单结晶体管的质量优劣。

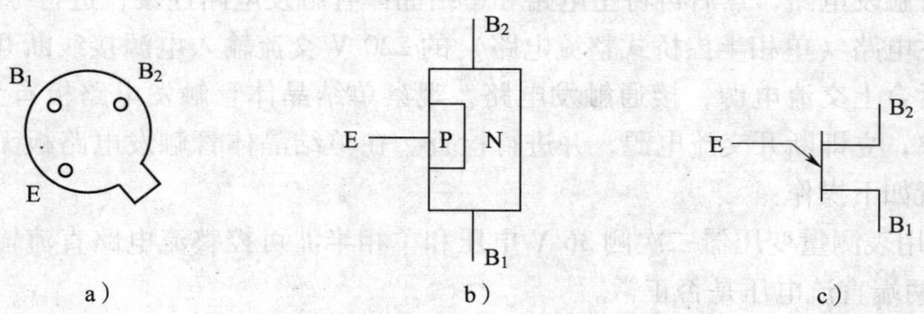

图 4—49　单结晶体管 BT33 管脚排列
a）管脚排列　b）结构　c）图形符号

2）图 4—50 为晶闸管 3CT3A 管脚排列。晶闸管阳极（A）与阴极（K）及阳极（A）与门极（G）之间的正、反向电阻 R_{AK}、R_{KA}、R_{AG}、R_{GA} 均应很大，而 G 与 K 之间为一个 PN 结，PN 结正向电阻应较小，反向电阻应很大，根据所测阻值，即可判断出各管脚及晶闸管的质量优劣。

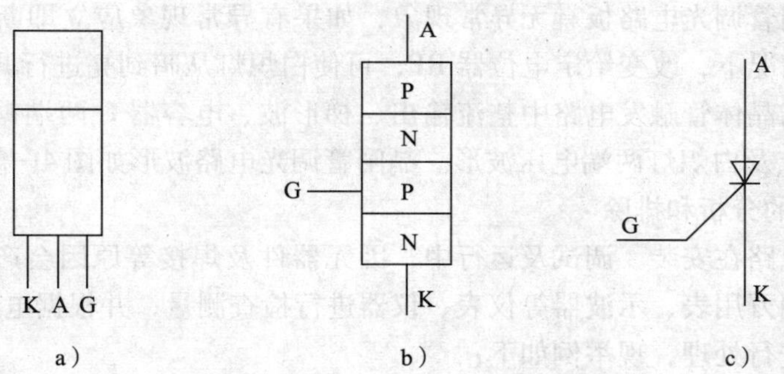

图 4—50　晶闸管 3CT3A 管脚排列
a）管脚排列　b）结构　c）图形符号

步骤 3　元器件焊接、安装

焊接前的准备工作，将元器件按布置图在电路底板上焊接位置作引线成形。弯脚时，切忌从元件根部直接弯曲，应将根部留有 5 ~ 10 mm 长度以免断裂。引线端在去除氧化层后涂上助焊剂，上锡备用。

根据电路布置图和布线图将元器件进行焊接、安装。焊接应无虚焊、错焊、漏焊、焊点应光滑无毛刺。焊接时应重点注意二极管、稳压管、晶闸管等元件的管脚。

（2）接通电源前的检查

对已焊接安装完毕的电路板，根据如图 4—48 所示电路进行详细检查。重点检查二极管、稳压管、单结晶体管、晶闸管等管脚是否正确。单相桥式整流电路输入、输出端有无短路现象。给定电位器 RP 调节在中间位置。

（3）单结晶体管触发电路的调试，用双踪示波器观察触发电路各主要点的波形

单相半控桥式整流电路带电阻性负载（晶闸管调光电路）可分成主电路（单相半控桥式整流电路）和单结晶体管触发电路两大部分。因而通电调试亦可分成两个步骤，首先调试单结晶体管触发电路，然后再将主电路和单结晶体管触发电路连接，进行综合整体调试。

首先将主电路（单相半控桥式整流电路）的220 V交流输入电源接线断开，即主电路不送电。然后合上交流电源，接通触发电路，观察单结晶体管触发电路板有无异常现象，如有异常现象，立即断开交流电源，并进行检查。在单结晶体管触发电路板无异常现象情况下，可进行如下操作：

1）用万用表测量变压器二次侧36 V电压和单相半波可控整流电路直流输出电压和稳压管（V7）两端直流电压是否正常。

2）用示波器逐一观察并记录单结晶体管触发电路中整流输出、梯形波、电容C两端锯齿波电压及输出脉冲波形，如图4—51所示波形图。

3）改变电位器RP上的输入给定电压，用示波器观察并记录电容C两端锯齿波电压及单结晶体管输出脉冲波形及其移相范围。

4）单相半控桥式整流电路整体调试，用双踪示波器观察主电路在电阻负载情况下，电路的输出电压和晶闸管两端的电压波形。单结晶体管触发电路调试正常后，将主电路（单相半控桥式整流电路）的220 V交流电源连线接上，给定电位器RP调至中间。合上交流电源，观察晶闸管调光电路板有无异常现象，如果有异常现象应立即断开交流电源并进行检查。在正常情况下，改变给定电位器RP，可使白炽灯从暗到亮进行调节，用示波器逐一观察并记录单结晶体管触发电路中整流输出、梯形波、电容器C两端锯齿波电压、单结晶体管输出脉冲u_s及白炽灯两端电压波形。晶闸管调光电路波形如图4—52所示。

5．常见故障的分析和排除

晶闸管调光电路在安装、调试及运行中，因元器件及焊接等原因会产生故障，为此可根据故障现象，用万用表、示波器等仪表、仪器进行检查测量，并根据电路原理进行分析，找出故障原因并进行处理，现举例如下：

（1）当改变给定电位器RP时，单结晶体管触发电路触发脉冲移相范围较小。此时用示波器测量、观察电容器C两端锯齿波电压如图4—51所示。由图4—51分析，说明电阻R3阻值太大，使电容器C充电时间常数太大（即充电电流太小），使触发脉冲不能前移。此时应减小电阻R3的阻值，但电阻R3阻值不可太小，否则可能使单结晶体管无法关断，造成触发电路工作不正常，只产生一个脉冲甚至无法产生脉冲。另外也可能由于电容器C充电时间常数太小，使产生的尖脉冲幅度较小，难以触发晶闸管导通。

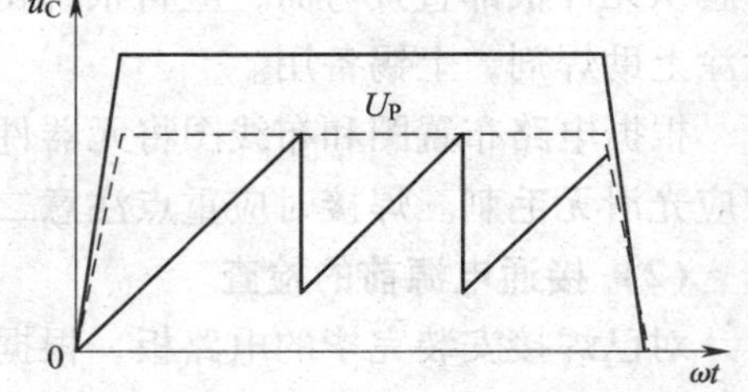

图4—51　触发脉冲移相范围小的故障分析

（2）当改变给定电位器RP时，白炽灯亮度较暗且变化不大。用万用表测量单相桥式半控整流电路输出直流电压较小，且调节范围不大，此时用示波器测量、观察白炽灯两端电压U_d及电容器C两端锯齿波电压波形如图4—52所示。由图4—52分析，说明电阻R3阻值太大，使电容器C充电时间常数太大（即充电电流太小），使触发脉冲不能前移，触发脉冲移相较小，从而使单相半控桥式整流电路输出直流电压较小且调节范围不大，此时应减小电阻 R3 的阻值。

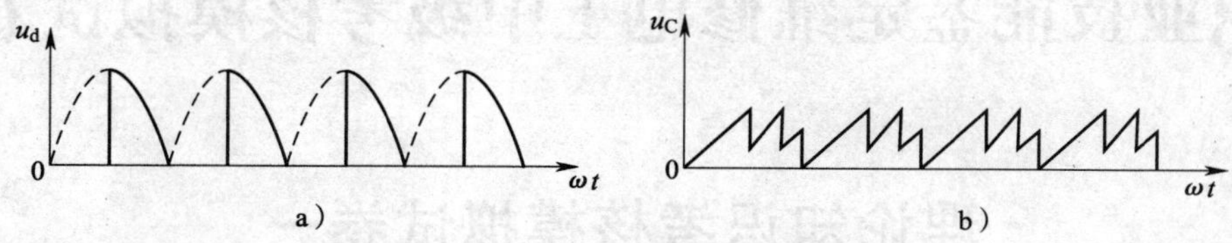

图 4—52　白炽灯亮度较暗且变化不大的故障分析
a）电容 C1 两端电压波形　b）白炽灯两端电压波形

课后练习

1. 何谓晶闸管？晶闸管由哪几部分组成？
2. 晶闸管的导通条件是什么？导通后如何将其关断？
3. 何谓单结晶体管？单结晶体管触发电路的工作原理是什么？
4. 简述单向半控桥式整流电路的工作原理。
5. 对于出现故障的晶闸管单相半控桥式整流电路板，应按什么步骤查找故障？

职业技能鉴定维修电工中级考核模拟试卷

理论知识考核模拟试卷一

一、单项选择题（第1题～第160题。选择一个正确的答案，将相应的字母填入题内的括号中。每题0.5分，满分80分。）

1. 在市场经济条件下，职业道德具有（　　）社会功能。

A. 鼓励人们自由选择职业　　B. 遏制牟利最大化
C. 促进人们的行为规范化　　D. 最大限度地克服人们受利益驱动

2. 正确阐述职业道德与人生事业的关系的选项是（　　）。

A. 没有职业道德的人，任何时刻都不会获得成功
B. 具有较高的职业道德的人，任何时刻都会获得成功
C. 事业成功的人往往并不需要较高的职业道德
D. 职业道德是获得人生事业成功的重要条件

3. 从业人员在职业活动中做到（　　）是符合语言规范的具体要求的。

A. 言语细致，反复介绍　　B. 语速要快，不浪费客人时间
C. 用尊称，不用忌语　　D. 语气严肃，维护自尊

4.（　　）是企业诚实守信的内在要求。

A. 维护企业信誉　　B. 增加职工福利
C. 注重经济效益　　D. 开展员工培训

5. 下列关于勤劳节俭的论述中，不正确的选项是（　　）。

A. 勤劳节俭能够促进经济和社会发展
B. 勤劳是现代市场经济需要的，而节俭则不宜提倡
C. 勤劳和节俭符合可持续发展的要求
D. 勤劳节俭有利于企业增产增效

6. 下面关于严格执行安全操作规程的描述，错误的是（　　）。

A. 每位员工都必须严格执行安全操作规程
B. 单位的领导不需要严格执行安全操作规程
C. 严格执行安全操作规程是维持企业正常生产的根本保证
D. 不同行业安全操作规程的具体内容是不同的

7. 下面所描述的事情中不属于工作认真负责的是（　　）。

A. 领导说什么就做什么　　B. 下班前做好安全检查
C. 上班前做好充分准备　　D. 工作中集中注意力

8．下面说法中不正确的是（ ）。

A．下班后不要穿工作服　B．不穿奇装异服上班

C．上班时要按规定穿整洁的工作服　D．女职工的工作服越艳丽越好

9．不符合文明生产要求的做法是（ ）。

A．爱惜企业的设备、工具和材料　B．下班前搞好工作现场的环境卫生

C．工具使用后按规定放置到工具箱中　D．冒险带电作业

10．一般电路由（ ）、负载和中间环节三个基本部分组成。

A．电线　B．电压　C．电流　D．电源

11．按照功率表的工作原理，所测得的数据是被测电路中的（ ）。

A．有功功率　B．无功功率　C．视在功率　D．瞬时功率

12．三相对称电路是指（ ）。

A．三相电源对称的电路

B．三相负载对称的电路

C．三相电源和三相负载都是对称的电路

D．三相电源对称和三相负载阻抗相等的电路

13．将变压器的一次侧绕组接交流电源，二次侧绕组的电流大于额定值，这种运行方式称为（ ）运行。

A．空载　B．过载　C．满载　D．轻载

14．变压器的基本作用是在交流电路中变电压、变电流、变阻抗、（ ）和电气隔离。

A．变磁通　B．变相位　C．变功率　D．变频率

15．点接触型二极管可工作于（ ）电路。

A．高频　B．低频　C．中频　D．全频

16．处于截止状态的三极管，其工作状态为（ ）。

A．射结正偏，集电结反偏　B．射结反偏，集电结反偏

C．射结正偏，集电结正偏　D．射结反偏，集电结正偏

17．双极型半导体器件是（ ）。

A．二极管　B．三极管　C．场效应管　D．稳压管

18．分压式偏置的共发射极放大电路中，若V_B点电位过高，电路易出现（ ）。

A．截止失真　B．饱和失真　C．晶体管被烧损　D．双向失真

19．单相桥式整流电路的变压器二次侧电压为20 V，每个整流二极管所承受的最大反向电压为（ ）。

A．20 V　B．28.28 V　C．40 V　D．56.56 V

20．根据仪表取得读数的方法可分为（ ）。

A．指针式　B．数字式　C．记录式　D．以上都是

21．喷灯点火时，（ ）严禁站人。

A．喷灯左侧　B．喷灯前　C．喷灯右侧　D．喷嘴后

22．电器通电后发现冒烟、发出烧焦气味或着火时，应立即（ ）。

A. 逃离现场　　B. 泡沫灭火器灭火
C. 用水灭火　　D. 切断电源

23. 劳动者的基本权利包括（　　）等。
A. 完成劳动任务　　B. 提高生活水平
C. 执行劳动安全卫生规程　　D. 享有社会保险和福利

24. 调节电桥平衡时，若检流计指针向标有“－”的方向偏转时，说明（　　）。
A. 通过检流计电流大、应增大比较臂的电阻
B. 通过检流计电流小、应增大比较臂的电阻
C. 通过检流计电流小、应减小比较臂的电阻
D. 通过检流计电流大、应减小比较臂的电阻

25. 直流单臂电桥测量十几欧姆电阻时，比率应选为（　　）。
A. 0.001　　B. 0.01　　C. 0.1　　D. 1

26. 直流双臂电桥的测量误差为（　　）。
A. ±2%　　B. ±4%　　C. ±5%　　D. ±1%

27. 直流单臂电桥测量小值电阻时，不能排除（　　），而直流双臂电桥则可以。
A. 接线电阻及接触电阻　　B. 接线电阻及桥臂电阻
C. 桥臂电阻及接触电阻　　D. 桥臂电阻及导线电阻

28. 信号发生器输出 CMOS 电平为（　　）V。
A. 3 ~15　　B. 3　　C. 5　　D. 15

29.（　　）适合现场工作且要用电池供电的示波器。
A. 台式示波器　　B. 手持示波器
C. 模拟示波器　　D. 数字示波器

30. 晶体管特性图示仪的功耗限制电阻相当于晶体管放大电路的（　　）电阻。
A. 基极　　B. 集电极　　C. 限流　　D. 降压

31. 晶体管毫伏表最小量程一般为（　　）。
A. 10 mV　　B. 1 mV　　C. 1 V　　D. 0.1 V

32. 晶闸管型号 KP20－8 中的 P 表示（　　）。
A. 电流　　B. 压力　　C. 普通　　D. 频率

33. 普通晶闸管中间 P 层的引出极是（　　）。
A. 漏极　　B. 阴极　　C. 门极　　D. 阳极

34. 普通晶闸管的额定电压是用（　　）表示的。
A. 有效值　　B. 最大值　　C. 平均值　　D. 最小值

35. 一只 100 A 的双向晶闸管可以用两只（　　）的普通晶闸管反并联来代替。
A. 100 A　　B. 90 A　　C. 50 A　　D. 45 A

36. 单结晶体管发射极的文字符号是（　　）。
A. C　　B. D　　C. E　　D. F

37. 理想集成运放输出电阻为（　　）。
A. 10 Ω　　B. 100 Ω　　C. 0　　D. 1 KΩ

38. 下列不属于放大电路的静态值为（　　）。

A. I_{BQ}　　B. I_{CQ}　　C. U_{CEQ}　　D. U_{CBQ}

39. 分压式偏置共射放大电路，更换β大的管子，其静态值U_{CEQ}会（　　）。

A. 增大　　B. 变小　　C. 不变　　D. 无法确定

40. 固定偏置共射放大电路出现截止失真，是（　　）。

A. R_B偏小　　B. R_B偏大　　C. R_C偏小　　D. R_C偏大

41. 多级放大电路之间，常用共集电极放大电路，是利用其（　　）特性。

A. 输入电阻大、输出电阻大　　B. 输入电阻小、输出电阻大

C. 输入电阻大、输出电阻小　　D. 输入电阻小、输出电阻小

42. 共射极放大电路的输出电阻比共基极放大电路的输出电阻（　　）。

A. 大　　B. 小　　C. 相等　　D. 不定

43. 容易产生零点漂移的耦合方式是（　　）。

A. 阻容耦合　　B. 变压器耦合　　C. 直接耦合　　D. 电感耦合

44. 要稳定输出电压，减少电路输入电阻应选用（　　）负反馈。

A. 电压串联　　B. 电压并联

C. 电流串联　　D. 电流并联

45. 差动放大电路能放大（　　）。

A. 直流信号　　B. 交流信号

C. 共模信号　　D. 差模信号

46. 下列不是集成运放的非线性应用的是（　　）。

A. 过零比较器　　B. 滞回比较器　　C. 积分应用　　D. 比较器

47. RC 选频振荡电路，能产生电路振荡的放大电路的放大倍数至少为（　　）。

A. 10　　B. 3　　C. 5　　D. 20

48. LC 选频振荡电路达到谐振时，选频电路的相位移为（　　）。

A. 0°　　B. 90°　　C. 180°　　D. －90°

49. 下列逻辑门电路需要外接上拉电阻才能正常工作的是（　　）。

A. 与非门　　B. 或非门　　C. 与或非门　　D. OC 门

50. 单相半波可控整流电路中晶闸管所承受的最高电压是（　　）。

A. $1.414U_2$　　B. $0.707U_2$　　C. U_2　　D. $2U_2$

51. 单相半波可控整流电路的电源电压为 220 V，晶闸管的额定电压要留 2 倍裕量，则需选购（　　）的晶闸管。

A. 250 V　　B. 300 V　　C. 500 V　　D. 700 V

52. 单相桥式可控整流电路电阻性负载，晶闸管中的电流平均值是负载的（　　）倍。

A. 0.5　　B. 1　　C. 2　　D. 0.25

53. 单结晶体管触发电路输出（　　）。

A. 双脉冲　　B. 尖脉冲　　C. 单脉冲　　D. 宽脉冲

54. 晶闸管电路中串入小电感的目的是（　　）。

A. 防止电流尖峰　　B. 防止电压尖峰
C. 产生触发脉冲　　D. 产生自感电动势

55. 熔断器的额定分断能力必须大于电路中可能出现的最大（　　）。
A. 短路电流　　B. 工作电流
C. 过载电流　　D. 启动电流

56. 断路器中过电流脱扣器的额定电流应该大于等于线路的（　　）。
A. 最大允许电流　　B. 最大过载电流
C. 最大负载电流　　D. 最大短路电流

57. 接触器的额定电流应不小于被控电路的（　　）。
A. 额定电流　　B. 负载电流　　C. 最大电流　　D. 峰值电流

58. 对于工作环境恶劣、启动频繁的异步电动机，所用热继电器热元件的额定电流可选为电动机额定电流的（　　）倍。
A. 0.95 ~1.05　　B. 0.85 ~0.95　　C. 1.05 ~1.15　　D. 1.15 ~1.50

59. 根据机械与行程开关传力和位移关系选择合适的（　　）。
A. 电流类型　　B. 电压等级　　C. 接线型式　　D. 头部型式

60. 选用 LED 指示灯的优点之一是（　　）。
A. 寿命长　　B. 发光强　　C. 价格低　　D. 颜色多

61. JBK 系列控制变压器适用于机械设备一般电器的控制、工作照明、（　　）的电源之用。
A. 电动机　　B. 信号灯　　C. 油泵　　D. 压缩机

62. 控制两台电动机错时停止的场合，可采用（　　）时间继电器。
A. 通电延时型　　B. 断电延时型　　C. 气动型　　D. 液压型

63. 压力继电器选用时首先要考虑所测对象的压力范围，还要符合电路中的额定电压，所测管路（　　）。
A. 绝缘等级　　B. 电阻率
C. 接口管径的大小　　D. 材料

64. 直流电动机结构复杂、价格贵、制造麻烦、（　　），但是启动性能好、调速范围大。
A. 换向器大　　B. 换向器小　　C. 维护困难　　D. 维护容易

65. 直流电动机的转子由电枢铁芯、电枢绕组、（　　）、转轴等组成。
A. 接线盒　　B. 换向极　　C. 主磁极　　D. 换向器

66. 直流电动机的直接启动电流可达额定电流的（　　）倍。
A. 10 ~20　　B. 20 ~40　　C. 5 ~10　　D. 1 ~5

67. 直流电动机的各种制动方法中，最节能的方法是（　　）。
A. 反接制动　　B. 回馈制动　　C. 能耗制动　　D. 机械制动

68. 直流串励电动机需要反转时，一般将（　　）两头反接。
A. 励磁绕组　　B. 电枢绕组　　C. 补偿绕组　　D. 换向绕组

69. 绕线式异步电动机转子串电阻启动时，随着转速的升高，要逐渐（　　）。

A. 增大电阻　B. 减小电阻　C. 串入电阻　D. 串入电感

70. 绕线式异步电动机转子串电阻分级启动，而不是连续启动的原因是（　）。

A. 启动时转子电流较小　B. 启动时转子电流较大

C. 启动时转子电压很高　D. 启动时转子电压很小

71. 以下属于多台电动机顺序控制的线路是（　）。

A. Y—△启动控制线路

B. 一台电动机正转时不能立即反转的控制线路

C. 一台电动机启动后另一台电动机才能启动的控制线路

D. 两处都能控制电动机启动和停止的控制线路

72. 将接触器 KM2 的常开触头并联到停止按钮 SB1 两端的控制线路能够实现（　）。

A. KM2 控制的电动机 M2 与 KM1 控制的电动机 M1 一定同时启动

B. KM2 控制的电动机 M2 与 KM1 控制的电动机 M1 一定同时停止

C. KM2 控制的电动机 M2 停止后，按下 SB1 才能控制对应的电动机 M1 停止

D. KM2 控制的电动机 M2 启动后，按下 SB1 才能控制对应的电动机 M1 停止

73. 下列器件中，不能用作三相异步电动机位置控制的是（　）。

A. 磁性开关　B. 行程开关　C. 倒顺开关　D. 光电传感器

74. 三相异步电动机能耗制动的控制线路至少需要（　）个接触器。

A. 1　B. 2　C. 3　D. 4

75. 三相异步电动机的各种电气制动方法中，能量损耗最多的是（　）。

A. 反接制动　B. 能耗制动　C. 回馈制动　D. 再生制动

76. 三相异步电动机电源反接制动时需要在定子回路中串入（　）。

A. 限流开关　B. 限流电阻　C. 限流二极管　D. 限流三极管

77. 三相异步电动机再生制动时，将机械能转换为电能，回馈到（　）。

A. 负载　B. 转子绕组　C. 定子绕组　D. 电网

78. 同步电动机采用变频启动法启动时，转子励磁绕组应该（　）。

A. 接到规定的直流电源　B. 串入一定的电阻后短接

C. 开路　D. 短路

79. M7130 型平面磨床的主电路中有（　）接触器。

A. 三个　B. 两个　C. 一个　D. 四个

80. M7130 型平面磨床控制线路中的两个热继电器常闭触头的连接方法是（　）。

A. 并联　B. 串联　C. 混联　D. 独立

81. M7130 型平面磨床控制线路中整流变压器安装在配电板的（　）。

A. 左方　B. 右方　C. 上方　D. 下方

82. M7130 型平面磨床中，砂轮电动机和液压泵电动机都采用了接触器（　）控制线路。

A. 自锁反转　B. 自锁正转　C. 互锁正转　D. 互锁反转

83. M7130 型平面磨床中，冷却泵电动机 M2 必须在（　）运行后才能启动。

A. 照明变压器　B. 伺服驱动器

C. 液压泵电动机 M3　　D. 砂轮电动机 M1

84. M7130 型平面磨床中电磁吸盘吸力不足的原因之一是（　）。

A. 电磁吸盘的线圈内有匝间短路　　B. 电磁吸盘的线圈内有开路点

C. 整流变压器开路　　D. 整流变压器短路

85. M7130 型平面磨床中，电磁吸盘退磁不好使工件取下困难，但退磁电路正常，退磁电压也正常，则需要检查和调整（　）。

A. 退磁功率　　B. 退磁频率　　C. 退磁电流　　D. 退磁时间

86. C6150 型车床快速移动电动机通过（　）控制正反转。

A. 三位置自动复位开关　　B. 两个交流接触器

C. 两个低压断路器　　D. 三个热继电器

87. C6150 型车床控制线路中有（　）普通按钮。

A. 2 个　　B. 3 个　　C. 4 个　　D. 5 个

88. C6150 型车床的照明灯为了保证人身安全，配线时要（　）。

A. 保护接地　　B. 不接地

C. 保护接零　　D. 装漏电保护器

89. C6150 型车床（　）的正反转控制线路具有三位置自动复位开关的互锁功能。

A. 冷却液电动机　　B. 主轴电动机

C. 快速移动电动机　　D. 润滑油泵电动机

90. C6150 型车床控制线路无法工作的原因是（　）。

A. 接触器 KM1 损坏　　B. 控制变压器 TC 损坏

C. 接触器 KM2 损坏　　D. 三位置自动复位开关 SA1 损坏

91. C6150 型车床主电路有电，控制线路不能工作时，应首先检修（　）。

A. 电源进线开关　　B. 接触器 KM1 或 KM2

C. 控制变压器 TC　　D. 三位置自动复位开关 SA1

92. Z3040 型摇臂钻床中的摇臂升降电动机，（　）。

A. 由接触器 KM1 控制单向旋转

B. 由接触器 KM2 和 KM3 控制点动正反转

C. 由接触器 KM2 控制点动工作

D. 由接触器 KM1 和 KM2 控制自动往返工作

93. Z3040 型摇臂钻床中利用（　）实行摇臂上升与下降的限位保护。

A. 电流继电器　　B. 光电开关　　C. 按钮　　D. 行程开关

94. Z3040 型摇臂钻床中摇臂不能夹紧的可能原因是（　）。

A. 行程开关 SQ2 安装位置不当　　B. 时间继电器定时不合适

C. 主轴电动机故障　　D. 液压系统故障

95. Z3040 型摇臂钻床中摇臂不能升降的原因是摇臂松开后 KM2 回路不通时，应（　）。

A. 调整行程开关 SQ2 位置　　B. 重接电源相序

C. 更换液压泵　　D. 调整速度继电器位置

96. 光电开关按结构可分为（　　）、放大器内藏型和电源内藏型三类。

A. 放大器组合型　　B. 放大器分离型

C. 电源分离型　　D. 放大器集成型

97. 光电开关的接收器根据所接收到的光线强弱对目标物体实现探测，产生（　　）。

A. 开关信号　　B. 压力信号　　C. 警示信号　　D. 频率信号

98. 光电开关可以非接触、（　　）地迅速检测和控制各种固体、液体、透明体、黑体、柔软体、烟雾等物质的状态。

A. 高亮度　　B. 小电流　　C. 大力矩　　D. 无损伤

99. 当检测物体为不透明时，应优先选用（　　）光电开关。

A. 光纤式　　B. 槽式　　C. 对射式　　D. 漫反射式

100. 下列（　　）场所，有可能造成光电开关的误动作，应尽量避开。

A. 办公室　　B. 高层建筑　　C. 气压低　　D. 灰尘较多

101. 高频振荡电感型接近开关主要由感应头、振荡器、（　　）、输出电路等组成。

A. 继电器　　B. 开关器　　C. 发光二极管　　D. 光电三极管

102. 高频振荡电感型接近开关的感应头附近有金属物体接近时，接近开关（　　）。

A. 涡流损耗减少　　B. 无信号输出

C. 振荡电路工作　　D. 振荡减弱或停止

103. 接近开关的图形符号中，其菱形部分与常开触头部分用（　　）相连。

A. 虚线　　B. 实线　　C. 双虚线　　D. 双实线

104. 当检测体为（　　）时，应选用高频振荡型接近开关。

A. 透明材料　　B. 不透明材料　　C. 金属材料　　D. 非金属材料

105. 选用接近开关时应注意对工作电压、负载电流、（　　）、检测距离等各项指标的要求。

A. 工作功率　　B. 响应频率　　C. 工作电流　　D. 工作速度

106. 磁性开关可以由（　　）构成。

A. 接触器和按钮　　B. 二极管和电磁铁

C. 三极管和永久磁铁　　D. 永久磁铁和干簧管

107. 磁性开关干簧管内两个铁质弹性簧片的接通与断开是由（　　）控制的。

A. 温度　　B. 压力　　C. 永久磁铁　　D. 电磁铁

108. 磁性开关的图形符号中，其菱形部分与常开触头部分用（　　）相连。

A. 虚线　　B. 实线　　C. 双虚线　　D. 双实线

109. 磁性开关在使用时要注意磁铁与（　　）之间的有效距离为 10 mm 左右。

A. 干簧管　　B. 磁铁　　C. 触头　　D. 外壳

110. 增量式光电编码器主要由（　　）、码盘、检测光栅、光电检测器件和转换电路组成。

A. 光电三极管　　B. 运算放大器　　C. 脉冲发生器　　D. 光源

111. 增量式光电编码器每产生一个输出脉冲信号就对应于一个（　　）。

A. 增量转速　　B. 增量位移　　C. 角度　　D. 速度

112. 可以根据增量式光电编码器单位时间内的脉冲数量测出（　　）。

A. 相对位置　　B. 绝对位置　　C. 轴加速度　　D. 旋转速度

113. 增量式光电编码器根据信号传输距离选型时要考虑（　　）。

A. 输出信号类型　　B. 电源频率　　C. 环境温度　　D. 空间高度

114. 增量式光电编码器接线时，应在电源（　　）下进行。

A. 接通状态　　B. 断开状态　　C. 电压较低状态　　D. 电压正常状态

115. PLC 的组成部分不包括（　　）。

A. CPU　　B. 存储器　　C. 外部传感器　　D. I/O 口

116. 可编程序控制器系统由（　　）、扩展单元、编程器、用户程序、程序存入器等组成。

A. 基本单元　　B. 键盘　　C. 鼠标　　D. 外围设备

117. FX_{2N}系列可编程序控制器定时器用（　　）表示。

A. X　　B. Y　　C. T　　D. C

118. 可编程序控制器通过编程可以灵活地改变（　　），实现改变常规电气控制线路的目的。

A. 主电路　　B. 硬接线　　C. 控制线路　　D. 控制程序

119. 当可编程序控制器处于运行状态时，（　　）接通。

A. M8000　　B. M8002　　C. M8013　　D. M8034

120. FX_{2N}系列可编程序控制器输入隔离采用的形式是（　　）。

A. 变压器　　B. 电容器　　C. 光电耦合器　　D. 发光二极管

121. 可编程序控制器（　　）使用锂电池作为后备电池。

A. EEPROM　　B. ROM　　C. RAM　　D. 以上都是

122. 可编程序控制器在 RUN 模式下，执行顺序是（　　）。

A. 输入采样→执行用户程序→输出刷新

B. 执行用户程序→输入采样→输出刷新

C. 输入采样→输出刷新→执行用户程序

D. 以上都不对

123.（　　）是 PLC 主机的技术性能范围。

A. 行程开关　　B. 光电传感器　　C. 温度传感器　　D. 内部标志位

124. FX_{2N}系列可编程序控制器 DC 24 V 输出电源，可以为（　　）供电。

A. 电磁阀　　B. 交流接触器　　C. 负载　　D. 光电传感器

125. FX_{2N}系列可编程序控制器（　　）输出反应速度比较快。

A. 继电器型　　B. 晶体管和晶闸管型

C. 晶体管和继电器型　　D. 继电器和晶闸管型

126. 可编程序控制器在输入端使用了（　　），来提高系统的抗干扰能力。

A. 继电器　　B. 晶闸管　　C. 晶体管　　D. 光电耦合器

127. FX_{2N}系列可编程序控制器中回路并联连接用（　　）指令。

A. AND　　B. ANI　　C. ANB　　D. ORB

128．在一个PLC程序中，同一地址号的线圈只能使用（　　）次。

A．三　　B．二　　C．一　　D．无限

129．PLC梯形图编程时，右端输出继电器的线圈只能并联（　　）个。

A．3　　B．2　　C．1　　D．不限

130．在FX_{2N} PLC中，T200的定时精度为（　　）。

A．1 ms　　B．10 ms　　C．100 ms　　D．1 s

131．对于小型开关量PLC梯形图程序，一般只有（　　）。

A．初始化程序　　B．子程序　　C．中断程序　　D．主程序

132．FX_{2N} PLC的通信口是（　　）模式。

A．RS232　　B．RS485　　C．RS422　　D．USB

133．PLC编程软件通过计算机，可以对PLC实施（　　）。

A．编程　　B．运行控制　　C．监控　　D．以上都是

134．对于晶体管输出型可编程序控制器其所带负载只能是额定（　　）电源供电。

A．交流　　B．直流　　C．交流或直流　　D．高压直流

135．可编程序控制器的接地线截面一般大于（　　）。

A．1 mm^2　　B．1.5 mm^2　　C．2 mm^2　　D．2.5 mm^2

136．为避免（　　）和数据丢失，可编程序控制器装有锂电池，当锂电池电压降至相应的信号灯亮时，要及时更换电池。

A．地址　　B．指令　　C．程序　　D．序号

137．根据电动机正反转梯形图，下列指令正确的是（　　）。

0　X000　X001　X002　Y002　(Y001)
Y001

A．ORI　Y001　　B．LD　X000　　C．AND　X001　　D．AND　X002

138．根据电动机顺序启动梯形图，下列指令正确的是（　　）。

0　T20　X001　X002　(Y002)
Y002

A．LDI　T20　　B．AND　X001　　C．OUT　Y002　　D．AND　X002

139．根据电动机自动往返梯形图，下列指令正确的是（　　）。

A．LDI　X002　　B．AND　X001　　C．OR　Y002　　D．AND　Y001

X002 X001 Y001 X003
0 Y002
Y002

140. FX 编程器的显示内容包括地址、数据、（　　）、指令执行情况和系统工作状态等。

A. 程序　　B. 参数　　C. 工作方式　　D. 位移储存器

141. 对于晶闸管输出型 PLC，要注意负载电源为（　　），并且不能超过额定值。

A. AC 600 V　　B. AC 220 V　　C. DC 220 V　　D. DC 24 V

142. 用于（　　）变频调速的控制装置统称为“变频器”。

A. 感应电动机　　B. 同步发电机

C. 交流伺服电动机　　D. 直流电动机

143. 交—交变频装置输出频率受限制，最高频率不超过电网频率的（　　），所以通常只适用于低速大功率拖动系统。

A. 1/2　　B. 3/4　　C. 1/5　　D. 2/3

144. 在 SPWM 逆变器中主电路开关器件较多采用（　　）。

A. IGBT　　B. 普通晶闸管　　C. GTO　　D. MCT

145. FR—A700 系列是三菱（　）变频器。

A. 多功能高性能　　B. 经济型高性能

C. 水泵和风机专用型　　D. 节能型轻负载

146. 变频器输出侧技术数据中（　　）是用户选择变频器容量时的主要依据。

A. 额定输出电流　　B. 额定输出电压

C. 输出频率范围　　D. 配用电动机容量

147.（　　）是变频器对电动机进行恒功率控制和恒转矩控制的分界线，应按电动机的额定频率设定。

A. 基本频率　　B. 最高频率　　C. 最低频率　　D. 上限频率

148. 在变频器的几种控制方式中，其动态性能比较的结论是（　　）。

A. 转差型矢量控制系统优于无速度检测器的矢量控制系统

B. U/f 控制优于转差频率控制

C. 转差频率控制优于矢量控制

D. 无速度检测器的矢量控制系统优于转差型矢量控制系统

149. 变频器的干扰有：电源干扰、地线干扰、串扰、公共阻抗干扰等。尽量缩短电源线和地线是竭力避免（　　）。

A. 电源干扰　　B. 地线干扰　　C. 串扰　　D. 公共阻抗干扰

150. 如果启动或停车时变频器出现过流，应重新设定（　　）。

A. 加速时间或减速时间　　B. 过流保护值

C. 电动机参数　　D. 基本频率

151. 变频器的控制电缆布线应尽可能远离供电电源线，(　　)。

A. 用平行电缆且单独走线槽　　B. 用屏蔽电缆且汇入走线槽

C. 用屏蔽电缆且单独走线槽　　D. 用双绞线且汇入走线槽

152. 一台使用多年的250 kW电动机拖动鼓风机，经变频改造运行两个月后常出现过流跳闸。故障的原因可能是（　　）。

A. 变频器选配不当

B. 变频器参数设置不当

C. 变频供电的高频谐波使电动机绝缘加速老化

D. 负载有时过重

153. 交流电动机最佳的启动效果是（　　）。

A. 启动电流越小越好　　B. 启动电流越大越好

C.（可调）恒流启动　　D.（可调）恒压启动

154. 西普STR系列（　　）软启动器，是外加旁路、智能型。

A. A型　　B. B型　　C. C型　　D. L型

155. 软启动器的功能调节参数有（　　）、启动参数、停车参数。

A. 运行参数　　B. 电阻参数　　C. 电子参数　　D. 电源参数

156. 水泵停车时，软启动器应采用（　　）。

A. 自由停车　　B. 软停车　　C. 能耗制动停车　　D. 反接制动停车

157. 软启动器主电路中接三相异步电动机的端子是（　　）。

A. A、B、C　　B. X、Y、Z　　C. U1、V1、W1　　D. L1、L2、L3

158. 软启动器（　　）常用于短时重复工作的电动机。

A. 跨越运行模式　　B. 接触器旁路运行模式

C. 节能运行模式　　D. 调压调速运行模式

159. 接通主电源后，软启动器虽处于待机状态，但电动机有嗡嗡响。此故障不可能的原因是（　　）。

A. 晶闸管短路故障　　B. 旁路接触器有触头粘连

C. 触发电路不工作　　D. 启动线路接线错误

160. 软启动器旁路接触器必须与软启动器的输入和输出端一一对应接正确，(　　)。

A. 要就近安装接线　　B. 允许变换相序

C. 不允许变换相序　　D. 要做好标识

二、判断题（第161题~第200题。将判断结果填入括号中。正确的填“√”，错误的填“×”。每题0.5分，满分20分。）

161. 要做到办事公道，在处理公私关系时，要公私不分。（　　）

162. 金属材料的电阻率随温度升高而增大。（　　）

163. 电压与参考点无关、电位与参考点有关。（　　）

164. 负载上获得最大电功率时，电源的利用率最高。（　　）

165. 线性有源二端口网络可以等效成理想电压源和电阻的串联组合，也可以等效成理

想电流源和电阻的并联组合。（ ）

166. 增大线圈电感量时，可以增大线圈的截面积、缩短线圈长度。（ ）

167. 变压器的绕组可以分为壳式和芯式两种。（ ）

168. 维修电工以电气原理图，安装接线图和平面布置图最为重要。（ ）

169. 二极管两端加上正向电压就一定会导通。（ ）

170. 一般万用表可以测量直流电压、交流电压、直流电流、电阻、功率等物理量。（ ）

171. 选用量具时，不能用千分尺测量粗糙的表面。（ ）

172. 交流电焊机暂载率越高焊接时间越长。（ ）

173. 异步电动机的铁芯应该选用软磁材料。（ ）

174. 电伤伤害是造成触电死亡的主要原因，是最严重的触电事故。（ ）

175. 发现电气火灾后，应该尽快用水灭火。（ ）

176. 工厂供电要切实保证工厂生产和生活用电的需要，做到安全、可靠、优质、经济。（ ）

177. 劳动安全是指生产劳动过程中，防止危害劳动者人身安全的伤亡和急性中毒事故。（ ）

178. 直流双臂电桥用于测量准确度高的小阻值电阻。（ ）

179. 示波管的偏转系统由一个水平及垂直偏转板组成。（ ）

180. 三端集成稳压电路有三个接线端，分别是输入端、接地端和输出端。（ ）

181. TTL 逻辑门电路的高电平、低电平与 CMOS 逻辑门电路的高、低电平数值是一样的。（ ）

182. 单结晶体管是一种特殊类型的三极管。（ ）

183. 集成运放只能应用于普通的运算电路。（ ）

184. 串联型稳压电路输出电压可调，带负载能力强。（ ）

185. 三端集成稳压器件分为输出电压固定式和可调式两种。（ ）

186. 晶闸管可用串联压敏电阻的方法实现过压保护。（ ）

187. 中间继电器可在电流 20 A 以下的电路中替代接触器。（ ）

188. 直流电动机按照励磁方式可分他励、并励、串励和复励四类。（ ）

189. 直流电动机弱磁调速时，励磁电流越大，转速越高。（ ）

190. 直流电动机受潮，绝缘电阻下降过多时，应拆除绕组，更换绝缘。（ ）

191. 三相异步电动机的位置控制线路中是由位置开关控制启动的。（ ）

192. 三相异步电动机能耗制动时定子绕组中通入单相交流电。（ ）

193. C6150 车床主轴电动机反转时，主轴的转向也跟着改变。（ ）

194. Z3040 摇臂钻床加工螺纹时主轴需要正反转，因此主轴电动机需要正反转控制。（ ）

195. Z3040 摇臂钻床冷却泵电动机的手动开关安装在工作台上。（ ）

196. 磁性开关可以用于检测电磁场的强度。（ ）

197．可编程序控制器是一种专门在工业环境下应用而设计的数字运算操作的电子装置。（　）

198．PLC 编程时，子程序至少要有一个。（　）

199．FX_{2N}系列可编程序控制器梯形图规定元件的地址必须在有效范围内。（　）

200．软启动器的启动转矩比变频启动方式大。（　）

理论知识考核模拟试卷二

一、单项选择题（第 1 题～第 160 题。选择一个正确的答案，将相应的字母填入题内的括号中。每题 0.5 分，满分 80 分。）

1．在市场经济条件下，（　）是职业道德社会功能的重要表现。

A．克服利益导向　　B．遏制牟利最大化

C．增强决策科学化　　D．促进员工行为的规范化

2．职业道德与人生事业的关系是（　）。

A．有职业道德的人一定能够获得事业成功

B．没有职业道德的人任何时刻都不会获得成功

C．事业成功的人往往具有较高的职业道德

D．缺乏职业道德的人往往更容易获得成功

3．对待职业和岗位，（　）并不是爱岗敬业所要求的。

A．树立职业理想　　B．干一行爱一行专一行

C．遵守企业的规章制度　　D．一职定终身，绝对不改行

4．严格执行安全操作规程的目的是（　）。

A．限制工人的人身自由

B．企业领导刁难工人

C．保证人身和设备的安全以及企业的正常生产

D．增强领导的权威性

5．企业生产经营活动中，促进员工之间团结合作的措施是（　）。

A．互利互惠，平均分配　　B．加强交流，平等对话

C．只要合作，不要竞争　　D．人心叵测，谨慎行事

6．电流流过电动机时，电动机将电能转换成（　）。

A．机械能　　B．热能　　C．光能　　D．其他形式的能

7．用右手握住通电导体，让拇指指向电流方向，则弯曲四指的指向就是（　）。

A．磁感应　　B．磁力线　　C．磁通　　D．磁场方向

8．铁磁性质在反复磁化过程中的 B—H 关系是（　）。

A．起始磁化曲线　　B．磁滞回线　　C．基本磁化曲线　　D．局部磁滞回线

9．变化的磁场能够在导体中产生感应电动势，这种现象叫（　）。

A．电磁感应　　B．电磁感应强度

C. 磁导率　　　　　　　　　　　　D. 磁场强度

10. 已知 $i_1=10\sin(314t+90°)$ A，$i_2=10\sin(628t+30°)$ A，则（　　）。

A. i_1 超前 i_2 60°　　　　　　　　B. i_1 滞后 i_2 60°

C. i_1 滞后 i_2 −60°　　　　　　　D. 相位差无法判断

11. 在 RL 串联电路中，$U_R=16$ V，$U_L=12$ V，则总电压为（　　）。

A. 28 V　　B. 20 V　　C. 2 V　　D. 4 V

12. 变压器的器身主要由铁芯和（　　）两部分所组成。

A. 绕组　　B. 转子　　C. 定子　　D. 磁通

13. 交流接触器的文字符号是（　　）。

A. QS　　B. SQ　　C. SA　　D. KM

14. （　　）以电气原理图，安装接线图和平面布置图最为重要。

A. 电工　　B. 操作者　　C. 技术人员　　D. 维修电工

15. 读图的基本步骤有：看图样说明，（　　），看安装接线图。

A. 看主电路　　B. 看电路图　　C. 看辅助电路　　D. 看交流电路

16. 点接触型二极管应用于（　　）。

A. 整流　　B. 稳压　　C. 开关　　D. 光敏

17. 当二极管外加的正向电压超过死区电压时，电流随电压增加而迅速（　　）。

A. 增加　　B. 减小　　C. 截止　　D. 饱和

18. 三极管是由三层半导体材料组成的。有三个区域，中间的一层为（　　）。

A. 基区　　B. 栅区　　C. 集电区　　D. 发射区

19. 如图所示，为（　　）三极管图形符号。

A. 压力　　B. 发光　　C. 光电　　D. 普通

20. 根据仪表测量对象的名称分为（　　）等。

A. 电压表、电流表、功率表、电度表　　B. 电压表、欧姆表、示波器

C. 电流表、电压表、信号发生器　　　　D. 功率表、电流表、示波器

21. 测量直流电流时应注意电流表的（　　）。

A. 量程　　B. 极性　　C. 量程及极性　　D. 误差

22. 扳手的手柄越短，使用起来越（　　）。

A. 麻烦　　B. 轻松　　C. 省力　　D. 费力

23. 选用量具时，不能用千分尺测量（　　）的表面。

A. 精度一般　　B. 精度较高　　C. 精度较低　　D. 粗糙

24. 导线截面的选择通常是由（　　）、机械强度、电流密度、电压损失和安全载流量等因素决定的。

A. 磁通密度　　B. 绝缘强度　　C. 发热条件　　D. 电压高低

25. 如果人体直接接触带电设备及线路的一相时，电流通过人体而发生的触电现象称为（　　）。

A. 单相触电　　B. 两相触电　　C. 接触电压触电　　D. 跨步电压触电

26. 火焰与带电体之间的最小距离，10 kV 及以下为（　　）m。

A. 1.5　　B. 2　　C. 3　　D. 2.5

27. 噪声可分为（　　）、机械噪声和电磁噪声。

A. 电力噪声　　B. 水噪声　　C. 电气噪声　　D. 气体动力噪声

28. 任何单位和个人不得危害发电设施、（　　）和电力线路设施及其有关辅助设施。

A. 变电设施　　B. 用电设施　　C. 保护设施　　D. 建筑设施

29. 直流单臂电桥测量十几欧姆电阻时，比率应选为（　　）。

A. 0.001　　B. 0.01　　C. 0.1　　D. 1

30. 直流双臂电桥的桥臂电阻均应大于（　　）Ω。

A. 10　　B. 30　　C. 20　　D. 50

31. 直流双臂电桥为了减少接线及接触电阻的影响，在接线时要求（　　）。

A. 电流端在电位端外侧　　B. 电流端在电位端内侧

C. 电流端在电阻端外侧　　D. 电流端在电阻端内侧

32. 低频信号发生器的输出有（　　）输出。

A. 电压、电流　　B. 电压、功率　　C. 电流、功率　　D. 电压、电阻

33. 数字万用表按量程转换方式可分为（　　）类。

A. 5　　B. 3　　C. 4　　D. 2

34. 晶体管特性图示仪零电流开关的作用是测试管子的（　　）。

A. 击穿电压、导通电流　　B. 击穿电压、穿透电流

C. 反偏电压、穿透电流　　D. 反偏电压、导通电流

35. 符合有“1”得“1”，全“0”得“0”的逻辑关系的逻辑门是（　　）。

A. 或门　　B. 与门　　C. 非门　　D. 与非门

36. 晶闸管型号 KP20－8 中的 P 表示（　　）。

A. 电流　　B. 压力　　C. 普通　　D. 频率

37. 普通晶闸管中间 P 层的引出极是（　　）。

A. 漏极　　B. 阴极　　C. 门极　　D. 阳极

38. 双向晶闸管的额定电流是用（　　）来表示的。

A. 有效值　　B. 最大值　　C. 平均值　　D. 最小值

39. 双向晶闸管一般用于（　　）电路。

A. 交流调压　　B. 单相可控整流

C. 三相可控整流　　D. 直流调压

40. 单结晶体管在电路图中的文字符号是（　　）。

A. SCR　　B. VT　　C. VD　　D. VC

41. 集成运放的输出级通常由（　　）构成。

A. 共射放大电路　　B. 共集电极放大电路

C. 共基极放大电路　　D. 互补对称射极放大电路

42. 下列不属于放大电路的静态值为（　　）。

A. I_{BQ}　　B. I_{CQ}　　C. U_{CEQ}　　D. U_{CBQ}

43. 固定偏置共射放大电路出现截止失真，是（　　）。

A. R_B偏小　B. R_B偏大　C. R_C偏小　D. R_C偏大

44. 多级放大电路之间，常用共集电极放大电路，是利用其（　）特性。

A. 输入电阻大、输出电阻大　B. 输入电阻小、输出电阻大

C. 输入电阻大、输出电阻小　D. 输入电阻小、输出电阻小

45. 容易产生零点漂移的耦合方式是（　）。

A. 阻容耦合　B. 变压器耦合　C. 直接耦合　D. 电感耦合

46. 要稳定输出电压，减少电路输入电阻应选用（　）负反馈。

A. 电压串联　B. 电压并联　C. 电流串联　D. 电流并联

47. （　）用于表示差动放大电路性能的高低。

A. 电压放大倍数　B. 功率　C. 共模抑制比　D. 输出电阻

48. 下列集成运放的应用能将矩形波变为尖顶脉冲波的是（　）。

A. 比例应用　B. 加法应用　C. 微分应用　D. 比较器

49. 音频集成功率放大器的电源电压一般为（　）V。

A. 5　B. 10　C. 5~8　D. 6

50. RC 选频振荡电路，当电路发生谐振时，选频电路的幅值为（　）。

A. 2　B. 1　C. 1/2　D. 1/3

51. LC 选频振荡电路，当电路频率小于谐振频率时，电路性质为（　）。

A. 电阻性　B. 感性　C. 容性　D. 纯电容性

52. 串联型稳压电路的调整管接成（　）电路形式。

A. 共基极　B. 共集电极　C. 共射极　D. 分压式共射极

53. 三端集成稳压器件 CW317 的输出电压为（　）V。

A. 1.25　B. 5　C. 20　D. 1.25~37

54. 下列逻辑门电路需要外接上拉电阻才能正常工作的是（　）。

A. 与非门　B. 或非门　C. 与或非门　D. OC 门

55. 单相半波可控整流电路的输出电压范围是（　）。

A. 1.35 $U2$ ~ 0　B. $U2$ ~ 0　C. 0.9 $U2$ ~ 0　D. 0.45$U2$ ~ 0

56. 单相半波可控整流电路的电源电压为 220 V，晶闸管的额定电压要留 2 倍裕量，则需选购（　）的晶闸管。

A. 250 V　B. 300 V　C. 500 V　D. 700 V

57. 单相桥式可控整流电路电感性负载带续流二极管时，晶闸管的导通角为（　）。

A. $180° - \alpha$　B. $90° - \alpha$　C. $90° + \alpha$　D. $180° + \alpha$

58. 单相桥式可控整流电路电阻性负载，晶闸管中的电流平均值是负载的（　）倍。

A. 0.5　B. 1　C. 2　D. 0.25

59. 单结晶体管触发电路的同步电压信号来自（　）。

A. 负载两端　B. 晶闸管　C. 整流电源　D. 脉冲变压器

60. 晶闸管两端（　）的目的是防止电压尖峰。

A. 串联小电容　B. 并联小电容　C. 并联小电感　D. 串联小电感

61．熔断器的额定分断能力必须大于电路中可能出现的最大（　　）。

A．短路电流　B．工作电流　C．过载电流　D．启动电流

62．电气控制线路中的停止按钮应选用（　　）色。

A．绿　B．红　C．蓝　D．黑

63．选用LED指示灯的优点之一是（　　）。

A．寿命长　B．发光强　C．价格低　D．颜色多

64．BK系列控制变压器适用于机械设备中一般电器的（　　）、局部照明及指示电源。

A．电动机　B．油泵　C．控制电源　D．压缩机

65．对于环境温度变化大的场合，不宜选用（　　）时间继电器。

A．晶体管式　B．电动式　C．液压式　D．手动式

66．直流电动机启动时，随着转速的上升，要（　　）电枢回路的电阻。

A．先增大后减小　B．保持不变　C．逐渐增大　D．逐渐减小

67．直流电动机降低电枢电压调速时，属于（　　）调速方式。

A．恒转矩　B．恒功率　C．通风机　D．泵类

68．直流他励电动机需要反转时，一般将（　　）两头反接。

A．励磁绕组　B．电枢绕组　C．补偿绕组　D．换向绕组

69．下列故障原因中（　　）会造成直流电动机不能启动。

A．电源电压过高　B．电源电压过低

C．电刷架位置不对　D．励磁回路电阻过大

70．绕线式异步电动机转子串频敏变阻器启动时，随着转速的升高，（　　）自动减小。

A．频敏变阻器的等效电压　B．频敏变阻器的等效电流

C．频敏变阻器的等效功率　D．频敏变阻器的等效阻抗

71．绕线式异步电动机转子串频敏变阻器启动与串电阻分级启动相比，控制线路（　　）。

A．比较简单　B．比较复杂　C．只能手动控制　D．只能自动控制

72．设计多台电动机顺序控制线路的目的是保证（　　）和工作的安全可靠。

A．节约电能的要求　B．操作过程的合理性

C．降低噪声的要求　D．减小振动的要求

73．多台电动机的顺序控制线路（　　）。

A．只能通过主电路实现

B．既可以通过主电路实现，又可以通过控制线路实现

C．只能通过控制线路实现

D．必须要主电路和控制线路同时具备该功能才能实现

74．位置控制就是利用生产机械运动部件上的挡铁与（　　）碰撞来控制电动机的工作状态。

A．断路器　B．位置开关　C．按钮　D．接触器

75. 下列不属于位置控制线路的是（　　）。

A. 走廊照明灯的两处控制线路　　B. 龙门刨床的自动往返控制线路

C. 电梯的开关门电路　　D. 工厂车间里行车的终点保护电路

76. 三相异步电动机能耗制动时（　　）中通入直流电。

A. 转子绕组　　B. 定子绕组　　C. 励磁绕组　　D. 补偿绕组

77. 三相异步电动机反接制动，转速接近零时要立即断开电源，否则电动机会（　　）。

A. 飞车　　B. 反转　　C. 短路　　D. 烧坏

78. 三相异步电动机电源反接制动时需要在定子回路中串入（　　）。

A. 限流开关　　B. 限流电阻　　C. 限流二极管　　D. 限流三极管

79. 三相异步电动机再生制动时，将机械能转换为电能，回馈到（　　）。

A. 负载　　B. 转子绕组　　C. 定子绕组　　D. 电网

80. 同步电动机可采用的启动方法是（　　）。

A. 转子串三级电阻启动　　B. 转子串频敏变阻器启动

C. 变频启动法　　D. Y－△启动法

81. M7130 型平面磨床的主电路中有（　　）熔断器。

A. 三组　　B. 两组　　C. 一组　　D. 四组

82. M7130 型平面磨床控制线路中整流变压器安装在配电板的（　　）。

A. 左方　　B. 右方　　C. 上方　　D. 下方

83. M7130 型平面磨床中，砂轮电动机和液压泵电动机都采用了（　　）正转控制线路。

A. 接触器自锁　　B. 按钮互锁　　C. 接触器互锁　　D. 时间继电器

84. M7130 型平面磨床中，电磁吸盘 YH 工作后（　　）和工作台才能进行磨削加工。

A. 液压泵电动机　　B. 砂轮电动机

C. 压力继电器　　D. 照明变压器

85. M7130 型平面磨床的三台电动机都不能启动的原因之一是（　　）。

A. 接触器 KM1 损坏　　B. 接触器 KM2 损坏

C. 欠电流继电器 KUC 的触头接触不良　　D. 接插器 X1 损坏

86. M7130 型平面磨床中，电磁吸盘退磁不好使工件取下困难，但退磁电路正常，退磁电压也正常，则需要检查和调整（　　）。

A. 退磁功率　　B. 退磁频率　　C. 退磁电流　　D. 退磁时间

87. C6150 型车床的主电路中使用了（　　）个交流接触器。

A. 1　　B. 4　　C. 3　　D. 2

88. C6150 型车床控制线路中有（　　）行程开关。

A. 3 个　　B. 4 个　　C. 5 个　　D. 6 个

89. C6150 型车床控制线路中变压器安装在配电板的（　　）。

A. 左方　　B. 右方　　C. 上方　　D. 下方

90. C6150 型车床主轴电动机反转、电磁离合器 YC1 通电时，主轴的转向为（　　）。

A. 正转　　B. 反转　　C. 高速　　D. 低速

91．C6150 型车床（　）的正反转控制线路具有三位置自动复位开关的互锁功能。

A．冷却液电动机　B．主轴电动机

C．快速移动电动机　D．润滑油泵电动机

92．C6150 型车床主电路中（　）触头接触不良将造成主轴电动机不能正转。

A．转换开关　B．中间继电器　C．接触器　D．行程开关

93．C6150 型车床其他正常，而主轴无制动时，应重点检修（　）。

A．电源进线开关　B．接触器 KM1 和 KM2 的常闭触头

C．控制变压器 TC　D．中间继电器 KA1 和 KA2 的常闭触头

94．Z3040 型摇臂钻床主电路中的四台电动机，有（　）台电动机需要正反转控制。

A．2　B．3　C．4　D．1

95．Z3040 型摇臂钻床中的控制变压器比较重，所以应该安装在配电板的（　）。

A．下方　B．上方　C．右方　D．左方

96．Z3040 型摇臂钻床中的局部照明灯由控制变压器供给（　）安全电压。

A．交流 6 V　B．交流 10 V　C．交流 30 V　D．交流 24 V

97．Z3040 型摇臂钻床中液压泵电动机的正反转具有（　）功能。

A．接触器互锁　B．双重互锁　C．按钮互锁　D．电磁阀互锁

98．Z3040 型摇臂钻床中摇臂不能夹紧的原因是液压系统压力不够时，应（　）。

A．调整行程开关 SQ2 位置　B．重接电源相序

C．更换液压泵　D．调整行程开关 SQ3 位置

99．新型光电开关具有体积小、功能多、寿命长、（　）、响应速度快、检测距离远以及抗光、电、磁干扰能力强等特点。

A．耐压高　B．精度高　C．功率大　D．电流大

100．当检测远距离的物体时，应优先选用（　）光电开关。

A．光纤式　B．槽式　C．对射式　D．漫反射式

101．高频振荡电感型接近开关主要由感应头、振荡器、开关器、（　）等组成。

A．输出电路　B．继电器　C．发光二极管　D．光电三极管

102．高频振荡电感型接近开关的感应头附近有金属物体接近时，接近开关（　）。

A．涡流损耗减少　B．无信号输出

C．振荡电路工作　D．振荡减弱或停止

103．接近开关的图形符号中，其菱形部分与常开触头部分用（　）相连。

A．虚线　B．实线　C．双虚线　D．双实线

104．当检测体为（　）时，应选用电容型接近开关。

A．透明材料　B．不透明材料　C．金属材料　D．非金属材料

105．选用接近开关时应注意对工作电压、负载电流、响应频率、（　）等各项指标的要求。

A．检测距离　B．检测功率　C．检测电流　D．工作速度

106．永久磁铁和（　）可以构成磁性开关。

A．继电器　B．干簧管　C．二极管　D．三极管

107. 磁性开关干簧管内两个铁质弹性簧片的接通与断开是由（ ）控制的。

A. 温度 B. 压力 C. 永久磁铁 D. 电磁铁

108. 磁性开关的图形符号中，其常开触头部分与（ ）的符号相同。

A. 断路器 B. 一般开关 C. 热继电器 D. 时间继电器

109. 磁性开关用于（ ）场所时应选 PP、PVDF 材质的器件。

A. 海底高压 B. 高空低压 C. 强酸强碱 D. 高温高压

110. 磁性开关在使用时要注意（ ）与干簧管之间的有效距离在 10 mm 左右。

A. 干簧管 B. 磁铁 C. 触头 D. 外壳

111. 增量式光电编码器主要由光源、（ ）、检测光栅、光电检测器件和转换电路组成。

A. 光电三极管 B. 运算放大器 C. 码盘 D. 脉冲发生器

112. 增量式光电编码器可将转轴的角位移和角速度等机械量转换成相应的（ ）以数字量输出。

A. 功率 B. 电流 C. 电脉冲 D. 电压

113. 增量式光电编码器配线延长时，应在（ ）以下。

A. 1 km B. 100 m C. 1 m D. 10 m

114. 可编程序控制器是一种专门在（ ）环境下应用而设计的数字运算操作的电子装置。

A. 工业 B. 军事 C. 商业 D. 农业

115. 可编程序控制器采用大规模集成电路构成的（ ）和存储器来组成逻辑部分。

A. 运算器 B. 微处理器 C. 控制器 D. 累加器

116. 可编程序控制器系统由基本单元、（ ）、编程器、用户程序、程序存入器等组成。

A. 键盘 B. 鼠标 C. 扩展单元 D. 外围设备

117. FX_{2N}系列可编程序控制器计数器用（ ）表示。

A. X B. Y C. T D. C

118. 当可编程序控制器处于运行状态时，（ ）接通。

A. M8000 B. M8002 C. M8013 D. M8034

119. 可编程序控制器（ ）中存放的随机数据掉电即丢失。

A. RAM B. ROM C. EEPROM D. 以上都是

120. 可编程控制器在 STOP 模式下，执行（ ）。

A. 输出采样 B. 输入采样 C. 输出刷新 D. 以上都执行

121. PLC（ ）阶段把逻辑解读的结果，通过输出部件输出给现场的受控元件。

A. 输出采样 B. 输入采样 C. 程序执行 D. 输出刷新

122. PLC 在程序执行阶段，输入信号的改变会在（ ）扫描周期读入。

A. 下一个 B. 当前 C. 下两个 D. 下三个

123. （ ）是 PLC 主机的技术性能范围。

A. 行程开关 B. 光电传感器 C. 温度传感器 D. 内部标志位

124. FX_{2N}系列可编程序控制器 DC 输入型，可以直接接入（　　）信号。

A. 外部 DC 24 V　　B. 4～20 mA 电流

C. AC 24 V　　D. DC 0～5 V 电压

125. FX_{2N}系列可编程序控制器如果是晶体管输出型，可以（　　）。

A. 驱动大功率直流负载　　B. 直接驱动交流指示灯

C. 驱动额定电流下的交流负载　　D. 输出高速脉冲

126. FX_{2N}－20MT 可编程序控制器表示（　　）类型。

A. 继电器输出　　B. 晶闸管输出

C. 晶体管输出　　D. 单结晶体管输出

127. 对于 PLC 晶体管输出，带感性负载时，需要采取（　　）的抗干扰措施。

A. 在负载两端并联续流二极管和稳压管串联电路

B. 电源滤波

C. 可靠接地

D. 光电耦合器

128. FX_{2N}系列可编程序控制器中回路并联连接用（　　）指令。

A. AND　　B. ANI　　C. ANB　　D. ORB

129. PLC 梯形图编程时，右端输出继电器的线圈能并联（　　）个。

A. 一　　B. 不限　　C. 零　　D. 二

130.（　　）是可编程序控制器使用较广的编程方式。

A. 功能表图　　B. 梯形图　　C. 位置图　　D. 逻辑图

131. 在 FX_{2N}系列 PLC 中，T200 的定时精度为（　　）。

A. 1 ms　　B. 10 ms　　C. 100 ms　　D. 1 s

132. 对于小型开关量 PLC 梯形图程序，一般只有（　　）。

A. 初始化程序　　B. 子程序　　C. 中断程序　　D. 主程序

133. 各种型号 PLC 的编程软件是（　　）。

A. 用户自编的　　B. 自带的　　C. 不通用的　　D. 通用的

134. 三菱 GX Developer PLC 编程软件可以对（　　）PLC 进行编程。

A. A 系列　　B. Q 系列　　C. FX 系列　　D. 以上都可以

135. 将程序写入可编程序控制器时，首先将（　　）清零。

A. 存储器　　B. 计数器　　C. 计时器　　D. 计算器

136. 对于继电器输出型可编程序控制器其所带负载只能是额定（　　）电源供电。

A. 交流　　B. 直流　　C. 交流或直流　　D. 低压直流

137. 对于可编程序控制器电源干扰的抑制，一般采用隔离变压器和（　　）来解决。

A. 直流滤波器　　B. 交流滤波器　　C. 直流发电机　　D. 交流整流器

138. PLC 外部环境检查时，当湿度过大时应考虑装（　　）。

A. 风扇　　B. 加热器　　C. 空调　　D. 除尘器

139. 根据电动机正反转梯形图，下列指令正确的是（　　）。

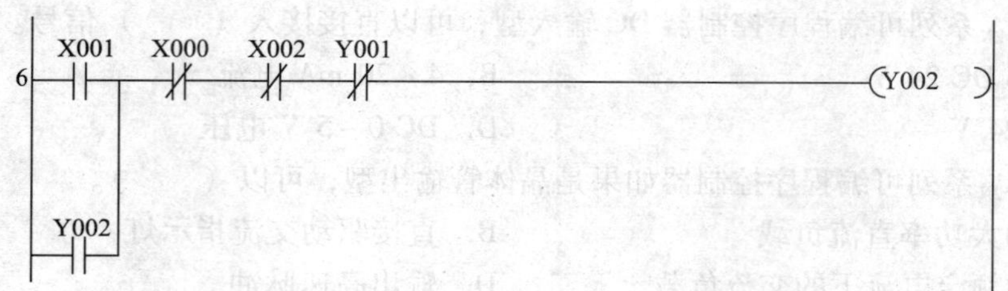

A. ORI　Y002　　B. LDI　X001　　C. ANI　X000　　D. AND　X002

140. 根据电动机顺序启动梯形图，下列指令正确的是（　　）。

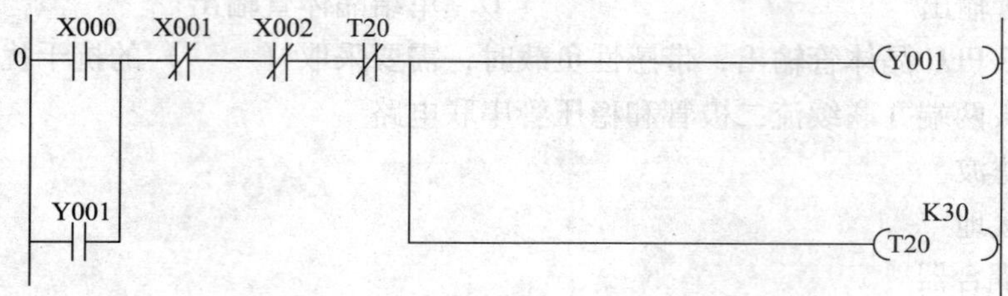

A. LDI　X000　　B. AND　T20　　C. AND　X001　　D. OUT　T20　K30

141. FX 系列编程器的显示内容包括地址、（　　）、工作方式、指令执行情况和系统工作状态等。

A. 参数　　B. 数据　　C. 程序　　D. 位移储存器

142. 检查电源（　　）波动范围是否在 PLC 系统允许的范围内，否则要加交流稳压器。

A. 电压　　B. 电流　　C. 效率　　D. 频率

143. 变频器是通过改变交流电动机定子电压、频率等参数来（　　）的装置。

A. 调节电动机转速　　B. 调节电动机转矩

C. 调节电动机功率　　D. 调节电动机性能

144. 交—交变频装置输出频率受限制，最高频率不超过电网频率的（　　），所以通常只适用于低速大功率拖动系统。

A. 1/2　　B. 3/4　　C. 1/5　　D. 2/3

145. 在通用变频器主电路中的电源整流器件较多采用（　　）。

A. 快恢复二极管　　B. 普通整流二极管

C. 肖特基二极管　　D. 普通晶闸管

146. 水泵和风机专用型西门子变频器型号是（　　）。

A. MM410　　B. MM420　　C. MM430　　D. MM440

147.（　　）是变频器对电动机进行恒功率控制和恒转矩控制的分界线，应按电动机的额定频率设定。

A. 基本频率　　B. 最高频率　　C. 最低频率　　D. 上限频率

148. 在变频器的几种控制方式中，其动态性能比较的结论是（　　）。

A. 转差型矢量控制系统优于无速度检测器的矢量控制系统

B. U/f 控制优于转差频率控制

C. 转差频率控制优于矢量控制

D. 无速度检测器的矢量控制系统优于转差型矢量控制系统

149. 变频器的干扰有：电源干扰、地线干扰、串扰、公共阻抗干扰等。尽量缩短电源线和地线是竭力避免（　　）。

A. 电源干扰　　B. 地线干扰　　C. 串扰　　D. 公共阻抗干扰

150. 西门子 MM440 变频器可通过 USS 串行接口来控制其启动、停止（命令信号源）及（　　）。

A. 频率输出大小　　B. 电动机参数　　C. 直流制动电流　　D. 制动起始频率

151. 变频器输入端安装交流电抗器的作用有（　　）。

A. 改善电流波形、限流

B. 减小干扰、限流

C. 保护器件、改善电流波形、减小干扰

D. 限流、与电源匹配

152. 变频器有时出现轻载时过电流保护，原因可能是（　　）。

A. 变频器选配不当　　B. U/f 比值过小

C. 变频器电路故障　　D. U/f 比值过大

153. 交流电动机最佳的启动效果是（　　）。

A. 启动电流越小越好　　B. 启动电流越大越好

C. （可调）恒流启动　　D. （可调）恒压启动

154. 西普 STR 系列（　　）软启动器，是内置旁路、集成型。

A. A 型　　B. B 型　　C. C 型　　D. L 型

155. 软启动器的启动转矩比变频启动方式（　　）。

A. 大　　B. 小　　C. 一样　　D. 大很多

156. 软启动器的功能调节参数有（　　）、启动参数、停车参数。

A. 运行参数　　B. 电阻参数　　C. 电子参数　　D. 电源参数

157. 软启动器在（　　）下，一台软启动器才有可能启动多台电动机。

A. 跨越运行模式　　B. 节能运行模式

C. 接触器旁路运行模式　　D. 调压调速运行模式

158. 软启动器的突跳转矩控制方式主要用于（　　）。

A. 轻载启动　　B. 重载启动　　C. 风机启动　　D. 离心泵启动

159. 软启动器启动完成后，旁路接触器刚动作就跳闸。故障原因可能是（　　）。

A. 启动参数不合适

B. 晶闸管模块故障

C. 启动控制方式不当

D. 旁路接触器与软启动器的接线相序不一致

160. 软启动器旁路接触器必须与软启动器的输入和输出端一一对应接正确，（　　）。

A. 要就近安装接线　　B. 允许变换相序

C. 不允许变换相序　　　　　　　　　　D. 要做好标识

二、判断题（第 161 题～第 200 题。将判断结果填入括号中。正确的填“√”，错误的填“×”。每题 0.5 分，满分 20 分。）

161. 从业人员在职业活动中做到表情冷漠、严肃待客是符合职业道德规范要求的。（　）

162. 市场经济条件下，是否遵守承诺并不违反职业道德规范中关于诚实守信的要求。（　）

163. 要做到办事公道，在处理公私关系时，要公私不分。（　）

164. 市场经济时代，勤劳是需要的，而节俭则不宜提倡。（　）

165. 电工在维修有故障的设备时，重要部件必须加倍爱护，而像螺钉、螺帽等通用件可以随意放置。（　）

166. 线性电阻与所加电压成正比、与流过电流成反比。（　）

167. 三相负载作三角形连接时，测得三个相电流值相等，则三相负载为对称负载。（　）

168. 负反馈能改善放大电路的性能指标，但放大倍数并没有受到影响。（　）

169. 稳压是在电网波动及负载变化时保证负载上电压稳定。（　）

170. 常用的绝缘材料可分为橡胶和塑料两大类。（　）

171. 生态破坏是指由于环境污染和破坏，对多数人的健康、生命、财产造成的公共性危害。（　）

172. 劳动者患病或负伤，在规定的医疗期内的，用人单位不得解除劳动合同。（　）

173. 当直流单臂电桥达到平衡时，检流计值越大越好。（　）

174. 信号发生器的振荡电路通常采用 RC 串并联选频电路。（　）

175. 示波管的偏转系统由一个水平及垂直偏转板组成。（　）

176. 晶体管毫伏表的标尺刻度是正弦电压的有效值，也能测试非正弦量。（　）

177. 三端集成稳压电路可分输出电压固定和可变两大类。（　）

178. 逻辑门电路的平均延迟时间越长越好。（　）

179. 集成运放不仅能应用于普通的运算电路，还能用于其他场合。（　）

180. 共基极放大电路也具有稳定静态工作点的效果。（　）

181. 短路电流很大的场合宜选用直流快速断路器。（　）

182. 交流接触器与直流接触器的使用场合不同。（　）

183. △接法的异步电动机可选用两相结构的热继电器。（　）

184. 中间继电器可在电流 20 A 以下的电路中替代接触器。（　）

185. 压力继电器与压力传感器没有区别。（　）

186. 直流电动机结构简单、价格便宜、制造方便、调速性能好。（　）

187. 直流电动机的定子由机座、主磁极、换向极、电刷装置等组成。（　）

188. 直流电动机按照励磁方式可分他励、并励、串励和复励四类。（　）

189. 直流电动机的电气制动方法有：能耗制动、反接制动、单相制动等。（　）

190. 三相异步电动机能耗制动的过程可用热继电器来控制。（　　）

191. M7130 平面磨床的控制线路由直流 220 V 电压供电。（　　）

192. Z3040 摇臂钻床控制线路的电源电压为直流 220 V。（　　）

193. 光电开关按结构可分为放大器分离型、放大器内藏型和电源内藏型三类。（　　）

194. 光电开关将输入电流在发射器上转换为光信号射出，接收器再根据所接收到的光线强弱或有无对目标物体实现探测。（　　）

195. 光电开关的抗光、电、磁干扰能力强，使用时可以不考虑环境条件。（　　）

196. 增量式光电编码器能够直接检测出轴的绝对位置。（　　）

197. 增量式光电编码器用于高精度测量时要选用旋转一周对应脉冲数少的器件。（　　）

198. 在一个 PLC 程序中，同一地址号的线圈可以多次使用。（　　）

199. 风机和泵类负载的变频调速时，用户应选择变频器的 *U/f* 线是线型、折线型补偿方式。（　　）

200. 软启动器主要由带电压闭环控制的晶闸管交流调压电路组成。（　　）

理论知识考核模拟试卷三

一、单项选择题（第 1 题 ~ 第 160 题。选择一个正确的答案，将相应的字母填入题内的括号中。每题 0.5 分，满分 80 分。）

1. 一含源二端网络，测得其开路电压为 100 V，短路电流为 10 A，当外接 10 Ω 负载电阻时，负载电流是（　　）。

A. 10 A　　B. 5 A　　C. 15 A　　D. 20 A

2. 电压源与电流源等效变换的依据是（　　）。

A. 欧姆定律　　B. 全电路欧姆定律

C. 叠加定理　　D. 戴维南定理

3. 支路电流法是以支路电流为变量列节点方程及（　　）方程。

A. 回路电位　　B. 电路功率　　C. 电路电流　　D. 回路电压

4. 电动势为 10 V，内阻为 2 Ω 的电压源变换成电流源时，电流源的电流和内阻分别为（　　）。

A. 10 A，2 Ω　　B. 20 A，2 Ω　　C. 5 A，2 Ω　　D. 2 A，5 Ω

5. 电流为 5 A，内阻为 2 Ω 的电流源变换成一个电压源时，电压源的电动势和内阻为（　　）。

A. 10 V，2 Ω　　B. 2.5 V，2 Ω　　C. 0.4 V，2 Ω　　D. 4 V，2 Ω

6. 正弦交流电压 $u = 100\sin(628t + 60°)$ V，它的频率为（　　）。

A. 100 Hz　　B. 50 Hz　　C. 60 Hz　　D. 628 Hz

7. 进行变压器耐压试验时，若试验中无击穿现象，要把变压器试验电压均匀降低，约在5 s内降低到试验电压的（　　）%或更小，再切断电源。

A. 15　　B. 25　　C. 45　　D. 55

8. 启动按钮优先选用（　　）色按钮；急停按钮应选用（　　）色按钮，停止按钮优先选用（　　）色按钮。

A. 绿、黑、红　　B. 白、红、红　　C. 绿、红、黑　　D. 白、红、黑

9. 关于正弦交流电相量的叙述中，（　　）的说法是不正确的。

A. 模表示正弦量的有效值　　B. 幅角表示正弦量的初相

C. 幅角表示正弦量的相位　　D. 相量只表示正弦量与复数间的对应关系

10. 企业生产经营活动中，促进员工之间团结合作的措施是（　　）。

A. 互利互惠，平均分配　　B. 人心叵测，谨慎行事

C. 只要合作，不要竞争　　D. 加强交流，平等对话

11. 额定电压都为220 V的40 W、60 W和100 W三只灯泡串联接在220 V的电源中，它们的发热量由大到小排列为（　　）。

A. 100 W，60 W，40 W　　B. 40 W，60 W，100 W

C. 100 W，40 W，60 W　　D. 60 W，100 W，40 W

12. 三相电动势到达最大的顺序是不同的，这种达到最大值的先后次序，称三相电源的相序，相序为U—V—W—U，称为（　　）。

A. 正序　　B. 负序　　C. 逆序　　D. 相序

13. 电力系统负载大部分是感性负载，要提高电力系统的功率因数常采用（　　）。

A. 串联电容补偿　　B. 并联电容补偿

C. 串联电感　　D. 并联电感

14. 在星形联结的三相对称电路中，相电流与线电流的相位关系是（　　）。

A. 相电流超前线电流30°　　B. 相电流滞后线电流30°

C. 相电流与线电流同相　　D. 相电流滞后线电流60°

15. 三相笼型异步电动机，采用自耦变压器降压启动，适用于（　　）接法的电动机。

A. 三角形　　B. 星形

C. V形　　D. 星形或三角形都可以

16. 三相笼式异步电动机带动电动葫芦的绳轮常采用（　　）制动方法。

A. 电磁抱闸　　B. 电磁离合器　　C. 反接　　D. 能耗

17. 三相四线制供电的相电压为200 V，与线电压最接近的值为（　　）V。

A. 280　　B. 346　　C. 250　　D. 380

18. 用普通示波器观测一波形，若荧光屏显示由左向右不断移动的不稳定波形时，应当调整（　　）旋钮。

A. X位移　　B. 扫描范围　　C. 整步增幅　　D. 同步选择

19. 严重歪曲测量结果的误差叫（　　）。

A. 绝对误差　　B. 系统误差　　C. 偶然误差　　D. 疏失误差

20. 采用增加重复测量次数的方法可以消除（　　）对测量结果的影响。

A. 系统误差　　B. 偶然误差　　C. 疏失误差　　D. 基本误差

21. 采用合理的测量方法可以消除（　　）误差。

A. 系统　　B. 读数　　C. 引用　　D. 疏失

22. 电桥使用完毕后，要将检流计锁扣锁上以防（　　）。

A. 电桥出现误差　　B. 破坏电桥平衡

C. 搬动时振坏检流计　　D. 电桥的灵敏度降低

23. 调节通用示波器的“扫描范围”旋钮可以改变显示波形的（　　）。

A. 幅度　　B. 个数　　C. 亮度　　D. 相位

24. 示波器的光点太亮时，应调节（　　）。

A. 聚焦旋钮　　B. 辉度旋钮　　C. Y 轴增幅旋钮　　D. X 轴增幅旋钮

25. 检流计主要用于测量（　　）。

A. 电流的大小　　B. 电压的大小

C. 电流的有无　　D. 电阻的大小

26. 检流计内部采用张丝或悬丝支承，可以（　　）。

A. 提高仪表灵敏度　　B. 降低仪表灵敏度

C. 提高仪表准确度　　D. 降低仪表准确度

27. 电桥使用完毕后应将检流计锁扣锁住，防止（　　）。

A. 电桥丢失　　B. 悬丝被振坏　　C. 烧坏线圈　　D. 烧坏检流计

28. 电桥所用的电池电压超过电桥说明书上要求的规定值时，可能造成电桥的（　　）。

A. 灵敏度上升　　B. 灵敏度下降

C. 桥臂电阻被烧坏　　D. 检流计被击穿

29. 直流双臂电桥可以精确测量（　　）的电阻。

A. 1 Ω 以下　　B. 10 Ω 以上　　C. 100 Ω 以上　　D. 100 KΩ 以上

30. 直流双臂电桥要尽量采用容量较大的蓄电池，一般电压为（　　）V。

A. 2 ~4　　B. 6 ~9　　C. 9 ~12　　D. 12 ~24

31. 不要频繁开闭示波器的电源，防止损坏（　　）。

A. 电源　　B. 示波管灯丝　　C. 熔丝　　D. X 轴放大器

32. 对于长期不使用的示波器，至少（　　）个月通电一次。

A. 三　　B. 五　　C. 六　　D. 十

33. 使用检流计时，要按（　　）位置放置。

A. 水平　　B. 竖直　　C. 正常工作　　D. 原来

34. 使用检流计时要做到（　　）。

A. 轻拿轻放　　B. 水平放置　　C. 竖直放置　　D. 随意放置

35. 当直导体和磁场垂直时，电磁力的大小与直导体电流大小（　　）。

A. 成正比　　B. 相等　　C. 成反比　　D. 无关

36. 从工作原理来看，中、小型电力变压器的主要组成部分是（　　）。

A. 油箱和油枕　　B. 油箱和散热器　　C. 铁芯和绕组　　D. 外壳和保护装置

37. 钻夹头用来装夹直径（　　）以下的钻头。

A. 10 mm　　B. 11 mm　　C. 12 mm　　D. 13 mm

38. 转子电刷不短接，按转子（　　）选择截面。

A. 额定电流　　B. 额定电压　　C. 功率　　D. 带负载情况

39. 变压器的额定容量是指变压器在额定负载运行时（　　）。

A. 原边输入的有功功率　　B. 原边输入的视在功率

C. 副边输出的有功功率　　D. 副边输出的视在功率

40. 三相变压器的额定电流是指变压器在额定状况下运行时（　　）。

A. 原、副边的相电流　　B. 原、副边的线电流

C. 原边的相电流　　D. 原边的线电流

41. 一台三相变压器的联结组别为 Y，d11，其中“d”表示变压器的（　　）。

A. 高压绕组为星形接法　　B. 高压绕组为三角形接法

C. 低压绕组为星形接法　　D. 低压绕组为三角形接法

42. 为了适应电焊工艺的要求，交流电焊变压器的铁芯应（　　）。

A. 有较大且可调的空气隙　　B. 有很小且不变的空气隙

C. 有很小且可调的空气隙　　D. 没有空气隙

43. 带电抗器的交流电焊变压器其原副绕组应（　　）。

A. 同心的套在一个铁芯柱上　　B. 分别套在两个铁芯柱上

C. 使副绕组套在原绕组外边　　D. 使原绕组套在副绕组外边

44. 为了满足电焊工艺的要求，交流电焊机应具有（　　）的外特性。

A. 平直　　B. 陡降　　C. 上升　　D. 稍有下降

45. 直流弧焊发电机的串励和他励绕组应接成（　　）。

A. 积复励　　B. 差复励　　C. 平复励　　D. 过复励

46. 整流式直流电焊机中主变压器的作用是将（　　）引弧电压。

A. 交流电源电压升至　　B. 交流电源电压降至

C. 直流电源电压升至　　D. 直流电源电压降至

47. 整流式直流弧焊机具有（　　）的外特性。

A. 平直　　B. 陡降　　C. 上升　　D. 稍有下降

48. 整流式直流电焊机是通过（　　）来调节焊接电流的大小。

A. 改变他励绕组的匝数　　B. 改变并励绕组的匝数

C. 整流装置　　D. 调节装置

49. 中、小型电力变压器控制盘上的仪表，指示着变压器的运行情况和电压质量，因此必须经常监察，在正常运行时应每（　　）小时抄表一次。

A. 0.5　　B. 1　　C. 2　　D. 4

50. 在中、小型电力变压器的检修中，若在室温下环境相对湿度为 75% 以下，则器身在空气中储留的时间不宜超过（　　）小时。

A. 4　　B. 8　　C. 12　　D. 24

51. 进行变压器耐压试验时，试验电压的上升速度，先可以任意速度上升到额定试验

电压的（　　）%，以后再以均匀缓慢的速度升到额定试验电压。

A. 10　　B. 20　　C. 40　　D. 50

52. 电力变压器大修后耐压试验的试验电压应按"交接和预防性试验电压标准"选择，标准中规定电压级次为 6 kV 的油浸变压器的试验电压为（　　）kV。

A. 15　　B. 18　　C. 21　　D. 25

53. 在三相交流异步电动机定子绕组中通入三相对称交流电，则在定子与转子的空气隙间产生的磁场是（　　）。

A. 恒定磁场　　B. 脉动磁场　　C. 合成磁场为零　　D. 旋转磁场

54. 三相异步电动机定子各相绕组在每个磁极下应均匀分布，以达到（　　）的目的。

A. 磁场均匀　　B. 磁场对称　　C. 增强磁场　　D. 减弱磁场

55. 三相异步电动机旋转磁场的旋转方向是由三相电源的（　　）决定。

A. 相位　　B. 相序　　C. 频率　　D. 幅值

56. 中、小型单速异步电动机定子绕组概念图中，每个小方块上面的箭头表示的是该段线圈组的（　　）。

A. 绕向　　B. 嵌线方向　　C. 电流方向　　D. 电流大小

57. 三相单速异步电动机定子绕组概念图中每相绕组的每个极相组应（　　）着电流箭头方向联接。

A. 逆　　B. 顺

C. 1/3 顺着，2/3 逆着　　D. 1/3 逆着，2/3 顺

58. 直流电机中的换向极由（　　）组成。

A. 换向极铁芯　　B. 换向极绕组

C. 换向器　　D. 换向极铁芯和换向极绕组

59. 直流电动机是利用（　　）的原理工作的。

A. 导体切割磁力线　　B. 通电线圈产生磁场

C. 通电导体在磁场中受力运动　　D. 电磁感应

60. 对于没有换向极的小型直流电动机，带恒定负载向一个方向旋转，为了改善换向，可将其电刷自几何中性面处沿电枢转向（　　）。

A. 向前适当移动 β 角　　B. 向后适当移动 β 角

C. 向前移动 90°　　D. 向后移到主磁极轴线上

61. 直流并励发电机的输出电压随负载电流的增大而（　　）。

A. 增大　　B. 降低　　C. 不变　　D. 不一定

62. 为了防止直流串励电动机转速过高而损坏电动机，不允许（　　）启动。

A. 带负载　　B. 重载　　C. 空载　　D. 过载

63. 测速发电机在自动控制系统和计算装置中，常作为（　　）元件使用。

A. 电源　　B. 负载　　C. 放大　　D. 解算

64. 交流测速发电机输出电压的频率（　　）。

A. 为零　　B. 大于电源频率

C. 等于电源频率　　D. 小于电源频率

65. 下列特种电机中，作为执行元件使用的是（　）。

A. 测速发电机　　B. 伺服电动机

C. 自整角机　　D. 旋转变压器

66. 交流伺服电动机的控制绕组与（　）相连。

A. 交流电源　　B. 直流电源　　C. 信号电压　　D. 励磁绕组

67. 电磁调速异步电动机的基本结构形式分为（　）两大类。

A. 组合式和分立式　　B. 组合式和整体式

C. 整体式和独立式　　D. 整体式和分立式

68. 改变电磁转差离合器（　），就可调节离合器的输出转矩和转速。

A. 励磁绕组中的励磁电流　　B. 电枢中的励磁电流

C. 异步电动机的转速　　D. 旋转磁场的转速

69. 在电磁转差离合器中，如果电枢和磁极之间没有相对转速差时，（　），也就没有转矩去带动磁极旋转，因此取名为“转差离合器”。

A. 磁极中不会有电流产生　　B. 磁极就不存在

C. 电枢中不会有趋肤效应产生　　D. 电枢中就不会有涡流产生

70. 电磁转差离合器的主要缺点是（　）。

A. 过载能力差　　B. 机械特性曲线较软

C. 机械特性曲线较硬　　D. 消耗功率较大

71. 要使交磁电动机扩大机能够正常带负载工作，应使其外特性为（　）。

A. 全补偿　　B. 欠补偿　　C. 过补偿　　D. 无补偿

72. 交磁电动机扩大机的补偿绕组与（　）。

A. 控制绕组串联　　B. 控制绕组并联

C. 电枢绕组串联　　D. 电枢绕组并联

73. 交流电动机扩大机的去磁绕组工作时应通入（　）。

A. 直流电流　　B. 交流电流　　C. 脉冲电流　　D. 脉动电流

74. 交流电动机耐压试验中绝缘被击穿的原因可能是（　）。

A. 试验电压高于电动机额定电压两倍　　B. 笼型转子断条

C. 长期停用的电动机受潮　　D. 转轴弯曲

75. 作耐压试验时，直流电动机应处于（　）状态。

A. 静止　　B. 启动　　C. 正转运行　　D. 反转运行

76. 直流电动机的耐压试验主要是考核（　）之间的绝缘强度。

A. 励磁绕组与励磁绕组　　B. 励磁绕组与电枢绕组

C. 电枢绕组与换向片　　D. 各导电部分与地

77. 功率在 1 kW 以下的直流电机作耐压试验时，成品试验电压可取（　）。

A. 500 V　　B. 额定电压 U_N　　C. $2U_N$　　D. $2U_N+500V$

78. 晶体管时间继电器按电压鉴别线路的不同可分为（　）类。

A. 5　　B. 4　　C. 3　　D. 2

79．下列型号的时间继电器属于晶体管时间继电器的是（　　）。

A．JS7—2 A　　B．JS17　　C．JDZ2—S　　D．JS20 和 JSJ

80．晶体管时间继电器比气囊式时间继电器的延时范围（　　）。

A．小　　B．大

C．相等　　D．因使用场合不同而不同

81．下列关于高压断路器用途的说法正确的是（　　）。

A．切断空载电流

B．控制分断或接通正常负荷电

C．既能切换正常负荷又可切除故障，同时承担着控制和保护双重任务

D．接通或断开电路空载电流，严禁带负荷拉闸

82．10 kV 高压断路器耐压试验目的是（　　）。

A．提高断路器绝缘质量　　B．测定断路器绝缘断口绝缘水平

C．测定断路器绝缘电阻　　D．考核电气设备绝缘强度

83．高压负荷开关交流耐压试验的目的是（　　）。

A．可以准确测出开关绝缘电阻值

B．可以准确考验负荷开关操作部分的灵活性

C．可以更有效地切断短路故障电流

D．可以准确检验负荷开关的绝缘强度

84．高压 10 kV 型号为 FN4—10 户内用负荷开关的最高工作电压为（　　）kV。

A．15　　B．20　　C．10　　D．11.5

85．用试灯法检查电枢绕组对地短路故障时，如灯亮，说明电枢绕组或换向器（　　）。

A．损坏　　B．开路　　C．接场地　　D．对地短路

86．FN4—10 型真空负荷开关是三相户内高压电器设备，在出厂作交流耐压试验时，应选用交流耐压试验标准电压（　　）kV。

A．42　　B．20　　C．15　　D．10

87．高压 10 kV 隔离开关在交接及大修后进行交流耐压试验的电压标准为（　　）kV。

A．24　　B．32　　C．42　　D．20

88．额定电压 10 kV 的隔离开关，在交流耐压试验前测其绝缘电阻，应选用额定电压为（　　）V 的兆欧表才符合标准。

A．2 500　　B．1 000　　C．500　　D．250

89．DN3—10 型户内多油断路器在合闸状态下进行耐压试验时合格，在分闸进行交流耐压时，当电压升至试验电压一半时，却出现跳闸击穿，且有油的“噼啪”声，其绝缘击穿原因是（　　）。

A．油箱中的变压器油含有水分　　B．绝缘拉杆受潮

C．支柱绝缘子有破损　　D．断路器动静触头距离过大

90．对 FN1—10 R 型高压户内负荷开关进行交流耐压试验时，当升至超过 11.5 kV 后就发现绝缘拉杆处有闪烁放电，造成击穿，其击穿原因是（　　）。

A．绝缘拉杆受潮　　B．支柱绝缘子良好

C. 动静触头有脏污　　D. 周围环境湿度增加

91. 高压断路器和高压负荷开关在交流耐压试验时，标准电压数值均为（　）kV。

A. 10　　B. 20　　C. 15　　D. 38

92. 关于电弧熄灭的说法（　　）是正确的。

A. 在同样电参数下交流电弧比直流电弧更容易熄灭

B. 熄灭交流电弧常用的是磁吹式灭弧装置

C. 在同样电参数下直流电弧比交流电弧更容易熄灭

D. 气隙内消游离速度小于游离速度电弧一定熄灭

93. 接触器有多个主触头，动作要保持一致。检修时根据检修标准，接通后各触头相差距离应在（　　）mm 之内。

A. 1　　B. 2　　C. 0.5　　D. 3

94. 对检修后的电磁式继电器的衔铁与铁芯闭合位置要正，其歪斜度要求（　　），吸合后不应有杂音、抖动。

A. 不得超过 1 mm　　B. 不得歪斜

C. 不得超过 2 mm　　D. 不得超过 5 mm

95. 检修电气设备电气故障的同时，还应检查（　　）。

A. 指导电路是否存在故障

B. 是否存在机械、液压部分故障

C. 照明电路是否存在故障

D. 机械联锁装置和开关装置是否存在故障

96. 要使三相异步电动机的旋转磁场方向改变，只需要改变（　）。

A. 电源电压　　B. 电源相序

C. 电源电流　　D. 负载大小

97. 改变三相异步电动机的电源相序是为了使电动机（　）。

A. 改变旋转方向　　B. 改变转速

C. 改变功率　　D. 降压起动

98. 三相异步电动机能耗制动时，电动机处于（　　）状态。

A. 电动　　B. 发电　　C. 启动　　D. 调速

99. 三相异步电动机能耗制动的过程可用（　　）来控制。

A. 电压继电器　　B. 时间继电器　　C. 热继电器　　D. 电流继电器

100. 直流电动机启动时，电流很大，是因为（　）。

A. 反电势为零　　B. 电枢回路有电阻

C. 磁场变阻器电阻太大　　D. 电枢与换向器接触不好

101. 直流电动机启动时，启动电流很大，可达额定电流的（　）倍。

A. 4 ~ 7　　B. 2 ~ 25　　C. 10 ~ 20　　D. 5 ~ 6

102. 直流电动机采用电枢回路串电阻启动，把启动电流限制在额定电流的（　　）倍。

A. 4 ~ 5　　B. 3 ~ 4　　C. 1 ~ 2　　D. 2 ~ 2.5

103. 同步电动机启动时要将同步电动机的定子绕组通入（　　）。

A. 交流电压　　　　　　　　　　　　B. 三相交流电流
C. 直流电流　　　　　　　　　　　　D. 脉动电流

104. 三相异步电动机采用能耗制动时，电源断开后，同步电动机就成为（　　）被外接电阻短接的同步发电机。

A. 电枢　　　B. 励磁绕组　　　C. 定子绕组　　　D. 直流励磁绕组

105. 三相异步电动机降压启动的常见方法有（　　）种。

A. 2　　　B. 3　　　C. 4　　　D. 5

106. 异步电动机采用启动补偿器启动时，其三相定子绕组的接法（　　）。

A. 只能采用△形接法　　　　　　B. 只能采用Y形接法
C. 只能采用Y形/△形接法　　　　D. △形接法及Y形接法都可以

107. 三相异步电动机制动的方法一般有（　　）大类。

A. 2　　　B. 3　　　C. 4　　　D. 5

108. 反接制动时，旋转磁场与转子相对的运动速度很大，致使定子绕组中的电流一般为额定电流的（　　）倍左右。

A. 5　　　B. 7　　　C. 10　　　D. 15

109. 直流电动机反接制动时，当电动机转速接近于零时，就应立即切断电源，防止（　　）。

A. 电流增大　　　B. 电动机过载　　　C. 发生短路　　　D. 电动机反向转动

110. 同步电动机的启动方法有（　　）种。

A. 2　　　B. 3　　　C. 4　　　D. 5

111. 同步电动机的启动方法有同步启动法和（　　）启动法。

A. 异步　　　B. 反接　　　C. 降压　　　D. 升压

112. 同步电动机能耗制动时，将运行中的定子绕组电源断开，并保留（　　）的直流励磁。

A. 线路　　　　　　　　　　B. 定子
C. 转子励磁绕组　　　　　　D. 定子励磁绕组

113. 同步电动机采用能耗制动时，将运行中的定子绕组电源断开，并保留转子励磁绕组的（　　）。

A. 直流励磁　　　B. 交流励磁　　　C. 电压　　　D. 交直流励磁

114. Z3040 摇臂钻床的冷却泵电动机由（　　）控制。

A. 手动开关　　　B. 接插器　　　C. 按钮点动　　　D. 接触器

115. C6150 车床主轴电动机反转、电磁离合器 YC1 通电时，主轴的转向为（　　）。

A. 反转　　　B. 正转　　　C. 高速　　　D. 低速

116. M7130 平面磨床控制线路中导线截面最粗的是（　　）。

A. 连接砂轮电动机 M1 的导线　　　　B. 接电磁吸盘 YH 的导线
C. 连接电源开关 QS1 的导线　　　　　D. 连接转换开关 QS2 的导线

117. 交磁电动机扩大机直轴电枢反应磁通的方向为（　　）。

A. 与控制磁通方向相同　　　　　　B. 与控制磁通方向相反

C. 垂直于控制磁通　　　　　　D. 与控制磁通方向成45°角

118. 交磁电动机扩大机电压负反馈系统使发电机端电压（　　），因而使转速也接近不变。

A. 接近不变　　B. 增大　　C. 减少　　D. 不变

119. 电流正反馈自动调速电路中，电流正反馈反映的是（　　）的大小。

A. 电压　　B. 转速　　C. 负载　　D. 能量

120. 电压负反馈自动调速线路中的被调量是（　　）。

A. 转速　　B. 电动机端电压

C. 电枢电压　　D. 电枢电流

121. 交磁扩大机在工作时，一般将其补偿程度调节在（　　）。

A. 欠补偿　　B. 全补偿　　C. 过补偿　　D. 无补偿

122. 在晶闸管调速系统中，当电流截止负反馈参与系统调节作用时，说明调速系统主电路电流（　　）。

A. 过大　　B. 正常　　C. 过小　　D. 为零

123. 为使闭环调速系统稳定工作又要保证良好的动、静态性能，最好的方法是降低（　　）。

A. 动态放大倍数　　B. 静态放大倍数

C. 负载电流　　D. 负载电压

124. 带有电流截止负反馈环节的调速系统，为使电流截止负反馈参与调节后机械特性曲线下垂段更陡一些，应把反馈取样电阻阻值选得（　　）。

A. 大一些　　B. 小一些　　C. 接近无穷大　　D. 接近零

125. 根据实物测绘机床电气设备电气控制线路的布线图时，应按（　　）绘制。

A. 实际尺寸　　B. 比实际尺寸大　　C. 比实际尺寸小　　D. 一定比例

126. C6150 型车床主轴电动机通过（　　）控制正反转。

A. 手柄　　B. 热继电器　　C. 断路器　　D. 接触器

127. C6150 型车床的照明灯为了保证人身安全，配线时要（　　）。

A. 保护接地　　B. 不接地

C. 保护接零　　D. 装漏电保护器

128. 当 M7130 型平面磨床加工完毕后，取下工件前必须去磁，先按下 SB9 切断吸盘电源，然后按下 SB10 进行去磁，若 SB10 按下的时间太长，则会出现（　　）。

A. 工作台反向磁化反而使工件取不下　　B. 去磁更彻底

C. 去磁不够　　D. 无法去磁

129. Z3040 摇臂钻床中的局部照明灯由控制变压器供给（　　）安全电压。

A. 交流 24 V　　B. 交流 10 V　　C. 交流 30 V　　D. 交流 6 V

130. 在遥测系统中，需要通过（　　）把非电量的变化转变为电信号。

A. 电阻器　　B. 电容器　　C. 传感器　　D. 晶体管

131. 将一个具有反馈的放大器的输出端短路，即三极管输出电压为 0，反馈信号消失，则该放大器采用的反馈是（　　）。

A. 正反馈　B. 负反馈　C. 电压反馈　D. 电流反馈

132. 多级放大电路总放大倍数是各级放大倍数的（　　）。

A. 和　B. 差　C. 积　D. 商

133. 推挽功率放大电路比单管甲类功率放大电路（　　）。

A. 输出电压高　B. 输出电流大　C. 效率高　D. 效率低

134. 直流放大器克服零点飘移的措施是采用（　　）。

A. 分压式电流负反馈放大电路　B. 振荡电路

C. 滤波电路　D. 差动放大电路

135. 二极管两端加上正向电压时（　　）。

A. 一定导通　B. 超过死区电压才导通

C. 超过 0.3 V 才导通　D. 超过 0.7 V 才导通

136. 由一个三极管组成的基本门电路是（　　）。

A. 与门　B. 非门　C. 或门　D. 异或门

137. 在脉冲电路中，应选择（　　）的三极管。

A. 放大能力强　B. 开关速度快

C. 集电极最大耗散功率高　D. 价格便宜

138. 三相同步电动机的定子绕组中要通入（　　）。

A. 直流电流　B. 交流电流　C. 三相交流电流　D. 直流脉动电流

139. TTL“与非”门电路是以（　　）为基本元件构成的。

A. 电容器　B. 双极性三极管　C. 二极管　D. 晶闸管

140. TTL“与非”门电路的输入输出逻辑关系是（　　）。

A. 与　B. 非　C. 与非　D. 或非

141. 三相异步电动机采用能耗制动时，当切断电源后，将（　　）。

A. 转子回路串入电阻　B. 定子任意两相绕组进行反接

C. 转子绕组进行反接　D. 定子绕组送入直流电

142. 晶闸管导通必须具备的条件是（　　）。

A. 阳极与阴极间加正向电压

B. 门极与阴极间加正向电压

C. 阳极与阴极间加正压，门极加适当正压

D. 阳极与阴极间加反压，门极加适当正压

143. 晶闸管具有（　　）性。

A. 单向导电　B. 可控单向导电性　C. 电流放大　D. 负阻效应

144. KP20—10 表示普通反向阻断型晶闸管的通态正向平均电流是（　　）。

A. 20 A　B. 2 000 A　C. 10 A　D. 1 000 A

145. 三相异步电动机的点动控制线路中（　　）热继电器。

A. 不需要　B. 需要　C. 使用　D. 安装

146. 单结晶体管触发电路输出触发脉冲中的幅值取决于（　　）。

A. 发射极电压 U_e　B. 电容 C　C. 电阻 R_6　D. 分压比 η

147. 三相异步电动机的调速方法有（　　）种。

A. 2　　B. 3　　C. 4　　C. 5

148. 单结晶体管触发电路产生的输出电压波形是（　　）。

A. 正弦波　　B. 直流电　　C. 尖脉冲　　D. 锯齿波

149. 晶体管触发电路输出的触发功率与单结晶体管触发电路相比（　　）。

A. 较大　　B. 较小　　C. 一样　　D. 无法确定

150. 三相异步电动机的额定电压是指正常工作时的（　　）。

A. 相电压　　B. 线电压　　C. 感应电压　　D. 对地电压

151. 单向半波可控整流电路，变压器二次电压为 20 V，则整流二极管实际承受的最高反向电压为（　　）。

A. 20 V　　B. 28 V　　C. 18 V　　D. 9 V

152. 单向半波可控整流电路，若负载平均电流为 10 mA，则实际通过整流二极管的平均电流为（　　）。

A. 5 A　　B. 0　　C. 10 mA　　D. 20 mA

153. 单相桥式整流电路的变压器二次电压为 20 V，每个整流二极管所承受的最大反向电压为（　　）。

A. 20 V　　B. 56. 56 V　　C. 40 V　　D. 28. 28 V

154. 单相桥式可控整流电路电感性负载带续流二极管时，晶闸管的导通角为（　　）。

A. $90° + \alpha$　　B. $90° - \alpha$　　C. $180° - \alpha$　　D. $180° + \alpha$

155. 电工常用的电焊条是（　　）焊条。

A. 低合金钢　　B. 不锈钢

C. 堆焊　　D. 结构钢

156. 常见焊接缺陷按其在焊缝中的位置不同，可分为（　　）种。

A. 2　　B. 3　　C. 4　　D. 5

157. 焊缝表面缺陷的检查，可用表面探伤的方法来进行，常用的表面探伤方法有（　　）种。

A. 2　　B. 3　　C. 4　　D. 5

158. 焊条保温筒分为（　　）种。

A. 2　　B. 3　　C. 4　　D. 5

159. 电焊钳的功用是夹紧焊接和（　　）。

A. 传导电流　　B. 减小电阻　　C. 降低发热量　　D. 保证接触良好

160. 护目镜片的颜色及深浅应按（　　）的大小来进行选择。

A. 焊接电流　　B. 接触电阻　　C. 绝缘电阻　　D. 光通量

二、判断题（第 161 题 ~ 第 200 题。将判断结果填入括号中。正确的填“√”，错误的填“×”。每题 0. 5 分，满分 20 分。）

161. 戴维南定理最适用于求复杂电路中某一条支路的电流。（　　）

162. 解析法是用三角函数式表示正弦交流电的一种方法。（　　）

163. 压力继电器与压力传感器没有区别。（　　）

164．直流电动机结构简单、价格便宜、制造方便、调速性能好。（ ）

165．要使显示波形在示波器荧光屏上左右移动，可以调节示波器的“X 轴位移”旋钮。（ ）

166．测量检流计内阻时，必须采用准确度较高的电桥去测量。（ ）

167．使用检流计时，一定要保证被测电流从“+”端流入，“-”端流出。（ ）

168．发现电桥的电池电压不足时应及时更换，否则将影响电桥的灵敏度。（ ）

169．交流电焊机的主要组成部分是漏抗较大且可调的变压器。（ ）

170．直流电焊机使用中出现环火时，仍可继续使用。（ ）

171．由于整流式直流弧焊机空载损耗大，效率低，因而应用的很少。（ ）

172．如果变压器绕组绝缘受潮，在耐压试验时会使绝缘击穿。（ ）

173．直流发电机在电枢绕组元件中产生的是交流电动势，只是由于加装了换向器和电刷装置，才能输出直流电动势。（ ）

174．不论直流发电机还是直流电动机，其换向极绕组都应与主磁极绕组串联。（ ）

175．要改变直流电动机的转向，只要同时改变励磁电流方向及电枢电流的方向即可。（ ）

176．交流测速发电机的励磁绕组必须接在频率和大小都不变的交流励磁电压上。（ ）

177．在滑差电动机自动调速线路中，三相交流测速发电机可将转速转变为三相交流电压，经三相桥式整流和电容滤波后，由电阻分压得到反馈电压。（ ）

178．交流电动机耐压试验的目的是考核各相绕组之间及各相绕组对机壳之间的绝缘性能好坏，以确保电动机安全运行及操作人员的安全。（ ）

179．接近开关功能用途除行程控制和限位保护外，还可检测金属的存在、高速计数、测速、定位、变换运动方向、检测零件尺寸、液面控制及用作无触头按钮等。（ ）

180．隔离开关作交流耐压试验应先进行基本试验，如合格再进行交流耐压试验。（ ）

181．磁吹式灭弧装置是交流电器最有效的灭弧方法。（ ）

182．制动电磁铁的调试包括电磁铁冲程的调整和主弹簧压力的调整两项。（ ）

183．要使三相异步电动机反转，只要改变定子绕组任意两相绕组的相序即可。（ ）

184．并励直流电动机改变转向时，只要将两根电源线对调就可以了。（ ）

185．励磁绕组反接法控制并励直流电动机正反转的原理是：保持电枢电流方向不变，改变励磁绕组电流的方向。（ ）

186．直流电动机改变励磁磁通调速法是通过改变励磁电流的大小来实现的。（ ）

187．直流电动机电枢回路串电阻调速，只能使电动机的转速在额定转速以上范围内调速。（ ）

188．同步电动机本身没有启动转矩，所以不能自行启动。（ ）

189．串励直流电动机启动时，常用减小电枢电压的方法来限制启动电流。（ ）

190．并励直流电动机的正反转控制可采用电枢反接法，即保持励磁磁场方向不变，改变电枢电流方向。（ ）

191．共发射极阻容耦合放大电路，带负载后的电压放大倍数较空载时的电压放大倍数减小。（ ）

192. 多级放大电路，要求信号在传输的过程中，失真要小。 ( )
193. 在实际工作中整流二极管和稳压二极管可互相代替。 ( )
194. 数字集成电路比由分立元件组成的数字电路具有可靠性高和微型化的优点。 ( )
195. M7130 平面磨床的控制线路由直流 220 V 电压供电。 ( )
196. 单相全波可控整流电路，晶闸管导通角 θ 越小，输出平均电压越高。 ( )
197. 焊条必须在干燥通风良好的室内仓库中存放。 ( )
198. 机械驱动的起重机械中必须使用钢丝绳。 ( )
199. 生产作业的控制不属于车间生产管理的基本内容。 ( )
200. 直流电动机按照励磁方式可分他励、并励、串励和复励四类。 ( )

操作技能考核试卷一

注意事项

一、本试卷依据 2009 年颁布的《维修电工国家职业标准》命制。

二、本试卷试题如无特别注明，则为全国通用。

三、请考生仔细阅读试题的具体考核要求，并按要求完成操作或进行笔答或口答。

四、操作技能考核时要遵守考场纪律，服从考场管理人员指挥，以保证考核安全顺利进行。

一、安装和调试绕线式交流异步电动机自动启动控制电路

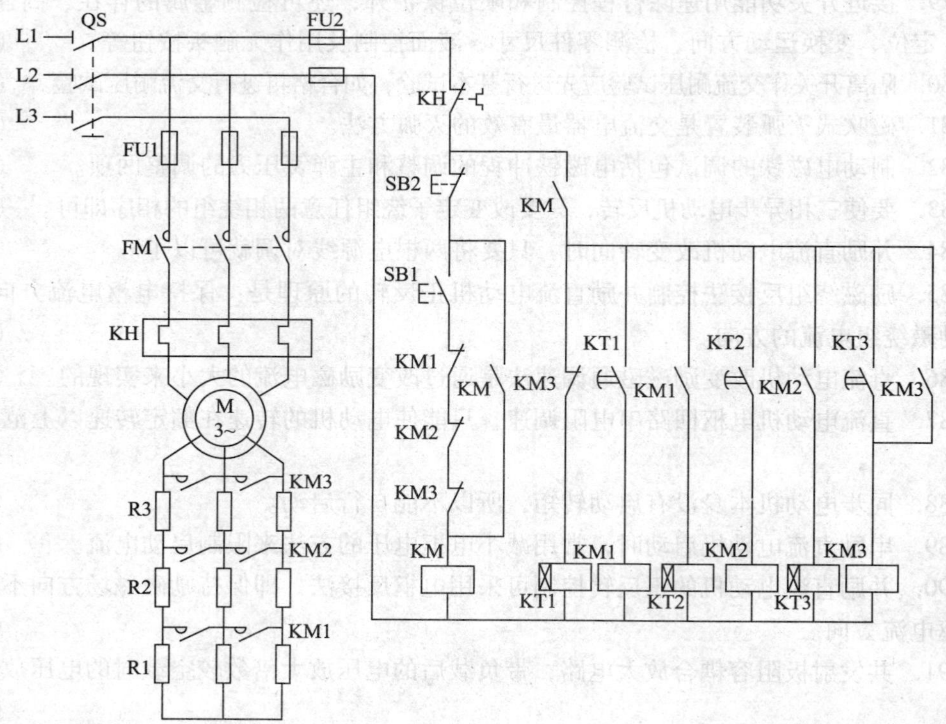

考核要求：

1. 按图样的要求进行正确熟练的安装；元件在配线板上布置要合理，安装要正确、紧固，布线要求横平竖直，应尽量避免交叉跨越，接线紧固、美观。正确使用工具和仪表。

2. 按钮盒不固定在板上，电源和电动机配线、按钮接线要接到端子排上，要注明引出端子标号。

3. 安全文明操作。

4. 注意事项：满分 40 分，考试时间 240 min。

二、检修 M7130 平面磨床的电气线路故障

在 M7130 平面磨床电气线路上，设隐蔽故障 3 处，其中主回路 1 处，控制回路 2 处。考生向考评员询问故障现象时，考评员可以将故障现象告诉考生，考生必须单独排除故障。

考核要求：

1. 从设故障开始，考评员不得进行提示。

2. 根据故障现象，在电气控制线路图上分析故障可能产生的原因，确定故障发生的范围。

3. 排除故障过程中如果扩大故障，在规定时间内可以继续排除故障。

4. 正确使用工具和仪表。

5. 考核注意事项：

（1）满分 40 分，考试时间 50 min。

（2）在考核过程中，要注意安全。

否定项：故障检修得分未达 20 分，本次鉴定操作考核视为不通过。

三、用示波器观察交流电压波形

考核要求：

1. 用示波器观察机内试验电压的波形，要求屏幕上显示 1 个稳定的波形，并将被测波形调至高为 6 cm，宽为 8 cm。

2. 考核注意事项：满分 10 分，考核时间 20 min。

否定项：不能损坏仪器、仪表，损坏仪器、仪表扣 10 分。

四、在各项技能考核中，要遵守安全文明生产的有关规定

考核要求：

1. 劳动保护用品穿戴整齐。

2. 电工工具佩带齐全。

3. 遵守操作规程。

4. 尊重考评员，讲文明礼貌。

5. 考试结束要清理现场。

6. 遵守考场纪律，不能出现重大事故。

7. 考核注意事项：

（1）本项目满分 10 分。

（2）安全文明生产贯穿于整个技能鉴定的全过程。

（3）考生在不同的技能试题中，违犯安全文明生产考核要求同一项内容的，要累计扣分。

否定项：出现严重违犯考场纪律或发生重大事故，本次技能考核视为不合格。

操作技能考核试卷二

注意事项

一、本试卷依据2009年颁布的《维修电工国家职业标准》命制。

二、本试卷试题如无特别注明，则为全国通用。

三、请考生仔细阅读试题的具体考核要求，并按要求完成操作或进行笔答或口答。

四、操作技能考核时要遵守考场纪律，服从考场管理人员指挥，以保证考核安全顺利进行。

一、安装和调试三相异步电动机双重联锁正反转启动能耗制动的控制电路

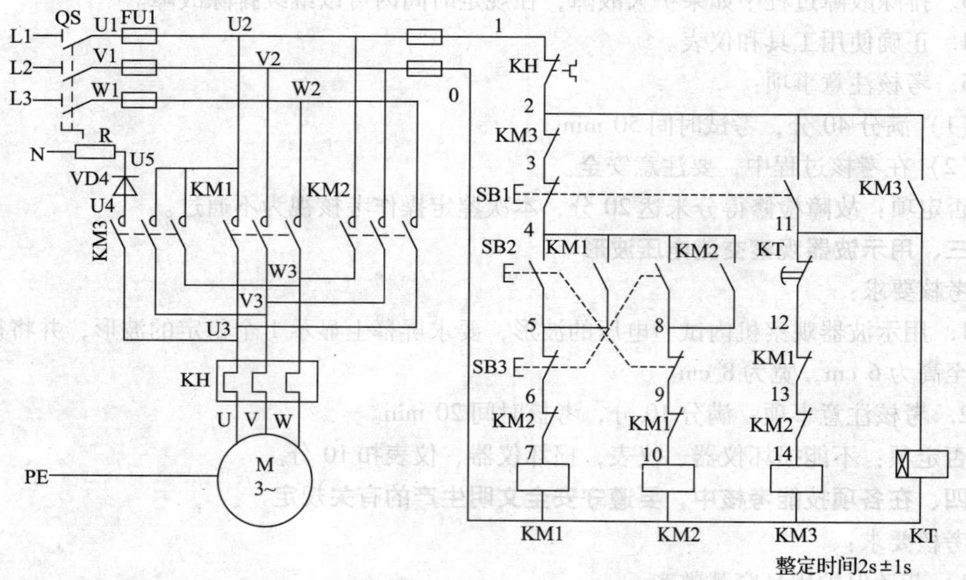

考核要求：

1．按图纸的要求进行正确熟练的安装；元件在配线板上布置要合理，安装要正确、紧固，配线要求紧固、美观，导线要进行线槽。正确使用工具和仪表。

2．按钮盒不固定在板上，电源和电动机配线、按钮接线要接到端子排上，进出线槽的导线要有端子标号，引出端要用别径压端子。

3．安全文明操作。

4．考核注意事项：

（1）满分40分，考试时间210 min。

（2）在考核过程中，考评员要进行监护，注意安全。

二、检修 Z3040 摇臂钻床的电气线路故障

在 Z3040 摇臂钻床电气线路上，设隐蔽故障 3 处，其中主回路 1 处，控制回路 2 处。考生向考评员询问故障现象时，考评员可以将故障现象告诉考生，考生必须单独排除故障。

考核要求：

1. 从设故障开始，考评员不得进行提示。

2. 根据故障现象，在电气控制线路图上分析故障可能产生的原因，确定故障发生的范围。

3. 排除故障过程中如果扩大故障，在规定时间内可以继续排除故障。

4. 正确使用工具和仪表。

5. 考核注意事项：

（1）满分 40 分，考试时间 45 min。

（2）在考核过程中，要注意安全。

否定项：故障检修得分未达 20 分，本次鉴定操作考核视为不通过。

三、用双臂电桥测量导线的电阻

考核要求：

1. 用万用表估测被测导线的电阻值后，用双臂电桥测量被测导线的实际电阻值。

2. 考核注意事项：

（1）满分 10 分，考核时间 30 min。

（2）每次应测两根被测导线的电阻。

否定项：不能损坏仪器、仪表，损坏仪器、仪表扣 10 分。

四、在各项技能考核中，要遵守安全文明生产的有关规定

考核要求：

1. 劳动保护用品穿戴整齐。

2. 电工工具佩带齐全。

3. 遵守操作规程。

4. 尊重考评员，讲文明礼貌。

5. 考试结束要清理现场。

6. 遵守考场纪律，不能出现重大事故。

7. 考核注意事项：

（1）本项目满分 10 分。

（2）安全文明生产贯穿于整个技能鉴定的全过程。

（3）考生在不同的技能试题中，违犯安全文明生产考核要求同一项内容的，要累计扣分。

否定项：出现严重违犯考场纪律或发生重大事故，本次技能考核视为不合格。

操作技能考核试卷三

注意事项

一、本试卷依据2009年颁布的《维修电工国家职业标准》命制。

二、本试卷试题如无特别注明，则为全国通用。

三、请考生仔细阅读试题的具体考核要求，并按要求完成操作或进行笔答或口答。

四、操作技能考核时要遵守考场纪律，服从考场管理人员指挥，以保证考核安全顺利进行。

一、安装和调试绕线式交流异步电动机自动启动控制电路

1．准备要求

序号	名称	型号与规格	单位	数量	备 注
1	三相四线电源	~3×380/220 V、20 A	处	1	
2	单相交流电源	~220 V 和 36 V、5 A	处	1	
3	绕线式异步电动机	YZR－132 M2－6，3.7 kW、9.2 A/14.5 A、908（r/min）	台	1	
4	配线板	500 mm×600 mm×20 mm	块	1	
5	组合开关	HZ10－25/3	个	1	
6	交流接触器	CJ10－10，线圈电压380 V或 CJ10－20，线圈电压380 V	只	4	
7	热继电器	JR16－20/3，整定电流10～16 A	只	1	
8	时间继电器	JS7－4 A，线圈电压380 V	只	3	
9	启动电阻器	2K1－12－6/1	台	1	
10	熔断器及熔芯配套	RL1－60/20	套	3	
11	熔断器及熔芯配套	RL1－15/4	套	2	
12	三联按钮	LA10－3H或LA4－3H	个	2	
13	接线端子排	JX2－1015，500 V、10 A、15节或配套自定	条	1	
14	木螺钉	ϕ3×20 mm；ϕ3×15 mm	个	30	
15	平垫圈	ϕ4 mm	个	30	
16	圆珠笔	自定	支	1	
17	塑料硬铜线	BV－2.5 mm^2，颜色自定	m	20	
18	塑料硬铜线	BV－1.5 mm^2，颜色自定	m	20	
19	塑料软铜线	BVR－0.75 mm^2，颜色自定	m	5	
20	别径压端子	UT2.5－4，UT1－4	个	20	
21	异型塑料管	ϕ3 mm	m	0.2	

续表

序号	名称	型号与规格	单位	数量	备 注
22	电工通用工具	验电笔、钢丝钳、螺钉旋具（一字形和十字形）、电工刀、尖嘴钳、活扳手、剥线钳等	套	1	
23	万用表	自定	块	1	
24	兆欧表	型号自定，或 500 V、0～200 MΩ	台	1	
25	钳形电流表	0～50 A	块	1	
26	劳保用品	绝缘鞋、工作服等	套	1	

2．考核要求

（1）按图纸的要求进行正确熟练地安装；元件在配线板上布置要合理，安装要正确、紧固，布线要求横平竖直，应尽量避免交叉跨越，接线紧固、美观。正确使用工具和仪表。

（2）按钮盒不固定在板上，电源和电动机配线、按钮接线要接到端子排上，要注明引出端子标号。

（3）安全文明操作。

（4）注意事项：满分 40 分，考试时间 240 min。

二、按图安装和调试如下单相可控调压电路

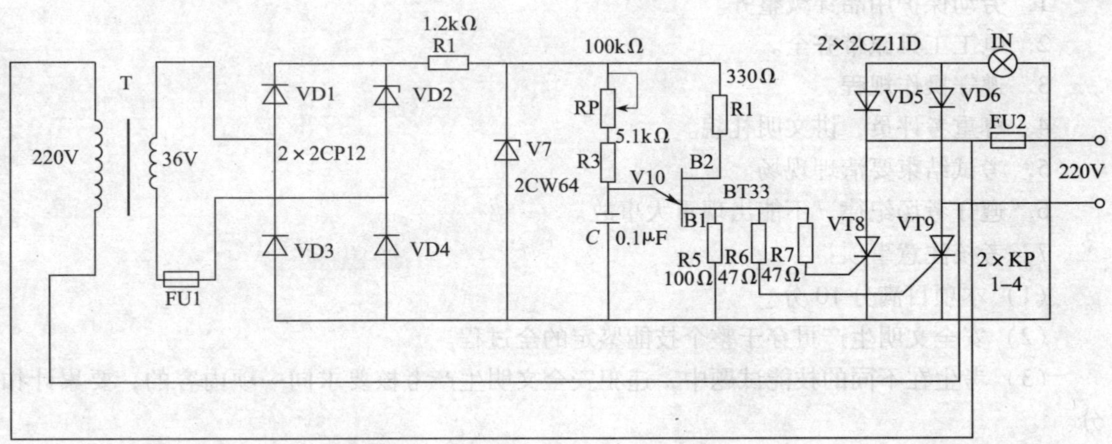

考核要求：

1．装接前要先检查元器件的好坏，核对元件数量和规格，如在调试中发现元器件损坏，则按损坏元器件扣分。

2．在规定时间内，按图纸的要求进行正确熟练地安装，正确连接仪器与仪表，能正确进行调试。

3．正确使用工具和仪表，装接质量要可靠，装接技术要符合工艺要求。

4．考核注意事项

（1）满分 40 分，考试时间 120 min。

（2）安全文明操作。

三、用单臂电桥测量交流电动机绕组的电阻

1. 准备要求

序号	名称	型号与规格	单位	数量	备注
1	万用表	500 型或自定	块	1	
2	直流单臂电桥	QJ23 型或自定	台	1	
3	三相笼型异步电动机	Y112 M-4, 4 kW	台	1	
4	连接导线	BVR-2.5 mm^2	m	1	

2. 考核要求

（1）用万用表估测电动机每一相绕组的电阻后，用单臂电桥测量出每相绕组电阻的数值。

（2）考核注意事项：

1）满分 10 分，考核时间 20 min。

2）每次考核应分别测量出三个绕组的电阻值。

否定项：不能损坏仪器、仪表，损坏仪器、仪表扣 10 分。

四、在各项技能考核中，要遵守安全文明生产的有关规定

考核要求：

1. 劳动保护用品穿戴整齐。
2. 电工工具佩带齐全。
3. 遵守操作规程。
4. 尊重考评员，讲文明礼貌。
5. 考试结束要清理现场。
6. 遵守考场纪律，不能出现重大事故。
7. 考核注意事项：

（1）本项目满分 10 分。

（2）安全文明生产贯穿于整个技能鉴定的全过程。

（3）考生在不同的技能试题中，违犯安全文明生产考核要求同一项内容的，要累计扣分。

否定项：出现严重违犯考场纪律或发生重大事故，本次技能考核视为不合格。

理论知识考核模拟试卷参考答案

试卷一

一、选择题

1. C　2. C　3. C　4. A　5. B　6. B　7. A　8. D　9. D

10. D　11. A　12. C　13. B　14. B　15. A　16. B　17. B　18. B
19. B　20. D　21. B　22. D　23. D　24. C　25. B　26. A　27. A
28. A　29. B　30. B　31. B　32. C　33. C　34. B　35. D　36. C
37. C　38. D　39. C　40. B　41. C　42. B　43. C　44. B　45. D
46. C　47. B　48. A　49. D　50. A　51. D　52. A　53. B　54. A
55. A　56. C　57. A　58. D　59. D　60. A　61. B　62. B　63. C
64. C　65. D　66. A　67. B　68. A　69. B　70. B　71. C　72. C
73. C　74. B　75. A　76. B　77. D　78. A　79. B　80. B　81. D
82. B　83. D　84. A　85. D　86. A　87. C　88. B　89. C　90. B
91. C　92. B　93. D　94. D　95. A　96. B　97. A　98. D　99. C
100. D　101. B　102. D　103. A　104. C　105. B　106. D　107. C　108. A
109. A　110. D　111. B　112. D　113. A　114. B　115. C　116. A　117. C
118. D　119. A　120. C　121. C　122. A　123. D　124. D　125. B　126. D
127. D　128. C　129. D　130. B　131. D　132. C　133. D　134. B　135. C
136. C　137. B　138. C　139. C　140. C　141. B　142. A　143. A　144. A
145. A　146. A　147. A　148. A　149. D　150. A　151. C　152. C　153. C
154. B　155. A　156. B　157. C　158. C　159. C　160. C

二、判断题

161. ×　162. √　163. √　164. ×　165. √　166. √　167. √　168. √　169. ×
170. ×　171. √　172. √　173. √　174. ×　175. ×　176. √　177. √　178. √
179. ×　180. √　181. ×　182. ×　183. ×　184. √　185. √　186. ×　187. ×
188. √　189. ×　190. ×　191. ×　192. ×　193. ×　194. ×　195. ×　196. ×
197. √　198. ×　199. √　200. ×

试卷二

一、选择题

1. D　2. C　3. D　4. C　5. B　6. A　7. D　8. B　9. A
10. D　11. B　12. A　13. D　14. D　15. B　16. C　17. A　18. A
19. D　20. A　21. C　22. D　23. D　24. C　25. A　26. A　27. D
28. B　29. B　30. A　31. A　32. B　33. B　34. B　35. A　36. C
37. C　38. A　39. A　40. B　41. D　42. D　43. B　44. C　45. C
46. B　47. C　48. C　49. C　50. D　51. B　52. B　53. D　54. D
55. D　56. D　57. A　58. A　59. C　60. B　61. A　62. B　63. A
64. C　65. A　66. D　67. A　68. B　69. B　70. D　71. A　72. B
73. B　74. B　75. A　76. B　77. B　78. B　79. D　80. C　81. C
82. D　83. A　84. B　85. C　86. D　87. C　88. D　89. D　90. A
91. C　92. C　93. D　94. A　95. A　96. D　97. A　98. C　99. B

100. A 101. A 102. D 103. A 104. D 105. A 106. B 107. C 108. B
109. C 110. B 111. C 112. C 113. D 114. A 115. B 116. C 117. D
118. A 119. A 120. D 121. D 122. A 123. D 124. A 125. D 126. C
127. A 128. D 129. B 130. B 131. B 132. D 133. C 134. D 135. A
136. C 137. B 138. C 139. C 140. D 141. B 142. A 143. A 144. A
145. B 146. C 147. A 148. A 149. D 150. A 151. C 152. D 153. C
154. A 155. B 156. A 157. C 158. B 159. D 160. C

二、判断题

161. × 162. × 163. × 164. × 165. × 166. × 167. × 168. × 169. √
170. × 171. × 172. √ 173. × 174. √ 175. × 176. × 177. √ 178. ×
179. √ 180. √ 181. × 182. √ 183. × 184. × 185. × 186. × 187. √
188. √ 189. × 190. × 191. × 192. × 193. √ 194. √ 195. × 196. ×
197. × 198. × 199. × 200. ×

试题三

一、选择题

1. B 2. D 3. D 4. C 5. A 6. A 7. B 8. D 9. C
10. D 11. B 12. A 13. B 14. C 15. D 16. B 17. B 18. C
19. D 20. B 21. A 22. C 23. B 24. B 25. C 26. A 27. B
28. C 29. A 30. A 31. B 32. A 33. C 34. A 35. A 36. C
37. D 38. A 39. D 40. B 41. D 42. A 43. B 44. B 45. B
46. B 47. B 48. D 49. B 50. D 51. C 52. C 53. D 54. B
55. B 56. C 57. B 58. D 59. C 60. B 61. B 62. C 63. D
64. C 65. B 66. C 67. B 68. A 69. D 70. B 71. A 72. C
73. B 74. C 75. A 76. D 77. D 78. C 79. D 80. B 81. C
82. D 83. D 84. D 85. D 86. A 87. C 88. A 89. A 90. A
91. D 92. A 93. C 94. B 95. B 96. B 97. A 98. B 99. B
100. A 101. C 102. D 103. B 104. A 105. C 106. D 107. A 108. C
109. D 110. A 111. A 112. C 113. A 114. B 115. B 116. C 117. B
118. A 119. C 120. B 121. A 122. A 123. A 124. A 125. D 126. D
127. A 128. A 129. A 130. C 131. C 132. C 133. C 134. D 135. B
136. B 137. B 138. C 139. B 140. C 141. D 142. C 143. B 144. A
145. A 146. D 147. B 148. D 149. A 150. B 151. B 152. C 153. D
154. C 155. D 156. A 157. A 158. B 159. A 160. A

二、判断题

161. √ 162. √ 163. × 164. × 165. √ 166. × 167. × 168. √ 169. √

170. × 171. × 172. √ 173. √ 174. × 175. × 176. √ 177. √ 178. √
179. √ 180√ 181. × 182. √ 183. √ 184. × 185. √ 186. √ 187. ×
188. √ 189. √ 190. √ 191. √ 192. √ 193. × 194. √ 195. × 196. ×
197. √ 198. √ 199. × 200. √